AI 국방 혁명
미래전쟁의 킬러코드가 바뀐다

초판 1쇄 발행 2026년 2월 25일 지은이 김경진 김원태 발행인 황윤억
편집 윤석빈 김순미 황인재 마케팅 김초롱 디자인 알음알음

발행처 인문공간/(주)에이치링크 등록 2020년 4월 20일(제2020-000078호)
주소 서울 서초구 남부순환로 333길 36, 4층(서초동, 해원빌딩)
전화 마케팅 02) 6120-0259 편집 02) 6120-0258 팩스 02) 6120-0257

ISBN 979-11-994016-3-1 93390

AI 국방혁명

미래전쟁의 킬러코드가 바뀐다

김경진·김원태 지음

인문공간

차례

3부 AI 강국의 AI 국방혁명
7장 미국의 군사 인공지능(AI)

5부 세계의 군사 AI기업
12장 전세계의 주요 군사 AI 기업

AI가 재정의하는 국방의 미래

전쟁 패러다임, 안보 지형 바꾸는 핵심 변수

AI 국방은 국가 생존과 미래 위한 '필수 요소'

인공지능(AI)이라는 거대한 기술 혁명이 제반 분야에 몰고 올 변화를 다각도로 살펴보고 있습니다. AI는 전장의 눈과 귀가 되어 정보의 홍수 속에서 핵심을 꿰뚫어 보고, 지휘관의 판단을 도와 더 빠르고 정확한 결정을 내리도록 돕고, 위험한 임무를 대신 수행하며, 보이지 않는 사이버 공간을 지키는 등 국방의 모든 영역에서 영향력을 넓히고 있습니다. AI는 단순한 기술 발전을 넘어 전쟁의 패러다임 자체를 근본적으로 바꾸고 있으며, 미래 전장의 승패를 가를 핵심 변수로 떠올랐습니다.

한반도를 둘러싼 안보 현실은 우리에게 더욱 무거운 질문을 던지고 있습니다. 대한민국은 세계적으로 유례없는 저출산 고령화로 인한 병력 자원의 급격한 감소라는 문제에 직면해 있습니다. 과거와 같은 규모의 군대 유지가 점차 어려워지는 현실 속에서, 어떻게 효율적이고 강력한 국방력을 유지할 것인가 하는 고민은 더 이상 미룰 수 없는 과제입니다.

기술 패권을 둘러싼 미국과 중국의 경쟁은 심화되고 있으며, 대한민국은 두 강대국 사이에서 외교안보 균형을 찾아야 하는 위치에 놓여 있습니다. 우리 바로 옆에서 AI 능력을 빠르게 발전시키고 있는 중국의 존재는 도전이자 위협이 될 수도 있습니다. 이뿐만 아니라, 북한은 핵무기를 포기하지 않고 있으며, 일반 군사력과 특수 전력(사이버 공격, 드론 등)을 꾸준히 강화하며 한반도의 불안정성을 지속시키고 있습니다.

AI 기반의 무인 시스템, 자율 시스템,

지능형 지휘통제 시스템 도입 불가피

녹록지 않은 안보 환경 속에서, 국방 분야에서의 AI 기술은 선택이 아닌, 생존과 미래를 위한 '필수 요소'가 되었습니다. 줄어드는 병력 자원의 한계를 극복하고 전투 효율성을 유지·향상시키기 위해 AI 기반의 무인 시스템, 자율 시스템, 지능형 지휘통제 시스템 도입은 불가피합니다.

AI는 부족한 병력을 보완하는 '전력 승수(Force Multiplier)' 역할을 수행하며, 군인들이 더 중요하고 핵심적인 임무에 집중할 수 있도록 도울 것입니다. AI 기술을 기반으로 한 감시 정찰 능력 강화는 북한의 위협을 효과적으로 막는 데 필수적이며, 주변 강대국들의 군사적 움직임 속에서 우리의 전략적 자율성을 확보하는 데에도 기여할 것입니다. AI는 정보 분석, 미사일 방어, 사이버 보안 등 다양한 분야에서 방어 역량을 한 단계 끌어올릴 가능성을 가지고 있습니다.

하지만 기술을 도입하는 것만으로는 충분하지 않습니다. 우리에게 필요한 것은 한국의 안보 현실과 작전 환경에 가장 알맞은 국방 AI 전략을 수립하고, 체계적으로 추진해 나가는 것입니다. AI 기술 개발에 대한 과감한 투자, 기반 시설 구축, 무엇보다 AI 기술을 이해하고 운용할 수 있는 전문 인력 양성이 포함되어야 합니다.

AI의 군사적 활용에 따르는 윤리적 문제와 법적 쟁점들에 대한 사회적 논의와 합의를 통해 책임감 있는 AI 개발 및 운용 원칙을 정립하고, 국제 사회와 협력을 통해 관련 규범 형성에도 적극적으로 참여해야 합니다. AI라는 강력한 힘을 현명하게 통제하고 올바르게 활용하는 지혜가 그 어느 때보다 필요합니다.

이 책을 통해 우리는 군사 AI 혁명의 광범위한 스펙트럼을 탐험합니다. AI는 분명 미래 국방의 핵심 동력이 될 것이며, 모두에게 위기이자 기회가 될 수 있습니다. 다가오는 AI 시대를 어떻게 준비하고 맞이하느냐에 따라 대한민국의 안보 지형은 크게 달라질 것입니다.

AI 기술의 잠재력을 최대한 활용하면서도 그 위험성을 효과적으로 관리하는 균형 잡힌 접근을 통해, 우리는 더욱 강하고 안전한 대한민국을 만들어 나갈 수 있을 것입니다. 미래는 정해져 있는 것이 아니라, 우리의 선택과 노력으로 만들어 가는 것입니다.

AI의 양면성, 기회와 위협

인공지능, 즉 AI(Artificial Intelligence)는 간단히 말해 컴퓨터 프로그램이 마치 사람처럼 스스로 배우고, 생각하고, 문제를 해결할 수 있도록 만들어진 기술입니다. 오늘날 AI는 우리 생활 곳곳에서 놀라운 변화를 만들어 내고 있습니다. 병원에서는 의사 선생님이 병을 더 빠르고 정확하게 진단하는 것을 돕고, 도로 위에서는 자동차가 스스로 운전하며 목적지까지 데려다주기도 합니다. 공장에서는 로봇 팔이 정밀한 작업을 수행하고, 외국어를 몰라도 전세계 사람들과 소통할 수 있게 해 줍니다. 이처럼 AI는 엄청난 가능성, 즉 '기회'를 가지고 있습니다.

군사 분야에서도 AI는 놀라운 기회를 제공합니다. 복잡하고 위험한 전쟁터에서 AI는 인간 병사들이 더 안전하게 임무를 수행하도록 도울 수 있습니다. 위험한 지역에 AI 로봇이나 드론을 보내 정찰하거나 폭발물을 제거하게 할 수 있습니다. AI는 수많은 정보를 순식간에 분석하여 지휘관이 더 빠르고 정확한 결정을 내릴 수 있도록 돕습니다. 똑똑한 참모가 옆에서 조언해 주는 것과 같습니다. 이를 통해 전투에서 이길 확률을 높이고, 불필요한 피해를 줄일 수 있습니다. AI 기술이 발전하면 자원을 효율적으로 관리하고 갈등을 예측하여 전쟁 자체를 막고 세상을 더 평화롭게 만드는 데 기여할 수도 있다고 기대하기도 합니다.

동전에 양면이 있듯이, AI에게 밝은 면만 있는 것이 아닙니다. AI는 동시에 우리에게 커다란 '위협'이 될 수도 있습니다. 날카로운 칼이 요리할 때는 유용하지만, 잘못 사용하면 사람을 다치게 할 수 있는 것과 같습니다. AI 기술이 점점 더 발전하면서, AI가 인간의 통제를 벗어나 예측할 수 없는 행동을 하거나, 심지어 인간에게 해를 끼치는 상황을 걱정하게 되었습니다.

만약 '자율 킬러 로봇'을 만든다면 어떻게 될까요? AI는 인간과 달리 감정적인 판단 능력이 없습니다. 프로그램된 대로만 움직이기 때문에, 실수로 민간인을 공격하거나, 상황을 잘못 판단하여 돌이킬 수 없는 비극을 초래할 수도 있습니다. AI가 아주 위험한 독성 물질을 순식간에 수만 가지나 만들어 내는 결과를 보여주기도 했습니다. AI 기술이 얼마나 쉽게 악용될 수 있는지를 보여주는 무서운 사례입니다.

AI 무기가 테러리스트나 나쁜 의도를 가진 집단의 손에 들어간다면 끔찍한 결과를 낳을 수 있습니다. AI는 인간보다 훨씬 빠르게 판단하고 행동할 수 있기 때문에, AI 무기를 이용한 공격은 막기 어렵고 피해도 클 수 있습니다. 'AI 군비 경쟁'이 시작되면, 전세계적인 불안감이 커지고 실제 전쟁의 위험도 커질 수 있습니다. AI가 내리는 결정이 너무 빨라서 인간이 따라가지 못하거나, 잘못된 정보를 바탕으로 성급한 판단을 내릴 경우, 작은 오해가 큰 전쟁으로 번질 수도 있는 것입니다.

이처럼 인공지능은 우리에게 엄청난 기회를 제공하는 동시에, 심각한 위협이 될 수도 있는 '양날의 검'과 같습니다. 사람의 생명을 다루는 군사 분야에서는 AI를 어떻게 개발하고 사용할지에 대해 신중하게 고민해야 합니다.

현대 전쟁의 복잡성과 AI 도입의 필연성

옛날의 전쟁을 떠올려 보면, 주로 넓은 들판이나 바다 위에서 군인들이 직접 창이나 칼, 총을 들고 싸우는 모습을 상상할 수 있습니다. 그때도 전략과 전술이 중요했지만, 오늘날의 전쟁은 과거와 비교할 수 없을 정도로 훨씬 더 복잡하고 어려운 양상을 띠고 있습니다.

첫째, 현대 전쟁은 싸움이 벌어지는 공간, 즉 '전장'이 훨씬 넓고 다양해졌습니다. 과거에는 주로 땅(육지), 바다(해상), 하늘(공중)에서 전투가 벌어졌습니다. 하지만 이제는 눈에 보이지 않는 새로운 전장이 추가되었습니다. 바로 우주 공간과 사이버 공간입니다.

우주에서는 정찰 위성을 통해 적의 움직임을 감시하거나, 통신 위성을 통해 아군과 정보를 주고받습니다. 만약 이 위성들이 공격받거나 기능을 잃으면 전쟁 수행에 큰 차질이 생깁니다. 인터넷과 컴퓨터 네트워크로 연결된 사이버 공간에서는 해킹을 통해 적의 군사 시스템을 마비시키거나, 가짜 정보를 퍼뜨려 혼란을 일으키는 '사이버 전쟁'이 벌어집니다.

이처럼 현대 전쟁은 땅, 바다, 하늘뿐만 아니라 우주와 사이버 공간까지, 총 다섯 개의 영역(다영역, Multi-Domain)에서 동시에, 서로 영향을 주고받으며 복잡하게 진행됩니다. 마치 다섯 개의 다른 게임을 동시에 플레이하면서 모든 상황을 파악하고 조종해야 하는 것과 같습니다.

둘째, 현대 전쟁에서는 처리해야 할 정보의 양이 엄청나게 많아졌습니다. 전장 곳곳에는 수많은 센서가 끊임없이 정보를 쏟아냅니다. 하늘에는 정찰 위성과 드론이 고해상도 사진과 영상을 찍고, 땅 위에는 레이더 기지와 감시 카메라가 적의 움직임을 추적합니다. 바다에서는 잠수함과 군함이 음파 탐지기(소나)와 레이더로 주변을 살피고, 사이버 공간에서는 통신 내용과 인터넷 활동 기록이 쌓입니다. 이렇게 모이는 데이터의 양은 사람이 일일이 확인하고 분석하기에는 너무나 방대합니다. 수백 개의 TV

채널을 동시에 켜놓고 중요한 뉴스를 찾아야 하는 것과 같습니다. 중요한 정보가 어디에 숨어 있는지 놓치기 쉽고, 정보를 제때 처리하지 못하면 전장 상황을 정확하게 파악하기 어렵습니다.

셋째, 현대 전쟁은 모든 것이 빠르게 진행됩니다. 미사일은 몇 분 안에 수백, 수천km를 날아가 목표물을 타격하고, 전투기들은 음속보다 빠르게 하늘을 가로지릅니다. 사이버 공격은 눈 깜짝할 사이에 일어나 시스템을 마비시킬 수 있습니다. 이러한 초고속 전쟁 환경에서는 몇 초, 몇 분의 판단 지연이 승패를 가를 수 있습니다. 참모들이 모여 몇 시간씩 회의하고 작전 계획을 세울 여유가 없는 경우가 많습니다. 적의 행동을 빠르게 감지하고(Observe), 상황을 정확히 파악하며(Orient), 즉시 결정을 내리고(Decide), 신속하게 행동하는(Act) 과정, 즉 'OODA 루프'를 최대한 짧게 만들어야 합니다.

현대 전쟁은 다영역에서 벌어지는 복잡성, 처리해야 할 정보의 폭발적인 증가, 그리고 모든 것이 빠르게 진행되는 속도 때문에 인간의 능력만으로는 대응하기가 어려워지고 있습니다. 이 지점에서 인공지능(AI)의 도입은 더 이상 선택이 아닌, 피할 수 없는 '필연성'이 되고 있습니다.

AI는 인간이 감당하기 어려운 세 가지 문제를 해결하는 데 큰 도움을 줄 수 있습니다.

정보 처리 AI는 방대한 양의 데이터를 인간보다 훨씬 빠르게 분석하고, 그 안에서 중요한 패턴이나 이상 징후를 찾아낼 수 있습니다. 수백 개의 TV 채널을 동시에 보면서 중요한 뉴스를 찾는 것과 같은 일을 AI는 해낼 수 있는 것입니다.

속도 향상 AI는 복잡한 계산과 시뮬레이션을 순식간에 수행하여, 지휘관이 빠르게 결정을 내릴 수 있도록 돕습니다. 어떤 작전이 성공 확률이 높을지, 어떤 무기를 사용하는 것이 효과적일지 등을 몇 초 안에 계산할 수 있습니다.

다영역 통합 AI는 땅, 바다, 하늘, 우주, 사이버 공간에서 들어오는 다양한 정보를 하나의 큰 그림으로 통합하여 보여줄 수 있습니다. 지휘관은 전체 전장 상황을 종합적으로 파악하고, 각 영역의 작전을 유기적으로 연결하여 시너지 효과를 낼 수 있습니다.

경쟁 상대국이 AI 기술을 군사적으로 활용하고 있다면, 우리만 뒤처질 수는 없습니다. AI 무기나 시스템을 개발하려는 AI 군비 경쟁이 벌어지면서, AI 도입은 생존을 위한 필수 조건이 되어가고 있습니다. 중국과 같은 나라의 지도자들이 "AI를 지배하는 자가 세계를 지배할 것"이라고 말하는 것도 이러한 맥락입니다.

결론적으로, 현대 전쟁의 복잡성과 속도는 인간의 능력만으로는 감당하기 어려운 수준에 이르렀으며, 이를 극복하고 미래 전장에서 우위를 확보하기 위해 AI 기술의 도입은 불가피하게 되었습니다. AI는 더 이상 미래의 기술이 아니라, 이미 현실의 전장에서 중요한 역할을 수행하고 있으며, 그 중요성은 앞으로 더욱 커질 것입니다.

군사 분야라는 특수영역에서 인공지능기술이 어떻게 변화를 만들어 내고 있는지 사례를 통해 배우게 될 것입니다. 군사 AI에 대한 지식을 넓히는 동시에, 미래 기술과 사회에 대해 스스로 질문하고 답을 찾아가는 즐거운 여정이 되기를 바랍니다.

2026년 1월
김경진

국방 미래, 네트워크 기반한 AI 국방

전쟁 패러다임 바꿀 두 변수, AI와 네트워크

AI 없는 미래 없고, 네트워크 없는 AI도 없다

AI 국방은 한국의 생존과 미래를 위한 필수 요소

AI는 전장의 '뇌'이고, 네트워크는 그 '신경망'

AI는 이제 단순한 기술이 아닌, 전쟁의 본질과 양상을 송두리째 바꾸고 있는 핵심 변수로 자리 잡고 있습니다. 과거 전쟁이 병력과 무기, 전술의 싸움이었다면, 미래 전쟁은 정보와 연결성, 판단 속도의 싸움으로 전환되고 있는 것입니다. AI는 그 중심에서 인간의 인지 능력을 초월하는 정밀한 분석과 실시간 의사결정을 가능케 하며, 국방 영역 전반에 걸쳐 새로운 전략적, 전술적 우위를 만들어 내고 있습니다.

AI는 전장의 눈과 귀가 되어 방대한 정보를 실시간으로 수집·분석하고, 지휘관에게 정확한 결정을 내릴 수 있도록 지원하며, 드론이나 무인 전투차량처럼 위험한 임무를 대신 수행할 수 있게 도움을 줍니다. 사이버전, 감시 정찰, 무기 자동화, 전투 시뮬레이션, 정보전, 심지어 군수·보급 체계까지 AI가 활용되지 않는 곳은 없다고 할 수 있습니다. 예측과 반응 속도, 정확성, 적시성에서 AI는 기존의 방식과는 비교할 수 없는 수준으로 발전했습니다. 하지만 그 모든 잠재력은 AI 단독으로는 결코 구현될 수 없는 것입니다.

그 어떤 고성능 AI 알고리즘도, 연결되어 있지 않다면 전장에서 무용지물입니다. AI의 진정한 힘은 센서, 플랫폼, 통신체계, 지휘통제 시스템,

심지어 각 병력 단위까지 유기적으로 연결된 '전장 네트워크' 위에서만 실현될 수 있습니다. 이 네트워크는 단순한 연결을 넘어, 상황을 실시간 공유하고, 데이터를 정확하게 수집·전달하며, 명령과 통제를 신속하게 수행할 수 있는 고신뢰성 기반 구조여야 합니다. 이 책은 바로 이러한 전장의 뇌 역할을 하는 AI와 그들을 이어주는 신경망인 네트워크가 어떻게 상호작용을 하며, 미래 국방의 근간이 되는지를 알아보는 소중한 자료들입니다.

안보 위기와 병력 절벽
그리고 기술 패권의 현실

대한민국은 지금 안보, 인구, 기술이라는 세 축에서 복합적인 도전에 직면하고 있습니다. 세계에서 가장 빠르게 진행되는 저출산고령화로 인해 병력 자원은 급격히 감소하고 있으며, 병역의무를 수행할 수 있는 인구 자체가 사라지는 '병력 절벽' 시대가 현실화하고 있습니다. 동시에, 북한은 비대칭 전력의 핵심인 핵과 미사일 개발을 가속화하고 있고, 사이버전 및 심리전에 능한 비정규 전술을 통해 안보 불안을 조장하고 있습니다.

이와 동시에 글로벌 기술 패권 경쟁은 날로 치열해지고 있습니다. AI는 미국과 중국이 주도하는 이 경쟁에서 단순한 기술의 수준을 넘어 국가 안보와 경제, 사회 시스템 전반을 좌우하는 전략 자산으로 떠올랐습니다.

중국은 AI를 2030년까지 세계 최고 수준으로 끌어올린다는 '차세대 인공지능 발전계획'을 통해 전면적 투자와 군사적 통합을 추진하고 있으며, AI와 무인체계를 융합한 '지능화 전쟁(智能化戰爭)' 개념을 현실화하는 중입니다.

미국은 DARPA(Defense Advanced Research Projects Agency, 국방고등연구계획국) 중심의 R&D와 함께, 육해공군 모두가 AI 적용 프로젝트를 병렬적으로 수행 중입니다. 예를 들어, 미 해군은 무인 수상함(Ghost

Fleet Overlord), 공군은 Skyborg AI 파일럿, 육군은 Project Maven 등 이 책에서 소개하고 있는 여러 사례를 통해 AI 기반 영상 인식과 목표 추적 체계를 전투 시스템에 접목하고 있습니다.

반면, 대한민국은 AI 국방 전략이 아직 초기 단계에 머물러 있습니다. 부처별 기술 연구나 시범 사업은 활발하지만, 전체 국방 생태계를 재설계하는 수준의 전략적 통합은 부족한 상황입니다. 여전히 AI를 단순한 기능 혹은 개별 무기 체계의 부가 기술로 인식하는 경향이 강합니다. 이제는 AI를 전장 전체를 재구성하는 '디지털 작전 개념의 핵심'으로 바라봐야 하며, 이를 위해 반드시 필요한 것이 바로 통합된 네트워크 기반입니다.

AI 없는 미래는 없고
네트워크 없는 AI도 없다

많은 이들이 AI의 놀라운 분석 능력이나 자율 판단 기능에 주목하지만, 정작 그 잠재력을 실현 시키는 데 있어 필수적인 요소는 '연결성'입니다. AI는 단순한 장비나 프로그램이 아니라, 상황 정보를 받아들이고 분석하고, 그것을 명령으로 환원시키는 지능적 행위자의 역할을 합니다. 하지만, 이 과정은 AI 혼자서는 절대 가능하지 않습니다.

예를 들어, 무인 전투기가 AI 알고리즘만으로 적을 탐지하고 타격하는 것은 불가능합니다. 해당 전투기가 실제 임무를 수행하기 위해서는 위성영상, 고고도 감시체계, 지상 전술지휘망, 실시간 데이터링크 등과 연결되어야 하기 때문입니다. 이처럼 AI는 '지능'이지만, 그 지능이 세상을 인식하고 작동하게 만드는 통로는 오직 네트워크뿐입니다. 이는 마치 스마트폰이 아무리 뛰어난 기능을 갖췄더라도, 인터넷 없이 사용할 수 없는 것과 같은 논리입니다.

결국 AI는 전장의 '뇌'이고, 네트워크는 그 '신경망'인 것입니다. 아무리 뇌가 뛰어나도 신경망이 마비되면 움직일 수 없듯, 전장 네트워크 없이 AI는 쓸모를 잃게 될 것입니다. 따라서 진정한 의미의 AI 기반 국방 전략은, AI 기술 그 자체보다도 먼저 그 기술이 작동할 수 있는 환경, 즉 지능형 네트워크 생태계의 조성이 선행되어야 한다고 생각합니다.

우리에게 필요한 전략
'AI + 네트워크 기반 국방 생태계'

AI 기술의 도입은 단순히 기술 확보의 문제가 아니라, 국방 생존과 작전 효율성의 근간을 바꾸는 일입니다. 이에 따라 대한민국이 채택해야 할 전략은 'AI와 네트워크의 통합'을 중심에 둔 생태계 구축입니다. 이를 위해 다음의 다섯 가지 전략적 조건을 제시합니다.

1 한국형 군사 AI 전략 수립:

한국형 AI 전략은 해외 사례의 단순 모방이 아니라, 대한민국의 지리적 조건, 안보 위협, 군 조직문화, 예산 구조 등을 종합적으로 고려한 맞춤형 접근이 필요합니다. 이를 위해선 다음과 같은 단계적 접근이 바람직할 것입니다. ① 소규모 파일럿 프로젝트를 통해 실제 적용 경험을 축적하고 ② 초기의 실패를 수용하고, 실패의 경험을 피드백할 수 있는 환경을 조성, ③ 파일럿 프로젝트를 통해 제도적으로 AI 도입을 가로막는 법령, 군사 규칙, 예산 편성 체계를 혁신하고, ④ 국방부, 합참, 각 군 간의 정보 공유와 공동 연구 체계를 마련함으로써 합동성 기반하에 모든 프로젝트를 실행하는 것이 필요하다고 생각합니다.

이러한 축적의 시간 없이는 실질적 전략 수립도, 기술 도입도 불가능합니다. AI 전략은 단순한 기술이 아닌 경험 위에 구축되어야 하며, 그 경험을 통해 인재와 조직 역량이 함께 성장해야만 비로소 국가 차원의 전략 수립이 가능해질 것입니다.

2 신뢰도 높은 전장 네트워크 구축:

AI가 실시간으로 정보를 주고받고, 분석하고, 명령을 내릴 수 있으려면 지연 없는 고신뢰 네트워크 인프라가 필수입니다. 이는 단순히 광대역 통신만이 아니라 다음과 같은 요소가 포함되어야 합니다. ① 다계층 네트워크 구조(전략, 작전, 전술 단위별 구분), ② 위성통신을 포함한 차세대 지상전술망(예: MANET/FANET 등), ③ 5G/6G 기반의 상용 모바일 통신망 연동(전술망의 보완재 역할로 한정), ④ 사이버 보안이 내재화된 아키텍처(제로트러스트 기반 설계), ⑤ 재난·전시 상황에서도 운용이 가능한 분산형 구조 및 백업 체계 등이 그것입니다.

이는 이미 군에서 진행 중인 JADC2와 연계하여 추진하여야 할 것입니다. 현재 JADC2에서 추진하고 있는 대부분의 요망 효과 또한 네트워크 없이는 실현 불가능한 항목들입니다. 기존 JADC2의 추진 방향에 AI 및 네트워크와 관련된 항목들이 내실 있게 더해진다면 더 향상된 효과를 기대할 수 있을 것입니다.

3 데이터 공유와 실시간 분석 체계:

AI가 효과를 발휘하려면 고품질의 데이터가 지속적으로 공급되어야 합니다. 이를 위해서는 ① 작전 간 발생한 각종 센서/플랫폼/인력의 데이터를 수집·정제하는 표준화 체계, ② AI 훈련용 시뮬레이션 데이터 세트 구축, ③ 실시간 분석이 가능한 분산형 클라우드 인프라 도입, ④ 정보의 보안성과 효율성을 동시에 만족시키는 암호화·인증 기술 강화 등이 필요합니다.

AI는 기본적으로 데이터가 없이는 능력을 발휘할 수 없습니다. 국방과 관련된 데이터와 관련된 정책들을 면밀히 살펴, AI가 활용할 수 있도록 길을 열어 주어야 합니다. 지금 대부분의 AI 관련 업체들이 이구동성으로 말하는 애로사항이 바로, 데이터가 없다는 것입니다. 특히 국방과 관련된 데이터는 보안을 이유로 제공이 되지 않는다는 것을 가장 큰 제한사항으로 제시하고 있습니다.

4   전문 인재 양성 및 윤리적 통제:

AI 국방 생태계에서 가장 중요한 자산은 결국 사람입니다. 기술을 운용하고, 전술에 접목하며, 위험성을 통제할 수 있는 인재가 절대적으로 필요합니다. 이를 위해 ① 군사 AI에 특화된 교육과정 및 대학·연구소 협력 체계 구축, ② 현장 지휘관과 기술 전문가 간의 교차훈련 강화, ③ AI의 오판, 책임소재 문제, 자율성 범위 등 윤리적 기준 마련 및 법제화 등이 그것입니다.

지금 AI와 관련된 직책에 근무 중인 현역이든 군무원이든, 제대로 AI를 공부하고 경험하고 실패와 성공을 경험해 본 인원은 거의 없다고 해도 과언이 아닐 것입니다. 그런 인원과 조직으로 국방 AI 관련 전략을 수립한다는 것은 거의 불가능할 것입니다. 지금은 방향성만 정하는 수준에서 전략을 수립하고, 소규모라도 AI 관련 프로젝트를 경험한 사람을 활용해서, 그 경험을 축적한 다음 제대로 된 AI 관련 전략을 수립하는 방향으로 진행되어야 할 것입니다. 실패든 성공이든 AI 관련 경험을 축적한 사람이 바로 인재입니다.

5   AI-네트워크 통합 실험훈련 체계 강화:

실제 작전 환경에 근접한 시뮬레이션과 실험이 병행되어야 합니다. 이를 위해 ① 통합 실험센터 설립 (가상+물리 융합 테스트-베드), ② 미·중 수준의 연합 훈련 시나리오 및 AI 시뮬레이션 환경 구축, ③ 인공지능 알고리즘의 전장 적합성 검증 체계 마련 등이 필요합니다.

아무리 뛰어난 AI 관련 기능이라 하더라도 결국에는 실 작전 환경, 전장 환경에 적용할 수 있어야 합니다. 현장에서 사용하기 위해서는 해당 목적에 부합되었는지에 대한 검증이 필요하기 때문입니다.

미래는 선택이 아닌 설계의 결과다

AI는 단순한 자동화 도구가 아닙니다. 이는 전쟁의 판도를 바꾸는 '게임 체인저'로서, 전장 환경의 근본을 재편할 수 있는 수단입니다. 그러나 이 혁명의 중심에 서기 위해서는 단순히 AI 기술을 들여오는 것으로는 충분치 않습니다. AI가 작동할 수 있는 유기적 네트워크, 이를 운용할 인재와 조직, 책임과 윤리 체계까지 포함한 'AI+네트워크 생태계'를 설계하고 구축해야 합니다.

우리가 이 변화의 흐름을 주도할지, 아니면 끌려갈지는 지금 우리의 선택에 달려 있습니다. 대한민국의 안보 위기를 기회로 전환하기 위해서는 지금, 바로 여기서부터 AI와 네트워크를 중심으로 한 국방의 근본적 혁신을 시작해야 합니다. 이 책은 바로 그 실천의 길을 함께 모색하는 초석이 되었으면 합니다.

2026년 1월

김원태

1부

AI 국방,
킬러코드가
바뀐다

1장 인공지능, 국방의 새 지평

1-1　튜링 테스트에서 딥러닝까지

"기계가 생각할 수 있는가?"

영국의 천재 수학자이자 암호 해독가였던 앨런 튜링(Alan Turing)은 인류에게 가장 근본적인 질문 하나를 던졌습니다. "기계가 생각할 수 있는가?" 이 한마디 질문이 오늘날 전세계 전장을 뒤흔들고 있는 AI 혁명의 출발점이었습니다.

튜링은 이 질문에 답하기 위해 지금까지도 회자되는 흥미진진한 실험을 고안했습니다. 바로 '튜링 테스트(Turing Test)'입니다. 상상해 보세요. 한 명의 심사관이 벽 뒤편의 정체불명 존재 둘과 오직 문자로만 대화를 나눕니다. 벽 뒤에는 진짜 사람 한 명과 컴퓨터 프로그램 하나가 숨어 있습니다. 심사관은 자유자재로 질문을 쏟아부으며 대화를 이어갑니다. 그런데 만약 충분한 시간이 흘러도 심사관이 어느 쪽이 기계인지 전혀 구별해 내지 못한다면? 그 기계는 인간처럼 생각하고 소통하는 '진짜 지능'을 갖춘 것으로 판정받습니다. 겉으로 드러나는 행동과 대화 능력만으로 지능을 판단하자는 대담한 아이디어였습니다.

튜링의 이 혁명적 발상은 이후 인공지능 연구의 나침반이 되었습니다. 하지만 진짜 돌파구는 2000년대 후반에 열렸습니다. 컴퓨터에 복잡한 규칙을 일일이 주입하는 대신, 실제 세상의 수많은 '데이터(Data)', 즉 살아있는 사례와 경험을 쏟아부어 컴퓨터 스스로 그 안에서 숨겨진 패턴과 규칙을 찾아내도록 하는 방식이 등장한 것입니다. 이것이 바로 '머신러닝

(Machine Learning)', 우리말로 '기계 학습'이라 불리는 혁신적 접근법이 었습니다. 머신러닝은 1990년대에 활발하게 연구가 이뤄졌으며, 2000년 대 들어 데이터 폭증과 GPU를 활용했습니다. 1980년대에는 규칙에 기반 한 전문가 시스템이 주류를 이루었습니다.

마치 갓난아기가 부모로부터 언어 문법을 배우지 않아도, 주변 사람 들의 말을 수없이 들으며 자연스럽게 언어를 터득하는 것과 같습니다. 컴 퓨터도 어마어마한 데이터 바다에서 헤엄치며 스스로 똑똑해질 수 있다 는 놀라운 깨달음이었습니다.

머신러닝 이론을 바탕으로 인공지능 연구는 꾸준히 진화했습니다. 그리고 2010년대, 세상을 완전히 뒤바꿀 기술이 마침내 등장했습니다. 바 로 '딥러닝(Deep Learning)'입니다. 딥러닝은 인간의 뇌 속에서 1,000억 개의 신경 세포(뉴런)들이 거미줄처럼 엮여 정보를 처리하는 신비로운 방 식을 그대로 컴퓨터 알고리즘에 옮겨 담은 것입니다.

딥러닝이 폭발적 위력을 발휘할 수 있게 된 배경에는 두 가지 혁명적 변화가 있었습니다. 첫째, 인터넷과 스마트폰의 급속한 확산으로 인류가 생산하고 소비하는 '데이터의 바다(Big Data)'가 상상을 초월할 정도로 넓 어졌습니다. 딥러닝 모델은 마치 배고픈 거인처럼 데이터를 많이 먹을수 록 더욱 똑똑해지는데, 드디어 그 거인을 배불리 먹여 살릴 만큼 풍부한 먹거리가 준비된 것입니다. 둘째, 컴퓨터의 계산 능력, 특히 그래픽 처리 장치(GPU)가 엄청난 도약을 이뤘습니다. 원래 게임 화면을 생생하고 부 드럽게 처리하기 위해 태어난 GPU가, 수많은 계산을 동시에 처리하는 뛰 어난 능력 덕분에 딥러닝의 복잡한 연산을 번개 같은 속도로 해치우는 비 밀 무기가 된 것입니다.

딥러닝 기술 덕분에 오늘날 인공지능은 공상 과학 영화에서나 볼 법 한 놀라운 일들을 현실에서 해내고 있습니다. 더 이상 연구실 안의 호기심

거리가 아닙니다. AI는 우리의 일상 깊숙이 파고들어 실제로 세상을 흔드는 강력한 힘이 되었습니다. 특히 2024년부터 한국의 방산 수출이 급증하면서(2021년 73억 달러에서 2025년 목표 240억 달러), 지능형 첨단 방산 기술의 중요성이 더욱 부각되고 있습니다.

튜링이 던진 "기계가 생각할 수 있는가?"라는 질문에서 시작된 인공지능의 장대한 여정은, 이제 기계가 스스로 데이터를 통해 배우고 상상을 뛰어넘는 능력을 발휘하는 딥러닝 시대로 접어들었습니다. 그리고 이 모든 혁신이 국방 분야를 포함한 인류 사회 전체에 전례 없는 가능성과 도전을 동시에 제시하고 있습니다.

1-2 머신러닝, 딥러닝, 강화 학습

현대 전장을 지배하려는 세 명의 강력한 전사가 있습니다. '머신러닝(Machine Learning)', '딥러닝(Deep Learning)', 그리고 '강화 학습(Reinforcement Learning)'입니다. 이들 각각이 국방 분야에서 어떤 놀라운 역할을 펼치는지 살펴보겠습니다.

머신러닝의 핵심은 컴퓨터를 '경험으로 배우는 똑똑한 학생'으로 만드는 것입니다. 모든 경우의 수에 대한 복잡한 규칙을 일일이 가르쳐주는 대신, 방대한 양의 '데이터(경험)'를 주고 그 안에서 스스로 '패턴(규칙성)'을 발견하도록 합니다. 마치 숙련된 탐정이 수많은 사건 자료를 뒤져가며 범인의 행동 패턴을 찾아내는 것과 같습니다.

국방 분야에서 머신러닝은 진정한 게임 체인저입니다. 위성이나 정찰 드론이 촬영한 어마어마한 양의 영상 속에서 적의 탱크, 미사일 발사대, 숨겨진 군사 시설들을 순식간에 찾아냅니다. 더 놀라운 것은 '예측 정비' 능력입니다. 군사 장비에 부착된 센서들이 보내오는 온도, 진동, 압력 등의 실시간 데이터를 분석해서 장비가 고장 나기 전에 미리 경고를 울려

줍니다. 적의 통신 내용을 분석하여 숨겨진 중요 정보를 캐내거나, 평소와 다른 이상한 통신 패턴을 감지해 공격 징후를 사전에 포착하는 일도 머신 러닝의 특기입니다.

딥러닝은 한 단계 더 진화한 기술입니다. 인간의 뇌 속 신경 세포들이 복잡하게 얽혀 정보를 처리하는 방식을 모방한 '인공 신경망'을 여러 겹으로 깊게(Deep) 쌓아 놓는 구조를 사용합니다. 이 깊은 구조 덕분에 딥러닝 모델은 데이터 속에 숨어 있는 극도로 복잡하고 추상적인 특징까지도 스스로 학습할 수 있습니다. 마치 베토벤이 단순한 음표들을 조합해 감동적인 교향곡을 만들어 내는 것처럼, 딥러닝은 원시 데이터에서 놀라운 지능을 창조해 냅니다.

국방 분야에서 딥러닝의 위력은 더욱 압도적입니다. 흐릿하거나 복잡한 배경 속에서도 특정 무기나 인물을 정확히 식별해 내는 정찰 영상 분석(미국의 Project Maven이 대표적 사례), 전쟁터의 시끄러운 소음 속에서도 병사의 음성 명령을 명확히 알아듣는 기술, 외국어로 된 적의 통신 내용을 실시간으로 번역하고 분석하는 능력 등이 모두 딥러닝의 작품입니다. 군사 AI 시스템의 '눈'과 '귀', '언어 이해 능력'을 만드는 핵심 엔진이 바로 딥러닝입니다.

강화 학습은 세 기술 중 가장 흥미진진한 학습 방식입니다. AI가 명확한 '목표'를 향해 스스로 온갖 '행동'을 시도해 보고, 그 결과에 따라 '보상(Reward)'이나 '벌점(Penalty)'을 받으면서 최고의 행동 전략을 점차 터득해 나가는 방법입니다.

게임을 배우는 과정을 떠올려 보세요. 처음에는 서툴지만 여러 전략을 시도하면서 점수를 더 많이 얻거나 승리하는 방법을 자연스럽게 체득해 나갑니다. 강아지 훈련도 마찬가지입니다. '앉아'라고 명령했을 때 강아지가 제대로 앉으면 맛있는 간식을 주고(보상), 다른 행동을 하면 아무

것도 주지 않거나 '안돼'라고 말하며(벌점), 강아지가 점차 올바른 반응을 배우도록 하는 과정과 똑같습니다.

국방 분야에서 강화 학습의 활용은 거의 SF 영화 수준입니다. 시뮬레이션 환경에서 AI가 전투기 조종사가 되어 가상의 공중전을 벌입니다. DARPA의 알파 도그파이트 실험(Alpha-Dogfight Trials)에서 보듯이, 적기를 격추하면 높은 보상을 주고 자신이 격추당하면 벌점을 주는 방식으로 AI가 스스로 최적의 공중전 기술을 학습합니다. 실제로 2020년 AI 조종사가 인간 베테랑 조종사를 상대로 연승을 기록해 충격을 주기도 했습니다.

수백, 수천 대의 드론과 로봇들이 서로 협력하여 복잡한 임무를 수행하는 '군집(Swarm)' 제어 기술 개발에도 강화 학습이 핵심 역할을 합니다. 각각의 드론이나 로봇이 어떤 행동을 해야 전체 임무 성공에 가장 도움이 되는지 시행착오를 통해 배우게 하는 것입니다. 마치 개미 떼가 협력해서 거대한 집을 짓는 것처럼, AI들이 협력해서 인간이 상상하기 어려운 복잡한 작전을 수행하게 됩니다.

이 세 가지 학습 방식은 서로 완전히 분리된 것이 아니라 상호 보완적으로 어우러져 사용됩니다. 강화 학습을 통해 로봇이 전술을 배울 때, 주변 환경을 인식하는 '눈'의 역할은 딥러닝 기반의 이미지 인식 기술이 담당합니다. 머신러닝으로 분석된 적의 행동 패턴 데이터를 바탕으로 딥러닝 모델이 더 정교한 예측을 하고, 강화 학습 에이전트가 더 현명한 결정을 내리도록 돕습니다. 결국 이 세 기술이 하나로 합쳐져 현대 전장에서 인간의 한계를 뛰어넘는 초인적 AI 전사를 탄생시키고 있는 것입니다.

2-1 정보 처리 속도와 정확성 향상

현대 전장은 말 그대로 '정보의 폭풍'이 몰아치는 곳입니다. 하늘에는 정찰 위성과 수많은 드론이 쉬지 않고 날아다니며 지상의 모든 움직임을 촬영하고, 바다에서는 군함과 잠수함이 음파와 레이더로 사방을 샅샅이 탐색하며, 땅 위에서는 병사들의 통신 내용부터 적군의 SNS 활동까지 모든 것이 생사를 가를 중요한 정보가 될 수 있습니다. 이런 정보들이 거대한 폭포수처럼 끊임없이 쏟아져 들어옵니다.

과거에는 이 모든 정보를 사람이 직접 눈으로 보고 귀로 들으며 분석했습니다. 숙련된 정보 분석가들이 밤새워 위성 사진을 한 장 한 장 판독하고, 통신 내용을 감청하며, 두꺼운 보고서를 뒤져가며 중요한 단서를 찾아냈습니다. 하지만 정보의 홍수가 터지면서 인간의 능력만으로는 한계가 명확해졌습니다. 아무리 뛰어난 전문가라 해도 하루 24시간, 일 년 365일 쏟아지는

정보를 놓치지 않고 모두 확인하는 것은 불가능합니다. 게다가 피로가 쌓이면 집중력이 떨어지고, 스트레스가 심하면 중요한 정보를 놓칠 수도 있습니다.

바로 이 지점에서 인공지능(AI)이 구세주처럼 등장했습니다. AI는 컴퓨터의 놀라운 계산 능력을 바탕으로, 인간이 처리하기 벅찬 산더미 같은 정보를 상상을 초월하는 '속도'와 한결같은 '정확성'으로 처리해 냅니다. 컴퓨터는 사람처럼 지치거나 감정에 휘둘리지 않고, 24시간 365일 일관된 최고 성능으로 데이터를 분석할 수 있습니다.

AI의 정보 처리 속도는 정말 경이롭습니다. 수천 장의 위성 사진이나 몇 시간 분량의 드론 영상을 단 몇 분 만에 스캔하여, 그 안에 숨어 있는 특

왜 군사 분야에서 인공지능이 주목받는가?

4가지 핵심 이유와 혁신 효과

정보 처리 속도와 정확성 향상

문제점: 방대한 군사 정보(위성사진, 드론영상, 통신, SNS 등)를 사람이 24시간 분석하기 불가능

AI 해결책: AI가 수천장 위성사진을 몇 분만에 스캔, 특정 패턴(탱크, 미사일 발사대) 자동 탐지

주요효과: 적 움직임 조기 포착, 기습공격 대비, 사이버 공격 초기 탐지 및 방어

장점: 24시간 일관된 성능, 감정에 흔들리지 않음, 미세한 이상신호까지 감지

구체적 사례: 드론 영상 실시간 분석으로 적군 이동경로 예측, 지휘관에게 즉시 경고

의사결정 지원

문제점: 지휘관이 제한된 정보와 시간으로 복잡한 전장상황에서 최선 선택해야 하는 부담

인간 한계: 정보 과부하, 감정적 편견, 스트레스로 인한 충동적 결정, 다변수 동시 계산의 한계

AI 해결책: AI 참모 역할로 큰 그림 제시, What-if 시나리오 수천번 시뮬레이션

핵심능력: 작전 성공확률, 예상 피해, 필요 시간과 자원을 계산하여 여러 선택지 제공

속도: 의사결정 시간 20분 → 20초로 단축, 전투 주도권 확보에 결정적 기여

구체적 사례: 썬더포지 프로젝트: AI가 여러 작전 초안을 직접 작성하여 제시

인명 피해 최소화

위험임무: 지뢰 제거, 적진 정찰, 건물 내부 수색, 방사능/화학 오염지역 조사

AI 대체: AI 탑재 로봇이 지뢰 탐지/제거, 드론이 건물 내부 사전 탐색

효율성증대: 병참 AI가 보급품 필요량 예측, 최적 보급경로 계획으로 물류 비용 절감

정비: PANDA 프로젝트: 장비 센서 데이터 분석으로 고장 예측, 예방 정비 실현

정밀타격: 영상 분석으로 중요 목표물 정확 식별, 불필요한 탄약 소모 및 민간인 피해 최소화

실제 사례: Nova 드론, Uran-9 무인전투차량으로 위험지역 대신 투입

병력 감소의 대안

도전과제: 저출산 고령화로 젊은 병력 감소하지만 국방 중요성은 증대

AI 역할: 한 명의 운영자가 AI 도움으로 여러 무인드론 동시 통제

자동화: 경계근무, 물품운반, 폭발물제거, 데이터분석 등 반복/위험 작업 자동화

자율시스템: AI 탑재 드론/무인차량이 직접 조종 없이도 감시/정찰 임무 수행

능력향상: 병사들이 더 중요하고 복잡한 임무에 집중 가능

최종 결과: 병력 감소에도 불구하고 더 스마트하고 효율적인 군대 구축 가능

AI 도입으로 달성되는 군사혁신

- **정보우위:** 방대한 데이터를 실시간 분석하여 적보다 먼저 상황 파악
- **의사결정 가속화:** 복잡한 시나리오 분석으로 최적 전략 신속 도출
- **생명보호:** 위험임무 자동화로 인명피해 최소화 및 작전효율 극대화
- **전력증강:** 적은 병력으로도 더 강력한 군사능력 발휘

AI가 군사 분야에서 주목받는 근본 이유

인간의 한계 극복 + 전투효율 극대화 + 생명보호 = 차세대 군사혁명

[그림 1] 군사 분야에서 인공지능이 주목받는 이유.

정 패턴들 - 예를 들면 적의 탱크나 미사일 발사대 같은 목표물들을 찾아냅니다. 마치 거대한 도서관에서 필요한 책을 순식간에 찾아주는 초고속 검색 엔진과 같습니다.

정확성입니다. AI는 특정 종류의 반복적인 작업에서 인간보다 훨씬 높은 정확도를 보여줍니다. 수많은 통신 신호 속에서 아주 미세한 이상 신호를 감지하거나, 복잡한 레이더 데이터에서 적의 스텔스 비행기를 식별하는 것처럼, 사람이 놓치기 쉬운 미세한 부분을 AI가 더 정확하게 찾아냅니다. 물론 현재의 AI도 완벽하지는 않아서 때때로 실수를 하지만, 데이터 속에서 패턴을 찾아내는 작업에서는 인간의 능력을 압도하는 성과를 보여줍니다.

군사 분야에서 AI의 정보 처리 능력은 게임의 룰을 완전히 바꾸어 놓았습니다. 적의 움직임을 더 빨리 포착하여 기습 공격에 대비할 수 있게 하고, 아군의 위치나 상태를 실시간으로 정확하게 파악하여 최적의 작전 계획을 세우는 데 결정적 도움을 줍니다. 드론이 촬영한 영상을 AI가 실시간으로 분석하여 적군의 이동 경로를 예측하고, 지휘관에게 즉각 경고 메시지를 전송할 수 있습니다. 사이버 공간에서 벌어지는 수많은 네트워크 활동도 AI가 실시간으로 감시하며, 해킹 공격 시도를 초기에 탐지하고 자동으로 방어 조치를 취합니다.

결국 AI의 압도적인 정보 처리 능력은 현대 전장에서 '정보 우위'를 확보하는 핵심 무기가 되었습니다. 더 빠르고 정확한 정보를 가진 쪽이 전투에서 승리한다는 군사의 철칙이 AI 시대에도 여전히 유효하지만, 이제 그 게임의 속도와 규모가 완전히 달라진 것입니다.

2-2 의사결정 지원

전장의 지휘관은 매 순간이 생사를 가르는 결정의 연속입니다. 부대원들의 생명과 국가 안보라는 엄청난 무게가 어깨에 짓눌린 채, 불완전한 정보와 촉박한 시간 속에서 최선의 선택을 해야 합니다. 마치 안개가 자욱한 어두운 밤길을 전조등 하나만으로 운전하는 것처럼, 전장 상황은 불확실하고 예측하기 어려운 경우가 대부분입니다. 갑작스러운 적의 공격이나 급변하는 상황은 지휘관에게 극도의 스트레스를 안겨 주며, 침착하고 합리적인 판단을 내리기 어렵게 만듭니다.

인간의 사고와 판단에는 태생적인 한계가 있습니다. 첫째, 사람은 한 번에 처리할 수 있는 정보의 양이 제한적입니다. 너무 많은 정보가 동시에 쏟아지면 중요한 것을 놓치거나 혼란에 빠질 수 있습니다. 둘째, 감정이나 편견이 객관적 판단을 흐립니다. 과거의 성공 경험에만 의존하거나, 자신이 믿고 싶은 정보만을 선택적으로 받아들이는 확증 편향 때문에 잘못된 결정을 내릴 수 있습니다. 셋째, 극한의 스트레스 상황에서는 침착함을 잃고 충동적인 결정을 내릴 위험이 커집니다. 마지막으로, 인간의 두뇌는 동시에 여러 복잡한 변수들의 상호작용을 완벽하게 계산하기 어렵습니다. 날씨, 지형, 적의 전력, 아군의 탄약 상황, 병사들의 피로도 등 수십, 수백 가지 요소를 동시에 고려하여 최적의 방안을 찾는 것은 인간에게는 거의 불가능한 일입니다.

인공지능(AI)은 바로 이런 인간 지휘관의 한계를 보완하고, 더 나은 의사결정을 가능하게 하는 강력한 '지원 도구'로 주목받고 있습니다. 다만 AI가 지휘관을 대신해서 최종 결정을 내리는 것은 아닙니다. AI는 마치 똑똑하고 지치지 않는 'AI 참모'처럼, 지휘관이 더 현명한 판단을 내릴 수 있도록 필요한 정보와 분석 결과를 제공하는 역할을 합니다.

AI는 뛰어난 정보 처리 능력을 바탕으로 전장의 '큰 그림'을 선명하게 보여줍니다. 수많은 센서 데이터와 정찰 정보를 종합하여, 적군과 아군의 배치 상황, 주요 위협 요소, 작전 지역의 환경 조건 등을 한눈에 알기 쉽게 시각화해서 제공합니다. 이를 통해 '전쟁의 안개' 속에서도 상황을 더 명확하게 인식할 수 있게 됩니다.

놀라운 것은 AI의 '미래 예측' 능력입니다. '만약 이렇게 한다면 어떻게 될까?'를 미리 시뮬레이션하는 것입니다. 지휘관이 "A 지점을 공격하는 작전 계획"을 고려하고 있다면, AI는 과거의 전투 데이터와 현재 상황을 바탕으로 이 작전의 성공 확률, 예상되는 아군 피해, 필요한 시간과 자원 등을 정확하게 계산해서 보여줍니다. "만약 B 작전을 선택한다면?", "만약 적이 예상치 못한 반격을 해 온다면?"과 같은 다양한 'What-if' 시나리오를 수천 번 반복해서 시뮬레이션하고 그 결과를 분석해서 제시합니다. 여러 가지 경우의 수를 미리 연습해 보는 것과 같아서, 어떤 선택이 가장 유리할지 판단하는 데 엄청난 도움을 줍니다.

미국의 '썬더포지(Thunder Forge)' 프로젝트는 AI가 여러 작전 초안을 직접 만들어 제시하는 수준까지 발전했습니다. 한국도 국방부가 2027년까지 AI를 포함한 10대 분야 국방전략기술에 3.33조 원을 투자하기로 하면서, 지능형 통합지휘결심 시스템 개발에 박차를 가하고 있습니다.

사람은 때때로 자신의 경험이나 직감에 의존해서 판단하는 경향이 있지만, AI는 오직 데이터와 논리에 기반해서 분석하므로, 인간의 편견이나 감정적 오류를 줄이는 데 큰 기여를 할 수 있습니다. 물론 입력되는 데이터가 정확하다는 전제하에서입니다.

AI가 가져다줄 변화 중 하나는 엄청난 '속도'입니다. 현대 전쟁에서 빠른 의사결정은 부대의 생존과 직결됩니다. AI는 방대한 정보를 분석하고 복잡한 시뮬레이션을 수행하는 데 걸리는 시간을 극적으로 단축시켜줍니다. 과거에 특정 전술적 결정을 내리는 데 20분이 걸렸다면, AI 시스템 도입으로 20초로 줄어들 수도 있습니다. 이렇게 빨라진 의사결정 속도는 아군이 적보다 한발 앞서 행동하고 전투의 주도권을 확실히 잡는 데 결정적 역할을 합니다.

결국 인공지능은 복잡하고 긴박한 현대 전장에서 인간 지휘관이 겪는 정보 과부하, 시간 제약, 인지적 한계를 극복하도록 돕는 필수 불가결한 지원 시스템입니다. AI는 방대한 정보를 번개같이 분석하고, 미래를 정확히 예측하며, 다양한 선택지를 객관적으로 평가함으로써 인간의 의사결정 능력을 획기적으로 확장해, 궁극적으로 더 효과적이고 성공적인 군사 작전을 가능하게 만드는 핵심 동력으로 자리 잡고 있습니다.

2-3 인명 피해 최소화

전쟁터에는 위험천만한 임무들이 산적해 있습니다. 적군이 교묘하게 설치해 놓은 지뢰나 급조폭발물(IED)을 제거하는 작업은 한순간의 실수가 소중한 생명을 앗아갈 수 있는 극도로 위험한 일입니다. 적진 깊숙이 들어가 중요한 정보를 수집하는 정찰 임무나, 적의 저격수가 언제 어디서 총구를 겨누고 있을지 모르는 건물 내부를 수색하는 상황도 마찬가지입니다. 방사능이나 치명적인 화학 물질에 오염된 지역을 조사하거나, 밤새도록 적의 침투를 감시하는 경계 근무 역시 병사들에게 극심한 부담과 위험이 됩니다.

AI 기술은 이런 위험한 임무들을 사람 대신 로봇이나 드론 같은 무인 시스템이 수행하도록 만들 수 있습니다. AI가 탑재된 로봇은 정교한 지뢰 탐지 센서를 활용해 위험 지역을 스스로 돌아다니며 숨겨진 지뢰를 찾아내거나 안전하게 제거할 수 있습니다.

실드 AI(Shield AI)의 'Nova' 드론처럼, AI 자율 비행 기술을 갖춘 무인기는 사람이 직접 들어가기 전에 건물 내부나 지하 터널을 먼저 탐색하여 내부 구조와 잠재적 위험 요소를 파악하고 그 정보를 실시간으로 전달해 줄 수 있습니다. 러시아의 'Uran-9'와 같은 무인 전투 차량은 위험한 시가전에 맨 먼저 투입되어 화력 지원을 하거나 적의 공격을 대신 받아냄으로써 아군 병사들의 피해를 현저히 줄일 수 있습니다.

중국이 2년 내에 전장 투입을 예고한 AI 기반 자율 킬러 로봇의 사례에서 보듯이, AI 무인 시스템은 가장 위험한 최전선에 사람 대신 투입되어 소중한 생명을 구할 수 있는 혁신적 대안이 되고 있습니다.

AI는 군사 작전의 '효율성 극대화'에도 놀라운 기여를 합니다. 병참 분야에서 AI는 과거의 탄약 및 연료 소모량 데이터, 현재 진행 중인 작전 상황, 날씨 변화 등을 종합적으로 분석하여 앞으로 각 부대에 정확히 얼마만큼의 보급품이 필요할지를 정밀하게 예측할 수 있습니다. 이를 통해 불필요하게 많은 물품을 쌓아두는 낭비를 막고, 반대로 꼭 필요한 물품이 부족해서 작전에 차질이 생기는 상황을 미연에 방지할 수 있습니다. AI는 또한 가장 빠르고 안전한 보급 경로를 실시간으로 계획하고, 운송 수단의 효율적인 운영을 도와 물류비용을 대폭 절감할 수도 있습니다.

장비 유지보수 분야에서도 AI는 변화를 끌어내고 있습니다. 전투기, 탱크, 군함과 같은 복잡하고 값비싼 군사 장비들이 언제 고장 날지를 예측하는 것은 작전 성공의 핵심입니다. AI는 장비에 부착된 수많은 센서들이 보내오는 실시간 데이터(엔진 온도, 진동, 압력 등)를 정밀하게 분석하여, 특정 부품이 고장 날 가능성이 높아지는 순간 즉시 경고를 울려 주는 '예측 정비'를 가능하게 합니다.

미 공군의 'PANDA(Prototype for Analytics using Non-traditional Data and Analytics)' 프로젝트처럼, 장비가 갑자기 고장 나서 중요한 작전에 투입되지 못하는 최악의 상황을 사전에 막고, 동시에 아직 충분히 사용할 수 있는 부품을 불필요하게 미리 교체하는 낭비도 줄일 수 있습니다.

이는 장비의 가동 시간을 최대한 늘리고 천문학적인 정비 비용을 획기적으로 절약하는 일석이조의 효과를 가져옵니다.

AI는 공격의 효율성도 향상시킬 수 있습니다. 정찰 영상을 AI가 정밀 분석하여 적의 가장 중요한 목표물(예: 지휘소, 레이더 기지, 통신 시설)을 정확하게 식별하고, 그 목표물을 완전히 무력화하는 데 가장 적합한 무기와 정확한 필요량을 과학적으로 계산해서 제안할 수 있습니다. 불필요한 탄약 소모를 최소화하고, 주변 민간인 피해를 극도로 줄이는 외과수술식 정밀 타격이 가능해집니다.

결국 AI 기술은 전쟁의 가장 어두운 면인 인명 피해를 획기적으로 줄이는 동시에, 작전의 효율성을 극대화하는 양방향의 혁신을 동시에 이뤄내고 있습니다. 이는 단순한 기술적 진보를 넘어서 인도주의적 가치와 군사적 효과성을 모두 추구할 새로운 가능성을 열어 주고 있습니다.

2-4 병력 자원 감소의 대안

전세계적인 저출산과 고령화 현상으로 젊은이들의 수가 급격히 줄어들고 있습니다. 군 복무를 평생 직업으로 선택하려는 젊은이들의 수도 함께 감소하고 있습니다. 그런데 역설적으로 국가 안보의 중요성은 오히려 더욱 커지고 있습니다. 주변 국가들과의 복잡한 관계나 예측하기 어려운 국제 정세 때문에 국방의 중요성이 그 어느 때보다 절실해지고 있는 상황입니다.

병력이 줄어드는 현실에서 어떻게 강력한 국방력을 유지할 수 있을까요? 이 난제에 대한 혁신적 해답 중 하나로 인공지능(AI)과 로봇, 무인 시스템이 급부상하고 있습니다. AI 기술은 줄어드는 병력 문제를 해결하는 동시에, 더 적은 수의 인원으로도 더 강력한 군사 능력을 발휘할 수 있도록 돕는 게임 체인저가 될 수 있습니다.

AI와 자동화 기술은 여러 가지 혁신적 방식으로 병력 감소 문제에 대응합니다. 첫째, AI는 '전력 승수(Force Multiplier)' 역할을 톡톡히 해 냅니다. 한 명의 병사나 운영자가 AI의 강력한 도움을 받아 과거 여러 명이 해야 했던 일을 혼자서 해 낼 수 있게 됩니다. 예전에는 비행기 한 대를 조종하기 위해 여러 명의 승무원이 필요했지만, 이제는 한 명의 숙련된 조종사가 지상 관제소에서 AI가 탑재된 여러 대의 무인 드론을 동시에 통제하거나 감독할 수 있습니다.

과거에는 수많은 감시 카메라 영상을 여러 명의 분석가가 밤을 새워 가며 지켜봐야 했다면, 이제는 AI가 자동으로 이상 징후를 감지하고 즉각 알려줌으로써 한 명의 분석가가 훨씬 더 넓은 영역을 효율적으로 감시할 수 있게 되었습니다. 이처럼 AI는 각 병사의 능력을 획기적으로 증강시켜, 더 적은 인원으로도 더 많은 임무를 완벽하게 수행할 수 있도록 돕습니다.

둘째, AI와 로봇은 사람이 하던 일부 임무를 완전히 대신 수행할 수 있습니다. 힘들고 지루하며 반복적인 작업이나 위험성이 높은 작업을 자동화함으로써, 병사들이 더 중요하고 복잡한 고급 임무에 집중할 수 있도록 해 줍니다. 밤새도록 정해진 구역을 순찰하는 단조로운 경계 근무나, 무거운 물품을 운반하는 고된 작업, 생명을 위험에 빠뜨리는 폭발물 제거 작업, 데이터 입력이나 기본적인 정보 분석과 같은 단순 반복 업무를 로봇이나 AI 소프트웨어가 대신할 수 있습니다. 병사들의 업무 부담을 크게 줄여 줄 뿐만 아니라, 위험한 임무에서 발생할 수 있는 소중한 인명 피해를 예방하는 이중 효과를 가져옵니다.

셋째, 스스로 판단하고 움직일 수 있는 '자율 시스템(Autonomous System)'은 병력 부족 문제를 근본적으로 해결하는 데 혁신적 기여를 할 수 있습니다. AI가 탑재된 드론이나 무인 차량이 사람의 직접적인 조종이나 감시 없이도 스스로 복잡한 임무를 수행할 수 있다면, 광활한 지역을 지속적으로 감시하거나 정찰하는 임무를 훨씬 적은 인원으로도 완벽하게 감당할 수 있게 됩니다.

AI와 자동화 기술이 단순히 부족한 병력을 임시방편으로 '땜질'하는 수준을 훨씬 넘어서, 오히려 군대의 전체적인 능력을 근본적으로 '향상' 시킬 수도 있다는 점이 가장 흥미로운 부분입니다. AI 기술을 전략적으로 잘 활용한다면, 병력이 줄어들더라도 오히려 더 스마트하고 효율적인 차세대 군대를 만들 절호의 기회가 될 수도 있는 것입니다.

결국 AI는 전통적인 '인해전술'에서 '기술 우위 전략'으로의 패러다임 전환을 가능하게 하는 핵심 동력이 되고 있습니다. 미래의 전쟁에서는 병력의 수보다 기술의 질이, 물량보다 지능이 승부를 가르는 결정적 요소가 될 것임을 보여주고 있습니다.

3 국방 AI의 주요 활용 분야

AI는 단순히 하나의 특정 기술이나 장비를 의미하는 것이 아닙니다. 마치 만능 도구처럼 국방의 모든 영역에서 다양한 모습으로 활용될 수 있는 혁신적 기술입니다. 최전선에서 적과 치열하게 싸우는 일부터, 뒤에서 묵묵히 지원하는 일까지, AI는 현대 군대가 임무를 수행하는 방식을 뿌리부터 완전히 바꾸어 놓고 있습니다.

가장 먼저 떠올릴 수 있는 분야는 바로 군대의 '눈과 귀' 역할을 하는 감시 및 정찰 분야입니다. 현대 전쟁에서는 적이 정확히 어디에 있는지, 무엇을 하고 있는지를 빠르고 정확하게 아는 것이 승패를 가르는 핵심입니다. AI는 위성, 드론, 각종 센서가 수집한 엄청난 양의 정찰 데이터를 실시간으로 분석해서 적의 움직임을 포착하고, 위협을 사전에 감지하며, 전장 상황을 종합적으로 파악하는 데 없어서는 안 될 역할을 합니다.

두 번째로는 실제 전투가 벌어지는 무기 체계 분야에서도 AI가 게임 체인저 역할을 하고 있습니다. AI는 무기를 더 똑똑하고 정밀하게 만드는 핵심 기술입니다. 미사일이 목표를 향해 날아가는 동안 AI가 실시간으로 주변 환경과 목표물의 움직임을 분석하여 스스로 최적의 경로를 수정함으로써 명중률을 극대화할 수 있습니다. AI가 탑재된 드론이나 로봇은 사람의 조종 없이도 스스로 목표물을 찾아 정밀 공격하는 임무를 수행할 수도 있습니다.

반대로, 아군을 방어하는 무기 체계에도 AI가 혁신을 불러일으키고 있습니다. 적의 미사일이나 드론이 사방에서 동시에 공격해 올 때, AI는 각 위협의 종류와 위험도를 순식간에 판단하여 가장 효과적인 요격 무기를 자동으로 할당하고 발사 명령을 내릴 수 있습니다. 숙련된 방공 통제관 여러 명의 역할을 AI 혼자서 완벽하게 해내는 것과 같습니다.

세 번째로 중요한 분야는 군대의 '두뇌'에 해당하는 지휘 통제 및 의사결정 영역입니다. 전쟁터의 지휘관은 복잡하고 급박한 상황 속에서 최선의 결정을 내려야 합니다. AI는 이런 지휘관을 돕는 강력한 조력자, 즉 'AI 참모' 역할을 수행할 수 있습니다. AI는 전장의 모든 정보를 실시간으로 종합하여 지휘관이 전체 상황을 한눈에 파악할 수 있도록 돕고, 앞으로 어떤 일이 벌어질지를 정확히 예측 분석하여 지휘관에게 제시함으로써, 더 현명하고 신속한 결정을 내릴 수 있도록 지원합니다.

네 번째로, 전쟁의 승패를 좌우하는 중요한 축인 군수, 병참, 그리고 장비 유지·보수 분야에서도 AI는 혁신적 변화를 이끌어 내고 있습니다. 전투에 필요한 탄약, 연료, 식량 등의 물품을 제때 필요한 곳에 정확하게 공급하는 것은 작전 성공의 생명선입니다. AI는 과거의 데이터와 현재 상황을 정밀 분석하여 앞으로 얼마만큼의 물품이 필요할지를 예측하고, 가장 효율적인 운송 경로와 방법을 계획하여 보급이 끊기지 않도록 돕습니다.

다섯 번째는 눈에 보이지 않는 전쟁터인 사이버 공간에서의 전투입니다. AI는 24시간 쉬지 않는 똑똑한 보안 요원처럼, 네트워크를 꼼꼼히 감시하며 비정상적인 활동이나 해킹 시도를 사람보다 훨씬 빠르게 탐지하고 자동으로 방어 조치를 취할 수 있습니다. 2024년 들어 북한과 적성국들이 AI 기술을 사이버전 도구로 적극 활용하고 있어, 우리도 AI 기반 사이버 방어 체계 구축이 더욱 시급해졌습니다.

여섯 번째로, 군인들을 훈련시키는 교육 및 시뮬레이션 분야에서도 AI는 혁명적 역할을 합니다. AI는 가상의 적군 역할을 맡아 훈련병의 수준에 정확히 맞춰 다양한 전술을 구사하거나 예상치 못한 상황을 실감나게 만들어 냄으로써, 훈련 효과를 극대화할 수 있습니다. 실제 훈련보다 훨씬 안전하고 비용도 적게 들면서, 병사들이 다양한 전투 상황에 대한 풍부한 경험을 쌓고 실전 감각을 키우는 데 엄청난 도움을 줍니다.

마지막으로 AI는 군 의료 분야에서도 부상당한 병사의 상태를 신속하고 정확하게 진단하거나 최적의 치료 방법을 제안하고, 군 병원의 운영 효율을 획기적으로 높이는 방식으로 활용될 가능성을 보여주고 있습니다.

이처럼 인공지능은 국방 분야의 아주 광범위한 영역에 걸쳐 이미 적용되고 있거나 곧 적용될 무한한 가능성을 보여 주고 있습니다. 단순히 특정 무기 하나를 똑똑하게 만드는 것을 넘어서, 정보를 수집하고 분석하는 방식, 작전을 계획하고 지휘하는 방식, 병력을 지원하고 관리하는 방식, 그리고 병사들의 훈련 방식까지, 군대가 운영되는 거의 모든 과정에 AI는 깊숙이 관여하며 혁신을 이끌어 내고 있습니다.

대한민국은 2027년까지 세계 7위의 국방기술력 달성을 목표로 AI를 포함한 10대 분야 국방전략기술에 많은 예산을 투자할 예정이며, 감시

정찰체계 → 전투체계 → 지휘통제체계로 AI 적용을 확대할 계획입니다. 2024년부터 국방 AI 전문 인력 양성을 위해 성균관대, 서울과기대, 중앙대, KAIST에서 연간 100여 명을 교육하고 있으며, 이는 미래 AI 국방 시대를 대비한 인재 육성의 중요한 발걸음입니다.

결국 AI는 현대 군대의 모든 영역을 관통하는 혁신의 동력이자, 미래 전장을 지배할 핵심 기술로 자리매김하고 있습니다.

"적을 알고 나를 알면 백번 싸워도 위태롭지 않다(知彼知己, 白戰不殆)."라는 말처럼, 전쟁에서 가장 먼저 해야 할 일이 상대방을 파악하는 것입니다. 적이 숨어있는 곳, 보유한 병력, 다음 작전 계획까지 모든 것을 아는 것이 생사를 가르는 열쇠가 됩니다.

군사 전문가들은 이런 활동을 '감시(Surveillance)'와 '정찰(Reconnaissance)'이라고 부릅니다. 두 용어를 합쳐 'ISR(Intelligence, Surveillance, and Reconnaissance)'이라는 멋진 이름도 만들어 냈죠. 감시는 마치 파수꾼처럼 넓은 지역을 오랫동안 지켜보는 일이고, 정찰은 특수부대원처럼 특정 목표에 몰래 접근해 정보를 캐내는 활동입니다.

옛날 전쟁터에서는 정말 단순했습니다. 용감한 병사가 나무 위에 올라가거나 높은 언덕에서 망원경으로 적을 관찰하는 것이 전부였죠. 때로는 목숨을 걸고 적진에 잠입해서 정보를 빼내 오기도 했습니다.

19세기가 되자 사람들이 기발한 아이디어를 냈습니다. 거대한 열기구를 하늘에 띄워 높은 곳에서 적을 내려다보기 시작한 것입니다. 땅에서 보는 것보다 훨씬 넓은 시야를 확보할 수 있었지만, 바람에 휘둘리며 적의 총알받이가 되기 쉬웠습니다.

진짜 혁신은 20세기 비행기의 등장과 함께 시작되었습니다. 비행기는 그야말로 게임 체인저였습니다. 적진 상공을 빠르게 날아다니며 카메라로 사진을 찍어올 수 있었거든요. 제1차, 제2차 세계대전을 거치면서 항공 정찰은 군사 작전의 필수 요소가 되었습니다. 무선 통신 기술의 발달로 정찰기가 발견한 정보를 실시간으로 지상에 전달할 수 있게 된 것도 큰 변화였습니다.

냉전 시대가 열리면서 미국과 소련의 우주 개발 경쟁이 정찰 분야에도 대혁명을 일으켰습니다. 바로 '정찰 위성'의 탄생입니다. 지구 궤도를 도는 인공위성은 마치 하늘의 스파이처럼 지구상 어디든 몰래 촬영할 수 있었습니다. 날씨가 나쁘거나 밤에도 작동하는 레이더 위성, 미사일 발사 시 나오는 열을 감지하는 적외선 위성까지 등장했습니다. 적에게 들키지 않고 위험한 곳의 정보까지 얻을 수 있어서 전략적 가치가 엄청났죠.

U-2나 SR-71 블랙버드 같은 초고속, 초고고도 정찰기들도 활약했습니다. 비행기, 함선, 지상 기지에는 적의 레이더나 통신 전파를 엿듣는 전자전(EW) 장비와 밤에도 열을 감지하는 적외선(IR) 센서가 달리기 시작했습니다. 정보 수집의 범위가 폭발적으로 넓어진 거죠.

[그림 2] 초고속, 초고고도 정찰기로 활약한 U-2(왼쪽)와 SR-71.

21세기에 들어서면서 컴퓨터와 인터넷 기술이 또 다른 혁신을 가져왔습니다. 바로 사람이 타지 않는 '무인 항공기(UAV)', 즉 '드론'의 시대가 열린 것입니다. 드론은 조종사 없이도 하늘을 날 수 있고, 사람보다 훨씬 오래 공중에 머물 수 있었습니다. 미국의 '프레데터'나 '리퍼' 같은 드론들은 고화질 카메라와 적외선 센서로 무장하고, 위성 통신으로 실시간 영상을 지상에 보내올 수 있었습니다.

현대 전장은 그야말로 정보의 바다입니다. 위성, 드론, 지상 센서, 해상 센서, 사이버 정보, 공개 정보까지 무수히 많은 정보원이 거미줄처럼 연결되어 끊임없이 데이터를 쏟아냅니다. 문제는 정보량이 너무 많고(Volume), 생성 속도가 너무 빠르며(Velocity), 종류도 너무 다양하다(Variety)는 점입니다. 영상, 음성, 텍스트, 센서 데이터가 홍수처럼 밀려오는 '데이터 홍수' 시대가 된 거죠.

적을 알아야 이긴다는 기본 원칙은 변하지 않았지만, 그 방법은 인간의 눈에서 시작해 비행기, 위성, 드론, 센서 네트워크로 끝없이 진화해 왔습니다. 이제는 상상할 수 없을 만큼 많은 정보를 얻을 수 있지만, 그 정보의 홍수에서 진짜 중요한 것을 찾아내는 것이 새로운 도전이 되었습니다. 바로 이 문제를 해결하기 위해 인공지능(AI)이 등장한 것입니다.

2 　　　　　　　　　　　　　　　　　　드론, 하늘의 감시자

2-1　정찰, 감시 임무에서 AI 활용

드론은 이제 우리 일상에서 흔히 볼 수 있는 존재가 되었습니다. 결혼식 영상을 찍거나 택배를 배달하는 데도 쓰이죠. 군사 분야에서 드론의 진가는 적진을 몰래 들여다보고 넓은 지역을 지켜보는 정찰과 감시 임무에서 나타납니다.

과거 드론은 단순히 '날아다니는 카메라' 수준이었습니다. 미리 정해진 경로를 따라 비행하며 영상을 촬영하고, 나중에 사람이 그 영상을 보며 분석하는 방식이었죠. 실시간으로 변하는 전장 상황에 즉각 대응하기는 어려웠습니다.

그런데 인공지능(AI)이 등장하면서 모든 게 바뀌었습니다. 드론이 스스로 생각하고 판단할 수 있는 '지능형 감시자'로 진화한 것입니다. AI는 드론의 두뇌 역할을 하며, 정찰과 감시 임무의 효율성을 몰라보게 향상시켰습니다.

똑똑한 탐색과 수색

AI가 달린 드론은 마치 숙련된 탐정처럼 행동합니다. 예전에는 미리 짜인 경로만 따라 비행했다면, 이제는 비행 중에 보는 영상을 실시간으로 분석해서 더 중요하거나 의심스러운 지역을 스스로 찾아냅니다. 예상치 못한 차량 움직임이나 건물 변화를 감지하면, 사람의 지시를 기다리지 않고 자동으로 그 지역에 더 가까이 다가가 자세히 관찰합니다.

자동 표적 인식의 마법

딥러닝 AI는 수많은 이미지를 학습해서 영상 속에서 탱크, 트럭, 특정 건물, 심지어 특정 인물까지 실시간으로 구분해 냅니다. 드론이 넓은 지역을 촬영하는 동안 AI가 자동으로 중요한 목표물을 찾아내어 "여기 주목하세요!"라고 알려주는 거죠. 지상 관제요원은 훨씬 수월하게 상황을 파악하고 필요한 조치를 취할 수 있습니다.

이상 징후 탐지의 달인

AI는 평소와 다른 '이상한' 일을 감지하는 데 뛰어납니다. 특정 지역의 평소 모습이나 활동 패턴을 학습한 뒤, 그 패턴에서 벗어나는 변화를 즉시 포착합니다. 평소 조용하던 길에 갑자기 많은 차량이 나타나거나, 숲속에 새로운 텐트나 장비가 설치되면 바로 알려줍니다. 미묘한 변화도 놓치지 않아 숨겨진 위협을 조기에 발견할 수 있습니다.

24시간 지치지 않는 감시

사람은 오랫동안 화면을 보면 피곤해지고 집중력이 떨어집니다. 하지만 AI는 24시간 내내 쉬지 않고 영상을 분석합니다. 중요한 사건이 발생하거나 특별한 변화가 감지될 때만 사람에게 알림을 보내죠. 운영 요원의 피로는 줄이고 감시 효율은 높이는 일거양득 효과입니다.

은밀한 자율 항법

AI는 지형 정보와 실시간 센서 데이터를 분석해 적의 레이더나 방공망을 피할 수 있는 최적의 비행경로를 스스로 계획합니다. 낮은 고도로 비행하거나 산과 건물 뒤에 숨어 비행하는 복잡한 전술도 사람의 개입 없이 수행합니다. GPS 신호가 없어도 카메라나 다른 센서로 자신의 위치를 파악하며 비행을 계속할 수 있어 더욱 신뢰할 만합니다.

2-2 고해상도 영상 및 센서 데이터 분석 자동화

현대 드론은 단순한 카메라만 달고 다니지 않습니다. 아주 선명한 고해상도 카메라부터 우리가 눈으로 볼 수 없는 정보까지 수집하는 첨단 센서들이 가득 달려 있습니다.

밤에도 물체의 열을 감지하는 '적외선(IR) 카메라', 구름이나 안개를 뚫고 지형을 파악하는 '레이더(SAR)', 레이저로 주변 환경의 정밀한 3차원 지도를 만드는 '라이다(LiDAR)', 적의 통신이나 레이더 전파를 엿듣는 '신호 정보(SIGINT) 수집 장비' 등이 그것입니다. 덕분에 날씨나 시간에 상관없이 풍부하고 다각적인 정보를 수집할 수 있습니다.

분석 기술	탐지 Detection	분류 Classification	변화 탐지 Change Detection	활동 인식 Activity Recognition	센서 융합 Sensor Fusion
주요 기능	물체의 위치를 찾아내어 경계 상자로 표시	탐지된 물체가 무엇인지 구체적으로 구별	시간에 따른 지역의 변화를 자동으로 감지	사람이나 차량의 행동 패턴을 분석	여러 센서 데이터를 통합하여 종합 분석
분석 대상	탱크, 트럭, 사람, 건물 등 모든 물체	군용차, 민간차, 장갑차 등 물체 유형	새 건물, 사라진 차량, 지형 변화	땅파기, 물건운반, 병력이동	가시광선, 적외선, 레이더 통합
구현 난이도	중간	중간	높음	매우 높음	최고 난이도
핵심 장점	즉시 위치 파악 범용성	위험 수준 판단 정확한 식별	시간 추이 분석 패턴 발견	의도 파악 예측 가능	최고 신뢰성 종합 판단
활용 사례	초기 정찰, 위치 확인, 목표물 발견	적군/아군 식별, 위협도 평가	기지 확장 감시, 이동 경로 분석	작전 패턴 분석, 의도 추정	날씨/야간 상황 극복, 정밀 분석

[그림 3] 고해상도 영상 분석 비교표.

정보 홍수의 문제

문제는 수집되는 데이터의 양이 상상을 초월한다는 점입니다. 하루 종일 비행하며 촬영하는 영상만 해도 도서관 전체의 책을 읽는 것만큼 방대합니다. 정보 분석가들은 말 그대로 정보의 바다에서 허우적거리게 됩니다. 중요한 정보를 놓치거나 분석이 늦어져 결정적인 순간을 놓칠 위험이 커지죠.

바로 이 문제를 해결하기 위해 AI를 활용한 '데이터 분석 자동화' 기술이 등장했습니다. 딥러닝 기반 컴퓨터 비전(Computer Vision) 기술은 사람이 눈으로 보고 판단하던 분석 작업을 컴퓨터가 자동으로, 그것도 훨씬 빠른 속도로 수행할 수 있게 했습니다.

AI로 자동화된 분석 작업

탐지(Object Detection) - 영상 속에서 탱크, 트럭, 사람, 건물 같은 특정 물체가 어디에 있는지 찾아내어 네모 상자로 표시합니다. AI는 수많은 학습 데이터를 통해 다양한 각도와 환경에서 촬영된 물체들의 모습을 기억하고, 새로운 영상에서도 비슷한 형태를 정확하게 찾아냅니다.

분류(Object Classification) - 단순히 물체를 찾는 것을 넘어 그것이 구체적으로 무엇인지 구별합니다. 차량을 찾아낸 뒤 그것이 군용 트럭인지, 민간인 승용차인지, 적의 장갑차인지 분류해 내죠. 이를 통해 어떤 종류의 위협이 존재하는지 빠르게 파악할 수 있습니다.

변화 탐지(Change Detection) - 같은 지역을 다른 시간에 촬영한 영상을 비교하여 변화를 자동으로 찾아냅니다. 어제 없었던 건물이 오늘 나타났거나, 주차되어 있던 차량들이 사라졌거나, 지형이 파헤쳐진 흔적 등을 AI가 자동으로 감지하고 표시해 줍니다.

활동 인식(Activity Recognition) - 영상 속 사람이나 차량의 움직임을 분석하여 어떤 행동을 하고 있는지 파악합니다. 여러 명이 땅을 파는 모습, 차량에서 물건을 싣는 모습, 특정 방향으로 이동하는 병력 등을 AI가 인식하여 "현재 이런 활동이 벌어지고 있다."라고 분석 결과를 제공합니다.

센서 융합 분석(Sensor Fusion Analysis) - 여러 센서에서 들어오는 정보를 동시에 분석하고 결합합니다. 일반 카메라로는 나무 밑에 숨어 보이지 않는 차량이라도, 적외선 카메라로는 엔진의 열을 감지하고, 레이더로는 금속 물체의 형태를 파악하여 AI가 종합적으로 "차량이 숨어있을 가능성이 높다."라고 판단할 수 있습니다.

이런 분석 자동화로 거의 실시간 분석이 가능해졌고, 인간 분석가들은 단순 반복 작업에서 벗어나 더 중요하고 창의적인 업무에 집중할 수 있게 되었습니다.

2-3 실시간 상황 인식 능력 향상

전장에서 생존하고 임무에 성공하려면 '지금 내 주변에서 무슨 일이 일어나고 있는지'를 정확히 아는 것이 생명입니다. 이것을 '상황 인식(Situational Awareness, SA)'이라고 부릅니다.

축구 경기에서 뛰어난 선수가 항상 동료와 상대방의 위치, 공의 움직임을 파악하며 다음 플레이를 결정하는 것처럼, 전쟁터에서는 이런 상황 인식이 생존과 직결됩니다. 내가 어디에 있는지, 동료들은 어디에 있는지, 적군은 어디서 무엇을 하고 있는지, 주변 지형과 날씨는 어떤지, 앞으로 어떤 위험이 닥칠 수 있는지를 명확히 파악하는 능력이죠.

전쟁의 안개를 걷어내는 AI

'전쟁의 안개(Fog of War)'라는 말이 있을 정도로 전쟁터는 불확실하고 혼란스러운 곳입니다. 과거에는 지휘관이나 병사들이 얻을 수 있는 정보가 극히 제한적이었습니다. 하지만 AI 기술이 탑재된 드론은 이런 한계를 극복하고, 전장의 모든 참여자가 훨씬 더 명확하고 신속하게 상황을 파악할 수 있도록 돕습니다.

통합된 전장 그림 제공

AI는 여러 곳에서 들어오는 다양한 정보를 하나의 '공통상황도(COP, Common Operational Picture)'로 만들어 보여줍니다. 여러 대의 드론이 보내오는 영상, 인공위성이 촬영한 넓은 지역 사진, 지상 레이더 정보, 아군부대 위치 정보 등을 모두 종합하여 하나의 디지털 지도에 실시간으로 표시합니다. 마치 게임 화면에서 전체 맵을 보며 아군과 적군의 위치, 주요 지점을 한눈에 파악하는 것과 같습니다.

미래 예측 능력

AI는 현재 상황 분석을 바탕으로 미래를 '예측'하는 데도 도움을 줍니다. 적군의 이동 경로, 병력 집중 상태, 과거 전술 패턴 등을 분석하여 "잠시 후 적이 어느 방향으로 공격해 올 가능성이 높다."라거나 "특정 지역에 매복이 있을 수 있다."라는 예측 정보를 제공합니다. 100% 정확한 예측은 어렵지만, 이런 정보는 위험에 대비하고 선제적으로 대응할 수 있는 귀중한 단서가 됩니다.

맞춤형 정보 전달

AI는 필요한 정보를 필요한 사람에게, 필요한 시점에, 필요한 형태로 '맞춤 전달'할 수 있습니다. 최전선 병사에게는 당장 주변의 적 위치나 위험 경고 같은 긴급 정보가 가장 중요합니다. 후방 지휘관에게는 전체 전선 상황, 적의 전략적 움직임, 아군 자원 현황 등 더 넓은 범위의 정보가 필요하죠. AI는 사용자의 역할과 현재 상황에 맞춰 가장 필요한 정보를 골라내어 최적의 형태로 전달합니다.

이런 AI 능력들로 전쟁의 불확실성이 상당히 줄어들었습니다. 지휘관과 병사들은 이전보다 훨씬 더 명확하고 최신의 포괄적인 정보를 바탕으로 상황을 인식하게 되었고, 더 자신감 있고 신속하며 효과적인 결정을 내릴 수 있게 되었습니다.

3-1 영상 데이터 분석의 혁신

21세기에 들어 항공과 위성 정찰 기술이 급속도로 발전하면서 촬영되는 영상의 양이 기하급수적으로 늘어났습니다. 하루 종일 비행하며 찍는 영상의 양은 사람이 분석하기에는 너무나 방대했습니다. 마치 도서관 전체의 책을 한 사람이 다 읽어야 하는 상황과 같았죠.

이 엄청난 도전을 해결하기 위해 미국 국방부는 혁신적인 해법을 모색하기 시작했습니다. 바로 인공지능(AI) 기술을 군사 영상 분석에 도입하는 것이었습니다. 사람이 하기에는 너무 힘들고 시간이 오래 걸리는 영상 분석 작업을 똑똑한 컴퓨터에 맡기자는 아이디어였죠. 프로젝트 이름에도 쓰인 메이븐(Maven)은 '전문가, 숙련가'의 의미를 가지고 있는 이것이 바로 '프로젝트 메이븐(Project Maven)'의 시작입니다.

2017년 4월 26일, 당시 국방부 부장관 로버트 O. 워크(Robert O. Work)가 서명한 문서를 통해 'Algorithmic Warfare Cross-Functional Team', 즉 Project Maven이 공식 출범했습니다. 단순히 영상 분석 속도를 높이는 것뿐만 아니라 분석의 질을 높이고, 분석가들의 피로도를 줄여 더 정확한 판단을 내릴 수 있도록 돕는 것이 목표였습니다.

2024년 현재, Project Maven의 놀라운 성과

Project Maven은 이제 실험실을 벗어나 실제 전장에서 활약하고 있습니다. 2022년부터는 국가지리공간정보국(NGA)이 운영을 맡아 더욱 정교한 시스템으로 발전시켰습니다. 현재 우크라이나 전쟁, 예멘, 이라크, 시리아에서 사용되고 있으며, 한 시간에 80개의 표적을 결정할 수 있을 정도로 성능이 향상되었습니다. 이는 AI 없이는 30개 정도밖에 처리할 수 없었던 것과 비교하면 엄청난 발전입니다.

3-2 딥러닝 기반 객체 탐지

Project Maven의 핵심 기술은 '딥러닝(Deep Learning)'이라는 인공지능 분야에 기반을 두고 있습니다. 딥러닝은 마치 사람의 뇌가 작동하는 방식처럼 컴퓨터가 스스로 데이터 속 패턴을 학습하고 판단하는 기술입니다.

어릴 때 강아지와 고양이를 구분하는 법을 배우는 과정을 생각해 보세요. 처음에는 부모님이 "이건 강아지야.", "저건 고양이야."라고 알려주지만, 점점 더 많은 동물을 보면서 스스로 둘의 차이점을 파악하고 새로운 동물을 봐도 구분할 수 있게 됩니다.

딥러닝도 똑같은 방식입니다. Project Maven에서는 AI 모델에게 수많은 드론 영상 이미지를 보여주면서 학습시킵니다. 이 이미지들에는 미리 사람이 "이것은 특정 종류의 트럭이다.", "이것은 건물이다.", "이것은 사람이다."라고 정답을 표시해 둡니다. AI는 이 정답이 표시된 이미지를 반복해서 보면서 특정 대상이 어떤 모양, 색깔, 질감을 가지는지 스스로 학습합니다.

현재 38가지 객체 인식 가능

현재 Project Maven의 AI는 38가지 서로 다른 객체 유형을 식별할 수 있습니다. 각종 차량, 건물, 무기 시스템, 사람 등을 정확하게 구분해내죠. 학습된 AI 모델은 새로운 영상이 들어왔을 때 학습한 내용을 바탕으로 영상 속 객체들을 자동으로 찾아내고 식별합니다. "이 위치에 차량으로 의심되는 물체가 3대 있습니다.", "이 건물은 이전에 학습한 군사 시설과 유사합니다."라고 분석가에게 알려주는 것입니다.

3-3 실전 적용

Project Maven의 주요 목적은 감시 및 정찰(Intelligence, Surveillance, Reconnaissance) 능력 향상입니다. 광활한 지역이나 접근하기 어려운 적진을 드론으로 감시하면서, AI가 실시간으로 특정 인물, 차량, 무기 시스템, 의심스러운 활동 등을 식별하여 보고합니다.

실제 전투에서의 활용

2020년 포트 리버티에서 역사적인 실험이 성공했습니다. AI 시스템이 위성 이미지에서 폐기된 탱크를 식별하고, 인간이 승인한 후 AI가 M142 하이마스(HIMARS) 로켓 시스템에 신호를 보내 목표물을 타격한 것입니다. 이는 AI가 실제 무기 시스템과 연동되어 작동한 첫 번째 사례였습니다.

현재 Project Maven의 'Maven Smart System'은 항공기 움직임, 물류, 주요 인물 위치, 공격 금지 목록, 함선 등의 정보를 동시에 표시할 수 있습니다. 노란색 상자는 잠재적 표적을, 파란색 상자는 아군이나 공격 금지 구역을 나타냅니다. 이 시스템은 인간의 결정을 무기에 직접 전달할 수도 있습니다.

효율성의 혁신

인력 운용 효율성의 극적인 변화입니다. 2003년부터 2011년까지 진행된 이라크 자유 작전(Operation Iraqi Freedom) 당시에는 방대한 양의 정찰 영상을 분석하고 표적을 식별하기 위해 약 2,000명의 전문 분석관들이 24시간 교대로 투입되어야 했습니다. 이들은 각각 다년간의 전문 훈련을 받은 숙련된 인력이었으며, 이들의 인건비와 훈련 비용, 그리고 운용 비용은 천문학적인 수준이었습니다. Maven 시스템을 도입하기 전까지 고위 표적 담당관(Senior Targeting Officer)들은 수많은 드론 영상 데이터를 육안으로 분석하며 시간당 평균 30개의 표적만을 식별하고 분류할 수 있었습니다. 이는 인간의 집중력과 판단력에 의존하는 전통적인 방식의 한계를 보여주는 수치였습니다. 그러나 Maven 시스템이 완전히 구축된 현재, 미군 18공수군단(XVIII Airborne Corps)은 동일한 수준의 표적분석 업무를 단 20명의 인력만으로 수행할 수 있게 되었습니다. 이는 무려 100분의 1 수준으로 인력을 절감한 것으로, 단순한 효율성 개선을 넘어서 군사 작전의 패러다임 자체를 바꾼 혁신이라고 할 수 있습니다.

최신 실전 활용 사례

프로젝트 Maven은 실험실이나 훈련장이 아닌 실제 전장에서 그 진가를 발휘하며, 현대 군사 작전에서 AI 기술의 필수 불가결한 역할을 명확하게 입증하고 있습니다.

2021년 카불 공항 철수 작전: 혼돈 속에서 빛난 AI의 정확성

2021년 8월, 탈레반의 아프가니스탄 재장악으로 인해 촉발된 카불 국제공항에서의 대규모 철수 작전은 그야말로 전쟁사에 기록될 복잡하고 위험한 임무였습니다. 6,000명의 미군, 연합군, 아프가니스탄 협력자들과 민간인들이 뒤섞인 혼돈의 현장에서 Maven 시스템은 지휘관들에게 신의 눈과 같은 역할을 수행했습니다.

Maven은 카불 공항 주변과 공항 내부의 복잡한 상황을 실시간으로 통합 분석하여 한 화면에 표시했습니다. 시스템은 다수의 드론과 위성에서 전송되는 영상 데이터를 동시에 처리하여, 공항 활주로와 터미널 주변에서 이루어지는 모든 항공기의 움직임을 실시간으로 추적했습니다. C-17, C-130 같은 대형 수송기의 이착륙 스케줄부터 헬리콥터의 세부적인 이동 경로까지 모든 것이 정확하게 모니터링되었습니다.

물류 측면에서 Maven은 연료 공급 차량, 의료 지원팀, 보급품 운반 차량들의 위치와 이동 상황을 지속적으로 파악했습니다. 이는 제한된 공간에서 최대한 효율적인 철수 작전을 수행하는 데 결정적인 정보를 제공했습니다. 특히 공항 게이트 주변에 몰려든 수천 명의 대피 희망자들 사이에서 실제 철수 대상자들을 식별하고 안전한 경로로 안내하는 작업에서 Maven의 인물 추적 기능이 큰 위력을 발휘했습니다.

가장 중요했던 것은 위협 탐지 능력이었습니다. Maven은 공항 주변에서 발생할 수 있는 테러 위협이나 적대적 행동을 실시간으로 모니터링했습니다. 시스템은 군중 속에서 의심스러운 움직임을 보이는 개인이나 그룹을 자동으로 식별하고, 폭발물이나 무기로 의심되는 물체를 탐지하여 즉시 경보를 발했습니다. 이러한 조기 경보 시스템 덕분에 지휘관들은 위험 상황에 신속하게 대응할 수 있었고, 실제로 여러 차례의 보안 위협을 사전에 차단할 수 있었습니다.

주요 인물들의 위치 추적 기능도 매우 중요한 역할을 했습니다. Maven은 미군 지휘관들, 외교관들, 그리고 보호가 필요한 핵심 인사들의 실시간 위치를 정확하게 파악하여 그들의 안전을 보장하는 동시에 효율적인 철수 순서를 결정하는 데 도움을 주었습니다.

2022년 러시아-우크라이나 전쟁: 정보 우위를 통한 전략적 지원

2022년 2월 러시아의 우크라이나 침공이 시작된 이후, Maven Smart System은 한층 발전된 형태로 이 전쟁에서 핵심적인 역할을 수행하고 있습니다. 미국 정보기관들은 고해상도 군사 위성과 상업용 위성에서 수집되는 방대한 양의 정보를 Maven 시스템을 통해 실시간으로 분석하고 있습니다.

위성 정보 분석 과정에서 Maven은 러시아군의 전차, 장갑차, 포병 시스템, 미사일 발사대, 보급 차량 등의 정확한 위치를 식별합니다. 시스템은 이전 영상과 현재 영상을 비교 분석하여 러시아 장비들의 이동 패턴을 파악하고, 향후 진격 방향이나 작전 의도를 예측하는 정보를 생성합니다. 특히 러시아군이 의도적으로 위장하거나 숨긴 장비들도 AI의 패턴 인식 능력으로 탐지해 내고 있습니다.

Maven Smart System은 단순히 정적인 위치 정보만 제공하는 것이 아닙니다. 시스템은 러시아군 부대의 규모, 장비 구성, 전투 준비 상태, 보급 상황 등을 종합적으로 분석하여 우크라이나군이 효과적인 대응 전략을 수립할 수 있도록 돕고 있습니다. 예를 들어, 러시아군의 연료 보급 차량이나 탄약 저장소의 위치를 정확히 파악하여 우크라이나군이 이들을 우선 타격 목표로 설정할 수 있도록 정보를 제공하고 있습니다.

정보는 미국-우크라이나 간의 안전한 정보 공유 채널을 통해 실시간으로 전달됩니다. 우크라이나군 지휘부는 이 정보를 바탕으로 HIMARS 같은 정밀 타격 무기의 표적을 선정하고, 드론 공격의 우선순위를 결정하며, 방어 전략을 수립하고 있습니다. 실제로 우크라이나군이 러시아군의 지휘소나 주요 장비를 정확하게 타격하는 성과를 거둘 수 있었던 배경에는 Maven이 제공하는 정확하고 신속한 정보가 큰 역할을 했다고 평가됩니다.

Maven은 전장 상황의 변화를 실시간으로 모니터링하여 우크라이나군이 러시아군의 반격이나 증원 부대의 이동에 신속하게 대응할 수 있도록 지원하고 있습니다. 이는 단순한 기술적 지원을 넘어서 전쟁의 양상 자체를 바꾸는 전략적 우위를 제공하고 있으며, AI 기술이 현대 전쟁에서 얼마나 결정적인 역할을 할 수 있는지를 생생하게 보여주는 사례가 되고 있습니다.

3-4 구글 내부의 논란

Project Maven은 구글(Google)의 참여와 그로 인한 엄청난 논란 때문에 전세계의 주목을 받았습니다. 미국 국방부는 이 프로젝트에 필요한 최첨단 AI 기술을 확보하기 위해 민간 기업과의 협력을 모색했고, AI 분야 최고 기업인 구글에게 도움을 요청했습니다.

구글은 국방부와 계약을 맺고 Project Maven에 자사의 이미지 인식 기술과 전문 인력을 제공하기로 했습니다. 구글의 참여는 프로젝트의 기술적 완성도를 크게 높일 것으로 기대되었습니다.

직원들의 강력한 반발

하지만 이 사실이 알려지자 구글 내부에서 폭풍이 일었습니다. 구글 직원들은 자신들이 개발한 기술이 군사적 목적, 특히 사람을 해칠 수 있는 용도에 사용되는 것에 대해 심각한 우려를 표명했습니다. 구글이 오랫동안 내세워 온 "Don't be evil(사악해지지 말자)."이라는 모토(motto)와 정면으로 충돌한다는 비판이었죠.

직원들은 회사가 AI 기술을 전쟁 무기 개발에 활용하는 것에 반대하는 공개서한을 발표했습니다. 무려 4,000명 이상의 직원이 서명했고, 경영진에게 프로젝트 중단을 강력히 요구했습니다. 일부 직원들은 항의의 표시로 회사를 떠나기도 했습니다.

구글은 내외부의 거센 비판과 압박에 직면하여 2018년에 Project Maven 계약을 더 이상 갱신하지 않겠다고 발표했습니다. 구글은 AI 기술을 무기 개발에 사용하지 않겠다는 AI 윤리 원칙을 공식 발표하기도 했습니다.

새로운 파트너들의 등장

구글이 철수한 후에도 Project Maven은 계속 발전했습니다. 현재는 팔란티어 테크놀로지스(Palantir Technologies)가 주요 데이터 융합 플랫폼을 제공하고 있으며, 2024년 5월에는 4억 8,000만 달러(약 6,911억 원) 규모의 대형 계약을 체결했습니다. 아마존 웹 서비스, 마이크로소프트, 맥사 테크놀로지스 등 21개 이상의 민간 기업이 참여하고 있습니다.

4-1   중고도 장시간 체공(MALE) 무인기

하늘을 나는 로봇, 즉 무인 항공기(UAV)가 점점 중요해지고 있습니다. 그 중에서도 MQ-9 리퍼(Reaper)는 '중고도 장시간 체공(Medium-Altitude Long-Endurance, MALE)' 무인기의 대표 주자입니다.

이름에서 MQ-9 리퍼의 특징을 엿볼 수 있습니다. '중고도'는 너무 높지도 낮지도 않은 적당한 높이에서 활동한다는 뜻입니다. 지상으로부터 약 7.5km 내외, 최대 15km까지 올라갈 수 있습니다. 일반 구름층보다는 높아서 날씨 영향을 덜 받고, 지상의 휴대용 대공 무기 사정거리에서는 벗어나 있어 안전하게 비행할 수 있습니다. 너무 높으면 정찰 장비 성능이 떨어지고, 너무 낮으면 적에게 쉽게 발견되니까 '중고도'가 딱 적당한 거죠.

놀라운 체공 시간

'장시간 체공'이라는 말은 정말 오랫동안 하늘에 머물 수 있다는 뜻입니다. MQ-9 리퍼는 연료를 가득 채우고 무장하지 않으면 최대 30시간 넘게 비행할 수 있습니다. 무기를 장착해도 14시간 이상 작전 지역 상공에 머물 수 있어요. 최신 Extended Range(ER) 버전은 42시간, Big Wing 버전은 37.5시간까지 비행 가능합니다. 이는 마치 지치지 않는 눈이 되어 특정 지역을 쉼 없이 감시할 수 있다는 것을 의미합니다.

테러리스트가 숨어 있는 건물이 있다면, MQ-9 리퍼는 그 건물 주변을 하루 종일, 심지어 며칠에 걸쳐 교대로 비행하며 용의자의 움직임을 감시할 수 있습니다. 사람이 직접 감시하기 어려운 위험 지역이나 넓은 국경선, 광활한 바다를 오랫동안 지켜보며 이상 징후를 포착하는 데 안성맞춤입니다.

생존성과 경제성의 장점

MALE 무인기는 사람이 타지 않기 때문에 조종사의 생명을 위험에 빠뜨리지 않고도 위험한 임무를 수행할 수 있습니다. 적진 깊숙이 정찰하거나 적의 방공망이 위협적인 지역에서 작전할 때, 값비싼 유인 전투기와 조종사의 손실 위험 없이 임무를 수행할 수 있어요. 조종사들은 지상의 안전한 통제소에서 교대로 근무하기 때문에 피로 누적 없이 임무 집중도를 유지할 수 있습니다.

운영 비용 면에서도 대형 유인 항공기보다 상대적으로 저렴해서, 같은 예산으로 더 많은 감시 시간을 확보할 수 있는 경제적 이점도 있습니다.

2025년 현재의 도전과 한계

하지만 최근 MQ-9 리퍼의 한계도 드러나고 있습니다. 예멘의 후티 반군이 2025년까지 총 20대의 MQ-9 리퍼를 격추했다고 발표했습니다. 경비행기 '세스나 172'보다 날개폭이 거의 두 배인 약 20m에 달하는 대형 드론이라는 점이 단점으로 작용하고 있어요. 게다가 후티 반군이 사용하는 1960년대 개발된 구형 소련제 SA-2나 SA-6 미사일 같은 낡은 무기로도 격추가 가능해서, 더 정교한 방공망을 가진 적과 마주하면 생존성에 문제가 있을 것으로 우려됩니다. MQ-9 리퍼가 심각한 생존성 위기에 직면했습니다.

2023년 말부터 2025년 4월까지 예멘 후티 반군이 20대를 격추했다고 주장하며, 특히 올해 3~4월에만 7대가 집중적으로 손실되었습니다. 더욱 충격적인 것은 1960년대 개발된 구형 소련제 SA-2·SA-6 미사일이나 이란제 개량형에도 속수무책으로 당했다는 점입니다.

날개폭 20m의 대형 기체와 시속 370km의 느린 속도로 인해 레이더 탐지가 쉽고 회피 기동이 제한적인 것이 치명적 약점으로 작용했습니다. 이는 러시아 S-300·S-400이나 중국 HQ-9 같은 현대적 방공체계 앞에서는 사실상 생존이 불가능함을 의미합니다. 게다가 MQ-9 한 대 가격이 3,000만 달러(약 431억 원) 이상인 반면 이를 격추하는 미사일은 수십만 달러 수준으로, 극단적인 비용 비대칭 구조가 전략적 부담으로 작용하고 있습니다.

MQ-9 리퍼는 전면전 투입이 어려워져 '테러리스트 제거용'이나 '저위협 지역 감시용'으로만 활용 범위를 제한하는 것으로 운용 방향이 변경되고 있습니다. 미국은 이미 스텔스 성능과 AI 기반 자율비행 능력을 갖춘 차세대 'MQ-Next' 프로그램을 준비 중이지만, 본격 배치까지는 상당한 시간이 필요한 상황입니다.

[그림 4] MQ-9 리퍼(왼쪽)와 MQ-Next(스텔스+AI 포함)

4-2 강력한 센서 시스템과 AI 기반 분석

MQ-9 리퍼가 '하늘의 눈'으로서 강력한 역할을 수행할 수 있는 비결은 바로 최첨단 센서 시스템에 있습니다. 이 센서들은 사람의 눈으로는 볼 수 없는 것까지 감지하고, 아주 멀리 있는 작은 물체까지 식별해 내는 놀라운 능력을 갖추고 있습니다.

다중 스펙트럼 표적 시스템(MTS-B)

MQ-9 리퍼의 가장 대표적인 센서 장비는 기체 앞부분 아래쪽에 달린 동그란 모양의 '다중 스펙트럼 표적 시스템(Multi-Spectral Targeting System, MTS-B)'입니다. 이 공 안에는 여러 종류의 고성능 센서들이 통합되어 있어요.

전자광학(Electro-Optical, EO) 카메라는 일반 디지털카메라보다 훨씬 강력한 줌 기능을 가진 고해상도 카메라입니다. 높은 고도에서 비행하면서도 지상에 있는 사람의 얼굴이나 차량 번호판까지 식별할 수 있을 정도의 성능을 자랑합니다.

적외선(Infrared, IR) 카메라는 물체가 내뿜는 열을 감지하여 영상으로 보여줍니다. 캄캄한 밤이나 안개, 연기 속에서도 사람이나 차량, 건물 등 열을 가진 물체들을 뚜렷하게 식별할 수 있어요. 밤에 숲속에 숨어있는 사람이나 방금 운행을 마쳐 엔진이 뜨거운 차량을 찾아내는 데 효과적입니다.

레이저 관련 장비들은 목표물까지의 정확한 거리를 측정하고, 레이저 지시기(Laser Designator)는 MQ-9 리퍼나 다른 항공기, 지상군이 발사하는 레이저 유도 폭탄이나 미사일을 목표물까지 정확하게 유도하는 역할을 합니다.

드론 센서 장비 비교 분석

무인기 정찰 시스템의 핵심 센서 4종 성능 비교

센서 장비	EO 카메라 Electro-Optical	IR 카메라 Infrared	레이저 Laser System	SAR 레이더 Synthetic Aperture Radar
동작 원리	가시광선 스펙트럼을 이용한 고해상도 영상 촬영	물체가 방출하는 열적외선을 감지하여 열화상 생성	레이저 빔을 발사하여 반사파를 분석해 거리와 위치 측정	마이크로파를 송수신하여 지표면의 상세한 영상 획득
주요 특징	고해상도 색상 정보 세부 식별	열 탐지 야간 운용 은밀 발견	정밀 거리 표적 지시 유도 지원	전천후 투과 능력 광역 감시
운용 조건	맑은 날씨, 충분한 조명 필요	24시간 전천후 운용 가능	대기 상태 양호시 최적 성능	구름, 비, 안개 관통 가능
탐지 범위	10-50km 줌 성능에 따라	5-30km 열원 크기 의존	20km+ 표적 지시용	100km+ 광역 매핑
정확도	최고	높음	최고	중간
최적 용도	세부 식별, 차량 번호판 판독, 인물 확인	야간 감시, 숨은 차량 발견, 체온 탐지	정밀 타격 유도, 거리 측정, 좌표 획득	지형 매핑, 변화 탐지, 은밀 구조물 발견
제약 사항	날씨 의존 야간 제약	해상도 한계 색상 없음	점 단위 측정 대기 영향	복잡한 해석 높은 비용
상호 보완성	IR과 결합시 24시간 정밀 감시 구현	EO와 융합하여 완전한 영상정보 제공	EO/IR 표적을 정밀 공격으로 연결	모든 센서의 백업 및 광역 상황 제공

[그림 5] MQ-9 드론 센서 능력 비교표.

합성 개구 레이더(SAR)

MQ-9 리퍼는 '합성 개구 레이더(Synthetic Aperture Radar, SAR)' 도 탑재할 수 있습니다. 레이더는 전파를 발사하여 반사되어 돌아오는 신호로 물체를 탐지하는 장비인데, SAR은 특히 악천후 속에서도 구름을 뚫고 지표면을 관측하거나, 넓은 지역의 지형 지도를 정밀하게 만들고, 지표면의 미세한 변화를 감지하는 데 유용합니다. 때로는 지표면 아래 숨겨진 물체까지 탐지할 수도 있어요.

AI 기반 분석의 혁신 - Agile Condor

2020년부터 MQ-9 리퍼에는 'Agile Condor'라는 AI 기반 표적 탐지 시스템이 탑재되기 시작했습니다. 이 시스템은 수많은 정보 데이터를 빠르게 골라내어 운영자가 관심 갖는 데이터만 선별해 줍니다. 잠재적 관심 항목을 자동으로 감지, 분류, 추적하도록 설계되어 있어, 다양한 유형의 드론과 유인 항공기에 자율 표적 식별 능력을 제공합니다.

이 AI 시스템은 '관찰-방향-결정-행동(OODA, Observe – Orient – Decide – Act)' 주기를 정확하고 효과적으로 단축해 정보 우위를 달성할 수 있게 해 줍니다. 인간의 개입을 최소화하면서도 더 빠르고 정확한 표적 식별과 위협 파악이 가능해진 거죠.

4-3 정찰과 공격을 넘나드는 멀티롤

MQ-9 리퍼는 필요할 때 강력한 '발톱'을 드러내어 목표물을 직접 공격할 수도 있는 능력을 갖추고 있습니다. 정찰(Reconnaissance)과 공격(Attack) 임무를 모두 수행할 수 있기 때문에 '멀티롤(Multi-role)' 무인기라고 불립니다.

이는 이전 세대인 MQ-1 프레데터(Predator)와의 가장 큰 차이점입니다. 프레데터도 공격 능력이 있었지만 주로 정찰 임무에 초점을 맞췄고 무장 탑재 능력에 한계가 있었어요. 반면 MQ-9 리퍼는 개발 초기부터 더 강력한 엔진과 큰 동체를 갖춰 많은 무장을 탑재하고 효과적인 공격 임무를 수행할 수 있도록 설계되었습니다.

MQ-9 리퍼 드론 시스템 분석

중고도 장시간 체공 무인기의 핵심 구성요소와 성능

시스템 구성	MALE 플랫폼 Platform	센서 시스템 Sensors	정찰 능력 Reconnaissance	공격 능력 Attack	통합 운용 Integration
운용 고도	7.5-15km 중고도 비행	전 고도에서 센서 운용 최적화	적 대공무기 사정거리 외 안전 정찰	정밀 타격을 위한 적정 고도 유지	생존성과 임무효과 균형점
체공 시간	최대 30시간 장시간 비행	연속적인 데이터 수집과 감시	하루 종일 특정 지역 감시 가능	시간적 여유를 둔 정밀 공격	지속적인 상황 모니터링
핵심 센서	통합 센서 플랫폼 제공	EO 카메라 IR 카메라 레이저 SAR 레이더	다중 스펙트럼 정보 융합	레이저 유도 정밀 타격	실시간 표적 획득과 추적
임무 범위	다목적 플랫폼 설계	전천후 탐지 및 식별	ISR 임무 패턴 분석	정밀타격 CAS 지원	헌터-킬러 통합 작전
운용 효율성	최고	최고	매우 높음	매우 높음	최고
주요 장점	조종사 안전 경제성	전천후 운용 야간 능력	지속 감시 광역 정찰	정밀 타격 부수피해 최소	센서-투-슈터 실시간 대응
활용 분야	국경 감시, 해상 초계, 대테러 작전	정보 수집, 표적 식별, 위협 평가	패턴 분석, 동향 감시, 지역 정찰	HVT 제거, 화력 지원, 항공 차단	멀티롤 임무, 통합 작전 수행

[그림 6] MQ-9 리퍼 드론 비교표.

정찰 임무의 달인

정찰 임무에서 MQ-9 리퍼는 강력한 센서 시스템과 장시간 체공 능력을 십분 활용합니다. MTS-B 센서와 SAR 레이더 등을 이용해 넓은 지역을 지속적으로 감시하며 고해상도 영상 정보를 실시간으로 지상 통제소에 전송합니다.

특정 인물의 동향을 감시하거나(Pattern-of-Life monitoring), 적의 병력 배치나 이동 상황을 파악하거나, 국경 지역의 불법 침입을 감시하거나, 해상에서 불법 조업 선박이나 해적선을 탐지하는 등 다양한 정찰 활동을 수행합니다. 사람이 접근하기 어려운 위험 지역이나 산악 지대, 사막 등 광활한 지역에서의 정찰 임무에 특히 효과적입니다.

헌터-킬러 능력

정찰 임무를 수행하다가 중요한 목표물을 발견했을 때, MQ-9 리퍼는 즉시 공격 임무로 전환할 수 있습니다. 이것이 바로 '헌터-킬러(Hunter-Killer)' 능력입니다. 날개 아래 여러 개의 하드포인트(무기 장착대)에 다양한 정밀 유도 무기를 탑재할 수 있어요.

가장 대표적인 무기는 AGM-114 헬파이어(Hellfire) 공대지 미사일입니다. 이 미사일은 적의 차량, 건물, 고가치 표적(High-Value Target, HVT) 같은 특정 인물을 정밀하게 공격하는 데 사용됩니다. 레이저나 레이더 유도 방식으로 오차를 최소화하며 목표물만 정확히 타격할 수 있어요.

GBU-12 페이브웨이 II(Paveway II) 500파운드급 레이저 유도 폭탄이나 GBU-38 JDAM(Joint Direct Attack Munition) GPS 유도 폭탄도 탑재 가능해서 더 강력한 파괴력이 필요한 목표물을 공격할 수도 있습니다.

실전에서의 활약

MQ-9 리퍼는 다양한 실전 임무에서 그 진가를 발휘했습니다. 2020년 1월 이란 이슬람혁명수비대의 거셈 솔레이마니(Qassem Soleimani)

쿠드스군 사령관을 제거한 것이 대표적인 사례입니다. 2018년 IS 수장 아부 바크르 알 바그다디(Abu Bakr al-Baghdadi)를 비롯해 수많은 테러 조직 지도부 제거 작전에서 활약했어요.

테러 제거, 지상군 화력 지원, 적 보급로 차단 등에서 'Sensor-to-Shooter' 시간, 즉 목표물 발견부터 공격까지 걸리는 시간도 극적으로 단축시켰습니다. 하지만 최근 적들의 대응 능력이 향상되면서 생존성 문제가 대두됨에 따라, 미군은 더 은밀하고 생존성이 높은 차세대 무인기 개발에 박차를 가하고 있습니다.

스마트폰 내비게이션이나 자동차 GPS를 사용할 때 편리하게 이용하는 GPS(Global Positioning System)는 하늘에 떠 있는 여러 인공위성으로부터 신호를 받아 현재 위치를 파악하는 기술입니다. 야외에서는 GPS 신호가 잘 도달하기 때문에 드론도 GPS를 이용해 자신의 위치를 정확히 알고 설정된 경로를 따라 비행하는 것이 일반적입니다.

하지만 건물 안이나 지하 주차장, 동굴, 터널 같은 곳으로 들어가면 상황이 완전히 달라집니다. GPS 위성 신호는 매우 약해서 벽이나 천장, 땅 같은 장애물을 통과하지 못합니다. 드론도 마찬가지로 GPS 신호가 전혀 닿지 않는 'GPS 거부 환경(GPS-denied environment)'에서는 자신이 어디 있는지, 어느 방향으로 가야 하는지 알 수 없게 됩니다. 마치 눈을 가린 채 미로를 찾아가야 하는 것과 같죠.

Nova 드론의 주요 활용 분야

군사 작전

건물 내부 정찰 및 수색
테러리스트 은신처 탐지
위험 지역 사전 정찰
실내 전술 상황 파악

재난 구조

붕괴 건물 내 생존자 수색
지하 공간 탐사
동굴 및 터널 구조
위험물질 유출 지역 정찰

[그림 7] Nova 드론 활동 분야.

혁신적인 해결책 - 실드 AI의 Nova 드론

이 문제를 해결하기 위해 개발된 것이 바로 실드 AI(Shield AI)의 Nova 드론입니다. GPS 신호 없이도 스스로 주변 환경을 인식하고 판단하여 길을 찾아 비행할 수 있는 진정한 자율 항법 드론입니다.

실드 AI는 2015년 미국 해군사관학교 출신의 브랜던 쳉(Brandon Tseng)이 형 라이언 쳉(Ryan Tseng), 앤드루 라이터(Andrew Reiter)와 함께 설립한 스타트업입니다. 브랜던은 네이비실(Navy SEAL)에서 7년간 복무하며 아프가니스탄 전쟁에 참전한 경험을 바탕으로 전장에서 진짜 필요한 '능동적인 지능형 시스템' 개발을 목표로 회사를 시작했습니다.

하이브마인드(Hivemind) AI 플랫폼

Nova 드론의 핵심은 '하이브마인드(Hivemind)'라는 AI 소프트웨어입니다. 이 시스템은 군집 드론의 자율 운항과 통합 관제를 수행하는 인공지능 플랫폼으로, 적군이 GPS나 통신을 방해하는 상황에서도 작동할 수 있도록 설계되었습니다.

Nova 드론은 카메라, 라이다(LiDAR), 관성 측정 장치(IMU) 등 다양한 센서를 사용합니다. 카메라는 사람의 눈처럼 주변 환경의 시각 정보를 받아들여 벽의 형태, 문이나 창문 위치, 방 안의 가구 배치 등을 파악합니다. 라이다는 레이저 빛을 발사해 주변 물체까지의 거리를 정밀하게 측정하여 드론이 주변 환경의 3차원 구조를 정확히 파악하게 해 줍니다. 어두운 곳에서도 장애물을 효과적으로 감지할 수 있어요.

GPS 환경 vs GPS 거부 환경 비교

GPS 환경

위치 확인: 위성 신호로 정확한 좌표 획득
항법 방식: GPS 좌표 기반 자동 비행
운용 공간: 실외, 개방된 공간
정확도: 수 미터 오차 범위
장애물 회피: 기본적인 센서 의존
자율성: 제한적 자율 비행
활용 분야: 물류, 농업, 측량

GPS 거부 환경

위치 확인: 센서 융합을 통한 위치 추정
항법 방식: AI 기반 자율 항법
운용 공간: 실내, 지하, 동굴, 터널
정확도: 센티미터급 정밀도
장애물 회피: 실시간 3D 매핑
자율성: 완전 자율 탐색 비행
활용 분야: 군사, 구조, 점검

[그림 8] Nova 드론의 GPS 환경과 거부 환경의 차이점.

혁신적인 실내외 전환 기술

Nova 드론의 놀라운 능력 중 하나는 실내와 실외를 매끄럽게 전환할 수 있다는 점입니다. 건물 밖에서는 GPS를 사용하다가 건물 안으로 들어가면 자동으로 다른 센서들로 전환하여 계속 비행할 수 있습니다. 이는 센서 융합 기술과 AI 알고리즘이 어떤 센서를 신뢰할지, 얼마나 신뢰할지를 실시간으로 결정하기 때문에 가능합니다.

Nova 2의 향상된 기능

최신 버전인 Nova 2는 건물 내부 위협을 감지하고 이를 지도에 자동으로 전송할 수 있으며, 진동을 통해 위험한 환경에 투입되는 작전병들에게 실시간 정보를 제공합니다. 또한 3D 다층 지도를 작성하여 전장의 공통 작업 이미지를 형성하는 작업에도 사용됩니다.

실전 배치와 확장

Nova는 미군 역사상 최초로 국방 목적으로 배치된 AI 기반 드론이 되었습니다. 현재 미국 특수작전사령부, 공군, 해병대, 해군과 여러 국제 군대에서 사용되고 있습니다. 2025년에는 팔란티어(Palantir)와의 파트너십을 통해 하이브마인드(Hivemind) 자율 기능과 Warp Speed OS를 통합한 대규모 지휘통제 시스템도 개발되고 있습니다.

이런 GPS 거부 환경에서의 자율 항법 능력은 테러리스트들이 숨어 있는 건물 내부 정찰, 지진으로 무너진 건물 잔해 속 생존자 수색, 동굴 탐사, 광산 내부 점검, 대형 선박이나 공장 내부 시설 검사 등에서 혁신적인 해법을 제공합니다. GPS 없이도 복잡하고 위험한 환경을 스스로 탐색하고 비행할 수 있는 능력은 드론의 활용 범위를 실외에서 실내로, 예측 가능한 환경에서 예측 불가능한 미지의 공간으로 확장하는 중요한 열쇠가 되고 있습니다.

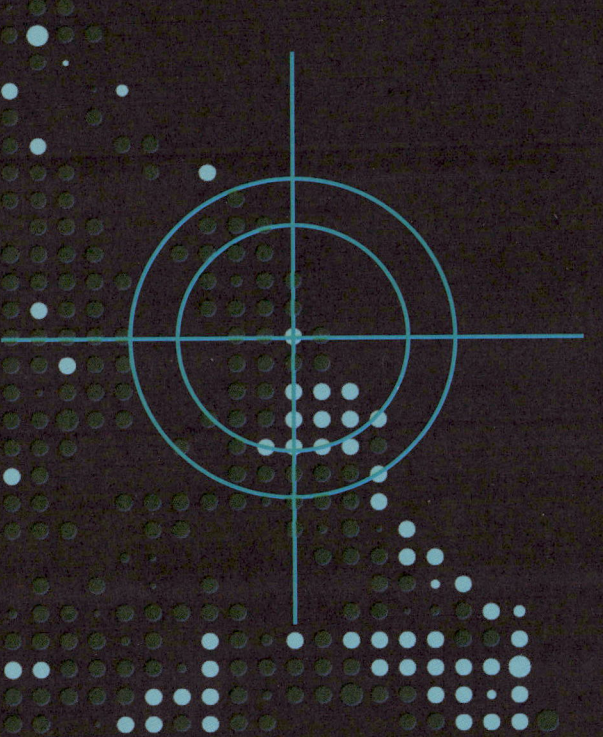

2부

AI 전쟁의
제로섬 게임

3장 똑똑해진 창과 방패

1   **자율 무기 체계(AWS, Autonomous Weapon System)의 개념과 발전**

1-1 자율성의 여러 단계

터미네이터가 붉은 눈을 깜빡이며 인간을 사냥하는 장면을 떠올린 적이 있으신가요? 자율 무기 체계(AWS)라는 말을 들으면 많은 사람이 이런 영화 속 로봇을 연상합니다. 하지만 현실에서 '자율성'이라는 개념은 그보다 훨씬 복잡하고 섬세합니다.

자동차의 자율주행 기술이 레벨 1부터 레벨 5까지 단계적으로 나뉘어 있듯이, 무기 체계의 자율성도 사람의 개입 정도에 따라 여러 단계로 구분됩니다. 이 자율성은 흑과 백으로 나누어지는 것이 아니라, 무지개처럼 연속적인 스펙트럼으로 이해해야 합니다.

가장 낮은 단계 - 인간이 모든 것을 통제하는 '인간 개입형(Human-in-the-Loop)' 시스템

이 단계에서는 무기가 아무리 첨단 기술을 갖춰도 결정적인 순간에는 반드시 사람이 개입합니다. 원격조종 드론을 예로 들어보죠. 드론 자체는 GPS를 따라 비행하고 자동으로 균형을 잡을 수 있지만, 목표물을 확인하고 방아쇠를 당기는 것은 수백 km 떨어진 지상 통제소에 앉은 조종사입니다. 조종사가 화면을 보며 "저기 적 탱크가 있다."라고 판단하고 직접 미사일 발사 버튼을 누르는 것입니다. 무기는 사람의 명령 없이는 절대 발사되지 않습니다.

중간 단계 - 사람이 감시하는 '인간 감독형(Human-on-the-Loop)' 시스템

이 단계에서 무기는 좀 더 똑똑해집니다. 스스로 목표물을 찾고, "저 것은 적군 탱크다.", "저것은 우선순위가 높은 표적이다."라고 판단하며, 심지어 조준까지 할 수 있습니다. 하지만 여전히 사람이 최종 승인을 내리 거나, 언제든지 "중단!"이라고 외치며 개입할 수 있습니다.

이지스함의 방공시스템이나 이스라엘의 아이언 돔이 좋은 예입니 다. 하늘에서 수십 개의 미사일이 동시에 날아오는 급박한 상황에서는 사 람의 반응 속도로는 도저히 막을 수 없습니다. 그래서 시스템이 자동으로 "위험하다!"라고 판단하고 요격 미사일을 준비합니다. 하지만 필요하다 면 사람이 "잠깐, 저건 우리 비행기야!"라며 중단시킬 수 있습니다. 기계 가 주도하지만, 사람은 여전히 감독자 역할을 하는 것이죠.

가장 높은 단계 - 완전히 혼자 판단하는 '인간 배제형(Human-out-of-the-Loop)' 시스템

영화 속 터미네이터에 가까워집니다. 이 단계에서는 무기가 목표물 을 찾고, 식별하고, 추적하고, "공격해야겠다."라고 결정하고, 실제로 발 사까지 모든 것을 혼자 처리합니다. 한번 작동을 시작하면 사람은 더 이상 개입할 수 없습니다. 이것이 바로 '치명적 자율 무기 체계(Lethal Autono- mous Weapons Systems, LAWS)' 또는 '킬러 로봇'이라고 불리는 개념입 니다.

아직까지 이런 완전 자율 살상 무기가 실전에 본격 배치되었다는 공 식적인 증거는 거의 없습니다. 하지만 기술적으로는 가능해지고 있으며, 여러 국가에서 비밀리에 개발하고 있다는 소문이 끊이지 않습니다. 2025 년 유엔에서는 전세계 대표들이 모여 이런 AI 기반 자율 무기 규제 방안 을 긴급히 논의하고 있을 정도입니다.

왜 이것이 우려될까요? 사람의 판단, 도덕적 고민, 그리고 책임 의식

자율 무기(AWS)의 자율성 단계

인간 개입 수준에 따른 자율 무기 체계 분류

자율성 요소	인간 통제 하 Human-in-the-Loop 1단계	인간 감독 하 Human-on-the-Loop 2단계	인간 통제 밖 Human-out-of-the-Loop 3단계
인간의 역할	완전 통제	감독 및 개입	통제권 없음
목표물 탐색	인간이 직접 탐색 및 식별	시스템 자동 탐색, 인간 승인	시스템 완전 자율 탐색
교전 결정	인간의 명령에 의해서만 발사	시스템 제안, 인간 최종 승인	시스템 독립적 교전 결정
개입 능력	실시간 통제 언제든 중단	감시 및 개입 필요시 중단	개입 불가 사후 분석만
대표 사례	원격 조종 드론 유도탄 발사 조준 보조 시스템	이지스 시스템 패트리엇 미사일 아이언 돔	킬러 로봇 LAWS 완전 자율 터렛
반응 속도	인간 반응 시간에 의존 (초~분)	빠른 자동 반응, 인간 검토 (밀리초~초)	즉시 반응 (밀리초 이하)
책임 소재	조종사/지휘관이 명확한 책임	감독자와 시스템 공동 책임	책임 소재 불분명
윤리적 위험도	낮음	중간	매우 높음
주요 우려사항	조종사 피로, 통신 지연, 인적 오류	시스템 오작동, 감독 소홀, 개입 지연	오작동 위험 민간인 피해 전쟁법 위반
현재 상태	광범위 실전 배치	제한적 실전 운용	연구개발 단계 (실전 배치 미확인)

[그림 1] 자율 무기의 개념 비교.

이 완전히 사라지기 때문입니다. 기계가 차가운 알고리즘으로만 "저 사람을 죽여야겠다."라고 결정하는 것이 과연 옳을까요? 완전 자율 무기가 오작동하거나 민간인을 적군으로 잘못 인식해서 공격한다면, 그 책임은 누가 져야 할까요? 개발자? 제조회사? 지휘관? 아니면 로봇 자체가 감옥에 들어가야 할까요?

1-2   AWS 개발의 동기와 기술적 기반

그렇다면 각국은 왜 이런 위험한 무기를 개발하려고 할까요? 여기에는 현실적이고 절박한 이유가 있습니다.

압도적인 속도의 필요성

첫 번째 이유는 바로 '속도'입니다. 현대전은 과거와는 비교할 수 없을 정도로 빨라졌습니다. 초음속 미사일이 마하 5로 날아오고, 수백 대의 드론이 벌떼처럼 동시에 공격해 오는 상황을 상상해 보세요. 아무리 훈련받은 군인이라도 상황을 파악하고, '저건 적이야, 아니야?'하고 고민하고, 상급자의 승인을 받는 동안 이미 미사일은 목표에 도달해 버립니다.

반면 잘 설계된 기계는 센서가 위협을 감지하는 순간, 0.1초 만에 "위험! 요격 필요!"라고 판단하고 즉시 대응할 수 있습니다. 이는 생존의 문제입니다.

인간 한계의 극복

두 번째로, 사람은 피곤해하고 실수하며 감정에 휘둘립니다. 밤새 경계근무를 서면 졸음이 오고, 극도의 긴장 상태에서는 판단력이 흐려집니다. 방사능 지역이나 심해, 우주처럼 사람이 직접 갈 수 없는 곳도 있습니다.

로봇은 다릅니다. 24시간 지치지 않고 경계를 서고, 방사능이 가득한 원자력 발전소 사고 현장에도 태연히 들어가며, 영하 40도의 시베리아 평원에서도 꿈쩍하지 않습니다. 게다가 감정적으로 흥분해서 민간인을 공격하는 실수도 하지 않습니다. "우리 소중한 군인들을 위험한 곳에 보내지 말고, 대신 로봇을 보내자."라는 것이 강력한 명분이 되고 있습니다.

경제성과 효율성

세 번째는 돈 문제입니다. 군인 한 명을 훈련시키고, 월급을 주고, 의료비를 지원하고, 만약 전사하면 유족에게 보상금을 지급하는 것을 생각해 보세요. 로봇은 한번 만들어 놓으면 유지보수 비용 외에는 추가 비용이 거의 들지 않습니다. 대량 생산하면 단가도 낮출 수 있고요.

군비 경쟁의 논리

"우리만 뒤처질 수는 없다."라는 경쟁 심리입니다. 미국이 개발하면 중국도 따라 하고, 중국이 개발하면 러시아도 가만있을 수 없습니다. "적이 로봇 군대를 갖고 있는데 우리만 사람 군인으로 맞선다고?"라는 불안감이 각국 정부를 자극합니다. 마치 과거 핵무기 개발 경쟁을 보는 것 같아 많은 전문가들이 우려하고 있습니다.

AWS를 가능하게 하는 기술들

그렇다면 이런 자율 무기를 실제로 만들 수 있게 해주는 기술은 무엇일까요?

핵심은 단연 인공지능(AI)과 머신러닝입니다. 카메라로 본 영상에서 "저것은 탱크다.", "저것은 트럭이다.", "저것은 사람이다."라고 구분하고, "저 사람은 군복을 입었으니 군인이고, 저 사람은 민간인이다."라고 판단하는 능력이 필요합니다. 수많은 데이터로 훈련받은 AI가 이런 복잡한 판단을 인간보다 빠르고 정확하게 할 수 있게 되었습니다.

로봇 공학도 필수입니다. AI가 "저기 가서 공격하라."라고 결정해도, 실제로 움직일 수 있는 몸체가 없으면 무용지물입니다. 험한 지형을 달리고, 하늘을 날고, 바다를 헤엄치며, 정밀하게 무기를 조준할 수 있는 로봇 기술이 필요합니다.

센서 기술은 로봇의 눈과 귀 역할을 합니다. 고해상도 카메라, 적외선 센서, 레이더, 라이다(LiDAR), 음향 센서 등 다양한 센서에서 들어오는 정보를 종합해서 주변 상황을 정확히 파악하는 '센서 융합' 기술이 중요합니다.

컴퓨팅 능력도 빼놓을 수 없습니다. 복잡한 AI 계산을 실시간으로 처리하려면 강력한 컴퓨터가 필요합니다. 특히 전장에서는 인터넷이 끊어지거나 적의 해킹 공격을 받을 수 있으니, 외부 서버에 의존하지 않고 무기 자체에서 모든 계산을 처리하는 '에지 컴퓨팅(Edge Computing)' 기술이 핵심입니다.

마지막으로 통신 및 항법 기술입니다. GPS가 막히거나 교란당해도 스스로 위치를 찾고 목적지까지 갈 수 있는 기술, 그리고 다른 무기나 지휘소와 안전하게 정보를 주고받을 수 있는 통신 기술이 필요합니다.

이 모든 기술이 합쳐져서 드디어 '생각하는 무기'가 현실로 다가오고 있습니다.

2 AI 기반 공격 드론

2-1 자폭형 드론(Loitering Munition)의 부상

2-1-1 미국의 스위치블레이드(Switchblade)

자폭형 드론을 영어로 Loitering Munition이라고도 하는데, 어슬렁거린다는 의미의 Loitering과 폭탄이라는 의미의 Munition이 합쳐진 것입니다. 처음 들어보시나요? 이는 미사일과 드론이 한 몸에 합쳐진 새로운 형태의 무기입니다. 평소에는 하늘을 날아다니며 정찰하다가, 적을 발견하면 그대로 돌진해서 자폭하는 방식입니다.

이 분야의 선구자는 미국의 에어로바이런먼트(AeroVironment)사가 개발한 '스위치블레이드(Switchblade)'입니다. 이름도 흥미롭죠? 주머니 칼처럼 작고 접혀있다가 필요할 때 펼쳐서 사용한다는 뜻입니다.

스위치블레이드 자폭형 드론

정밀 타격 자폭형 무인기 시스템 비교 분석

자폭형 드론(Loitering Munition) 개념

미사일과 드론의 장점을 결합한 무기 체계로, 정찰 비행 중 목표물 발견 시 스스로 돌진하여 자폭하는 방식으로 정밀 공격을 수행

| 정밀 타격 | 공격 중단 가능 | 휴대 간편 | 인간 통제 유지 | 부수피해 최소화 |

비교 항목	스위치블레이드 300 연성 목표물 대응	스위치블레이드 600 경장갑 목표물 대응
기본 사양	2.5kg 1인 휴대 가능	23kg 2인 운반 필요
작전 반경	10km 근거리 정밀 타격	40km+ 원거리 작전 가능
체공 시간	15분 단시간 정찰	40분+ 장시간 배회
주요 목표물	보병 / 가벼운 차량 / 연성 목표	장갑차 / 탱크 / 경장갑 목표
탄두 위력	40mm 유탄급 소형 폭탄	재블린 미사일급 대전차 탄두
센서 시스템	주간 EO 카메라 / 야간 IR 카메라	고성능 카메라 / 향상된 탐지기

센서 시스템	주간 EO 카메라 야간 IR 카메라	고성능 카메라 향상된 탐지기
운용 방식	튜브 발사 태블릿 통제 단독 운용	발사대 설치 GCS 통제 팀 운용
핵심 장점	높은 기동성 은밀성 즉시 전개	강력한 위력 장거리 타격 장갑 관통
활용 분야	보병 부대 직접 화력 지원	기갑 부대 대응 및 요새 공격
통제 방식	인간 최종 통제 Wave-off 가능 AI 보조	인간 최종 통제 Wave-off 가능 AI 보조
작전 특성	근접 전투 지원, 신속 대응	원거리 정밀 타격, 전술적 우위
실전 활용	우크라이나 전쟁에서 대보병 작전	우크라이나 전쟁에서 대장갑 작전

[그림 2] 미국의 스위치블레이드.

작고 치명적인 스위치블레이드 300

스위치블레이드 300은 정말 놀라운 무기입니다. 무게가 고작 2.5km로 병사 하나가 배낭에 넣고 다닐 수 있을 정도로 가볍습니다. 발사하는 것도 간단합니다. 박격포탄처럼 생긴 발사관에서 슝! 하고 날아올라, 태블릿 PC 같은 조종 장치로 조종합니다.

이 작은 드론이 할 수 있는 일은 정말 놀랍습니다. 10km까지 날아가서 15분 동안 하늘에서 맴돌며 적을 찾아다닙니다. 앞쪽에 달린 카메라(낮에는 일반 카메라, 밤에는 적외선 카메라)로 조종사에게 실시간 영상을 보내주니까, 조종사는 마치 비디오게임을 하듯이 화면을 보며 "저기 적 병사가 숨어 있네!"라고 확인할 수 있습니다.

"실수했다! 공격 중단!"

스위치블레이드의 가장 혁신적인 기능은 바로 '공격 중단(Wave-off)' 능력입니다. 드론이 적을 향해 돌진하던 중에도 조종사가 "잠깐! 저건 민간인이야!"라고 판단하면 즉시 공격을 멈추고 다른 곳으로 날아갈 수 있습니다. 이는 오폭으로 인한 참극을 막는 중요한 안전장치입니다.

스위치블레이드의 가장 혁신적인 기능은 바로 '공격 중단(Wave-off)' 능력입니다. 드론이 적을 향해 돌진하던 도중, 조종사가 "잠깐! 저건 민간인이야!"라고 판단하면, 즉시 공격을 멈추고 목표를 변경하거나 다른 곳으로 재배치될 수 있습니다. 이 기능은 단순한 원격 조종을 넘어, 실시간 데이터 연결과 네트워크 기반 상황 공유 덕분에 가능해진 것으로, 아군 전력·정찰 자산들과 연결된 전장 네트워크 안에서 보다 정교하고 윤리적인 판단을 가능케 합니다. 이는 오폭으로 인한 민간인 피해를 줄이고, 자율 무기 시대의 책임성과 안전성을 동시에 확보하는 데 핵심적인 역할을 합니다.

우크라이나 전쟁에서 미국이 이 무기를 지원하면서 그 위력이 입증되었습니다. 보병 부대가 별도의 포병이나 공군 지원 없이도 스스로 정밀 타격할 수 있게 된 것이죠.

더 강력한 스위치블레이드 600

600 모델은 300의 형이라고 할 수 있습니다. 23km로 좀 더 무겁지만, 두 명이 운반할 수 있는 수준입니다. 40분 이상 비행하고 40km 이상 날아갈 수 있으며, 무엇보다 탄두의 파괴력이 엄청납니다. 재블린(Javelin) 대전차 미사일 수준의 위력으로 웬만한 탱크도 뚫어버릴 수 있습니다.

이 스위치블레이드 시리즈는 현대 전장의 판도를 바꾸고 있습니다. 비싸고 복잡한 전투기나 탱크 대신, 상대적으로 저렴하고 간편한 드론으로도 큰 전투 효과를 낼 수 있다는 것을 보여주었습니다.

2-1-2 이스라엘의 하롭(Harop) 드론

이스라엘은 드론 기술의 선진국입니다. 끊임없는 위협 속에서 살아남기 위해 첨단 무기 개발에 온 힘을 기울여 왔죠. 그 결과물 중 하나가 이스라엘 항공우주산업(IAI)에서 만든 '하롭(Harop)' 드론입니다.

하피(Harpy)에서 하롭(Harop)으로의 진화

하롭의 조상 격인 '하피(Harpy)'는 적의 레이더를 찾아 파괴하는 특수 임무용 드론이었습니다. 하피(Harpy)는 그리스 신화의 날개 달린 괴물 하피아에서 따온 이름입니다. 적이 레이더를 켜면 그 전파를 따라가서 레이더 기지를 박살 내는 단순한 역할이었죠. 하지만 하롭(Harop)은 여기서 한 단계 더 발전했습니다. 하롭(Harop)은 Harpy와 Operational을 합성, 운용적 실전형 하피(Harpy)라는 의미이니, 더 발전된 형태라고 할 수 있습니다.

레이더 신호를 추적하는 기능은 물론이고, 고성능 카메라를 장착해서 조종사가 직접 목표물을 확인하고 공격할 수 있게 된 것입니다. 레이더를 꺼놓고 숨어있는 방공 시스템이나, 움직이는 탱크, 특정 건물까지 다양한 목표를 공격할 수 있게 되었습니다.

6~9시간 동안 하늘을 배회하는 사냥꾼

하롭(Harop)의 가장 놀라운 능력은 지구력입니다. 최대 6~9시간 동안 목표 지역 상공을 빙빙 돌면서 먹잇감을 찾아다닙니다. 수백 km 떨어진 적진 깊숙이 들어가서도 임무를 수행할 수 있습니다. 이는 고효율 프로펠러 기반 추진체계, 항공역학적으로 최적화된 슬림 기체 구조, 고밀도 연료 설계, 그리고 네트워크 기반 제어 시스템 덕분입니다. 이러한 체공 능력은 하롭이 전장 상공에서 '표적이 드러날 때까지 기다리는' 전략적 감시

자이자 타격자로서 기능할 수 있게 해 줍니다."

운용 방식은 이렇습니다. 지상에서 발사된 하롭은 미리 입력된 경로를 따라 목표 지역까지 날아갑니다. 도착하면 마치 독수리가 먹잇감을 찾듯 상공을 천천히 돌면서 아래를 살펴봅니다. 지상의 조종사는 하롭이 보내오는 실시간 영상을 보면서 "저기 적 탱크가 있다!", "저기 미사일 발사대가 숨어 있다!"라고 확인할 수 있습니다.

만약 적이 레이더를 켜면? 하롭은 즉시 그쪽으로 돌진해서 자폭합니다. 조종사가 영상으로 중요한 목표물을 발견하면? 역시 그쪽으로 급강하해서 15~23km의 폭탄을 터뜨립니다.

실전에서 입증된 위력

하롭(Harop)의 실전 능력은 아제르바이잔-아르메니아 전쟁에서 극적으로 입증되었습니다. 아제르바이잔군이 하롭을 대량 투입해서 아르메니아군의 방공 시스템, 포병 진지, 심지어 병력 수송 버스까지 차례차례 파괴하는 모습이 전세계에 공개되어 충격을 주었습니다.

이 성공 덕분에 하롭(Harop)은 인도, 터키 등 여러 국가로 수출되고 있으며, 장시간 체공 능력과 정밀 타격 능력을 결합한 새로운 형태의 무기로 인정받고 있습니다.

2-1-3   우크라이나 전쟁의 FPV(First-Person View) 드론

2022년 러시아가 우크라이나를 침공한 후, 전쟁의 양상이 완전히 바뀌었습니다. 가장 눈에 띄는 변화는 바로 상업용 FPV(First-Person View) 드론의 대규모 활용입니다. 몇십만 원짜리 취미용 드론이 수억 원짜리 탱크를 박살 내는 놀라운 광경이 매일같이 펼쳐지고 있습니다. FPV(First-Person View) 드론은 조종자가 영상을 실시간으로 받아 드론의 시점인 1인칭 시점에서 비행한다고 해서 붙여진 이름입니다.

[그림 3] 우크라이나 전쟁의 FPV 드론. *출처_2025 드론-도심항공모빌리티 박람회

게임용 드론이 무기가 되다

FPV 드론은 원래 드론 레이싱이나 영화 촬영을 위해 만들어진 것입니다. 조종사가 특수 고글을 착용하고 드론에 달린 카메라 영상을 실시간으로 보면서, 마치 자신이 직접 하늘을 나는 듯한 짜릿한 경험을 할 수 있습니다. 일반 드론보다 훨씬 빠르고 민첩하게 움직일 수 있어서 레이싱 경기나 곡예비행에 인기가 높았죠.

그런데 전쟁이 시작되자 우크라이나군은 이 취미용 드론을 무서운 무기로 개조했습니다. 드론에 수류탄이나 RPG 탄두, 자체 제작한 폭발물을 매달아서 적진으로 날려 보낸 것입니다.

비디오게임 같은 전투

FPV 자폭 드론의 운용 모습은 정말 비디오게임 같습니다. 조종사는 FPV 고글을 쓰고 마치 1인칭 슈팅 게임을 하듯이 드론을 조종합니다. 화면에는 드론의 시선으로 본 전방 영상이 실시간으로 나타나고, 조종사는 이를 보며 적의 참호, 탱크, 트럭을 찾아 정밀하게 공격합니다.

크기가 작고 빠른 FPV 드론은 적에게 발각되기 전에 목표에 도달할 확률이 높습니다. 숙련된 조종사는 건물 창문 같은 좁은 틈을 통과해서 실내를 공격하거나, 움직이는 차량을 추적해서 명중시킬 수도 있습니다.

압도적인 가성비의 혁명

FPV 드론의 가장 놀라운 점은 바로 '가성비'입니다. 제작비가 몇십만 원에서 백만 원 정도인데, 이것으로 수십억 원짜리 탱크나 수백만 달러짜리 방공 시스템을 파괴할 수 있습니다. 이런 엄청난 효율성 때문에 FPV 드론은 대량으로 생산되고 소모적으로 사용되고 있습니다.

영국 왕립합동군사연구소(RUSI)에 따르면 우크라이나가 사용하는 드론이 매달 1만 대씩 격추되고 있다고 합니다. 그런데도 우크라이나는 2024년 100만 대의 FPV 드론을 운용할 계획입니다. 이는 유럽연합이 우크라이나에 제공한 포탄 수의 두 배에 이르는 엄청난 규모입니다.

2025년의 새로운 진화: 광섬유 드론의 등장

러시아군이 전자전 장비로 드론의 무선 통신을 방해하자, 우크라이나는 또 다른 혁신을 선보였습니다. 바로 광섬유 케이블로 연결된 드론입니다. 마치 옛날 전화기처럼 실제 선으로 연결되어 있어서 전자 방해를 받지 않습니다.

광섬유 FPV 드론은 무거운 케이블을 끌고 다녀야 하는 불편함이 있지만, 전자전 환경에서도 확실하게 작동한다는 장점이 있습니다. 2024년부터 실전에 배치되기 시작해서 새로운 게임 체인저로 주목받고 있습니다.

우크라이나 전쟁의 FPV 드론

상업용 드론의 군사적 개조와 전술적 활용

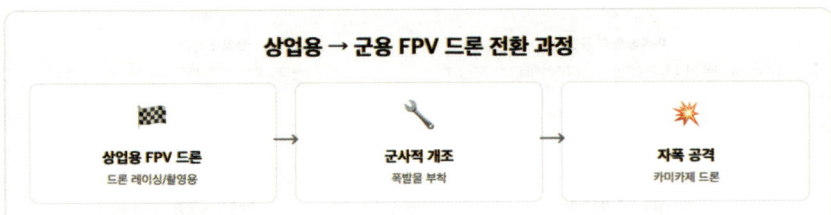

상업용 → 군용 FPV 드론 전환 과정

상업용 FPV 드론		군사적 개조		자폭 공격
드론 레이싱/촬영용	→	폭발물 부착	→	카미카제 드론

분석 요소	비용 효율 Cost Efficiency	운용 방식 Operation	전술적 효과 Tactical Impact	기술 발전 Tech Evolution
기본 비용	**수십만 원** vs 수백만달러 미사일	FPV 고글과 조종기로 1인칭 시점 조종	압도적 가성비로 대량 운용 가능	상업용 부품의 군사적 활용
주요 목표물	경장갑 차량 대상으로 최적 효과	참호 기관총 진지 보급 트럭 탱크 상부	정밀 타격으로 고가치 목표 제거	목표물 자동 인식 SW 개발
폭발물 종류	저비용 급조 폭발물 활용	수류탄 RPG 탄두 IED	목표별 맞춤형 탄두 선택	성형 작약 등 고성능 탄두
조종 기술	게이머 출신 조종사들의 높은 적응력	고속 비행 정밀 조종 창문 관통	비디오 게임 유사 인터페이스	AI 보조 조종 시스템
생산 규모	대량 생산으로 단가 절감	소모적 운용 가능	전선 전역에서 동시 운용	자동화된 조립 라인
심리적 효과	저비용으로 최대 심리 압박	언제 어디서든 공격 위협	지속적 위협 방어 부담 사기 저하	스웜(군집) 공격 전술
대응 방법	격추 비용 > 드론 비용	전파 방해 그물/총기 레이더	완벽한 방어는 사실상 불가능	대드론 전용 시스템 개발
기술적 한계	배터리 수명과 통신 거리	조종사의 숙련도 의존	날씨와 전파 방해에 취약	열화상 카메라 통신 거리 확장 재밍 방지

[그림 4] FPV드론.

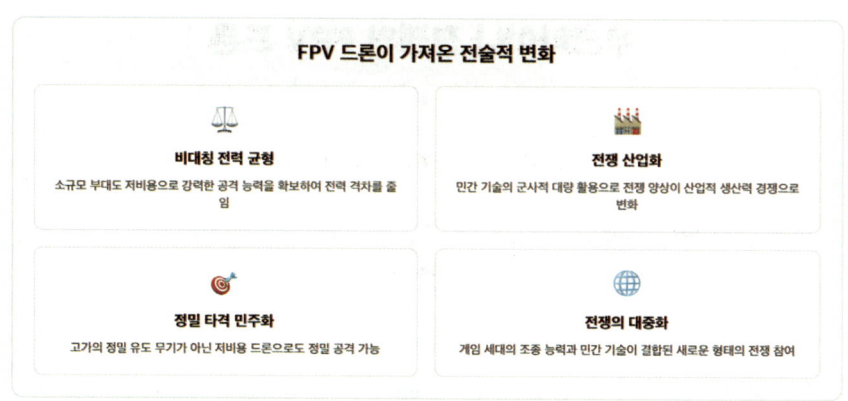

[그림 5] FPV 드론이 가져온 전술적 변화.

2-1-4 이란 샤헤드(Shahed) 드론

우크라이나 전쟁에서 FPV 드론과 함께 큰 주목을 받은 것이 바로 순교적 임무를 수행하는 무기라는 의미를 가진 이란제 '샤헤드(Shahed)' 자폭 드론입니다. 러시아가 'Geran-2'라는 이름으로 대량 도입해서 우크라이나 도시들을 공격하는 데 사용하면서 악명을 떨쳤습니다.

시끄럽고 느린 '오토바이 드론'

샤헤드-136은 독특한 외모를 가지고 있습니다. 삼각형 날개와 뒤쪽의 프로펠러가 특징인데, 이 프로펠러 때문에 오토바이 엔진 같은 시끄러운 소음이 납니다. 그래서 '오토바이 드론', '잔디깎이 드론' 같은 별명으로 불리기도 합니다.

이 드론은 비교적 단순하게 만들어졌습니다. 일부 부품은 서방 국가에서 상업적으로 판매되는 것들을 조합해서 제작되었다고 분석되고 있습니다. 국제 제재 속에서도 대량 생산할 수 있었던 비결 중 하나죠.

GPS만 믿고 날아가는 단순한 구조

샤헤드-136의 운용 방식은 의외로 단순합니다. 미리 입력된 GPS 좌표를 따라 목표 지점까지 자율적으로 비행합니다. 수백 km에서 최대 2,500km까지 날아갈 수 있어서 전선에서 멀리 떨어진 후방 도시까지 공격할 수 있습니다.

하지만 단점도 많습니다. 비행 속도가 시속 200km 미만으로 느리고, 고도도 높지 않으며, 앞서 말한 대로 소음이 큽니다. 게다가 실시간으로 목표를 변경하거나 움직이는 목표를 추적하는 능력은 없습니다. 오직 사전에 입력된 GPS 좌표만 향해 날아갈 뿐입니다.

벌떼 전술과 방공망 압박

러시아는 샤헤드 드론을 혼자 보내지 않습니다. 수십 대를 한꺼번에 발사해서 마치 벌떼처럼 우크라이나 방공망을 향해 날려 보냅니다. 우크라이나 방공 시스템의 대응 능력을 분산시키고 압도해서, 일부라도 목표에 도달하게 하려는 전술입니다.

때로는 순항미사일 공격과 함께 사용해서 방공망의 대응을 더욱 어렵게 만들기도 합니다. 값비싼 요격 미사일을 소모시키고 방공 부대를 지치게 만든 다음, 진짜 중요한 미사일 공격을 시작하는 교묘한 작전입니다.

저렴한 비용의 위력

샤헤드 드론의 가장 큰 매력은 가격입니다. 한 대당 수만 달러로 추정되는데, 이는 수백만 달러짜리 순항미사일에 비하면 10분의 1 수준입니다. 값싼 드론으로 상대방의 비싼 방공 미사일을 소모시키고, 지속적으로 공포심을 조성하며, 에너지 인프라를 공격해서 국민 생활에 타격을 주는 수단이 되고 있습니다.

물론 단점도 있습니다. 느린 속도와 큰 소음 때문에 대공포, 기관총, 전투기 등으로 격추당할 확률이 높습니다. GPS 재밍이나 기만 공격에도 취약합니다. 하지만 저렴한 가격 때문에 대량으로 사용할 수 있어서 여전히 위협적인 무기로 평가받고 있습니다.

2-2 무장형 무인 헬리콥터

드론이라고 하면 보통 고정날개 비행기 모양을 떠올리기 쉽습니다. 하지만 헬리콥터 형태의 드론도 독특한 장점을 가지고 있어서 주목받고 있습니다. 그 대표적인 예가 중국 자이언(Ziyan) 회사가 개발한 작지만 치명적이라는 의미로 독을 가진 물고기 '복어'의 영문명인 '블로피시(Blowfish)' 시리즈입니다.

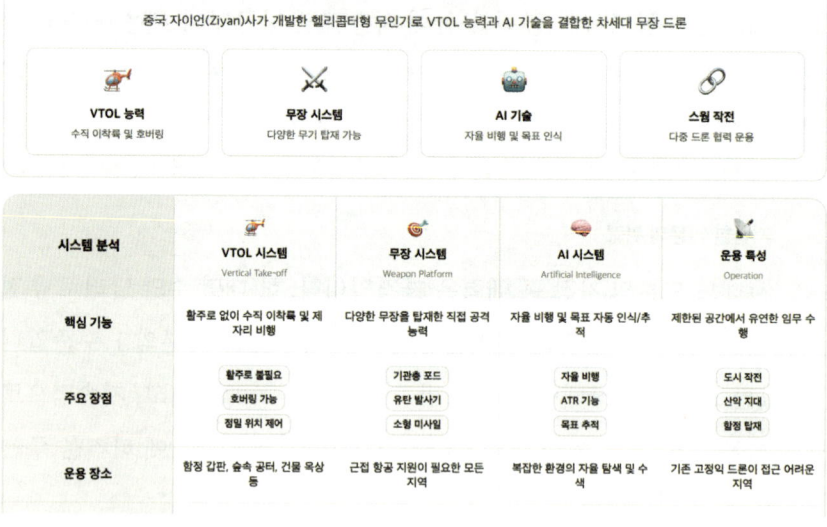

중국 블로피시 A3 무인 헬리콥터

수직 이착륙 다목적 무장형 AI 드론

블로피시 A3 핵심 특징

중국 자이언(Ziyan)사가 개발한 헬리콥터형 무인기로 VTOL 능력과 AI 기술을 결합한 차세대 무장 드론

VTOL 능력	무장 시스템	AI 기술	스웜 작전
수직 이착륙 및 호버링	다양한 무기 탑재 가능	자율 비행 및 목표 인식	다중 드론 협력 운용

시스템 분석	VTOL 시스템 Vertical Take-off	무장 시스템 Weapon Platform	AI 시스템 Artificial Intelligence	운용 특성 Operation
핵심 기능	활주로 없이 수직 이착륙 및 제자리 비행	다양한 무장을 탑재한 직접 공격 능력	자율 비행 및 목표 자동 인식/추적	제한된 공간에서 유연한 임무 수행
주요 장점	활주로 불필요 호버링 가능 정밀 위치 제어	기관총 포드 유탄 발사기 소형 미사일	자율 비행 ATR 기능 목표 추적	도시 작전 산악 지대 함정 탑재
운용 장소	함정 갑판, 숲속 공터, 건물 옥상 등	근접 항공 지원이 필요한 모든 지역	복잡한 환경의 자율 탐색 및 수색	기존 고정익 드론이 접근 어려운 지역

센서 시스템	비행 제어용 관성/GPS 센서	EO/IR 카메라 센서 터렛	영상 분석용 AI 프로세서	다중 센서 융합 시스템
임무 유형	정밀 착륙이 필요한 특수 임무	CAS 지원 거점 공격 대보병 작전	무인 자율 수색 및 공격	복합 환경에서의 다목적 임무
제약 사항	속도 제한 진동 발생 복잡한 구조	탑재 중량 및 탄약량 제한	AI 신뢰성 및 윤리적 문제	날씨와 환경에 민감
기술적 혁신	무인 헬리콥터의 VTOL 기술 완성	소형 플랫폼에 무장 통합	실전급 AI 자율 기능	헬리콥터형 드론의 새로운 가능성
미래 발전	더 강력한 추진 시스템	고위력 무장 및 정밀 유도	완전 자율 무기 체계로의 발전	인간 및 군사 다목적 활용

블로피시 A3의 AI 기능

자율 비행
이착륙부터 경로 계획, 장애물 회피까지 전 과정을 자율적으로 수행하며, 실시간으로 최적 경로를 수정

자동 목표 인식 (ATR)
카메라 영상을 AI가 실시간 분석하여 탱크, 트럭 등 특정 목표물을 자동 식별하고 분류

자동 목표 추적
지정된 목표물을 이동 중에도 놓치지 않고 지속적으로 추적하며 조준 상태 유지

스웜 작전
여러 대의 드론이 협력하여 역할을 분담하고 동시 다방향 공격으로 시너지 효과 창출

[그림 6] 무장형 무인헬기 블로피시.

활주로 없이 어디든 뜰 수 있는 자유로움

블로피시 A3의 가장 큰 장점은 '수직 이착륙(VTOL, Vertical Take-Off and Landing)' 능력입니다. 일반 헬리콥터처럼 활주로 없이 제자리에서 바로 떠오르고 내려앉을 수 있습니다. 군함의 좁은 갑판, 숲속의 작은 공터, 건물이 빽빽한 도시에서도 자유자재로 이착륙할 수 있죠.

공중에서 제자리 비행도 가능하다는 점입니다. 고정익 드론은 계속 앞으로 날아가야만 하늘에 떠 있을 수 있지만, 블로피시는 헬리콥터처럼 한 지점에 오랫동안 머물면서 특정 지역을 감시하거나 목표물을 정밀하게 조준할 수 있습니다.

하늘의 '눈'과 '발톱'을 겸비한 사냥꾼

블로피시 A3는 단순한 정찰용이 아니라 실제로 공격할 수 있는 '무장형' 드론입니다. 기관총, 유탄발사기, 소형 공대지 미사일 등 다양한 무기를 장착할 수 있도록 설계되었습니다. 임무에 따라 무장을 바꿀 수 있어서 매우 유연합니다.

적 보병을 상대할 때는 기관총을, 장갑차량을 공격할 때는 미사일을 사용할 수 있습니다. 제자리 비행이 가능하기 때문에 산악지대나 시가지처럼 고정익 항공기가 접근하기 어려운 곳의 숨은 적들을 효과적으로 공격할 수 있습니다.

AI가 탑재된 똑똑한 드론

블로피시 A3가 특히 주목받는 이유는 인공지능 기술이 대폭 적용되었기 때문입니다. 제조사인 자이언은 다음과 같은 AI 기능들이 탑재되어 있다고 주장하고 있습니다.

자율 비행 능력이 뛰어납니다. 단순히 미리 설정된 경로를 따라 비행하는 것이 아니라, 이착륙부터 장애물 회피, 최적 경로 수정까지 모든 과정을 스스로 처리할 수 있다고 합니다.

자동 목표 인식(ATR, Automatic Target Recognition) 기능도 갖추었습니다. 드론의 카메라가 찍는 영상을 AI가 실시간으로 분석해서 "저것은 탱크", "저것은 트럭", "저것은 건물"이라고 자동으로 식별하고 조종사에게 알려줍니다. 넓은 지역에서 위장된 목표물을 찾는 시간을 크게 단축할 수 있습니다.

자동 목표 추적(ATT, Automatic Target Tracking) 기능까지 있습니다. 조종사가 특정 목표를 지정하거나 AI가 스스로 목표를 발견하면, 그 목표가 움직여도 놓치지 않고 계속 따라다니며 조준 상태를 유지할 수 있습니다.

여러 대가 협력하는 스웜(Swarm) 작전

여러 대의 블로피시가 서로 소통하며 협력해서 임무를 수행하는 '스웜(무리)' 작전 능력도 지녔습니다. 늑대 무리가 사냥하듯이, 각자 역할을 분담해서 넓은 지역을 동시에 수색하거나 여러 방향에서 목표를 포위 공격할 수 있다고 알려져 있습니다.

이런 복잡한 협동 작전은 AI 기술의 핵심 영역 중 하나로, 개별 드론의 능력을 합친 것 이상의 시너지 효과를 낼 수 있어서 미래전의 중요한 개념으로 여겨지고 있습니다.

기술 주장에 대한 신중한 검토 필요

다만 이런 첨단 AI 기능들에 대해서는 아직 명확하지 않은 부분들이 많습니다. 완전 자율 살상 능력은 국제적으로 매우 민감하고 논란이 많은 주제이기 때문에, 제조사의 주장을 그대로 받아들이기보다는 실제 성능과 한계에 대한 검증이 필요합니다.

그럼에도 불구하고 블로피시 A3에 적용된 것으로 알려진 다양한 기술들은 조종사의 부담을 줄이고 상황 인식 능력을 향상시키며 작전 효율성을 크게 높일 수 있다는 점에서 큰 의미를 가집니다.

3-1 러시아의 Uran-9 무인 지상 전투 차량

현실이 된 공상 과학(SF) 영화 속 무기 중 하나가 바로 러시아가 만든 'Uran-9'는 사람이 타지 않는 원격 조종 전투 로봇입니다. 마치 영화 속에서 튀어나온 것 같은 이 무인 전투 차량은 병사들 대신 위험한 임무를 수행하기 위해 태어났습니다.

적의 총알이 쏟아지는 도시 전투 지역이나 사람이 직접 들어가기 너무 위험한 곳에서 정찰하고 적을 공격하여 우리 병사들의 소중한 생명을 지키는 것이 주요 목적입니다. 간단히 말해 사람이 타지 않는 작은 탱크라고 생각하면 됩니다. 멀리서 조종기로 움직이며 전투를 벌이는 미래형 무기인 셈이죠.

Uran-9는 탱크처럼 무한궤도로 움직이며 강력한 무기들을 갖추고 있습니다. 30mm 기관포로 꽤 두꺼운 장갑도 뚫을 수 있고, 옆에 달린 기관총으로는 보병이나 가벼운 차량을 공격할 수 있습니다. 양옆에는 '아타카'라는 대전차 미사일도 여러 발 장착되어 있어 적의 큰 탱크도 박살 낼 수 있습니다.

목표물을 찾고 조준하기 위해 낮에 쓰는 카메라, 밤에 쓰는 열화상 카메라, 거리를 측정하는 레이저 등 다양한 센서가 달려 있습니다. 이런 무기와 센서들로 Uran-9는 병사들에게 강력한 화력 지원을 제공하고 위험한 정찰 임무를 대신할 것으로 기대되었습니다.

러시아는 Uran-9가 미리 정해진 길을 따라 스스로 움직이거나 적을 자동으로 찾는 등의 자율 기능도 있다고 주장했지만, 기본적으로는 사람이 이동식 통제 차량에서 원격으로 조종하는 방식으로 작동합니다.

그런데 실전에서는 충격적인 결과가 나타났습니다!

Uran-9는 시리아 내전에 투입되었습니다. 처음에는 성공적으로 임무를 수행했다고 발표했지만, 나중에 여러 경로를 통해 심각한 문제점들이 드러났습니다.

가장 큰 문제는 '통제 시스템의 불안정성'이었습니다. Uran-9 로봇과 조종석 사이의 무선 통신이 자주 끊기는 일이 발생했습니다. 건물이 많은 도시 환경에서는 전파가 차단되어 통신 거리가 수백 m로 짧아졌고, 원래 말했던 몇 km와는 천지 차이였습니다.

통신이 끊기면 로봇은 그 자리에 멈춰 서거나 조종사의 통제를 벗어나 쓸모없게 되었고, 때로는 통제 불능 상태에서 예상치 못한 행동을 보이기도 했습니다. 이는 작전에 치명적인 약점이었습니다.

'이동성과 신뢰성 문제'도 심각했습니다. 시리아의 거친 지형에서 움직이다 보니 차체 하부의 서스펜션이나 구동 장치의 고장으로 움직이지 못하는 경우가 있었습니다. 진동 때문에 센서 장비들이 제대로 작동하지 못하고, 이동 중에는 총의 조준 정확도가 크게 떨어지는 문제도 발견되었습니다.

'센서와 목표물 식별 능력의 한계'도 큰 문제점이었습니다. 카메라 성능이 기대에 미치지 못해 멀리 있는 목표물을 명확히 식별하거나 위장한 적을 찾아내기 어려웠습니다. 또한 명령을 내렸을 때 로봇이 실제로 반응하기까지 시간이 지연되어 급박한 전투 상황에서 신속하게 대응하기 어려웠습니다.

'작전 운용 개념의 문제'도 있었습니다. Uran-9는 보병들과 함께 작전을 수행하도록 설계되었지만, 앞서 말한 여러 기술적 문제와 신뢰성 부족 때문에 실제 보병들과 효과적으로 함께 일하는 데 어려움을 겪었습니다.

시리아에서의 경험은 러시아에게 Uran-9와 같은 복잡한 무인 전투 시스템을 개발하고 실제로 배치하는 데 아직 해결해야 할 기술적 문제가 산더미처럼 많다는 뼈아픈 교훈을 주었습니다. 러시아는 문제점들을 인정하고 개선 작업을 하고 있다고 밝혔지만, Uran-9 사례는 완전한 자율 전투 로봇이나 원격 조종 로봇을 실제 전장에 효과적으로 투입하는 것이 얼마나 어려운지를 분명히 보여줍니다.

그럼에도 미래에는 더 발전된 형태의 무인 지상 전투 차량이 등장할 것으로 예상됩니다.

3-2 4족 보행 로봇

3-2-1 러시아의 M-81 무장 로봇 개

'4족 보행 로봇' 기술이 눈부시게 발전하면서 군사적인 활용 가능성에 대한 관심도 하늘 높이 치솟고 있습니다. 러시아는 방위 산업 전시회인 'ARMY 포럼'에서 등에 대전차 로켓 발사기를 장착한 4족 보행 로봇을 선보여 전세계의 이목을 집중시켰습니다.

'M-81'이라는 이름으로 알려진 이 로봇은 마치 공상 과학 영화에서 튀어나온 것 같은 '로봇 개(Robot Dog)' 형태의 전투 로봇 개념을 보여주었습니다.

M-81 로봇 개의 핵심 아이디어는 4개의 다리를 이용해 바퀴나 무한 궤도로는 갈 수 없는 복잡하고 험한 지형에서도 자유자재로 움직일 수 있게 하는 것입니다. 계단이나 무너진 건물 잔해, 산악 지대 등을 비교적 자유롭게 이동할 수 있는 4족 보행 로봇의 장점을 활용하여, 사람이 가기 위험한 곳에 먼저 들어가 정찰하거나, 적진 깊숙이 폭발물이나 무기를 운반하는 등의 역할을 할 수 있습니다.

M-81은 등에 RPG-26과 같은 휴대용 대전차 로켓 발사기를 장착한 모습으로 공개되었는데, 이는 적의 탱크나 장갑차를 기습적으로 공격하는 '로봇 사냥꾼' 같은 임무를 염두에 둔 것으로 보입니다. 등에 달린 카메

라 등의 센서로 목표물을 찾고 정보를 전달하는 정찰 임무도 할 수 있을 것입니다.

하지만 이런 로봇 개 개념이 실제 전장에서 효과적인 무기로 자리 잡기까지는 해결해야 할 기술적인 문제들이 산더미처럼 쌓여 있습니다.

첫 번째 문제는 '움직임과 안정성' 문제입니다. 4족 보행 로봇의 걸음걸이나 균형 제어 기술은 많이 발전했지만, 여전히 예측 불가능하고 다양한 실제 지형(진흙, 미끄러운 표면, 무너진 건물 잔해 등)에서 넘어지지 않고 안정적으로 이동하는 것은 큰 숙제입니다. M-81처럼 등에 무거운 무기를 장착한 상태에서는 무게 중심이 높아져 더 쉽게 넘어질 수 있습니다.

더 큰 문제는 무기를 발사할 때 생기는 엄청난 반동을 어떻게 견딜 것인가 하는 점입니다. 비교적 가볍고 작은 로봇 위에서 강력한 RPG 로켓을 발사하면, 반동으로 인해 로봇이 뒤로 넘어지거나 조준이 흐트러져 명중률이 떨어질 수 있습니다.

두 번째 문제는 '배터리와 작동 시간'의 한계입니다. 네 개의 다리를 계속 움직여 걷는 것은 바퀴나 무한궤도로 구르는 것보다 훨씬 많은 에너지를 먹어 치웁니다. 현재의 배터리 기술로는 로봇 개가 오랜 시간 작전을 수행하기 어렵습니다. 무거운 무기나 추가 센서를 달면 작동 시간은 더욱 짧아질 수밖에 없습니다. 이것은 실제 작전에서 활용하기 어렵게 만드는 중요한 요소입니다.

세 번째 문제는 '원격 조종과 자율성' 문제입니다. Uran-9 사례에서 봤듯이, 복잡한 지형이나 건물 내부에서는 원격 통신이 끊길 가능성이 높습니다. 로봇 개가 스스로 판단하고 행동하는 능력을 갖추는 것이 대안이 될 수 있지만, 현재 기술로는 주변 환경을 이해하고, 적과 아군을 구별하며, 윤리적인 문제까지 고려하여 스스로 공격 결정을 내리는 수준의 완전한 자율성은 구현하기 매우 어렵습니다.

네 번째 문제는 '무기 사용의 복잡성과 안전성'입니다. 움직이는 로봇 위에서 원격으로 또는 자동으로 무기를 안전하고 정확하게 조준하고 발사하는 것은 매우 어려운 기술입니다. 실수로 발사하거나 잘못된 대상을 공격하는 위험을 최소화하기 위한 복잡한 안전장치와 교전 규칙 프로그래밍이 필요합니다.

이런 문제들을 고려할 때, 러시아가 전시회에서 보여준 M-81 무장 로봇 개가 곧 실제 전투에 많이 투입될 가능성은 낮다는 것이 전문가들의 의견입니다. 아직 완성된 무기라기보다는, 미래 기술의 가능성을 보여주는 시연 모델이나 선전 목적의 전시물일 가능성이 큽니다.

3-2-2 견마 로봇

우리나라도 국방과학연구소(ADD) 주도로 미래 전장에서 활약할 수 있는 4족 보행 로봇 개발이 활발히 진행되고 있습니다. '견마(犬馬) 로봇'이라는 이름의 이 로봇은 이름에서 알 수 있듯이 개와 말처럼 충성스럽고, 잘 움직이며, 다양한 임무를 통해 병사들을 돕는 역할을 하는 것이 목표입니다.

한국의 특수한 안보 환경, 즉 복잡한 산악 지형이 많은 비무장지대(DMZ)에서의 감시 정찰 능력 강화 필요성, 그리고 미래 도시 전투 대비, 위험한 임무 수행 시 병사들의 안전 확보 등의 요구가 견마 로봇 개발의 주요 배경이 되었습니다.

견마 로봇의 목표는 병사들과 함께 움직이며 다양한 지원 임무를 수행할 수 있는 똑똑한 로봇 플랫폼입니다. 초기 단계에서는 러시아의 M-81처럼 직접 공격용 무기를 달기보다는, 정찰 및 감시, 위험 지역 탐지, 물자 운반 등의 임무에 초점을 맞추고 있습니다.

위험한 건물 내부나 동굴 등을 먼저 수색하여 내부 상황을 파악하고, 숨어있는 적이나 함정 등의 위험 요소를 찾아 알려주는 역할을 할 수 있습니다. 복잡한 산악 지형이나 계단 등에서 병사들의 무거운 장비나 탄약, 식량 등을 대신 운반하여 피로를 줄이고 이동성을 높일 수 있습니다. 폭발물 처리(EOD) 로봇의 보조 역할, 화생방(CBR) 오염 지역 탐지 등 특수 임무에도 활용될 수 있습니다.

견마 로봇은 병사를 대체하는 전투 로봇이라기보다는, 병사의 능력을 확장하고 생존 가능성을 높여주는 '든든한 동반자'로서의 역할로 개발되고 있습니다.

견마 로봇의 중요한 특징은 4개의 다리를 이용한 보행 능력입니다. 바퀴나 무한궤도로는 이동하기 어려운 계단, 돌무더기, 가파른 경사 등 다양한 장애물 지형을 안정적으로 이동할 수 있도록 설계되었습니다. 이를 위해 실제 동물의 걸음걸이를 본떠 다양한 보행 패턴(걷기, 뛰기, 옆으로 걷기 등)을 구현하고, 울퉁불퉁한 땅이나 외부 충격에도 균형을 잃지 않고 자세를 유지하거나 넘어졌을 때 스스로 일어설 수 있는 동적 안정성 제어 기술이 연구되고 있습니다.

주변 환경을 인식하기 위한 센서들이 탑재됩니다. 주야간 감시를 위한 고해상도 카메라(EO/IR), 로봇의 정확한 위치 파악과 주변 지형 정보 획득을 위한 라이다(LiDAR) 센서, 소리 탐지를 위한 마이크 등이 포함될 수 있습니다.

견마 로봇은 여러 차례 시제품 개발과 성능 시험을 거치며 기술적인 완성도를 높여가고 있습니다. 국내 방산 전시회를 통해 개발 과정이나 시연 모습이 공개되기도 했습니다. 하지만 실제 군에 배치되어 임무를 수행하는 '전력화'까지는 아직 시간이 더 필요할 것으로 보입니다.

4족 보행 로봇 기술 자체가 아직 완전히 성숙되지 않았고, 군사 작전 환경의 극한 조건(덥거나 추운 날씨, 비, 먼지 등)에서도 고장 없이 안정적으로 작동하는 신뢰성을 확보하는 것이 중요하기 때문입니다. 충분한 작전

시간을 보장하기 위한 배터리 기술의 발전, 로봇 운용을 위한 병사들의 교육 훈련 체계 마련, 그리고 기존 군의 작전 방식에 로봇을 효과적으로 통합하는 방안 등에 대한 연구도 함께 이루어져야 합니다. 높은 개발 및 도입 비용 또한 전력화의 속도에 영향을 미치는 요소입니다.

최신 동향으로는 한화에어로스페이스가 AI 기반 자율주행과 전투 지원이 가능한 다목적 무인 차량 '아리온스멧(Arion-SMET)'을 개발했습니다. 이 차량은 물자 운송·부상자 후송뿐 아니라 총성의 방향과 패턴을 파악해 적 위치를 탐지하고, 탑재된 원격사격통제체계(RCWS)를 통해 원격으로 조준·사격을 지원하는 기능을 갖춘 첨단 군용 무인 플랫폼입니다.

[그림 7] 견마로봇(왼쪽)과 Arion-SMET.

견마 로봇은 미래 지상 전투 환경 변화에 대비하고 군의 전투 효율성과 병사들의 생존성을 높이기 위한 중요한 노력입니다. 지속적인 연구 개발과 기술 발전을 통해 기술적 문제들을 해결하고 신뢰성을 확보한다면, 머지않은 미래에 견마 로봇이 실제 전장에서 병사들과 함께 임무를 수행하는 모습을 볼 수 있을 것으로 기대됩니다.

4-1 정밀 유도 무기의 진화

과거에는 목표물을 맞히기 위해 수많은 포탄을 쏟아부어야 했습니다. 하지만 과학 기술의 눈부신 발전은 '정밀 유도 무기(Precision Guided Munition, PGM)'라는 혁신적인 무기를 탄생시켰습니다. 마치 눈을 가진 것처럼, 목표물을 스스로 찾아가거나 유도를 받아 정확하게 타격할 수 있는 놀라운 무기를 말합니다.

정밀 유도 무기의 등장은 전쟁 방식을 완전히 뒤바꿔 놓았습니다! 원하는 목표물만 골라서 공격할 수 있게 되어, 작전의 효율성을 극대화하는 동시에 민간인 피해나 부수적인 파괴를 크게 줄일 수 있게 되었습니다.

초기 정밀 유도 무기는 주로 레이저 유도 방식이나 GPS 유도 방식을 사용했습니다. 레이저 유도 방식은 목표물에 레이저 빛을 비추면, 폭탄이나 미사일이 그 빛을 따라 날아가는 방식입니다. 명중률이 매우 높다는 장점이 있지만, 누군가가 목표물 근처에서 계속 레이저를 비춰 줘야 하고, 연기나 나쁜 날씨에서는 레이저가 가려져 유도가 어렵다는 단점이 있었습니다.

초기 GPS 유도 방식은 인공위성 신호를 이용하여 미사일이나 폭탄을 목표 지점의 좌표로 유도하는 방식입니다. 날씨에 영향받지 않고 먼 거리에서도 사용할 수 있다는 장점이 있지만, 적의 전파 방해(재밍)에 약하고, GPS 좌표가 정확하지 않거나 목표물이 움직이는 경우에는 명중률이 떨어지는 한계가 있었습니다.

이런 초기 정밀 유도 무기들의 한계를 극복하고, 복잡한 환경에서도 임무를 성공적으로 수행하기 위해 인공지능(AI)이 접목되기 시작했습니다!

AI는 정밀 유도 무기를 더욱 '똑똑하고', '자율적으로' 만들어, 이전에는 불가능했던 능력들을 부여했습니다.

AI가 가져온 큰 변화 중 하나는 '항법 능력의 혁신적 향상'입니다. GPS에만 의존하는 것이 아니라, 관성 항법 장치(INS, Inertial Navigation System), 지형 대조 항법(TERCOM, TERrain COntour Matching), 영상 대조 항법(DSMAC, Digital Scene-Mapping Area Correlator) 등 다양한 항법 센서들을 함께 사용합니다. AI는 여러 센서들에서 들어오는 복잡한 정보들을 실시간으로 융합·분석하여, GPS 신호가 방해받거나 완전히 차단된 상황에서도 자신의 정확한 위치를 파악하고 목표물을 향해 계속 비행할 수 있도록 돕습니다. 사람이 지도와 나침반, 주변 지형지물을 종합적으로 활용하여 길을 찾는 것과 비슷한 원리입니다.

또 다른 AI 기술은 '자동 목표 인식(ATR, Automatic Target Recognition)'입니다. 미사일이나 폭탄이 목표물에 가까워졌을 때, 탑재된 카메라(주로 적외선 영상 센서)를 통해 얻어지는 영상을 AI가 분석하여, 미리 입력된 목표물 이미지나 특징과 비교함으로써 목표물을 스스로 식별하고 확인하는 첨단 기술입니다.

여러 대의 비슷한 물체 중에서 공격해야 할 특정 목표물을 AI가 정확히 구분해 내거나, 건물의 특정 창문이나 출입구를 정확히 조준하는 것이 가능해집니다. 목표물의 GPS 좌표가 약간 부정확하거나 목표물이 예상 위치에서 조금 벗어나 있더라도, 혹은 주변에 비슷한 가짜 목표물이 있더라도 속지 않고 정확한 목표물만 골라서 타격할 수 있습니다. 이런 기술은 이동식 미사일 발사대나 지휘 차량과 같이 움직이는 목표물을 공격하는 데 매우 중요합니다.

AI는 미사일이 목표물에 최종적으로 접근하는 '종말 유도 단계'에서도 중요한 역할을 합니다. AI는 목표물의 형태, 약한 부분 등을 분석하여, 가장 효과적인 각도와 지점으로 미사일을 유도하여 파괴력을 극대화할 수 있습니다. 건물의 특정 지점을 타격하여 중요 시설만 파괴하거나, 방어력이 약한 상부나 후면을 노려 공격하는 등의 정밀 제어가 가능해집니다.

최첨단 미사일 시스템에서는 AI가 제한적인 '결정 능력'까지 갖추는 방향으로 발전하고 있습니다. 미사일이 목표 지역에 도달했을 때, 원래 공격하려던 목표물이 이미 파괴되었거나 사라졌다면, AI가 주변의 다른 중요한 목표물을 찾아 스스로 공격 대상을 변경하는 자동 재목표 설정 기능이 연구되고 있습니다.

여러 발의 미사일이 서로 통신하며 AI를 통해 협력하여, 각자 다른 목표물을 분담하거나, 한 목표물에 대해 시간차 공격을 가하는 등 복잡한 협동 공격(Collaborative Engagement)을 수행하는 개념도 개발되고 있습니다.

성공 사례로는 영국의 스톰 섀도(Storm Shadow) 미사일이 있습니다. 우크라이나 전쟁에서 러시아군의 강력한 전자전 방해에도 불구하고 100% 명중률을 기록한 놀라운 성과를 보여주었습니다. 이는 AI 기반의 시각 인식과 첨단 식별 기법을 활용해 적의 재밍에 관계없이 무기가 자율적으로 목표물을 찾아 파괴할 수 있는 능력 덕분입니다.

미국의 'JASSM-ER(Joint Air-to-Surface Standoff Missile - Extended Range)'은 이름 그대로 해석해 보면 사거리 연장형 합동 공대지 스탠드오프 미사일이라는 뜻인데, 여기서 스탠드오프는 목표 상공에 도달하지 않고 발사할 수 있다는 의미를 가졌습니다. 전투기나 폭격기에서 발사되어, 적의 방공망 탐지를 피하기 위해 낮은 고도로 비행하는 기능을 갖추고 있으며, 1,000km에 가까운 긴 사거리를 자랑합니다. 그래서 항공기가 적의 위협으로부터 멀리 떨어진 안전한 거리에서 공격 임무를 수행할 수 있게 해 줍니다.

"총알로 총알을 맞추는" 극한 기술에서의 인공지능 역할

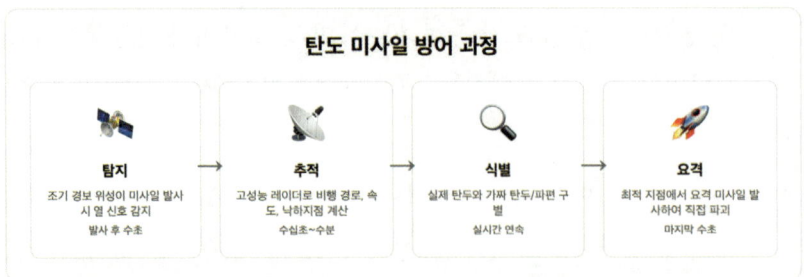

탄도 미사일 방어 과정

탐지	추적	식별	요격
조기 경보 위성이 미사일 발사 시 열 신호 감지	고성능 레이더로 비행 경로, 속도, 낙하지점 계산	실제 탄두와 가짜 탄두/파편 구별	최적 지점에서 요격 미사일 발사하여 직접 파괴
발사 후 수초	수십초~수분	실시간 연속	마지막 수초

AI 역할	센서 융합 Sensor Fusion	위협 평가 Threat Assessment	표적 식별 Discrimination	교전 통제 Battle Management
핵심 기능	다중 센서 정보를 통합하여 종합적 상황 인식	미사일별 위험도 평가 및 요격 우선순위 결정	실제 탄두와 가짜 탄두/파편 정확한 구별	최적 요격 전략 수립 및 자동 실행
처리 대상	적외선 센서 레이더 데이터 위성 정보	비행 경로 낙하 예측점 목표 중요도	온도 차이 레이더 반사 비행 특성	요격 미사일 발사 시점 명중 확률
AI 장점	데이터 노이즈 제거 및 추적 정확도 향상	제한된 방어 자원의 최적 배분	복잡한 패턴 학습으로 식별 정확도 증가	복잡한 다목표 상황의 최적해 도출
처리 시간	실시간 연속 처리	수초 내 우선순위 결정	밀리초 단위 실시간 분석	즉시 자동 실행
기술적 과제	서로 다른 센서 간 데이터 정합성	예측 불가능한 새로운 위협 패턴	적의 기만 전술 대응	시스템 오류 시 책임 소재
현재 적용	이지스, THAAD 등 일부 적용	다층 방어 시스템에서 활용	연구개발 및 시험 단계	제한적 자동화 운용
미래 발전	완전 통합 센서 네트워크	예측 AI 및 학습 시스템	양자 센서 및 AI 융합	완전 자율 방어 시스템

골든 돔(Golden Dome) 개념

AI 중심 통합 방어
모든 센서와 요격 시스템을 AI가 통합 제어하여 철통같은 완벽한 방어망 구현

AI 두뇌 역할
전체 시스템 통합 제어

실시간 대응
밀리초 단위 자동 판단

최적화 운용
자원 효율 극대화

완벽한 방어
다층 통합 방어망

[그림 8] 탄도 미사일 방어와 인공지능.

JASSM-ER의 핵심 능력은 정교한 유도 시스템에 있습니다. 비행 중간 단계에서 GPS와 관성 항법 장치(INS)를 주로 사용하지만, 최종적으로 목표물에 접근하는 단계에서는 고해상도 적외선 영상(IIR) 탐색기와 AI 기반 자동 목표 인식(ATR) 기술을 활용합니다.

JASSM-ER은 GPS 전파 방해가 심한 환경에서도, 미리 입력된 목표물의 적외선 이미지와 실제 카메라 영상을 비교 분석하여 정확한 목표물을 식별하고, 정밀하게 목표물의 특정 지점을 타격할 수 있습니다. 이것이 JASSM-ER이 강력하게 보호된 적의 지휘소나 방공 시스템, 혹은 움직이는 중요 목표물까지 효과적으로 파괴할 수 있게 만드는 핵심 기술입니다.

4-2 탄도 미사일 방어와 AI

탄도 미사일은 로켓처럼 발사되어 대기권 밖까지 올라갔다가 엄청나게 빠른 속도로 다시 낙하하여 목표물을 공격하는 무서운 무기입니다. 예측이 어려운 비행경로를 가질 수 있으며, 핵무기와 같은 대량 살상 무기를 탑재할 수 있기 때문에 심각한 위협이 됩니다.

이러한 탄도 미사일 공격을 막아내는 '탄도 미사일 방어(Ballistic Missile Defense, BMD)' 시스템 구축은 많은 국가에게 가장 중요한 과제입니다. 하지만 탄도 미사일 방어는 극도로 어려운 도전입니다. '총알로 총알을 맞추는 것'에 비유될 정도로, 짧은 시간 안에 날아오는 미사일을 발견하고, 추적하고, 요격해야 하기 때문입니다.

탄도 미사일 방어 과정은 크게 몇 단계로 나눌 수 있습니다. 먼저, 적이 미사일을 발사하는 순간을 번개처럼 빨리 발견해야 합니다. 우주에 떠 있는 조기 경보 위성이 미사일 발사 시 발생하는 강한 열 신호를 감지하여 이루어집니다.

다음으로, 발사된 미사일이 어떤 경로로 날아오는지 추적해야 합니다. 이를 위해 지상과 해상에 배치된 고성능 레이더(예: SPY-1, THAAD 레이더 등)가 동원되어 미사일의 위치, 속도, 예상 낙하지점 등을 실시간으로 계산합니다.

이 과정에서 중요한 것은 실제 탄두와 함께 날아오는 가짜 탄두나 미사일 발사 후 분리된 부스터 잔해 등을 구별해 내는 '식별(Discrimination)' 능력입니다. 계산된 정보를 바탕으로 가장 효과적인 요격 지점과 시간을 결정하고, 지상이나 해상에서 요격 미사일(예: SM-3, THAAD, GBI 등)을 발사하여 날아오는 탄도 미사일을 직접 파괴해야 합니다. 이 모든 과정이 불과 몇 분, 때로는 수십 초 안에 이루어져야만 합니다.

이처럼 복잡하고 시간이 촉박한 탄도 미사일 방어 임무를 성공적으로 수행하기 위해서는 수많은 센서(위성, 레이더 등)에서 들어오는 방대한 양의 데이터를 실시간으로 처리하고, 분석하고, 최적의 결정을 내려야 합니다. 사람의 능력만으로는 이 모든 것을 완벽하게 처리하기 어렵기 때문에, 인공지능(AI) 기술의 역할이 절대적으로 중요해지고 있습니다.

AI는 탄도 미사일 방어 시스템의 여러 단계에서 핵심 역할을 수행합니다.

대표적인 예가 '센서 융합(Sensor Fusion)'입니다. 여러 종류의 센서(적외선, 레이더 등)와 지리적으로 떨어진 여러 위치의 센서에서 동시에 들어오는 다양한 정보들을 AI가 종합·분석하여, 마치 하나의 거대한 눈으로 보는 것처럼 전체적인 위협 상황을 정확하고 신뢰성 있게 파악하도록 돕습니다. 미사일 추적의 정확도를 높이고 오류 가능성을 줄일 수 있습니다.

'위협 평가 및 우선순위 결정'에도 도움을 줍니다. 여러 발의 미사일이 동시에 날아오는 상황이라면, 어떤 미사일이 가장 위협적인지(예: 인구 밀집 지역이나 핵심 시설로 향하는지), 어떤 미사일부터 먼저 요격해야 할지를 신속하게 판단해야 합니다. AI는 미사일의 비행경로, 속도, 예상 낙하지점을 종합·분석하여 자동으로 위협 수준을 평가하고 요격 우선순위를 결정하여, 제한된 방어 자원을 가장 효과적으로 사용할 수 있도록 지원합니다.

'표적 식별(Discrimination)' 능력도 있습니다. 실제 탄두와 가짜 탄두 또는 파편을 구별하는 것은 어려운 문제입니다. AI는 미사일과 파편들이 보이는 미세한 온도 차이, 레이더 반사 면적의 변화, 비행 특성의 차이 등 복잡한 센서 데이터 속의 패턴을 학습하여, 사람이나 기존 알고리즘보다 더 정확하게 실제 탄두를 식별해 낼 가능성을 높여 줍니다.

마지막으로 '교전 통제 및 최적화(Battle Management)'입니다. AI는 발견된 위협 정보와 아군 방어 자산(요격 미사일의 종류, 위치, 상태 등) 정보를 종합하여, 어떤 요격 미사일을 언제 어디서 발사하는 것이 명중 확률이 높은지를 실시간으로 계산하고 자동으로 실행할 수 있습니다.

여러 개의 목표물과 여러 개의 요격 미사일이 얽힌 복잡한 교전 상황을 관리하고 최적의 대응 방안을 찾아내는 데 있어 AI는 사람보다 훨씬 빠르고 효율적인 능력을 발휘할 수 있습니다.

최신 동향으로는 강화 학습 방법론을 이용한 탄도미사일 방어체계 무기-표적할당에 대한 인공지능 방법론 적용 연구가 활발히 진행되고 있습니다. 전통적으로 무기-표적할당 문제에 대한 연구는 유전자 알고리즘, 휴리스틱 방법론 중심으로 최적해를 찾기 위해 많은 연구가 진행되어 왔지만, 이제는 AI 기반의 새로운 접근법이 주목받고 있습니다.

'골든 돔(Golden Dome)'이 언급되기도 합니다. AI가 중심이 되어 모든 센서와 요격 시스템, 통신 네트워크를 하나로 묶어 마치 철통같은 '황금빛 돔'처럼 완벽한 방어를 구현한다는 개념입니다. 즉, AI가 방어 시스템의 '두뇌' 역할을 하여, 위협 탐지부터 요격까지 전 과정을 거의 실시간으로, 그리고 최적화된 방식으로 자동 조율하는 최고 수준의 통합 방공망을 의미하는 것입니다.

AI는 기존 탄도 미사일 방어 시스템의 일부 요소(예: 센서 정보 처리, 추적 알고리즘 등)에 적용되어 성능을 향상시키는 데 기여하고 있습니다. '골든 돔' 구상과 같이 시스템 전체를 AI가 주도하여 통합적으로 관리하고 통제하는 수준까지 도달하기 위해서는 풀어야 할 문제들이 많습니다.

AI 시스템의 신뢰성을 어떻게 100% 보장할 것인가, 예상치 못한 상황에서 AI가 오류를 일으킬 가능성은 없는가, 사람의 통제와 책임은 어떻게 확보할 것인가 등의 문제에 대한 깊은 고민이 필요합니다. 그럼에도, 탄도 미사일이 빠르고 복잡해짐에 따라, 효과적으로 대응하기 위한 AI 기술의 도입과 발전은 앞으로도 계속 가속화될 것으로 전망됩니다.

5-1 드론 스웜 대응의 중요성

'드론 스웜(Drone Swarm)', 즉 수십, 수백 대의 작은 드론들이 마치 벌떼처럼 집단으로 몰려와 공격하는 모습이 현실화하면서, 방공 시스템에 심각하고 새로운 형태의 위협으로 떠오르고 있습니다. 드론 스웜은 여러 대의 드론이 동시에 나타나는 것을 넘어, 잠재적으로는 서로 정보를 교환하고 협력하며 조직적으로 움직이는 공격 방식을 의미할 수 있습니다.

드론 스웜 공격에 효과적으로 대응하는 능력 확보는 이제 국가 생존의 핵심 과제가 되었습니다!

드론 스웜이 왜 그렇게 위협적인 존재로 부상했는지 여러 가지 이유를 통해 살펴보겠습니다.

첫 번째 이유는 바로 '압도적인 수량(Saturation)'입니다. 전통적인

[그림 9] 드론 스웜 공격의 가상 이미지.

방공 시스템은 주로 소수의 고성능 전투기나 미사일과 같이 크고 빠른 목표물을 발견하고 요격하도록 설계되었습니다. 하지만 드론 스웜은 작고 저렴한 드론 수백 대를 동시에 동원하여 방어 시스템의 처리 능력을 넘어서게 만듭니다.

레이더 시스템은 수많은 작은 표적들을 동시에 추적하고 식별하는 데 어려움을 겪을 수 있으며, 보유한 요격 미사일의 수량은 수백 대의 드론을 모두 상대하기에 턱없이 부족할 수 있습니다. 비싼 요격 미사일을 저렴한 드론 하나하나에 사용하는 것은 경제적으로도 비효율적입니다. 드론 스웜은 방어 시스템이 감당할 수 있는 한계를 넘어서는 '물량 공세'를 통해 방어망을 무력화시키는 전략을 사용합니다.

두 번째 이유는 '저렴한 비용과 쉬운 접근성'입니다. 스웜 공격에 사용되는 드론들은 종종 상업용 부품을 활용하여 만들어지거나, 단순한 기술로 제작되어 생산 비용이 적습니다. 이는 자금력이 부족한 비국가 행위자(테러 단체 등)들도 비교적 쉽게 드론 스웜 공격 능력을 갖출 수 있음을 의미합니다.

과거에는 첨단 항공기나 미사일을 가진 국가만이 가능했던 정교한 공중 공격을, 이제는 훨씬 낮은 기술적, 경제적 부담으로 시도할 수 있게 된 것입니다. 이는 전세계적으로 불안정성을 높이는 요인이 됩니다.

실제로 우크라이나만 해도 76개 기업과 계약을 맺고 연간 250만 대를 조달하고 있으며, 500달러짜리 취미용 드론이 수백만 달러짜리 장갑차를 무력화할 수 있는 놀라운 성능을 보여주고 있습니다.

세 번째 이유는 '발견 및 추적의 어려움'입니다. 스웜에 사용되는 작은 드론들은 크기가 작고, 어떤 물체가 레이더 전파를 얼마나 크게 반사하는지를 나타내는 값인 레이더 반사 면적(RCS, Radar Cross Section)이 작으며, 낮은 열 신호를 내는 경우가 많습니다. 낮은 고도로 날거나 건물, 산과 같은 지형지물을 이용하여 비행할 경우 기존의 레이더 시스템으로는 발견하기가 더욱 어렵습니다.

설사 발견하더라도, 수백 개의 작은 표적들을 동시에 정확하게 추적하고 각각의 위협 수준을 평가하는 것은 방공 시스템 운영자에게 엄청난 부담을 줍니다. 새 떼나 다른 비행 물체와 드론을 구별하는 것 또한 쉽지 않은 문제입니다.

네 번째 이유는 '여러 방향에서 동시 공격' 가능성입니다. 드론 스웜은 한 방향에서 공격해오는 것이 아니라, 넓게 퍼져 여러 방향에서 동시에 목표물을 향해 접근할 수 있습니다. 방어하는 입장에서 어느 방향을 먼저 방어해야 할지 판단하기 어렵게 만들고, 대응 능력을 분산시켜 효과를 떨어뜨립니다.

다섯 번째 이유는 미래의 '똑똑해진 협동 전술' 가능성입니다. 인공지능(AI) 기술이 발전함에 따라, 미래의 드론 스웜은 더욱 지능적으로 행동

드론 스웜 위협의 핵심

수백 대의 저렴한 드론이 동시에 공격하여 기존 방공 시스템의 한계를 넘어서는 새로운 형태의 위험

수백 대	1/100	360°	AI 기반
동시 공격 드론	기존 무기 대비 비용	다방향 동시 공격	지능적 협력

위협 분석	압도적 수량 Saturation	저비용 접근성 Low Cost Access	탐지 어려움 Detection Difficulty	다방향 공격 Multi-Direction	지능적 협력 AI Coordination
위협 메커니즘	방어 시스템의 처리 능력 한계 초과	비국가 행위자도 쉽게 획득 가능	작은 크기와 낮은 신호로 은밀 접근	분산된 공격으로 방어력 분산	실시간 전술 변경 및 역할 분담
구체적 특징	수백 대 동시 물량 공세 포화 공격	상업용 부품 단순 기술 대량 생산	작은 RCS 낮은 열신호 지형 활용	360도 포위 동시 진입 분산 대응	전자전 미끼 역할 주력 공격
방어 시 문제점	요격 미사일 수량 부족, 비용 대비 비효율	테러 단체 등 비정규 세력도 활용 가능	레이더 추적 한계, 새 떼와 구별 어려움	방어 우선순위 결정 곤란	예측 불가능한 행동 패턴
위협 수준	치명적	높음	높음	중간	치명적
대응 방안	다층 방어, 새로운 대량 요격 시스템	기술 수출 통제, 규제 강화	새로운 탐지 기술, AI 식별 시스템	전방위 감시, 우선순위 AI	AI vs AI 대응, 전자전 능력
기술적 진화	수량 지속 증가, 생산 자동화	더욱 저렴한 제작 비용	스텔스 기술 적용	더 복잡한 기동 패턴	완전 자율 스웜 AI
미래 위험도	수천 대 단위 공격 예상	개인도 보유 가능한 수준	탐지 거의 불가능	완전 포위 공격	인간 개입 없는 자율 공격

[그림 10] 드론 스웜 위협의 핵심.

할 수 있습니다. 스웜 내의 일부 드론은 방어 시스템의 레이더를 방해하는 전자전(Electronic Warfare) 임무를 수행하고, 다른 일부는 방어 시스템의 주의를 끄는 미끼(Decoy) 역할을 하며, 나머지 드론들이 주력 공격을 감행하는 등 복잡하고 조직적인 협동 전술을 구사할 수 있습니다.

실시간으로 변화하는 전장 상황에 맞춰 스스로 전술을 변경하고 적

응하는 능력까지 갖출 수 있습니다.

최신 시장 동향을 보면, 드론 방어 시장 규모가 2025년 16억 4,000만 달러에서 2033년까지 66억 2,700만 달러로 급성장할 것으로 전망되고 있습니다. 연평균 성장률은 무려 17.9%에 달합니다. 북미방위사령부(NORAD)는 한 해 동안 미군 시설에서 350건의 무단 무인기 공격을 기록했는데, 이는 본토 시설까지 위험 범위를 확대하는 놀라운 데이터입니다.

이러한 이유로 드론 스웜 위협에 효과적으로 대응하는 '대 드론 시스템(C-UAS, Counter-Unmanned Aircraft System 또는 C-sUAS, Counter-small Unmanned Aircraft System)' 구축의 중요성은 아무리 강조해도 지나치지 않습니다. 군사 시설이나 병력만을 보호하는 문제가 아니라, 발전소, 공항, 통신 시설과 같은 국가 핵심 기반 시설과 민간인 거주 지역의 안전과도 직결되는 문제입니다.

드론 스웜 공격은 사회 전체에 큰 혼란과 피해를 야기할 수 있기 때문에, 이를 막아내는 것은 국가 안보의 핵심 과제입니다.

효과적인 드론 스웜 대응을 위해서는 레이더, 광학 센서, 전파 탐지기 등 다양한 센서를 이용한 탐지 능력, 수많은 표적을 동시에 추적하고 식별하는 능력, 그리고 기관포, 미사일과 같은 물리적 요격 수단(Kinetic Effector)뿐만 아니라 전파 방해, 고출력 레이저, 마이크로웨이브 무기와 같은 비물리적 대응 수단(Non-Kinetic Effector)까지 포함하는 다층적이고 통합적인 방어 체계 구축이 필수적입니다.

수많은 위협 정보를 실시간으로 분석하고 최적의 대응 방안을 찾아 실행하는 과정에서 인공지능(AI)의 역할은 앞으로 더욱 중요해질 수밖에 없습니다.

기존 방공 시스템의 한계

처리 능력 한계

소수 고성능 목표 대응용으로 설계된 시스템이 수백 개 소형 목표 동시 처리에 한계

비용 대비 효율성

수백만 달러 요격 미사일로 수만 원 드론 격추하는 경제적 비효율성

탐지 기술 한계

기존 레이더의 작은 목표물 다중 추적 한계 및 민간 물체와의 구별 어려움

대응 시간 부족

다방향 동시 공격에 대한 실시간 우선순위 결정 및 대응 체계 부족

[그림 11] 기존 방공 시스템의 한계.

5-2 FAAD C2(Forward Area Air Defense Command and Control) 시스템

드론 스웜과 같이 새롭고 복잡한 공중 위협에 효과적으로 대응하기 위해서는 개별적인 센서나 무기 시스템의 성능을 높이는 것만으로는 부족합니다. 다양한 탐지 센서에서 얻어지는 방대한 정보를 실시간으로 통합하고 분석하며, 가장 적합한 대응 수단을 신속하게 지정하여 처리하는 지능적인 '두뇌', 즉 강력한 지휘 통제(Command and Control, C2) 시스템이 절대적으로 필요합니다.

바로 이러한 필요에 의해 탄생한 것이 미국 방산업체 노스럽 그러먼(Northrop Grumman)사가 개발한 'FAAD C2(Forward Area Air Defense Command and Control)' 시스템입니다!

FAAD C2는 최전선 아군 부대나 중요 시설을 낮은 고도로 침투하는 공중 위협으로부터 보호하기 위한 단거리 방공(SHORAD, Short Range

[그림 12] **FAAD C2 지휘통제센터 이미지.**

Air Defense) 임무의 지휘 통제 역할을 수행하며, 인공지능(AI) 기술을 활용하여 능력을 극대화하고 있습니다.

FAAD C2 시스템 자체는 미사일을 발사하거나 직접적인 공격을 수행하는 무기 체계가 아닙니다. 대신, 방공 작전을 총괄하는 '사령부' 또는 '신경 센터'와 같은 역할을 합니다.

다양한 종류의 탐지 센서, 예를 들어 미 육군이 운용하는 센티넬(Sentinel) 레이더나 차량에 장착된 센서 등에서 실시간으로 공중 표적 정보를 받습니다. 이 정보를 종합하여 운용자에게 현재 공중 상황에 대한 모든 상황을 통합해서 단일 통합 공중상황도(Single Integrated Air Picture, SIAP)를 제공합니다.

동시에, 스팅어(Stinger) 휴대용 지대공 미사일, 기관포 시스템, 그리고 미래에는 레이저나 고출력 마이크로웨이브와 같은 지향성 에너지 무기(Directed Energy Weapon)나 전자전(Electronic Warfare) 장비 등 다

[그림 13] FAAD C2 개념도.
*출처 Forward-Area-Air-Defense-Command-and-Control-FAAD-C-RAM-C2-Data-Sheet-002

양한 종류의 대응 무기(Effector) 시스템과 연결됩니다.

　FAAD C2는 '눈'(센서)과 '주먹'(무기)을 효과적으로 연결하고 지휘하는 역할을 수행하는 것입니다. 미 육군의 통합 방공 미사일 방어 전투 지

FAAD C2 지휘통제 시스템

AI 기반 단거리 방공 지휘통제 솔루션

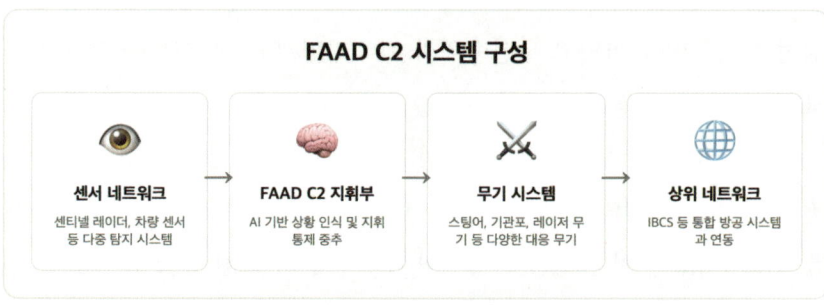

[그림 14] FAAD C2 지휘통제 시스템.

휘 시스템(IBCS)과 같은 큰 규모의 네트워크와 연동되어, 넓은 범위의 정보를 공유하고 협조를 통해 통합적인 방공 작전을 가능하게 합니다.

FAAD C2 시스템이 드론 스웜과 같이 수많은 작은 표적이 동시에 여러 곳에서 나타나는 복잡한 위협 상황에 효과적으로 대응할 수 있는 핵심적인 이유는 바로 인공지능(AI) 및 기계학습(ML) 기술을 적극적으로 활용하기 때문입니다.

AI는 FAAD C2 시스템이 방대한 데이터를 처리하고, 신속하게 판단하며, 최적의 대응을 수행하는 데 결정적 역할을 합니다.

'실시간 위협 분석 및 평가' 능력입니다. 수많은 센서에서 쏟아져 들어오는 엄청난 양의 표적 정보를 AI 알고리즘이 실시간으로 분석합니다. AI는 자동으로 표적을 발견해 추적하며, 새인지 민간 항공기인지, 아니면 위협적인 적 드론인지를 분류하는 작업을 돕습니다.

작은 크기와 느린 속도 때문에 발견 및 식별이 어려운 작은 드론을 효과적으로 구분해 내고, 비행경로와 예상 행동을 분석하여 실제 위협 수준을 평가하고 우선순위를 매기는 작업을 AI가 신속하게 처리합니다. 사람이 일일이 수많은 점을 들여다보며 판단해야 했던 것에 비해 훨씬 빠르고 정확하며, 운용자의 부담을 크게 줄여줍니다.

'신속한 무기-표적 할당(Weapon-Target Pairing)' 능력입니다. 일단 위협 표적들이 식별되고 우선순위가 정해지면, 어떤 무기로 어떤 표적을 요격하는 것이 가장 효과적일지를 결정해야 합니다.

이때 AI는 각 위협 표적의 특성(속도, 고도, 예상 경로 등)과 아군이 가진 각 무기 시스템의 상태(준비 상태, 남은 탄약 수, 유효 사거리, 예상 명중 확률 등), 그리고 주변 환경(민간인 지역 피해야 함)과 교전 규칙 등 수많은 변수를 종합적으로 고려합니다.

그리고 복잡한 계산을 순식간에 해내어, 각각의 위협 표적에 대해 가

[그림 15] **FAAD C2 통합 효과.**

장 좋은 대응 무기를 자동으로 추천하거나, 정해진 조건에서는 자동으로 교전 명령을 만들 수도 있습니다. 일부 자료에서는 이런 최적의 무기-표적 연결 결정이 0.25초와 같이 매우 짧은 시간 안에 이루어질 수 있다고 말하는데, 이는 AI의 초고속 정보 처리 능력이 있기에 가능한 수준의 신속성입니다.

이런 속도는 빠르게 움직이는 목표물이나 수백 대의 드론이 동시에 공격해 오는 '포화 공격(Saturation Attack)' 상황에서 방어 성공률을 높이는 데 꼭 필요합니다.

최신 동향으로는 미군이 드론 떼(군집 드론)의 공격을 받았을 때 격퇴할 수 있는 강력한 드론 방어 시스템 2가지를 동시에 도입했습니다. 하나는 AI가 심어진 태블릿을 조작함으로써 공격해 오는 드론 떼를 0.25초 만에 괴멸시킬 수 있는 시스템이고, 다른 하나는 접근해 오는 군집드론을 직접 공격해 격퇴하도록 설계된 모듈식이자 제트 방식의 '헌터 드론'인 로드러너-M입니다.

'운용자 의사결정 지원'입니다. AI는 복잡한 분석 결과를 사람이 이해하기 쉬운 형태로 시각화하여 보여주고, 가장 위협적인 표적과 최적의 대응 방안을 명확하게 제시함으로써, 운용자가 스트레스 상황에서도 더 빠르고 정확한 결정을 내릴 수 있도록 돕습니다.

발사 승인 권한은 여전히 사람 운용자에게 남아있는 경우가 많지만 (Human-on-the-loop), AI는 상황을 인식하고 판단하는 과정을 단축해 전체 대응 시간을 크게 줄여줍니다.

FAAD C2 시스템은 현대적인 단거리 방공 작전, 심각해지는 드론 및 드론 스웜 위협에 대응하기 위한 핵심적인 지휘 통제 솔루션입니다. 다양한 센서와 무기 체계를 효과적으로 통합하고, 인공지능 기술을 활용하여 방대한 정보를 실시간으로 분석하며, 위협 평가 및 무기 할당을 초고속으로 수행함으로써, 복잡하고 동시다발적인 공중 위협에 대한 방어 능력을 크게 향상시킵니다.

6   AI 전투기

6-1   AI 파일럿 경쟁

전투기를 조종하는 것은 지금까지 고도로 훈련된 인간 조종사만의 신성한 영역으로 여겨져 왔습니다. 전투기 조종은 단순히 비행기를 모는 것을 넘어, 빠르게 변화하는 3차원 공간 속에서 적기의 움직임을 예측하고, 자신의 항공기 성능을 극한까지 활용하며, 복잡한 무기 시스템을 운용하고, 동료들과 협력하며, 스트레스 속에서도 침착하게 최적의 결정을 내려야 하는 고도의 지적, 신체적 능력을 요구하는 일입니다.

음속의 속도로 날아가면서 눈 깜짝할 사이에 나타나는 적기와 싸우고, 자신에게 날아오는 미사일을 피하며, 동시에 지상 관제소나 동료 조종

인간 조종사

✓ 창의적 판단력

✓ 직관적 상황 인식

✓ 예상치 못한 상황 대응

✓ 윤리적 판단

✗ 피로와 스트레스

✗ G-force 한계

✗ 처리 속도 제한

✗ 감정적 영향

AI 파일럿

✓ 무제한 G-force 내성

✓ 일관된 성능

✓ 초고속 데이터 처리

✓ 피로 없음

✓ 다중 변수 동시 고려

[그림 16] 파일럿 비교 이미지.

사와 끊임없이 정보를 주고받아야 합니다. 이런 복잡하고 위험한 임무를 수행할 수 있는 숙련된 조종사를 양성하는 데에는 엄청난 시간과 비용이 필요하며, 그들의 생명은 무엇과도 바꿀 수 없는 소중한 가치를 지닙니다.

그런데 이제 AI가 스스로 전투기를 조종하며 공중전을 벌일 수 있을 것이라는 상상이 점차 현실이 되고 있습니다!

공상 과학 영화의 이야기가 아니라, 세계 각국의 국방 연구 기관과 방위 산업체들이 실제로 엄청난 예산을 들여 경쟁적으로 개발하고 있는 첨단 기술 분야입니다. 이런 AI 파일럿 개발 경쟁의 최전선에는 혁신적인 기술 연구를 지원하는 것으로 유명한 미국 국방고등연구계획국(DARPA)이 있습니다.

DARPA가 AI 파일럿 개발에 막대한 투자를 하는 데에는 명확한 이유가 있습니다. 현대 공중전의 복잡성이 인간 조종사가 감당하기 어려울 정도로 기하급수적으로 증가하고 있다는 점입니다.

최신 전투기는 스텔스 기술로 인해 서로를 발견하기가 매우 어려워졌고, 적의 레이더나 통신을 방해하는 전자전 기술은 일상적인 위협이 되었습니다. 음속의 5배 이상 속도로 날아오는 극초음속 미사일과 같은 새로운 위협의 등장은 조종사가 상황을 인지하고 반응해야 하는 시간을 극단적으로 짧게 만들고 있습니다.

복잡하고 빠른 전장 환경 속에서 인간 조종사가 모든 정보를 완벽하게 처리하고, 순식간에 최적의 판단을 내리는 것은 점점 어려워지고 있습니다. 인간의 인지 능력과 반응 속도에는 명확한 생리적 한계가 있기 때문입니다.

AI는 인간 조종사와 달리 피로나 스트레스, 감정의 영향을 받지 않고 일관된 성능을 발휘할 수 있습니다!

전투기가 급격하게 기동할 때 생기는 강력한 중력 가속도(G-force)는

미래 공중전에 미치는 영향

전투 속도 혁명
AI의 밀리초 반응으로 기존 공중전보다 수십 배 빠른 교전이 가능해져 전투 양상이 근본적으로 변화

정밀도 극대화
다중 센서 융합과 정밀 계산으로 명중률이 극적으로 향상되어 소수 정예 공격이 주류가 될 가능성

무인화 가속
인간의 물리적 한계를 넘어선 성능으로 유인 전투기 대신 무인 전투기가 주력이 될 전망

윤리적 도전
AI의 자율적 살상 결정에 대한 윤리적 문제와 국제법적 규제 필요성이 심화될 것

[그림 17] 파일럿이 미래 공중전에 미치는 영향.

인간 조종사의 의식을 잃게 만들거나 몸에 심각한 부담을 주지만, AI 파일럿에게는 이런 신체적 한계가 없습니다. 이론적으로 AI는 인간이 견딜 수 없는 훨씬 높은 G-force 하에서도 전투기를 제어하며 전투를 수행할 수 있습니다.

방대한 양의 센서 데이터를 실시간으로 처리하고 분석할 수 있으며, 수많은 변수를 동시에 고려하여 최적의 전술적 판단을 인간보다 훨씬 빠르게 내릴 수 있습니다. 여러 센서 정보를 융합하여 적기의 위치를 더 정확하게 예측하거나, 수백 가지 가능한 기동 중에서 가장 효과적인 회피 기동을 순식간에 계산해 낼 수 있습니다.

DARPA는 'ACE(Air Combat Evolution, 공중 전투 진화)'라는 프로그램을 시작했습니다. ACE 프로그램의 목표는 단순히 AI가 전투기를 조종하는 기술을 개발하는 것을 넘어, 인간 조종사가 AI의 능력을 신뢰하고, 마치 숙련된 동료 조종사처럼 함께 팀을 이루어 임무를 수행할 수 있는 '전투 자율성(Combat Autonomy)'을 구현하는 것입니다. AI가 단순히 도구를 넘어, 인간과 협력하는 파트너가 될 수 있도록 만드는 것을 목표로 합니다.

ACE 프로그램은 크게 세 가지 기술 영역(Technical Area, TA)으로 나누어 진행되었습니다.

TA1은 '자율 공중 전투(Autonomous Air Combat)' 영역으로, 주로 컴퓨터 시뮬레이션 환경에서 AI가 근접 공중전을 효과적으로 수행하는 알고리즘을 개발하고 경쟁시키는 데 초점을 맞추었습니다.

TA2는 '인간-기계 신뢰 및 상호작용 모델링(Modeling Human Trust and Interaction)' 영역으로, 인간 조종사가 AI의 행동을 얼마나 이해하고 신뢰하는지를 객관적으로 측정하고, 신뢰도를 높이기 위한 인터페이스와 상호작용을 연구했습니다.

마지막으로 TA3는 '실제 환경에서의 자율성 실증(Autonomy in a Real-World Air Combat Experiment)' 영역으로, 시뮬레이션에서 개발된 AI 알고리즘을 실제 항공기에 탑재하여, 복잡한 시나리오와 실제 비행 환경에서 그 성능과 안전성을 검증하는 것을 목표로 했습니다. ACE는 AI의 전투 능력 개발과 함께 인간과의 협력 및 신뢰 구축이라는 두 가지 중요한 축을 중심으로 연구를 진행했습니다.

ACE 프로그램 TA1의 일환으로 2020년 8월에 열린 '알파 도그파이트(Alpha-Dogfight)' 시험은 전세계 국방 및 기술 커뮤니티에 엄청난 충격을 주었습니다!

록히드 마틴, 보잉과 같은 대기업부터 작은 스타트업까지 총 8개 팀이 참가하여 각자 개발한 AI 파일럿 알고리즘들이 가상의 F-16 전투기를 조종하여 1 대 1 근접 공중전을 벌이는 토너먼트 방식으로 진행되었습니다. 사용된 시뮬레이션 환경은 매우 정교하게 F-16의 비행 특성과 무기 시스템을 재현했습니다.

토너먼트를 거쳐 최종 우승한 AI는 헤론 시스템즈(Heron Systems)라는 비교적 덜 알려진 회사에서 만든 알고리즘이었는데, 이 AI는 미공군 F-16 무기 학교(Weapons School) 졸업생이자 수천 시간의 비행 경력을 가진 베테랑 인간 조종사를 상대로 맞붙었습니다.

결과는 정말 충격적이었습니다!

AI 파일럿이 총 5번의 교전에서 단 한 번의 패배도 없이 5 대 0으로 인간 조종사를 완벽하게 이겼습니다. 이 AI는 정밀한 비행 제어 능력과 인간 조종사로서는 시도하기 어려운 공격적인 기동을 선보였으며, 총구가 서로를 겨누는 극단적인 근접전에서도 흔들림 없이 상대를 조준하고 격추시키는 '초인적인' 사격 능력을 보여주었습니다.

이런 놀라운 성능의 비밀은 강화 학습(Reinforcement Learning) 기법 덕분이었습니다. AI는 수백만, 수천만 번의 가상 공중전을 스스로 반복하면서, 오직 '승리'라는 목표를 달성하기 위해 가장 효과적인 전략과 기동을 스스로 학습하고 발전시켜 나갔습니다.

인간 조종사가 가진 생존 본능, G-force에 대한 두려움, 혹은 기존의 고정관념 등에 얽매이지 않고, 오직 주어진 상황에서 이길 확률을 최대화하는 방법을 찾아낸 것입니다.

당시 이 비행시험은 공중전의 여러 형태 중 '1 대 1 근접 공중전(Within Visual Range, WVR)'이라는 제한적인 시나리오에만 국한되었습니다. 실제 공중전의 상당 부분을 차지하는 멀리서 하는(Beyond Visual Range, BVR) 교전이나, 여러 대의 아군기와 적기가 복잡하게 얽혀 싸우는 편대 전투 상황은 고려되지 않았습니다.

통신 방해나 전자전과 같은 현대전의 중요한 요소들도 빠졌으며, AI에게는 승리 외에 교전 규칙 준수나 민간인 피해 최소화와 같은 복잡한 윤리적 고려 사항이 주어지지 않았습니다. 마지막으로, 시뮬레이션 속 AI에게는 실제 비행에서 인간 조종사가 느끼는 죽음에 대한 공포나 극도의 긴장감, 책임감 등이 없었다는 점도 중요한 차이점입니다.

그럼에도, 알파 도그파이트 시험은 AI가 특정 조건에서는 인간 최고 수준의 전투 실력을 뛰어넘을 수 있다는 명백한 증거를 보여줬으며, AI 파일럿 개발의 가능성을 전세계에 각인시키는 중요한 계기가 되었습니다. 미래 공중전에서 AI의 역할이 단순한 도우미를 넘어설 수 있음을 시사했습니다.

DARPA는 이 시험 결과를 바탕으로 ACE 프로그램의 다음 단계, 즉 AI 파일럿을 실제 항공기에 탑재하여 비행 환경에서 검증하는 단계로 나아갔습니다.

F-16 전투기를 개조한 'X-62A VISTA(Variable In-flight Simulator

Test Aircraft)'라는 특별한 실험용 전투기를 제작하였습니다. X-62A는 기존 F-16의 조종 시스템 외에 AI가 직접 항공기의 비행 제어 시스템을 조작하여 비행할 수 있도록 추가적인 컴퓨터와 인터페이스가 장착되어 있습니다.

중요한 점은, 만일의 사태에 대비하여 안전을 책임지는 인간 조종사가 앞좌석에 타고 있어 AI의 비행을 감독하고 언제든지 수동 조종으로 전환할 수 있다는 것입니다.

2023년, DARPA와 미 공군 시험 비행 학교는 X-62A VISTA가 ACE 프로그램에서 개발된 AI 알고리즘을 사용하여 완전 자율적으로 공중 기동 전투 훈련을 성공적으로 수행했다고 발표했습니다!

AI가 시뮬레이션 환경을 넘어, 실제 항공기를 제어하며 다른 항공기와 상호작용하고 전술적 기동을 수행할 수 있음을 실증한 것으로, AI 파일럿 개발 역사상 중요한 진전으로 평가받고 있습니다.

놀라운 발전이 이어졌습니다!

2023년 9월, 미국 공군의 X-62A VISTA는 항공전쟁사에 새로운 장을 열었습니다. AI 조종 전투기는 사람이 조종하는 F-16과 실제 공중전을 벌이며, 시속 1,200마일의 속도로 610m 거리의 근접 전투를 수행했습니다.

2024년 5월에는 미국 공군장관 프랭크 켄달(Frank Kendall)이 AI 조종 X-62A VISTA에 직접 탑승해 비행하며 AI 전투기에 대한 확신을 공개적으로 표명했습니다. 이는 AI 기술에 대한 최고위급의 신뢰를 보여주는 상징적 사건이었습니다.

2025년 5월 28일부터 6월 3일까지는 스웨덴에서 또 다른 혁신적인 테스트가 진행되었습니다. Saab이 수행한 'Project Beyond' 테스트에서 Gripen E 전투기에 헬싱(Helsing)사의 'Centaur' AI 시스템을 통합하여 인간 조종사를 상대로 한 시뮬레이션 공중전을 벌였습니다.

미국 공군은 2028년까지 AI가 조종하는 무인 전투기 1,000대를 실제 운용할 야심 찬 계획을 추진하고 있습니다!

AI 기반 무인기들이 유인 전투기와 함께 '충성스러운 윙맨' 역할을 수행하는 유인 무인 협동전투기 편대가 등장하고 있습니다. 다수의 AI 전투기가 서로 통신하고 협조하여 임무를 수행하는 스웜 전투 비행 기술은 실시간 위협 대응 능력을 크게 향상시키고, 인간을 뛰어넘는 반응 속도를 달성할 수 있습니다.

향후 5년간 150대의 CCA가 운용부대에 배치될 예정입니다. General Atomics의 YFQ-42A와 Anduril의 YFQ-44A(별명 'Fury') 등 다양한 AI 무인 전투기가 개발 중입니다.

또한 2025년 1월 록히드 마틴은 F-35 전투기가 AI 기술을 활용해 비행 중 드론을 직접 제어하는 데 성공했다고 발표했습니다.

미국과 중국 간의 AI 전투기 개발 경쟁도 치열합니다!. 크리스토퍼 그래디(Christopher W. Grady) 합참차장은 "경쟁이라고 부르든 그렇지 않든, 확실히 경쟁이다. 양국 모두 이것이 미래 전장의 매우 중요한 요소가 될 것임을 인식하고 있다."라고 언급했습니다. 중국은 2024년 12월 성도항공에서 J-36으로 추정되는 6세대 전투기 프로토타입의 시험비행을 공개했습니다.

이러한 경쟁은 전투기뿐만 아니라 민간 항공, 드론 운용, 우주 탐사 등 다양한 분야로 확산될 것으로 전망됩니다. AI가 조종하는 항공기의 시대가 본격적으로 열리고 있으며, 이는 인류의 항공 기술 발전사에 새로운 이정표가 될 것입니다. X-62A VISTA가 보여준 가능성은 이제 현실이 되어 가고 있습니다.

미래의 하늘에서는 인간과 AI가 협력하는 새로운 형태의 전투가 펼쳐질 것이며, 이는 21세기 공중전력의 핵심 요소로 자리 잡을 것입니다.

6-2 유·무인 협동 전투기

AI 파일럿 개발 타임라인

2020
DARPA AlphaDogfight
AI가 인간 최고 수준 조종사를 5:0으로 완승
시뮬레이션, 1대1 근접공중전, WVR, ACE 프로그램

2023
X-62A VISTA 자율비행 성공
AI가 실제 항공기를 제어하여 공중 기동 전투 훈련 완료
X-62A VISTA, F-16 개조, 자율비행, 실제 항공기

2023년 9월
첫 실제 AI vs 인간 공중전
시속 1,200마일, 610미터 근접한 실제 공중전 수행
실제 공중전, 고속 근접전, 역사적 순간

2024년 5월
공군참모총장 직접 탑승
프랭크 켄달 공군참모총장이 AI 전투기에 직접 탑승 비행
최고위급 신뢰, 공개적 확신, 상징적 사건

2025년 1월
F-35 AI 드론 제어 성공
록히드 마틴 F-35가 AI로 비행 중 드론 직접 제어
F-35, 드론 제어, 록히드 마틴, 통합 시스템

2025년 5-6월
Project Beyond (스웨덴)
Saab의 Gripen E + Centaur AI 시스템 테스트
Gripen E, Centaur AI, 웰싱사, 국제적 확산

2028년 목표
AI 무인 전투기 1,000대 배치
미 공군의 AI 무인 전투기 대량 실전 배치 계획
1,000대 배치, 실전 운용, 야심찬 계획

향후 5년
충성스러운 윙맨 시대
CCA 150대 배치, 유인-무인 협동 편대 전투
CCA 150대, YFQ-42A, YFQ-44A Fury, 스웜 전투, 협동 전투

[그림 18] AI 전투기 개발 타임라인.

미래 공중전의 또 다른 혁신적 변화는 사람 조종사가 탑승한 유인 전투기와 인공지능(AI)이 조종하는 무인 전투기가 마치 하나의 팀처럼 협력하여 싸우는 '유·무인 협동 전투(MUM-T, Manned-Unmanned Teaming)' 개념입니다. 단순히 무인기를 원격 조종하는 것을 넘어, 유인기와 무인기가 서로 정보를 공유하고 역할을 분담하며 시너지 효과를 내는 완전히 새로운 전투 방식입니다.

이런 개념을 구현하기 위한 대표적인 예시로 '로열 윙맨(Loyal Wingman)' 또는 '협동 전투기(CCA, Collaborative Combat Aircraft)'로 불리는 무인기와, 이런 무인기의 두뇌 역할을 할 AI 시스템 개발 프로젝트인 '스카이보그(Skyborg)' 등을 들 수 있습니다.

유·무인 협동 전투의 기본 아이디어는 사람과 기계 각각의 장점을 최대한 활용하는 것입니다. 사람은 뛰어난 상황 판단 능력, 창의적인 문제 해결 능력, 복잡한 전술적 결정 능력, 그리고 무엇보다 윤리적인 판단 능력을 가지고 있습니다.

반면, 무인기는 생명을 걱정할 필요가 없으므로 위험한 임무에 투입하기 쉽고(Expendability), 오랜 시간 비행 임무를 수행할 수 있으며, 대량 생산하여 수적 우위를 확보할 수 있습니다(Affordable Mass). 특정 임무(예: 정찰 감시, 전자전, 미사일 운반 등)에 특화된 장비를 탑재하여 유인 전투기의 능력을 보완하거나 확장하는 역할을 수행할 수도 있습니다.

유·무인 협동 전투는 서로 다른 강점을 가진 유인기와 무인기를 효과적으로 조합하여 전투 효율성을 극대화하려는 개념입니다.

유·무인 협동 전투는 여러 놀라운 이점을 제공합니다.

첫째, '전력 증강(Force Multiplication)' 효과입니다. 유인 전투기 조종사 한 명이 여러 대의 무인기를 동시에 통제하고 지휘함으로써, 적은 수의 유인기로도 훨씬 더 넓은 지역을 감시하거나 더 많은 목표물을 동시에 공격할 수 있게 됩니다. 제한된 국방 예산으로 공군력의 규모와 영향력을 효과적으로 늘리는 방법이 될 수 있습니다.

둘째, '상황 인식 능력 향상'입니다. 여러 대의 무인기가 넓게 퍼져서 다양한 각도에서 센서 정보를 수집하고, 이를 유인 전투기와 실시간으로 공유함으로써, 조종사는 전장 상황을 훨씬 더 입체적이고 정확하게 파악할 수 있습니다.

셋째, '생존성 향상'입니다. 위험도가 높은 지역에 무인기를 먼저 보내 정찰 임무를 수행하거나, 적의 레이더를 방해하는 전자 공격을 수행하거나, 혹은 일부러 적의 미사일을 유인하는 미끼 역할을 맡김으로써, 비싼 유인 전투기와 조종사의 생존 가능성을 크게 높일 수 있습니다.

넷째, '분산 살상력(Distributed Lethality)'입니다. 무인기에 미사일이나 폭탄을 나눠서 탑재함으로써, 적이 아군을 파괴하기 어렵게 만들고, 동시에 여러 목표물에 대한 동시다발적인 공격을 가능하게 합니다.

이런 유·무인 협동 전투 개념을 구현하기 위해 개발되고 있는 대표적인 무인기가 바로 보잉(Boeing)사가 호주 공군과 협력하여 개발한 'MQ-28 고스트 배트(Ghost Bat)'입니다.

원래 '로열 윙맨(Loyal Wingman, 충성스러운 편대기)'이라는 프로젝트명으로 더 잘 알려진 이 무인기는 처음부터 유인 전투기와 함께 비행하며 임무를 수행하도록 설계되었습니다. 제트 엔진을 탑재하여 유인 전투기와 비슷한 속도로 비행할 수 있으며, 스텔스 성능을 갖추어 적에게 쉽게 발견되지 않습니다.

임무에 따라 다양한 센서 장비나 전자전 장비, 혹은 무기를 탑재할 수 있는 모듈식 설계를 채택했습니다. 가장 중요한 특징은 AI 기반의 자율 비행 능력을 갖추고 있어, 유인 전투기 조종사의 간단한 지시만으로 스스로 비행경로로 계획하고 장애물을 피하며 임무를 수행할 수 있다는 점입니다.

유·무인 협동 전투의 4가지 이점

1. 전력 증강
Force Multiplication

유인 전투기 조종사 한 명이 여러 대의 무인기를 동시에 통제하고 지휘함으로써, 적은 수의 유인기로도 훨씬 더 넓은 지역을 감시하거나 더 많은 목표물을 동시에 공격할 수 있게 됩니다. 제한된 국방 예산으로 공군력의 규모와 영향력을 효과적으로 늘리는 방법입니다.

2. 상황 인식 능력 향상
Enhanced Situational Awareness

여러 대의 무인기가 넓게 퍼져서 다양한 각도에서 센서 정보를 수집하고, 이를 유인 전투기와 실시간으로 공유함으로써, 조종사는 전장 상황을 훨씬 더 입체적이고 정확하게 파악할 수 있습니다.

3. 생존성 향상
Enhanced Survivability

위험도가 높은 지역에 무인기를 먼저 보내 정찰 임무를 수행하거나, 적의 레이더를 방해하는 전자 공격을 수행하거나, 혹은 일부러 적의 미사일을 유인하는 미끼 역할을 맡김으로써, 비싼 유인 전투기와 조종사의 생존 가능성을 크게 높일 수 있습니다.

4. 분산살상력
Distributed Lethality

무인기에 미사일이나 폭탄을 나눠서 탑재함으로써, 적이 아군을 파괴하기 어렵게 만들고, 동시에 여러 목표물에 대한 동시 다발적인 공격을 가능하게 합니다.

[그림 19] 유·무인 협동 전투기 편대의 이점.

MQ-28은 유인 전투기의 센서 탐지 범위를 넓히고, 통신 중계 역할을 하며, 추가 무장을 제공하고, 필요시에는 유인 전투기를 보호하는 '방패' 역할까지 수행할 것으로 기대됩니다.

미국 공군이 추진했던 '스카이보그(Skyborg)' 프로그램은 특정 항공기 모델을 개발하는 것이 아니라, 다양한 종류의 저렴한 소모성 무인기(Attritable UAV)에 탑재될 수 있는 공통의 'AI 두뇌', 즉 자율 비행 제어 시스템을 개발하는 데 초점을 맞춘 프로젝트였습니다.

스카이보그는 유인기 조종사로부터 복잡한 명령을 이해하고, 스스로 판단하여 비행하며, 주어진 임무를 자율적으로 또는 반자율적으로 수행할 수 있는 AI 파일럿을 만드는 것을 목표로 했습니다. 개방형 구조(Open

Architecture) 설계를 통해 새로운 소프트웨어를 쉽게 업데이트하거나 다른 종류의 무인기 플랫폼에도 유연하게 적용할 수 있도록 개발되었습니다.

스카이보그는 현재 '협동 전투기(CCA, Collaborative Combat Aircraft)'라는 더 큰 프로그램으로 발전하여, 유·무인 협동 전투를 위한 핵심 AI 기술 개발을 계속 주도하고 있습니다.

최신 동향으로는 미국 공군이 개발 중인 무인 전투기 'XQ-58A 발키리(Valkyrie)'가 AI를 장착한 채 첫 시험 비행에 성공했습니다. 현재 전장에서 사용되는 무인기는 지상 통제소에서 인간이 원격 조종하지만, 발키리(Valkyrie)는 동체에 장착된 AI가 알아서 기체를 제어합니다. 발키리는 길이 9.1m, 날개 길이는 8.2m이며, 최고 속도는 시속 1,050km입니다. 항속 거리는 3,941km, 최대 상승 고도는 1만 4,000m에 달합니다.

미 공군은 발키리(Valkyrie)를 전투기 편대의 '윙맨'으로 사용하는 그림을 그리고 있습니다. 윙맨은 편대의 리더 전투기 곁에서 함께 작전을 수행하는 전투기인데, 지금은 윙맨 역할을 모두 값비싼 유인 전투기가 맡고 있습니다. 미 공군은 현재 AI 무인 전투기의 목표 생산 가격을 2,000만~3,000만 달러로 추산하고 있으며, 방산업계에서는 이를 대당 1,000만 달러 이하로 낮추려 하고 있습니다. 이는 대당 1억 달러에 달하는 F-35 전투기의 10분의 1 수준입니다.

유·무인 협동 전투는 미래 공중전의 핵심 요소로 자리 잡을 것이 거의 확실시되고 있습니다. 물론 유인기와 무인기 간의 안전하고 신뢰성 있는 데이터 통신, AI 시스템의 완벽한 신뢰성 확보, 인간 조종사와 AI 간의 효과적인 상호작용 방식 개발, 새로운 작전 교리 개발 등 해결해야 할 기술적, 운영적 과제들이 남아 있습니다.

이런 문제들을 극복하고 유·무인 협동 전투 능력을 성공적으로 구축하는 것은 미래 하늘의 주도권을 확보하는 데 결정적인 요소가 될 것입니다.

6-3 DARPA의 AIR(Artificial Intelligence Reinforcements) 프로그램

인공지능(AI)이 전투기 조종사의 역할에 도전하기 시작하면서, AI의 능력을 시험하고 발전시키려는 노력은 단순히 근접 공중전에만 머무르지 않습니다. 현대 공중전의 승패를 결정짓는 훨씬 더 중요한 영역, 바로 '가시거리 밖(BVR, Beyond Visual Range) 공중전'에서도 AI가 핵심적인 역할을 수행하도록 만들기 위한 연구 개발이 치열하게 진행되고 있습니다.

BVR 공중전은 말 그대로 조종사가 눈으로는 적기를 볼 수 없는, 수십 혹은 수백 km 떨어진 먼 거리에서 레이더와 장거리 미사일을 이용하여 벌이는 전투입니다. 마치 안개 속에서 서로의 위치를 어렴풋이 짐작하며 총을 쏘는 것과 같이, 불확실성과 복잡성이 극도로 높은 전투입니다.

BVR 공중전에서 AI가 스스로 상황을 판단하고 최적의 전술적 결정을 내릴 수 있도록 자율성을 부여하는 것, 이것이 미국 국방고등연구계획국이 AIR (Artificial Intelligence Reinforcements)의 이름으로 추진하고 있는 연구 프로그램들의 목표입니다.

이 야심 찬 목표를 달성하기 위해 세계적인 항공 우주 및 방위 산업체인 록히드 마틴(Lockheed Martin)과 BAE 시스템즈(BAE Systems) 등이 DARPA와 긴밀하게 협력하며 참여하고 있습니다.

BVR 공중전이 왜 그렇게 어렵고 복잡한지 살펴보겠습니다. 우선, 적기를 '찾는 것'부터가 쉽지 않습니다. 현대 전투기들은 자신의 위치를 숨기기 위해 스텔스 기술을 사용하거나, 레이더 작동을 최소화하는 전술을 씁니다. 아군기 역시 적에게 발견되지 않으면서 적기를 찾기 위해 레이더를 언제, 어떤 방식으로 사용해야 할지 신중하게 결정해야 합니다.

어렵게 무언가를 발견했다고 해도, 그것이 진짜 적기인지, 아니면 단

BVR 공중전에서의 AI 역할

BVR 공중전 특성	AI의 핵심 역할
▶ 가시거리 밖 교전	● 실시간 센서 데이터 융합
▶ 레이더 + 장거리 미사일	● 최적 전술 기동 계산
▶ 극도의 불확실성	● 무기-표적 할당 최적화
▶ 복잡성과 고속성	● 다중 위협 동시 처리
▶ "안개 속 전투"	● 인간 초월 속도·정확성

교전 거리: 수십 ~ 수백 킬로미터

[그림 20] BVR 공중전에서 AI 역할.

순한 민간 항공기인지, 혹은 적이 일부러 만든 가짜 신호(디코이)인지 정확하게 '식별'하는 것은 매우 어렵습니다. 먼 거리에서는 센서 정보가 희미하고 불확실하기 때문입니다.

일단 적기로 식별하고 나면, 그 움직임을 놓치지 않고 계속 '추적'해야 합니다. 하지만 적기는 끊임없이 회피 기동을 하거나 전자 방해 공격을 통해 추적을 방해하려고 시도할 것입니다.

이런 과정을 거쳐 드디어 공격을 결심하면, 어떤 미사일을 사용할지, 언제 발사하는 것이 가장 명중률이 높을지, 미사일 발사 후에는 어떻게 기동하여 적의 반격을 피할지 등을 결정해야 합니다(교전 결정 및 무장 운용). 혼자 싸우는 것이 아니라 동료 조종사들과 끊임없이 정보를 주고받고 협력하여, 마치 한 팀처럼 유기적으로 움직여야 합니다.

BVR 공중전은 이처럼 발견부터 식별, 추적, 교전, 회피, 협동에 이르는 모든 과정이 극도의 긴장감 속에서, 매우 짧은 시간 안에, 넓은 3차원 공간에서 동시에 여러 곳에서 이루어지는 고도의 지적 활동입니다. 경험이 풍부한 인간 조종사도 이 모든 것을 완벽하게 수행하는 것은 매우 어려운 일이며, 작은 실수 하나가 곧바로 격추로 이어질 수 있는 위험한 환경입니다.

BVR 공중전의 복잡성과 속도 때문에 AI의 역할이 부각됩니다. AI는 인간이 따라갈 수 없는 속도와 정확성으로 BVR 공중전의 문제들을 해결할 수 있습니다.

AI는 아군기의 레이더, 적외선 센서, 전자전 지원 장비 등 다양한 센서에서 들어오는 방대한 양의 정보를 실시간으로 융합하고 분석하여, 인간 조종사가 놓칠 수 있는 작은 단서까지 포착하여 전장 상황에 대한 훨씬 더 정확한 그림 제공이 가능합니다.

AI는 수많은 비행경로와 기동 패턴, 미사일 발사 시점 등을 시뮬레이션을 통해 학습하고 분석하여, 특정 상황에서 가장 이길 확률이 높은 최적의 전술적 기동(예: 적 레이더 탐지 회피 기동, 미사일 회피 기동, 최적 공격 위치 선점 기동 등)을 계산하고 추천 수행할 수 있습니다.

여러 대의 적기와 동시에 싸워야 하는 상황에서 AI의 능력은 더욱 빛을 발합니다. AI는 각 적기의 위협 수준을 신속하게 평가하고, 아군이 가진 미사일의 종류와 수량, 각 미사일의 명중 확률을 종합적으로 고려하여, 어떤 목표물에 어떤 미사일을 쓰는 것이 가장 효과적인지를 계산해 낼 수 있습니다(무기-표적 할당 최적화). 제한된 무장을 최대한 효율적으로 사용하여 다수의 적을 효과적으로 제압하는 데 결정적인 역할을 하는 것입니다.

나아가 여러 대의 아군기(유인기 및 무인기 포함)가 마치 하나의 생명체처럼 움직이며 최적의 협동 전술을 수행하도록 AI가 지휘하고 통제하는 것도 가능할 전망입니다(협동 교전 자동화).

DARPA의 BVR 자율성 프로그램은 이런 능력들을 AI에게 부여하는 것을 목표로 합니다. 미사일을 발사하는 것뿐만 아니라, BVR 공중전의 전체 과정, 즉 상황 인식부터 전술 계획 수립, 실행, 결과 평가에 이르기까지 AI가 자율적, 혹은 인간 조종사를 도와 핵심적인 역할을 수행할 수 있도록 만드는 것입니다.

주로 '강화 학습(Reinforcement Learning)' 기법을 활용합니다. AI 에이전트가 가상의 BVR 공중전 시뮬레이션 환경 속에서 수백만, 수천만 번의 전투를 스스로 경험하면서 어떤 행동(예: 특정 기동, 레이더 작동 방식, 미사일 발사 타이밍 등)이 '승리'라는 보상으로 이어지는지를 학습하고 스스로 최적의 전략을 터득해 나가는 방식입니다.

이 과정에서 AI는 때때로 인간 조종사들이 생각하지 못했던 새롭고 창의적인 전술을 발견하기도 합니다. 불확실한 정보 하에서 최선의 결정을 내리기 위해 '게임 이론(Game Theory)'이나 '베이즈 추론(Bayesian Inference)'과 같은 수학적 기법들도 활용될 수 있습니다.

록히드 마틴은 F-22 랩터, F-35 라이트닝 II와 같이 세계 최고 수준의 스텔스 전투기를 개발한 경험이 있습니다. 이들은 전투기의 비행 제어 시스템, 레이더 및 센서 시스템, 임무 컴퓨터 등에 대한 깊은 이해를 바탕으로, DARPA에서 개발된 AI 알고리즘을 실제 항공기 플랫폼에 통합하고 검증하는 역할을 수행할 수 있습니다.

현재 DARPA의 BVR 공중전 자율성 개발은 주로 컴퓨터 시뮬레이션 환경에서 알고리즘 성능 검증과 함께, X-62A VISTA와 같은 실제 실험용 항공기를 이용한 비행 시험을 통해 현실 적용 가능성을 확장하고 있습니다. 유·무인 협동 전투(MUM-T) 개념 아래 인간 조종사의 지휘를 받아 무인 편대기(CCA 등)를 자율적으로 제어하며 BVR 교전 임무의 일부를 수행할 가능성이 높습니다.

BVR 공중전 시나리오는 너무나 다양하고 예측 불가능하므로, AI가 모든 가능한 상황에 대처하도록 훈련시키는 것은 어렵습니다. 교전 규칙(Rules of Engagement)을 정확히 이해하고 지키며, 민간인 피해를 최소화하는 등 윤리적인 행동을 하도록 보장하는 것은 더욱 복잡한 문제입니다.

AI 시스템 자체의 약점, 예를 들어 적의 사이버 공격이나 AI의 판단을 속이려는 기만 기술에 대한 대비책도 마련되어야 합니다. 개발된 AI의 성능을 실제와 비슷한 환경에서 안전하고 효과적으로 시험 평가(Test & Evaluation)하는 방법론을 개발하는 것 또한 큰 숙제입니다.

마지막으로, 조종사들이 눈에 보이지 않는 먼 거리에서 이루어지는 교전 상황에서 AI의 판단을 얼마나 신뢰하고 의지할 수 있을지에 대한 '인간-AI 신뢰' 문제도 BVR 자율성 구현의 중요한 요소입니다.

결론적으로, AI 기반 차세대 무기 시스템은 이미 현실이 되었으며, 미래 전장의 판도를 완전히 바꿀 혁명적인 기술로 자리 잡고 있습니다. 러시아의 Uran-9에서 드러난 초기의 기술적 한계들을 극복하면서, 한국의 견마 로봇과 같은 실용적인 접근, 그리고 드론 스웜에 대응하는 AI 방공 시스템까지, 기술의 발전 속도는 가히 놀라울 정도입니다.

특히 AI 전투기 분야에서는 X-62A VISTA의 성공적인 실증 비행을 통해 AI가 인간 조종사를 뛰어넘는 성능을 보여주었으며, 2028년까지 1,000대의 AI 무인 전투기 배치라는 미 공군의 야심에 찬 계획은 이제 공상 과학이 아닌 현실이 되어가고 있습니다.

미래의 전장에서는 인간과 AI가 협력하는 새로운 형태의 전투가 펼쳐질 것이며, 이러한 기술 혁신을 선도하는 국가가 21세기 국방력의 주도권을 쥐게 될 것입니다. 우리는 지금 인류 역사상 가장 드라마틱한 군사 기술 혁명의 한복판에 서 있습니다.

1-1   방대한 정보 분석과 실시간 상황 인식

지휘관이 올바른 결정을 내리려면 전장에서 벌어지는 모든 상황을 정확히 파악해야 합니다. 이를 '상황 인식'이라고 부르는데, 의사가 환자의 상태를 정확히 알아야 올바른 치료를 할 수 있는 것과 같습니다.

하지만 사람이 처리할 수 있는 정보량에는 한계가 있습니다. 수많은 화면과 보고서를 동시에 보면서 중요한 정보를 놓치지 않고 빠르게 분석하는 것은 거의 불가능합니다. 긴박한 전투 상황에서는 피로와 스트레스로 판단력이 더욱 흐려지기 쉽습니다.

이때 인공지능(AI) 참모 시스템이 지휘관의 눈과 귀, 그리고 빠른 두뇌 역할을 합니다. AI는 지치지 않고, 엄청난 양의 데이터를 사람보다 훨씬 빠르게 분석할 수 있습니다.

AI 참모 시스템은 여러 곳에서 들어오는 정보를 실시간으로 모으고 통합합니다. 드론 영상, 레이더 정보, 아군 보고, 적의 통신 감청 내용 등을 한데 모읍니다. 단순히 정보를 모으는 것을 넘어, AI는 이 정보들 사이의 연관성을 파악하고 중요도를 판단합니다.

예를 들어, 어떤 지역에서 적의 통신량이 갑자기 늘고 동시에 위성 사진에서 병력 이동이 보인다면, AI는 이를 중요한 신호로 판단해 지휘관에게 즉시 알립니다. 사람은 놓치기 쉬운 미묘한 변화나 숨겨진 패턴을 AI는 찾아낼 수 있습니다.

AI는 불필요하거나 신뢰도가 낮은 정보를 걸러내 지휘관이 중요한 정보에만 집중할 수 있게 합니다. 스팸 메일을 자동으로 걸러 주는 필터처럼, AI는 수많은 정보 속에서 진짜 중요한 '신호'와 그렇지 않은 '소음'을 구분합니다.

이렇게 정제된 정보는 지휘관이 이해하기 쉽게 시각화되어 제공됩니다. 전자 지도에 적군 위치, 아군 배치, 위험 지역 등이 실시간으로 표시되는 식입니다. 지휘관은 이 화면을 통해 복잡한 전장 상황을 한눈에 파악할 수 있게 됩니다.

한국에서도 2020년부터 한화시스템이 국내 최초로 '지능형 전장인식 서비스' 개발에 착수하여 4년간 150억 원 규모의 예산으로 지능형 전장 인식 서비스를 개발하고 있습니다. 이 시스템은 지휘관이 AI 참모가 제공하는 통계와 확률 기반 정보 분석을 토대로 더 신속하고 정확하게 전장 상황을 인식하고 작전을 지휘할 수 있게 도와줍니다.

지휘관은 정보의 홍수 속에서 길을 잃지 않고, 가장 최신의 정확한 정보를 바탕으로 전장을 통찰할 수 있습니다. 이는 더 빠르고 현명한 결정으로 이어져 아군의 생존 가능성을 높이고 작전 성공 확률을 극대화합니다.

1-2 AI 기반 의사 결정 지원의 원리

AI 참모 시스템이 정보를 분석하고 상황을 보여주는 것을 넘어 지휘관의 의사 결정을 돕는 핵심적인 역할을 할 수 있는 것은 몇 가지 중요한 원리 때문입니다. 그중 대표적인 것이 바로 '데이터 융합', '패턴 인식', 그리고 '예측'입니다. 이 세 원리는 서로 긴밀하게 연결되어 작동하면서 AI가 지휘관에게 깊이 있는 통찰력과 합리적인 대안을 제시할 수 있도록 만듭니다.

데이터 융합(Data Fusion)은 여러 조각의 퍼즐을 맞춰 전체 그림을 완성하는 기술입니다. 여러 곳에서 들어온 다양한 종류의 정보를 하나로 합쳐 더 정확하고 완전한 그림을 만듭니다.

AI 기반 의사결정 지원의 3대 원리

데이터 융합 *Data Fusion*	패턴 인식 *Pattern Recognition*	예측 *Prediction*
▸ 다종 정보 통합 ▸ 퍼즐 조각 맞추기 ▸ 레이더 + 위성 + 통신감청 ▸ 단편적 정보 한계 극복 ▸ 신뢰도 높은 상황 파악 ▸ 오판 위험 감소	▸ 규칙과 경향 발견 ▸ 방대한 데이터 분석 ▸ 매복 작전 패턴 ▸ 통신 방식 변화 감지 ▸ 공격 준비 징후 ▸ 적의 의도 간파	▸ 미래 상황 예상 ▸ 확률적 결과 제시 ▸ 작전 계획 비교 분석 ▸ 성공 가능성 평가 ▸ 위험 요소 예측 ▸ 정보 기반 결정 지원

통합 효과	지휘관 지원
세 원리가 긴밀하게 연결되어 깊이 있는 통찰력과 합리적 대안 제시	신중하고 정보에 기반한 의사결정 능력 향상 다양한 가능성 사전 검토

[그림 21] AI 기반 의사결정 지원의 3대 원리.

레이더는 어떤 물체가 날아오고 있다는 것을 알려줄 수 있지만, 그것이 아군 비행기인지 적군 미사일인지 정확히 구분하기는 어렵습니다. 이때 위성 사진, 아군 비행 계획, 통신 감청 정보 등을 함께 고려하면 그 물체의 정체를 훨씬 더 정확하게 파악할 수 있습니다.

AI는 이렇게 각기 다른 형태와 특성을 가진 데이터들을 지능적으로 결합하여 개별 정보만으로는 알 수 없었던 새로운 사실이나 더 높은 수준의 정보를 만들어 냅니다. 데이터 융합을 통해 AI는 단편적인 정보의 한계를 극복하고 전장 상황에 대한 훨씬 더 신뢰도 높고 풍부한 이해를 제공합니다.

패턴 인식(Pattern Recognition)은 수많은 데이터 속에서 의미 있는 규칙이나 반복되는 경향을 찾아내는 능력입니다. 사람은 경험을 통해 특정 상황에서 어떤 일이 벌어질지 어렴풋이 예상할 수 있지만, AI는 훨씬 더 방대한 데이터를 분석하여 인간이 알아채지 못하는, 복잡하고 미묘한 패턴까지 식별해 낼 수 있습니다.

과거의 수많은 전투 데이터를 학습한 AI는 적군이 특정 지형에서 어떤 종류의 매복 작전을 선호하는지, 또는 특정 시간대에 어떤 경로로 이동하는 경향이 있는지를 파악할 수 있습니다. 적의 통신 방식이나 부대 이동 방식에서 나타나는 미세한 변화를 감지하여 공격 준비 징후나 기만전술 등을 알아챌 수도 있습니다.

현재 미군은 다중 영역 작전에서 AI를 활용하여 빅데이터 기반 다중 모드 감정 인식 기술로 적의 의도까지 파악하려 하고 있습니다. 사람의 표정, 동작, 언어, 어조, 뇌파, 생리 지표 등을 수집하여 감정 연관성을 구축하고, 이를 통해 사람의 감정과 의도를 인식하는 새로운 인지전 수단을 개발하고 있습니다.

예측(Prediction)은 데이터 융합과 패턴 인식을 통해 얻은 정보를 바탕으로 앞으로 일어날 가능성이 높은 사건이나 상황의 결과를 미리 예상하는 능력입니다. "만약 아군이 A 경로로 진격한다면 적은 어떻게 대응할 가능성이 높은가?", "B 지점에 포격을 가했을 때 예상되는 피해 규모와 적의 반격 가능성은 어느 정도인가?"와 같은 질문에 대해 AI는 확률적인 예측 결과를 제시할 수 있습니다.

여러 가지 가능한 작전 계획(Course of Action, COA)들을 비교·분석하여 각각의 성공 가능성, 예상되는 위험 요소, 필요한 자원 등을 평가하고 효과적인 방안을 지휘관에게 추천하기도 합니다.

AI의 예측이 항상 100% 정확한 것은 아니지만, 지휘관이 고려해야 할 다양한 가능성을 미리 살펴보고 각 선택지에 따른 잠재적 결과를 가늠해 볼 수 있게 함으로써 훨씬 더 신중하고 정보에 기반한 결정을 내릴 수 있도록 지원합니다.

이처럼 데이터 융합, 패턴 인식, 예측이라는 세 가지 핵심 원리를 통해 AI 참모 시스템은 단순한 정보 전달자를 넘어 지휘관의 의사 결정 과정을 실질적으로 돕는 강력한 조언자 역할을 수행합니다. 복잡하고 불확실한 전장 상황 속에서 지휘관이 더 명확하게 상황을 인식하고, 더 정확하게 미래를 예측하며, 더 현명한 결정을 내릴 수 있도록 지원하는 것, 이것이 바로 AI 기반 의사 결정 지원의 핵심 가치입니다.

1-3 AI 참모의 데이터 분석

AI 참모 시스템이 지휘관에게 유용한 정보를 제공하고 의사 결정을 지원하기까지, 그 내부에서는 복잡하지만 체계적인 데이터 분석 과정이 이루어집니다. 이 과정은 크게 '데이터 수집', '데이터 전처리', '모델링', '예측/분석', 그리고 '평가'의 다섯 단계로 나누어 볼 수 있습니다.

요리사가 좋은 재료를 구해 깨끗하게 다듬고, 알맞은 조리법으로 요리한 뒤 맛을 보고 개선하는 과정과 비슷합니다. 각 단계는 AI가 정확하고 신뢰할 수 있는 결과를 만들어 내는 데 필수적입니다.

데이터 수집(Data Collection)은 AI 분석의 출발점입니다. 전장에서는 정말 다양한 형태의 데이터가 발생합니다. 정찰기나 드론이 찍은 고해상도 이미지나 동영상, 레이더나 소나(음파탐지기) 같은 센서에서 나오는 신호 데이터, 병사들이나 부대 간에 오가는 음성 통신이나 문자 메시지, 작전 보고서나 정보 문서와 같은 텍스트 데이터, 심지어는 날씨 정보나 지형 정보와 같은 환경 데이터까지 포함됩니다.

최근에는 소셜 미디어 데이터나 상업 위성 데이터까지 군사 분석에 활용되고 있어 데이터의 종류와 양이 폭발적으로 증가하고 있습니다.

데이터 전처리(Data Preprocessing)는 수집된 원본 데이터를 깨끗하고 분석하기 좋은 형태로 '다듬는' 과정입니다. 수집된 원본 데이터는

AI 데이터 분석 5단계 프로세스

데이터 수집
Data Collection

전장에서 발생하는 모든 종류의 데이터를 수집하는 단계

위성사진, 드론영상, 레이더신호, 음성통신, 작전보고서, 환경데이터

데이터 전처리
Data Preprocessing

원본 데이터를 분석 가능한 형태로 정제하고 가공하는 단계

잡음제거, 해상도조절, 단위통일, Feature Selection, Feature Engineering

모델링
Modeling

정제된 데이터로 AI 알고리즘을 학습시켜 특정 작업을 수행하도록 훈련

이미지분류모델, 경로예측모델, 머신러닝, 딥러닝, 알고리즘선택

예측/분석
Prediction/Analysis

학습된 AI 모델을 새로운 실제 데이터에 적용하여 결과 도출

미사일발사대탐지, 적군이동경로예측, 위협정보분석, 실시간적용

평가
Evaluation

AI 모델의 정확도와 유용성을 측정하고 성능을 검증

예측정확도, 실제결과비교, 성능측정, 피드백반영, 모델개선

[그림 22] AI 데이터 분석 5단계 프로세스.

그대로 사용하기 어려운 경우가 많습니다. 데이터에 오류가 있거나, 중간에 누락된 값이 있거나, 형식이 제각각이라서 바로 분석에 투입할 수 없기 때문입니다.

통신 데이터에서 잡음을 제거하거나, 이미지 데이터의 해상도를 조절하거나, 서로 다른 단위로 기록된 값들을 통일하는 작업 등이 여기에 해당합니다. 데이터에 포함된 여러 특징들 중에서 분석 목표에 더 중요하다고 판단되는 특징을 골라내거나(Feature Selection), 기존 특징들을 조합하여 새로운 의미 있는 특징을 만들어 내는 작업(Feature Engineering)도 수행합니다.

이 전처리 과정은 전체 데이터 분석 과정에서 가장 많은 시간과 노력이 들기도 하지만, 데이터의 품질을 높여 AI 모델의 성능을 결정짓는 중요한 단계입니다. 제대로 다듬지 않은 재료로는 맛있는 요리를 만들 수 없는 것과 마찬가지입니다.

모델링(Modeling)은 잘 다듬어진 데이터를 이용하여 AI가 특정 작업을 수행하도록 '학습'시키는 과정입니다. '모델'이란, 특정 문제를 풀기 위해 만들어진 인공지능 알고리즘을 의미합니다.

수많은 위성 사진 데이터를 학습시켜 적의 미사일 발사대와 일반 트럭을 구분하도록 하는 '이미지 분류 모델'을 만들 수 있습니다. 또 과거의 병력 이동 데이터와 지형 정보를 학습하여 앞으로 적군이 이동할 가능성이 높은 경로를 예측하는 '경로 예측 모델'을 만들 수도 있습니다.

현재 미군의 CIA는 영상 인식과 예측 분석에 관련된 AI 개발을 위해 140여 개의 과제를 수행하고 있으며, 시끄러운 환경에서의 다중 언어 음성인식, 메타데이터 없는 영상의 지리적 위치 확인, 2D 영상을 융합한 3D 모델 생성 등의 기술을 개발하고 있습니다.

예측/분석(Prediction/Analysis)은 잘 학습된 AI 모델을 실제 새로운 데이터에 적용하여 원하는 결과를 얻어내는 과정입니다. 새로 촬영된 위성 사진을 앞에서 만든 이미지 분류 모델에 입력하면, 사진 속에 미사일 발사대가 있는지 없는지를 판별합니다.

국방과학연구소(ADD)에서는 드론 군집 운용을 위한 군집 지능 AI를 개발하고 있는데, 이는 개미 군집이나 새 떼처럼 개별 객체의 지능은 낮지만 군집을 이루면 놀라운 능력을 발휘하는 현상을 활용한 것입니다. 저가의 무인기를 대량으로 운용해 적의 방어 체계를 압도하는 전력을 구축할 수 있는 혁신 기술로 평가받고 있습니다.

평가(Evaluation)는 만들어진 AI 모델이 얼마나 정확하고 유용한 결과를 내놓는지 성능을 측정하고 검증하는 과정입니다. AI가 예측한 적의 이동 경로가 실제 적의 이동 경로와 얼마나 일치했는지 비교해 보거나, AI가 탐지한 위협 정보가 실제로 위협이었는지 확인하는 방식입니다.

평가 결과는 모델의 성능을 객관적으로 판단하는 기준이 되며, 성능이 만족스럽지 않다면 모델을 개선하거나, 데이터를 추가로 수집하거나, 전처리 방식을 바꾸는 등 앞선 단계로 돌아가 피드백을 반영하게 됩니다.

평가와 개선의 과정은 AI 참모 시스템이 지속적으로 더 똑똑해지고 신뢰성을 높여 나가기 위해 반드시 필요합니다. 마치 요리사가 자신이 만든 요리의 맛을 보고 레시피를 계속해서 개선해 나가는 것과 같습니다.

---

2 작전 계획 수립의 혁신

2-1 미국의 Thunderforge 프로젝트

전통적으로 군대의 작전 계획 수립은 복잡하고 시간이 많이 걸리는 과정입니다. 경험 많은 참모들이 모여 적군의 예상 행동, 아군의 능력, 지형과 날씨, 보급 문제 등 수많은 요소를 고려하여 여러 가능한 작전 방안을 만들고, 그중 최선의 방안을 선택하여 구체적인 계획으로 발전시킵니다. 이과정에는 수많은 정보 분석, 논의, 그리고 지휘관의 최종 결심이 필요하며, 때로는 며칠 혹은 몇 주가 걸리기도 합니다.

하지만 현대전은 예측 불가능한 상황이 빠르게 전개되는 양상을 보이며, 이렇게 시간을 들여 세운 계획이 순식간에 쓸모없게 될 수도 있습니다. 따라서 더 빠르고 유연하게 상황 변화에 맞춰 작전 계획을 수립하고 수정할 수 있는 능력이 요구되고 있습니다.

이러한 필요성에 부응하여 미국에서는 인공지능(AI)을 활용하여 작전 계획 수립 과정을 혁신하려는 다양한 연구 개발 프로젝트가 진행되고 있으며, 그중 가장 주목받는 것이 바로 '썬더포지(Thunderforge)' 프로젝트입니다.

2025년 3월, 미국 국방혁신부(Defense Innovation Unit, DIU)가 샌프란시스코 기반 기업 Scale AI에 발주한 Thunderforge는 미군의 작전 계획 수립을 완전히 바꿀 혁신적인 프로젝트입니다. 이 프로젝트는 AI를 군사 작전 및 전역 수준 계획에 통합하는 미 국방부의 대표적인 프로그램으로, 첨단 모델링과 시뮬레이션 도구를 융합한 것입니다.

Thunderforge의 핵심 아이디어는 AI가 인간보다 훨씬 빠른 속도로 방대한 데이터를 처리하고, 수많은 가능성을 탐색하여 최적의 해결책에 가까운 작전 계획 초안들을 생성해 낼 수 있다는 것입니다. 지휘관이 특정 목표를 제시하면, Thunderforge 시스템은 관련된 모든 정보(적군 정보, 아군 부대 현황, 지형, 기상, 실시간 전장 상황 등)를 종합적으로 분석하여 해당 목표를 달성하기 위한 여러 가지 작전 계획 옵션들을 몇 시간, 혹은 몇 분 안에 제시할 수 있습니다.

각 계획에는 예상 결과, 필요 자원, 잠재 위험 요소 등에 대한 분석 정보가 함께 제공됩니다. 이를 통해 지휘관과 참모들은 훨씬 짧은 시간 안에 다양한 가능성을 검토하고, 더 깊이 있는 논의를 거쳐 최종 결정을 내릴 수 있습니다.

Thunderforge는 대규모 언어 모델(Large Language Models, LLM), AI 기반 시뮬레이션, 상호작용하는 에이전트 기반 워게임을 활용하여 미군의 작전 준비와 실행 방식을 향상시킵니다. 초기에는 미 인도태평양사령부(INDOPACOM)와 미 유럽사령부(EUCOM)에 배치되어 캠페인 개발, 전역 차원의 자원 배분, 전략적 평가를 포함한 임무 중심적 계획 활동을 지원할 예정입니다.

DIU의 Thunderforge 프로그램 리더인 브라이스 굿맨(Bryce Goodman)은 "오늘날의 군사 계획 과정은 수십 년 된 기술과 방법론에 의존해, 현대전의 속도와 우리의 대응 능력 사이에 근본적인 불일치를 만들고 있다."라며 "Thunderforge는 AI 기반 분석과 자동화를 작전 및 전략 계획에 도입하여, 의사결정자들이 신흥 충돌에 필요한 속도로 작전할 수 있게 해 준다."라고 설명했습니다.

이처럼 고도화된 AI 시스템을 개발하기 위해서는 다양한 분야의 전문 기술과 기업들의 협력이 필수적입니다. Scale AI는 Microsoft, Google, 그리고 방산업체 Anduril Industries와 협력하여 이 프로젝트를 진행하고 있습니다.

Anduril Industries는 AI 소프트웨어를 드론, 센서 등 실제 군사 장비와 통합하고, 네트워크로 연결하여 지능형 지휘 통제 시스템을 구축하는 데 강점을 가지고 있습니다. 이들의 Lattice 소프트웨어 플랫폼이 Thunderforge에 통합되어 AI가 생성한 계획을 실제 작전 환경에서 실행하거나 시뮬레이션할 수 있는 플랫폼을 제공합니다.

Microsoft는 AI 모델 개발에 필요한 강력한 클라우드 컴퓨팅 환경과 기반기술, 그리고 대규모 언어 모델(LLM)과 같은 최신 AI 기술을 제공하는 역할을 하고 있습니다. LLM은 방대한 텍스트 정보를 이해하고 생성하는 능력이 뛰어나 작전 문서 분석, 계획 초안 작성 등에 활용될 잠재력이 큽니다.

Thunderforge는 2025년 6월 미 인도태평양사령부의 TTX(Table Top Exercise)에서 일부 AI 기능을 시험했으며, 현재 초기 단계에서 유럽

사령부와 인도태평양사령부의 지휘관들과 계획자들을 대상으로 첫 배치를 진행하고 있습니다. 최종적으로는 내부 데이터베이스를 조회하고, 국방부급 시뮬레이션을 실행하며, DARPA의 SAFE-SiM 모델링 및 시뮬레이션 아키텍처와 같은 기존 소프트웨어와 통합하여 연구용 현실적이고 그럴듯한 군사 시나리오를 대량으로 생성할 예정입니다.

전투 중 상황이 급변할 경우에도 AI는 신속하게 기존 계획의 문제점을 분석하고 새로운 대안을 제시하여 빠른 대응을 가능하게 합니다. Thunderforge는 아직 개발 초기 단계에 있는 연구 과제이지만, AI가 단순히 특정 작업을 자동화하는 것을 넘어 군사 작전 계획 수립이라는 복잡하고 창의적인 영역까지 지원할 가능성을 보여준다는 점에서 의미를 갖습니다. 미래 전장에서 인간 지휘관의 인지 능력을 증강시키고, 더 빠르고 효과적인 의사 결정을 가능하게 하여 전투의 효율성을 극대화하는 데 기여할 것으로 기대합니다.

2-2 작전 계획 초안 자동 생성 및 시뮬레이션

전통적인 군사 작전 계획 수립 과정은 지휘관의 의도를 구체적인 행동 지침으로 전환하는 복잡하고 지난한 작업입니다. 참모들은 목표 달성을 위한 여러 가지 가능한 방법, 즉 작전 방안(Course of Action, COA)들을 구상하고, 각 방안의 실현 가능성, 장단점, 위험 요소 등을 면밀히 분석하여 비교 평가합니다. 이 과정은 많은 시간과 노력을 요구하며, 고려해야 할 변수가 많고 상황이 유동적인 현대전 환경에서는 더욱 어렵습니다. 인간 참모들이 짧은 시간 안에 구상하고 평가할 수 있는 작전 방안의 수에는 현실적인 한계가 있습니다.

AI는 '작전 계획 초안의 자동 생성'과 '생성된 계획의 시뮬레이션'이라는 두 가지 핵심적인 영역에서 강력한 능력을 발휘할 수 있습니다. 이

두 기능은 서로 긴밀하게 연계되어 작전 계획 수립의 속도와 질을 획기적으로 향상시킬 수 있습니다.

작전 계획 초안 자동 생성은 AI가 주어진 목표와 제약 조건 하에서 가능한 작전 계획의 밑그림을 신속하게 만들어 내는 기능입니다. 지휘관이 달성하고자 하는 최종 목표, 동원 가능한 아군 부대와 자원, 예상되는 적군의 능력과 행동 방식, 작전 지역의 지형과 기상 정보, 그리고 반드시 지켜야 할 교전 규칙이나 시간 제약 등의 정보를 AI 시스템에 입력합니다.

그러면 AI는 경험 많은 참모처럼, 입력 정보들을 바탕으로 목표 달성을 위한 논리적인 단계들, 각 부대에 할당될 임무, 필요한 시간과 자원 등을 포함하는 여러 가지 작전 계획 초안들을 자동으로 생성합니다.

이때 AI는 과거의 성공적인 작전 사례 데이터, 군사 교리 문서, 그리고 최적화 알고리즘 등을 활용하여 인간이 미처 생각하지 못했던 창의적이거나 효율적인 방안을 제시할 수도 있습니다.

중요한 것은 AI가 생성하는 것은 어디까지나 '초안'이라는 점입니다. 이 초안은 인간 지휘관과 참모들이 검토하고, 경험과 직관을 바탕으로 수정하며, 최종적으로 완성해 나가기 위한 좋은 출발점을 제공하는 역할을 합니다.

AI가 단 몇 분 또는 몇 시간 만에 여러 개의 다양한 계획 초안을 만들어 낼 수 있다면, 참모들은 단순히 계획을 만드는 데 시간을 쏟기보다는 각 초안의 장단점을 비교 분석하고 발전시키는 데 더 집중할 수 있게 됩니다.

시뮬레이션은 AI가 생성했거나 인간이 수정한 작전 계획 초안이 실제 전장에서 어떤 결과를 가져올지 가상 환경에서 미리 시험해 보는 기능입니다. 마치 새로운 자동차를 설계한 뒤 실제 도로 주행 시험 전에 컴퓨터 시뮬레이션을 통해 충돌 안전성이나 연비 등을 테스트하는 것과 유사합니다.

AI 기반 시뮬레이션은 작전이 수행될 지역의 지형, 날씨, 아군 부대의 능력치, 그리고 예상되는 적군의 행동 방식 등을 최대한 현실과 가깝게 구현한 가상의 디지털 전장을 만듭니다. 그리고 이 가상 전장 안에서 작전 계획 초안을 그대로 실행시켜 봅니다.

시뮬레이션을 통해 우리는 특정 작전 계획이 성공할 확률이 어느 정도인지, 예상되는 아군의 피해나 자원 소모량은 얼마인지, 작전 중 예상치 못한 문제점, 즉 특정 경로의 취약점, 보급의 어려움은 없는지 등을 미리 파악할 수 있습니다.

미군의 DARPA는 이미 'Deep Green' 시스템을 개발하여 지휘관의 계획 수립과 의사 결정 과정에서 AI 기술을 활용하고 있습니다. 이 시스템은 시뮬레이션을 통해 여러 전투 시나리오를 테스트하여 지휘관이 다양한 전투 옵션을 비교하고 최적의 결정을 내릴 수 있도록 돕습니다.

시뮬레이션은 다양한 '만약(What-if)' 시나리오의 시험이 가능합니다. "만약 적군이 우리가 예상한 경로가 아닌 다른 경로로 공격해 온다면?", "작전 중 갑자기 날씨가 악화된다면?", "핵심 교량이 파괴된다면?" 등 다양한 변수를 적용하여 작전 계획의 견고함과 유연성을 평가할 수 있습니다.

여러 개의 작전 계획 초안들을 동일한 조건에서 시뮬레이션하여 어떤 계획이 가장 효과적인지 객관적으로 비교하는 것도 가능합니다. 이러한 시뮬레이션 결과는 다시 작전 계획 수립 과정에 피드백되어, 기존 계획을 수정하거나 더 나은 새로운 계획을 만드는 데 활용될 수 있습니다. 즉, 계획 생성과 시뮬레이션이 반복적인 순환 과정을 통해 점점 더 완성도 높은 작전 계획을 만들어 나가는 것입니다.

Thunderforge 프로젝트는 이러한 개념을 한 단계 더 발전시켜 AI 에이전트들이 전쟁 계획에 대해 여러 군사 영역에 걸쳐 비판을 가하고, 병렬 분석을 실행하며, 인간 계획자들이 놓친 잠재적 약점을 찾아내는 시스템을 구축하고 있습니다. 이 시스템은 인간이 작성한 계획을 AI 에이전트 팀에 제출하여 물류, 정보, 사이버 및 정보 작전을 포함한 여러 영역에서 관점을 제공받을 수 있습니다.

AI를 활용한 작전 계획 초안 자동 생성과 시뮬레이션 기능은 다음과 같은 중요한 이점들을 제공합니다. 계획 수립에 걸리는 시간을 획기적으로 단축시켜 빠르게 변화하는 전장 상황에 신속하게 대응할 수 있게 합니다. 인간이 고려하기 어려운 수많은 변수와 가능성을 AI가 탐색하고 시뮬레이션 함으로써 더 많은 작전 방안을 검토하고 최적의 계획을 선택할 가능성을 높입니다. 가상 환경에서의 반복적인 시험을 통해 실제 작전 수행 시 발생할 수 있는 위험을 미리 식별하고 대비함으로써 작전 성공률을 높이고 아군의 피해를 최소화하는 데 기여합니다. 지휘관과 참모들이 직접 시뮬레이션 환경에서 다양한 작전 계획을 실행해 보는 훈련 도구로도 활용될 수 있습니다.

AI 기반 계획 수립 및 시뮬레이션 시스템을 운영하는 데에는 해결해야 할 과제들도 있습니다. 현실성을 얼마나 높일 수 있는지, AI 모델 학습에 필요한 방대하고 정확한 데이터를 어떻게 확보할 것인지, AI가 제시하는 계획이나 예측 결과를 얼마나 신뢰할 수 있는지, 예측 불가능한 인간의 창의성이나 의지를 AI가 어떻게 반영할 수 있는지 등의 문제입니다.

그럼에도, AI를 활용하여 작전 계획을 더 빠르고, 더 스마트하게, 그리고 더 안전하게 수립하려는 노력은 미래 군사 지휘 통제의 핵심적인 발전 방향이 될 것이며, 전장의 승패를 가르는 중요한 요소로 작용할 것입니다.

3-1 AI 기반 가상 전투 환경

전쟁은 더 이상 단순한 힘겨루기가 아닙니다. 미래 전투를 준비하는 가장 중요한 도구 중 하나인 군사 작전 시뮬레이션과 워게임이 인공지능(AI)의 등장으로 완전히 새로운 모습으로 바뀌고 있습니다.

　과거의 시뮬레이션은 마치 오래된 비디오게임과 같았습니다. 컴퓨터가 조종하는 적군은 항상 똑같은 방식으로 행동했고, 몇 번만 해 보면 그 패턴을 쉽게 예측할 수 있었습니다. 하지만 실제 전장에서 만나는 적은 예측할 수 없고 창의적인 전술을 구사합니다. 이런 한계 때문에 훈련의 효과가 제한적이었습니다.

　AI의 발전이 이 모든 것을 바꾸어 놓았습니다. 핵심은 바로 'AI 에이전트 모델'입니다. 이는 시뮬레이션 속에서 활동하는 모든 개체가 - 병사, 탱크, 전투기, 지휘관, 심지어 민간인까지도 - 마치 살아있는 존재처럼 생각하고 행동하게 만드는 인공지능 프로그램입니다.

　이 AI 에이전트들은 단순한 로봇이 아닙니다. 각자 고유한 목표를 가지고 있습니다. 생존하려 하고, 임무를 완수하려 하며, 특정 지점을 지키려 합니다. 주변 상황을 스스로 파악하고, 적을 발견하면 지형을 분석하여 최선의 판단을 내립니다. 예를 들어 AI 탱크는 적의 대전차 미사일 공격을 감지하면 즉시 연막탄을 터뜨리고 가장 안전한 엄폐물 뒤로 이동합니다. 여러 AI 에이전트가 서로 협력하여 포위 공격이나 기만 작전 같은 복잡한 전술을 구사하기도 합니다.

　머신러닝과 강화 학습 기술 덕분입니다. 강화 학습은 AI가 수많은 시뮬레이션을 반복하면서 어떤 행동이 좋은 결과를 이끌고, 어떤 행동이 나쁜 결과를 가져오는지 스스로 학습하게 하는 방식입니다. 마치 게임을 처음 시작하는 사람이 수많은 시행착오를 통해 점점 더 게임을 잘하게 되는 것과 같습니다.

그 결과 AI 에이전트는 인간이 미처 생각하지 못한 효과적인 전술을 발견하거나, 실제 인간과 거의 구분이 안 될 정도로 자연스럽게 전투를 수행할 수 있게 되었습니다. 훈련에 참여하는 인간 병사들은 이제 훨씬 더 현실적이고 예측 불가능한 상대와 맞서게 되어 실전과 같은 긴장감 속에서 훈련할 수 있습니다.

AI는 또한 시뮬레이션이 펼쳐지는 '가상 전투 환경' 자체도 혁신적으로 발전시켰습니다. 과거의 가상 환경은 단순한 지도나 고정된 3D 모델 수준이었지만, 이제는 실제 지형 데이터와 기상 정보, 전파 환경까지 반영한 살아있는 듯한 전장을 만들어 냅니다.

위성 사진과 지형 데이터를 분석하여 상세하고 현실적인 3D 가상 지형을 자동으로 생성할 수 있습니다. 시뮬레이션 도중 갑자기 비가 내리거나 안개가 끼면서, 이런 날씨 변화가 시야, 이동 속도, 센서 성능에 미치는 영향을 AI 에이전트들의 행동에 실시간으로 반영합니다. 심지어 가상의 민간인들이 전쟁 상황에 어떻게 반응하는지, 적군이 가짜 정보를 퍼뜨려 아군의 통신망을 혼란에 빠뜨리는 상황까지 시뮬레이션할 수 있습니다.

2024년 기준으로 전세계 군사 시뮬레이션 및 훈련 시장 규모는 137억 달러를 돌파했으며, AI 기반 시스템에 대한 투자가 급격히 증가하고 있습니다. 이제 AI 기반 에이전트 모델과 고도화된 가상 전투 환경의 결합으로 새로운 무기 체계나 전술의 효과를 실제와 같은 환경에서 검증할 수 있고, 지휘관들이 복잡한 상황에서 의사결정을 내리는 훈련을 반복할 수 있으며, 대규모 부대 훈련도 비교적 적은 비용으로, 효과적으로 실시할 수 있게 되었습니다.

3-2 VR/AR 기술과 결합

AI가 똑똑한 '두뇌' 역할을 한다면, 가상현실(Virtual Reality, VR)과 증강현실(Augmented Reality, AR) 기술은 그 두뇌가 만들어 낸 세상을 생생하게 체험하게 해 주는 '눈과 몸'의 역할을 합니다.

가상현실(VR)은 특수한 헤드셋을 착용하여 시야 전체를 컴퓨터가 만들어낸 3D 가상 세계로 채우는 기술입니다. 훈련 참가자들은 VR 헤드셋을 쓰고 AI가 생성한 가상의 적군이 출몰하는 시가지나 정글 속을 이동하며 전투 기술을 연마할 수 있습니다. 조종사는 VR 조종석에서 AI가 조종하는 적기와 공중전을 벌이거나, 위험한 기상 조건 속에서 비행하는 훈련을 안전하게 반복할 수 있습니다.

증강현실(AR)은 현실 세계 위에 컴퓨터가 생성한 가상 정보나 이미지를 겹쳐서 보여주는 기술입니다. 병사들이 실제 야외 훈련장에서 기동 훈련을 할 때, AR 안경을 통해 현실의 지형 위에 가상의 적군 위치나 아군 부대의 위치 정보가 겹쳐 보이게 할 수 있습니다.

AR은 장비 정비나 조작 훈련에도 매우 유용합니다. 정비병이 AR 안경을 쓰고 실제 장비를 보면, 수리해야 할 부품의 위치, 분해 조립 순서, 필요한 공구 정보 등이 눈앞에 표시됩니다. 지휘관은 실제 작전 지도 위에 실시간으로 업데이트되는 아군과 적군의 위치, 전술적 제안 등을 시각적으로 확인하며 지휘 결심을 내릴 수 있습니다.

4 　　　　　　　　　　　　　　　　　**다영역 작전(MDO) 수행과 AI 통합**

4-1 육·해·공·우주·사이버 통합

현대 전쟁의 모습이 근본적으로 바뀌고 있습니다. 새롭게 등장한 개념이 바로 '다영역 작전(Multi-Domain Operations, MDO)'입니다. 이는 전통적인 육지(Land), 바다(Sea), 하늘(Air) 영역뿐만 아니라, 점점 더 중요해지고 있는 우주(Space)와 사이버(Cyber) 영역까지 총 다섯 개의 영역 모두를 하나의 통합된 전장으로 보는 혁신적인 작전 개념입니다. 이제는 다영역 작전(MDO)을 넘어 합동 전영역 작전(JADO, Joint All Domail Operation)으로 그 의미가 더 확장되어 적용됩니다.[*]

과거에는 각 군이 주로 자신의 영역에서만 작전을 펼쳤습니다. 육군은 땅에서, 해군은 바다에서, 공군은 하늘에서 따로따로 싸웠습니다. 하지만 JADO 환경에서는 모든 군이 마치 하나의 오케스트라처럼 긴밀하게 협력하여 조화로운 연주를 해야 합니다.

JADO의 핵심은 단순히 여러 영역에서 동시에 작전을 수행하는 것을 넘어, 각 영역의 능력들을 '통합'하고 '동기화'하는 데 있습니다. 예를 들어 우주에 있는 정찰 위성이 적의 숨겨진 미사일 기지를 발견하면, 그 정보가 실시간으로 지상에 있는 포병 부대나 바다에 있는 함선에 전달되어 즉시 공격하고, 동시에 사이버 부대는 적의 지휘 통신망을 교란하여 대응을 방해하는 것입니다.

이를 위해서는 모든 부대와 무기 체계들이 마치 하나의 거대한 네트워크처럼 연결되어, 필요한 정보를 실시간으로 공유하고, 어디에 있든 가장 효과적인 수단으로 대응할 수 있어야 합니다. 이를 '센서-결심-효과망(Sensor-Decider-Effector Web)'이라고도 부릅니다.

JADO는 이러한 서로 다른 작전 영역의 경계를 허물고, 특정 시점과

---

[*] MDO를 넘어 다영역작전에서 합동 전영역 작전(JADO)이란 용어를 더 많이 사용. 밀리 합참의장이 육군 참모 총장일 때는 육군의 영역을 넓히기 위해 MDO라는 용어를 사용했으나, 합참의장으로 간 다음에는 JADO, 합동 전영역 작전이란 용어를 더 많이 쓰고 있음.

장소에 여러 영역의 능력을 집중시켜 적의 약점을 파고들거나, 적이 예측하지 못한 방식으로 공격하는 '수렴(Convergence)' 효과를 추구합니다. 적이 한 영역에서의 공격을 막아내더라도 다른 영역에서의 동시다발적인 공격을 통해 대응하기 어렵게 만드는 것입니다.

인공지능(AI)은 이런 복잡한 JADO 환경을 이해하고, 방대한 정보를 처리하며, 최적의 통합 작전을 수행하도록 돕는 핵심적인 역할을 하게 될 것입니다.

4-2 미국의 Project Convergence

합동 전영역 작전(JADO)을 실제로 구현하기 위해 미 육군이 주도하여 시작한 대규모 실험 프로젝트가 바로 'Project Convergence'입니다. 이름 '컨버전스(수렴)'에서 알 수 있듯이, 이 프로젝트는 육해공군과 우주군, 해병대 등 다양한 군의 능력들을 한데 모아 통합하고 시너지를 내는 데 초점을 맞추고 있습니다.

프로젝트 컨버전스의 핵심 목표는 'Kill Chain'의 극적인 단축입니다. 킬 체인이란 적을 발견(Find)하고, 식별하며(Fix), 추적하여(Track), 타격 대상으로 결정하고(Target), 실제로 공격하며(Engage), 그 결과를 평가하는(Assess) 일련의 과정을 의미합니다. 과거에는 이 과정이 수십 분에서 몇 시간이 걸렸지만, 이제는 이 시간을 초 단위까지 줄이는 것이 목표입니다.

다양한 영역의 '센서'들이 총동원됩니다. 우주에 떠 있는 정찰 위성, 높은 고도를 비행하는 정찰기나 무인기, 지상에 설치된 레이더나 감시 장비, 심지어는 최전선 병사가 가진 소형 드론까지, 가능한 모든 수단을 통해 적의 위치나 활동에 대한 정보를 수집합니다.

이렇게 수집된 방대한 양의 원시 데이터는 즉시 통합 분석 시스템으

[그림 23] 육해공군 사이버 통합 지휘 이미지.

로 전송됩니다. 여기서 인공지능(AI)이 핵심적인 역할을 합니다. AI 알고리즘은 여러 센서에서 들어온 각기 다른 형태의 정보를 자동으로 융합하고 분석하여, 이것이 정말 위협적인 목표물인지, 정확한 위치는 어디인지 등을 순식간에 식별하고 판단합니다.

다음 단계는 식별된 목표물에 가장 효과적으로 작동할 수 있는 '슈터(타격 수단)'를 결정하는 것입니다. AI는 가용한 모든 아군 타격 자산의 위치, 상태, 무장 능력, 교전 규칙을 종합적으로 고려하여 최적의 슈터를 추천합니다.

2024년에는 Project Convergence Capstone 4가 실시되어 미군뿐만 아니라 영국, 호주, 캐나다, 뉴질랜드, 프랑스, 일본 등 동맹국까지 참여 범위를 넓혀가며 진정한 합동 및 연합 다영역 작전 능력을 구현하기 위해 노력하고 있습니다. 2025년에는 Project Convergence Capstone 5가 인도-태평양 지역에서 실시될 예정이며, 실제 운용 가능한 새로운 능력들을 현장에 남겨두는 계획도 추진 중입니다.

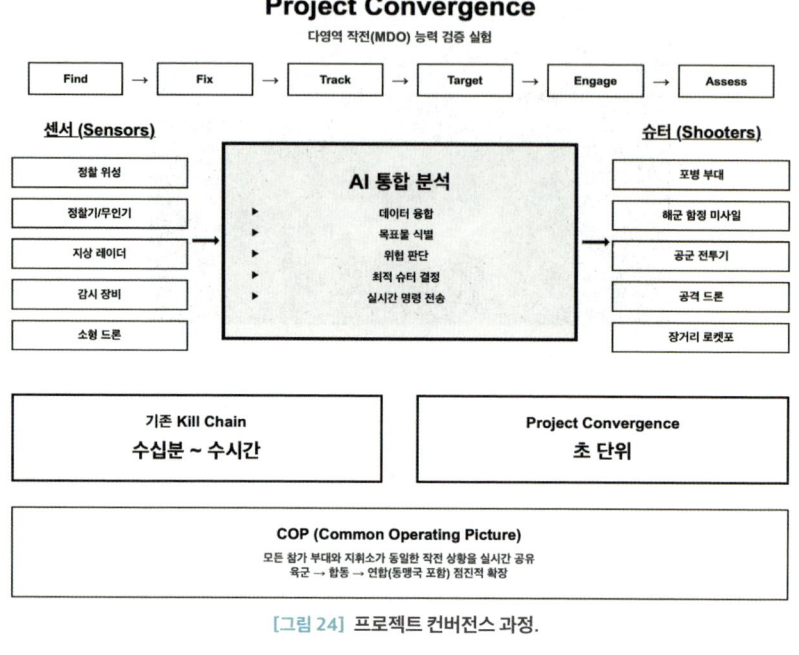

[그림 24] 프로젝트 컨버전스 과정.

4-3 팔란티어 TITAN(Tactical Intelligence Targeting Access Node) 시스템

다영역 작전(MDO)에서 지휘관이 성공적으로 작전을 수행하기 위해서는 광범위한 지역에 대한 정보를 파악하고, 그 정보를 바탕으로 적의 핵심 표적을 정확하고 신속하게 타격할 수 있는 능력이 필요합니다. 이러한 필요성에 부응하여 미군이 개발하고 있는 차세대 지상 기반 정보 처리 및 타기팅 지원 시스템이 바로 '타이탄(TITAN, Tactical Intelligence Targeting Access Node)'입니다.

2024년 3월, 미 육군은 팔란티어 테크놀로지스(Palantir Technologies) 주도 팀에게 2년간 1억 7,840만 달러 규모의 TITAN 계약을 체결했습니다. 이 계약에 따라 팔란티어는 5개의 '고급형'과 5개의 '기본형' 등 총 10개의 TITAN(타이탄) 프로토타입을 제공하게 됩니다.

타이탄 시스템의 목표는 부대가 접근하기 어려웠던 다양한 센서 정보를 신속하게 받아 처리하고, 이를 통해 얻어진 정보를 최전선 부대나 장거리 타격 부대에 제공하는 것입니다. 차량에 탑재되어 이동이 가능한 '모바일 지상국' 형태로 설계되어, 지휘관이 어디에 있든 필요한 정보를 적시에 받아 볼 수 있도록 합니다.

[그림 25] 팔란티어 타이탄 이미지.

타이탄 시스템의 핵심 기능은 여러 영역의 다양한 센서로부터 들어오는 데이터를 '통합'하고 '융합'하는 것입니다. 팔란티어 기술은 다음과 같은 작업을 자동화하고 가속합니다.

먼저 방대한 데이터 처리입니다. 인간 분석가가 처리하기에는 너무나 방대하고 다양한 형태의 센서 데이터를 AI가 신속하게 분류하고 정리합니다.

자동 표적 인식(Automated Target Recognition, ATR) 기능도 핵심입니다. AI는 이미지, 신호 등 다양한 데이터 속에서 미리 학습된 패턴을 기반으로 적의 탱크, 장갑차, 미사일 발사대, 지휘소 등 중요한 표적을 자동으로 탐지하고 식별합니다.

데이터 융합 및 확인 과정에서는 탐지된 정보를 종합하여 표적의 존재를 확인하고, 중복된 정보를 제거하며, 표적의 정확한 위치와 상태에 대한 신뢰도를 높입니다.

마지막으로 타기팅 정보 생성 및 추천 단계에서 AI는 식별되고 확인된 표적에 대한 정밀한 좌표 정보를 생성하고, 이 표적을 가장 효과적으로 타격할 수 있는 아군의 무기 체계를 추천하며, 필요한 정보를 해당 타격 부대에 신속하게 전달하는 과정을 지원합니다.

타이탄 시스템은 지휘관에게 이전보다 훨씬 더 넓고 깊은 전장 상황 인식을 제공하며, 'Deep Sensing' 능력을 부여합니다. 2024년 8월에는 첫 번째 프로토타입이 워싱턴주 루이스-맥코드 합동기지의 다영역 태스크포스에 전달되었으며, 현재 실전 테스트가 진행되고 있습니다.

5-1　고담(Gotham) 플랫폼

현대 군사 및 정보 작전 환경은 엄청난 양의 정보와 데이터가 끊임없이 생성되는 곳입니다. 문제는 이 정보들이 각기 다른 형식으로, 서로 다른 시스템이나 데이터베이스에 별개로 저장되어 있다는 점입니다. 현장에서 활동하는 정보원이 보낸 보고서, 통신 감청을 통해 얻은 내용, 위성이나 드론이 촬영한 영상, 부대 이동 기록, 심지어는 공개된 뉴스 기사나 소셜 미디어 정보까지, 이 모든 것들이 중요한 단서의 일부가 될 수 있지만 서로 연결되지 않고 흩어져 있으면 그 가치를 제대로 활용하기 어렵습니다.

팔란티어 테크놀로지스의 '고담(Gotham)' 플랫폼은 바로 이러한 문제를 해결하기 위해 개발된 강력한 데이터 통합 및 분석 도구입니다. 마치 명탐정이 사건 현장의 흩어진 단서들을 모아 하나의 완전한 그림을 그려 내는 것처럼, 고담은 산재한 데이터들을 한곳으로 모아 줍니다.

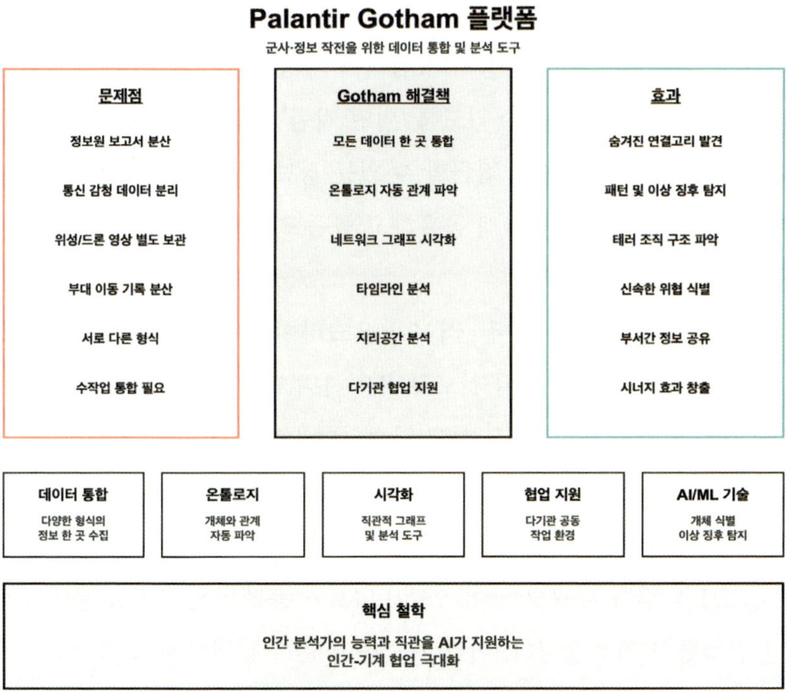

Palantir Gotham 플랫폼
군사·정보 작전을 위한 데이터 통합 및 분석 도구

문제점	Gotham 해결책	효과
정보원 보고서 분산	모든 데이터 한 곳 통합	숨겨진 연결고리 발견
통신 감청 데이터 분리	온톨로지 자동 관계 파악	패턴 및 이상 징후 탐지
위성/드론 영상 별도 보관	네트워크 그래프 시각화	테러 조직 구조 파악
부대 이동 기록 분산	타임라인 분석	신속한 위협 식별
서로 다른 형식	지리공간 분석	부서간 정보 공유
수작업 통합 필요	다기관 협업 지원	시너지 효과 창출

데이터 통합	온톨로지	시각화	협업 지원	AI/ML 기술
다양한 형식의 정보 한 곳 수집	개체와 관계 자동 파악	직관적 그래프 및 분석 도구	다기관 공동 작업 환경	개체 식별 이상 징후 탐지

핵심 철학
인간 분석가의 능력과 직관을 AI가 지원하는
인간-기계 협업 극대화

[그림 26] 팔린티어 고담 플랫폼의 개념도.

고담의 가장 놀라운 능력은 '데이터 통합' 능력입니다. 다양한 형식의 데이터를 이해하고, 그 안에 담긴 개체와 그들 사이의 관계를 파악하는 '온톨로지(Ontology)'라는 개념을 사용합니다. 보고서에 나온 이름과 통화 기록에 나온 목소리의 주인이 동일 인물임을 알아내고, 그 사람이 특정 장소를 방문한 기록이나 다른 용의자와 연락한 사실 등을 찾아내어 관계망 지도 위에 선으로 연결하여 보여줍니다.

이렇게 통합된 데이터는 고담 플랫폼의 강력한 '시각화' 도구를 통해 사용자가 직관적으로 이해할 수 있도록 표현됩니다. 분석가들은 복잡한 관계를 보여주는 네트워크 그래프, 시간 순서에 따른 사건 발생을 보여주는 타임라인, 지도 위에 위치 정보를 표시하는 지리 공간 분석 도구 등을 활용하여 데이터 속에 숨겨진 패턴이나 이상 징후를 발견할 수 있습니다.

고담 플랫폼은 여러 사용자나 심지어 각각 다른 기관들이 동일한 데이터 위에서 함께 작업할 수 있도록 '협업 지원' 기능을 제공합니다. 각 사용자의 역할과 권한에 따라 접근할 수 있는 정보를 통제하면서도, 분석 결과나 중요한 정보를 안전하게 공유하고 공동으로 조사 작업을 진행할 수 있는 환경을 제공합니다.

고담은 넵튠 스피어 작전, 러시아-우크라이나 전쟁, 버나드 메이도프 폰지 사기 적발 등에 사용된 것으로 유명하며, 현재도 전세계 군사 및 정보 기관에서 핵심적인 역할을 하고 있습니다.

5-2 팔란티어의 '인공지능 플랫폼(AIP)'

ChatGPT와 같은 대규모 언어 모델(LLM)의 등장은 인공지능 분야에 엄청난 변화를 가져왔습니다. 이런 기술들이 군사 분야에서도 잠재력을 보이고 있습니다. 쏟아지는 정보 보고서들을 자동으로 요약하여 지휘관에게 제공하거나, 특정 작전 상황에 대한 질문에 관련 군사 교리나 과거 사례를 바탕으로 답변해 주거나, 심지어는 가능한 작전 계획 초안을 생성하는 데 활용될 수 있습니다.

팔란티어의 '인공지능 플랫폼(Artificial Intelligence Platform, AIP)'은 군과 같은 조직들이 LLM을 포함한 다양한 최신 AI 모델들을 안전하고 효과적으로 실제 업무 환경에 도입하여 활용할 수 있도록 지원하기 위해 개발되었습니다.

AIP는 단순히 특정 AI 모델을 제공하는 것이 아니라, 다양한 AI 모델들을 조직의 자체 데이터 및 운영 시스템과 연결하고, 그 활용 과정을 통제하며, 관리하기 위한 일종의 'AI 운영 체제' 같은 역할을 합니다.

AIP의 핵심적인 기능 중 하나는 조직의 민감한 데이터를 안전하게 보호하면서 LLM의 능력을 활용할 수 있게 하는 것입니다. AIP는 조직 내부의 데이터와 외부 LLM 서비스 사이에 일종의 방화벽 역할을 수행합니다.

군사 분야에서 AIP는 다양한 방식으로 활용될 수 있습니다. 지휘관이 자연어로 "최근 24시간 동안 A 지역에서 발생한 주요 적 활동을 요약하고, 가장 위협적인 활동 3가지를 선정하여 보고하라."라고 명령하면, AIP는 관련 정보 보고서, 센서 데이터 등을 분석하여 LLM을 통해 간결한 요약 보고서를 생성하고, 추가적인 분석 모델을 통해 위협 순위를 매겨 제시할 수 있습니다.

5-3 Army Vantage

미 육군과 같이 거대한 조직은 수많은 사람과 장비, 물자를 관리하고 운영하기 위해 복잡하고 다양한 종류의 데이터 시스템들을 사용합니다. 병사들의 인사 정보, 훈련 기록, 건강 상태를 관리하는 시스템, 수많은 종류의 무기와 장비의 위치, 상태, 정비 이력을 추적하는 시스템, 탄약, 연료, 식

Army Vantage

미 육군 데이터 통합 및 준비태세 관리 플랫폼

<table>
<tr><td>

기존 문제점

수백 개 분산된 레거시 시스템

인사/장비/보급 시스템 분리

종합적 현황 파악 어려움

정확한 답변에 오랜 시간 소요

</td><td>

Army Vantage 해결책

Palantir Foundry 기반 구축

공통 데이터 기반 통합

기존 데이터 연결 방식

실시간 통합 분석 제공

</td></tr>
</table>

5대 핵심 관리 영역

<table>
<tr>
<td>
인력
병사 수, 계급, 특기
훈련/건강 상태</td>
<td>
장비
무기, 차량, 통신장비
가용성, 정비 상태</td>
<td>
훈련
부대/개인별 훈련
이수 현황, 성과</td>
<td>
보급
탄약, 연료, 식량
재고, 보급망 현황</td>
<td>
재정
예산 집행 현황
계약 관리</td>
</tr>
</table>

플랫폼 성격
전투 지휘통제 시스템이 아닌
"경영 관리 플랫폼" / "준비태세 관리 시스템"

<table>
<tr>
<td>

실시간 가시성
전 세계 배치된
육군 부대들의
준비태세 현황을
실시간 파악

</td><td>

신속한 의사결정
몇 번의 클릭으로
부대의 인력, 장비,
훈련 상태를
종합적 확인

</td><td>

예측적 관리
장비 고장 패턴
분석을 통한
예방 정비 계획
및 재고 관리

</td></tr>
</table>

[그림 27] 아미 밴티지 플랫폼.

량 등 보급품의 재고와 유통을 관리하는 시스템 등 셀 수 없이 많은 시스템들이 각기 다른 부서나 기능별로 운영되고 있습니다.

문제는 이러한 시스템들이 서로 연결되지 않고 분산되어 있어서, 육군 전체의 현황을 종합적으로 파악하거나 특정 질문에 대한 답을 찾는 것이 매우 어려웠다는 점입니다.

이러한 문제를 해결하고 데이터에 기반한 의사 결정을 가능하게 하기 위해 미 육군이 야심 차게 추진한 프로젝트가 바로 '아미 밴티지(Army Vantage)' 프로그램입니다. 아미 밴티지는 육군 전체의 데이터를 하나로 통합하고 분석하여, 육군의 '준비 태세(Readiness)'를 정확하게 파악하고 결정을 내릴 수 있도록 지원하는 핵심적인 데이터 플랫폼입니다.

아미 밴티지의 주요 목표는 미 육군이 보유한 수백 개의 서로 다른 기존 데이터 시스템들을 하나의 '공통 데이터 기반(Common Data Foundation)'으로 통합하는 것입니다. 이는 모든 데이터를 하나의 거대한 새 데이터베이스로 옮기는 것이 아니라, 각 시스템에 있는 데이터를 그대로 두고 밴티지 플랫폼을 통해 연결하여 마치 하나의 시스템처럼 접근하고 분석할 수 있게 만드는 방식입니다.

아미 밴티지가 주로 초점을 맞추는 분야는 육군의 '준비 태세'와 관련된 핵심 요소들입니다. 인력 분야에서는 병사들의 수, 계급, 특기, 훈련 상태, 건강 상태를 관리합니다. 장비 분야에서는 무기, 차량, 통신 장비의 가용성, 위치, 정비 상태, 수리 부속 재고를 추적합니다. 훈련 분야에서는 부대 및 개인별 훈련 이수 현황과 훈련 성과 평가를 담당합니다.

아미 밴티지를 통해 이전에는 불가능했던 수준의 '가시성(Visibility)'을 확보하게 되었습니다. 전세계에 배치된 육군 부대들의 준비 태세 현황을 실시간으로 한눈에 파악할 수 있게 되었습니다.

5-4 메타 컨스텔레이션(MetaConstellation)

하늘과 우주 공간에는 그 어느 때보다 많은 눈들이 지구를 내려다보고 있습니다. 각국 정부가 운영하는 군사 위성뿐만 아니라, 수많은 민간 기업들이 광학 카메라, 레이더(SAR), 적외선(IR) 등 다양한 센서를 탑재한 인공 위성들을 쏘아 올려 지구 표면을 촬영하고 관측한 데이터를 판매하고 있습니다.

이렇게 센서들이 폭발적으로 증가하면서 엄청난 양의 데이터가 쏟아지고 있지만, 이 데이터들을 어떻게 효율적으로 활용하고 필요한 정보를 적시에 얻어낼 것인가는 새로운 과제로 떠올랐습니다.

메타 컨스텔레이션은 특정 위성이나 드론 시스템 자체가 아니라, 세상에 존재하는 다양한 종류의 위성 '군집(Constellation)'들과 드론들을 거대한 통합 시스템처럼 지능적으로 활용하고 제어할 수 있게 해 주는 '오케스트라 지휘자'와 같은 역할을 합니다.

메타 컨스텔레이션은 여러 정부 기관이나 민간 기업이 운영하는 수많은 위성들의 현재 위치와 궤도, 탑재된 센서의 종류와 성능, 관측 가능한 범위 등의 정보를 실시간으로 파악하고 있습니다. 사용자가 특정 지역을 감시하거나 특정 종류의 정보를 얻고 싶다고 요청하면, 메타 컨스텔레이션은 현재 사용 가능한 모든 위성과 공중 센서들의 정보를 분석하여 가장 효과적인 센서 조합을 찾아 활용하는 지능적인 '센서 태스킹(Sensor Tasking)' 기능을 제공합니다.

메타 컨스텔레이션 내부에서는 인공지능(AI) 기술이 핵심적인 역할을 수행합니다. AI는 방대한 위성 및 센서 데이터를 분석하여 자동으로 목표물을 탐지하고 분류하며, 어떤 센서 조합이 특정 임무에 가장 적합한지 최적화된 태스킹 계획을 수립합니다.

5-5 우크라이나 전쟁 사례

2022년 시작된 우크라이나 전쟁은 현대전의 양상이 어떻게 변화하고 있는지를 보여주는 생생한 사례가 되고 있습니다. 우크라이나군은 압도적인 군사력을 가진 러시아군에 맞서, 상업 기술과 서방의 지원을 창의적으로 활용하며 놀라운 저항을 보여주고 있습니다.

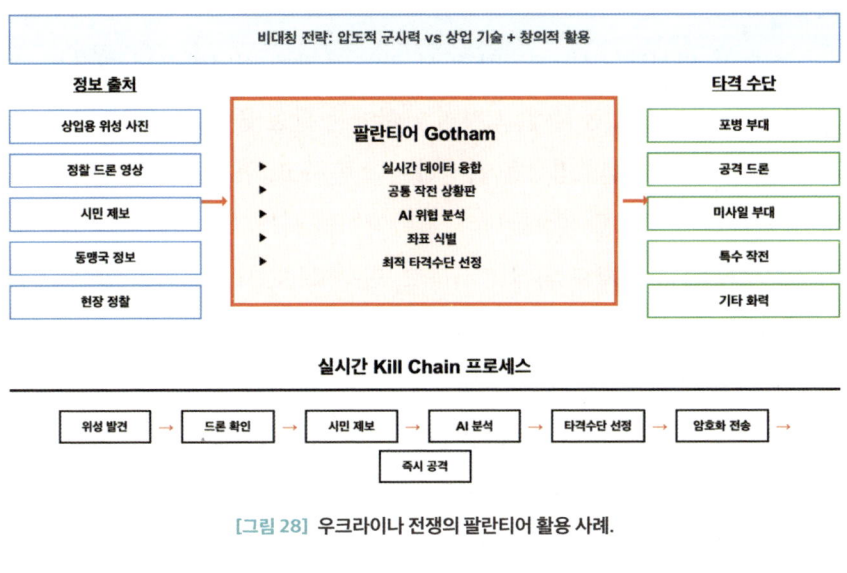

[그림 28] 우크라이나 전쟁의 팔란티어 활용 사례.

이 과정에서 주목받는 기술 중 하나가 팔란티어 테크놀로지스의 소프트웨어입니다. 팔란티어 기술이 우크라이나군의 '킬 체인(Kill Chain)'을 획기적으로 단축하는 데 중요한 역할을 한 것은 분명합니다.

알렉스 카프(Alex Karp) 팔란티어 CEO는 로이터통신과의 인터뷰에서 "우크라이나군 공격의 대부분을 팔란티어 AI 시스템이 책임지고 있다."라고 말했습니다. 이코노미스트는 "다윗(우크라이나)과 골리앗(러시아)의 싸움에서 다윗의 '돌팔매' 역할을 한 것이 팔란티어 AI 시스템"이라고 평가했습니다.

우크라이나군은 드론, 상업용 위성 사진, 시민들의 제보, 서방 동맹국들이 제공하는 정보 등 다양한 출처로부터 얻어지는 정보를 효과적으로 통합하고 활용하여 러시아군의 위치와 움직임을 파악하는 데 주력했습니다. 바로 이 '정보 통합'과 '신속 활용' 과정에서 팔란티어의 기술이 기여했습니다.

상업용 위성 회사가 제공한 최신 위성 사진에 러시아군의 새로운 야포 진지가 식별되면, 동시에 그 지역 근처에서 활동 중인 우크라이나군 정찰 드론이 해당 진지의 영상을 촬영하여 전송하고, 현지 주민이 스마트폰 앱을 통해 관련 정보를 제보합니다. 팔란티어의 시스템은 이러한 정보들을 자동으로 종합하여 지도 위에 표시하고, 인공지능(AI)의 도움을 받아 이것이 위협적인 포병 진지임을 빠르게 확인하고 위치 좌표를 식별합니다.

특히 주목할 만한 것은 AI 도입으로 우크라이나의 살상용 드론의 정확도가 지난해 50%에서 올해 80%까지 올라갔다는 점입니다. 대표적으로 팔란티어의 AI가 내장된 '세이커(SAKER)' 정찰 드론은 10km 범위에서 군인과 탱크, 장갑차 등을 독립적으로 식별하고 언제 어떤 무기로 공격할지 선택할 수 있게 합니다.

우크라이나가 AI 표적 처리 방식으로 목표물 식별 후 무기 선택까지 걸리는 시간을 약 20분에서 30~45초로 단축했다는 보고도 있습니다. 이는 전장에서 속도가 얼마나 중요한지, 그리고 AI 기술이 이런 속도 혁신에 어떤 역할을 하는지를 잘 보여주는 사례입니다.

물론 팔란티어의 기술 하나만으로 이루어진 것은 아닙니다. 서방국가의 군사 지원, 우크라이나 국민과 군인들의 용기와 저항 의지, 그리고 혁신적인 전술과 기술 활용 등 다양한 요인들이 복합적으로 작용한 결과입니다. 하지만 이 전쟁을 통해 AI 기술이 미래 전장에서 얼마나 중요한 역할을 할 수 있는지가 분명하게 드러났습니다.

5장 AI 기반 군수, 병참

1-1　AI 기반 수요 예측 및 재고 최적화

전쟁에서 승리하려면 무엇보다 똑똑한 보급이 필요합니다. 강한 군대도 총알이 떨어지고 연료가 바닥나면 한순간에 맥을 못 춥니다. 군수는 필요한 물건을 딱 맞는 시간과 장소에 공급하는 활동이고, 병참은 이보다 더 넓은 개념으로 부대가 계속 싸울 수 있도록 돕는 모든 활동을 포함합니다. 이들을 '전쟁의 동맥'이라고 부르는 이유가 바로 여기에 있습니다.

군수와 병참 관리는 정말 복잡한 퍼즐 같습니다. 수백만 가지가 넘는 다양한 물품을 관리해야 하고, 전세계 곳곳에 흩어진 부대들에게 공급해야 합니다. 가장 어려운 점은 "무엇이, 언제, 어디서, 얼마나 필요할지"를 정확히 맞추는 것입니다. 전투 상황의 변화, 갑작스러운 훈련 계획, 부대 이동, 날씨 변화, 예상치 못한 장비 고장까지 수많은 변수들이 얽혀 있기 때문입니다.

너무 많이 준비하면 창고만 가득 차고 예산만 날리게 됩니다. 시간이 지나면서 사용하지 못하고 버려야 하는 물건들도 생깁니다. 반대로 부족하게 준비하면 더 큰 문제가 됩니다. 전투 임무에 차질이 생기고, 장비가 멈춰 서며, 심각한 경우 병사들의 생명까지 위험해질 수 있습니다.

과거에는 주로 평균 사용량이나 담당자의 경험에 의존했습니다. 하지만 이런 방식은 한계가 뚜렷했습니다. 여기서 인공지능(AI)이 게임 체인저로 등장했습니다. AI는 인간이 파악하기 어려운 복잡한 패턴을 찾아내고, 미래 수요를 훨씬 정확하게 예측할 수 있습니다.

군수·병참 관리에서의 AI 활용

전쟁의 동맥을 지키는 지능형 관리 시스템

"전쟁의 동맥" - 제때 보급받지 못하면 전투력 발휘 불가

기존 문제점	AI 솔루션	DLA 적용 사례
수백만 가지 물품 관리	지능형 수요 예측	F-35 부품 수요 예측
복잡한 수요 예측	내외부 데이터 융합	전세계 연료 관리
다양한 변수 영향	복잡한 패턴 인식	전투기 부품 관리
과잉재고 vs 부족재고	재고 최적화	약품 재고 최적화
경험 의존적 예측	예측 정비 연계	전역 공급망 관리
예산 낭비 위험	실시간 분석	비용 절감 달성

AI 기반 3단계 최적화 프로세스

지능형 수요 예측

과거 소비기록, 장비가동시간,
훈련계획, 날씨예보, 뉴스 등
내외부 데이터 종합 분석

재고 최적화

리드타임, 보관비용, 운송비용,
중요도, 유통기한 등
다변수 고려한 최적 재고 계산

예측 정비 연계

장비 상태 분석을 통한
고장 확률 예측 및
부품 수요 사전 대응

DLA 달성 성과	혁신적 효과
수요 예측 정확도 향상	과잉재고 방지
수십억 달러 비용 절감	전투 준비태세 향상
재고 부족 상황 감소	공급망 효율성 개선
부대 임무 차질 최소화	자원 배분 최적화

[그림 29] 군수와 병참 관리에서의 AI 활용.

AI는 마치 슈퍼 분석가처럼 작동합니다. 과거 물품 소비 기록, 장비 가동 시간, 정비 기록 같은 내부 데이터는 물론, 훈련 계획, 부대 이동 정보, 날씨 예보, 기름값 변동, 심지어 뉴스 기사까지 모든 정보를 종합적으로 분석합니다. 기계학습 알고리즘이 이런 다양한 요인들이 미래 수요에 어떻게 영향을 미치는지 학습하고, "언제, 어디서, 무엇이, 얼마나 필요할지"를 정확히 예측합니다.

더 놀라운 것은 '예측 정비(Predictive Maintenance)'와 연계된 수요 예측입니다. 특정 전투기의 비행시간 데이터와 정비 기록, 그리고 해당 기종의 과거 부품 교체 기록을 분석하여, 어떤 부품이 언제쯤 고장 날 확률이 높은지 예측합니다. 이를 바탕으로 해당 부품의 수요를 미리 계산하는 것입니다.

미 국방군수국(Defense Logistics Agency, DLA)이 AI 기반 수요 예측의 대표적인 성공 사례입니다. DLA는 미군 전체에 필요한 거의 모든 물품을 조달하고 보급하는 거대한 조직으로, 전세계적 규모의 복잡한 공급망을 관리합니다. DLA는 AI와 기계학습 기술을 도입하여 F-35 전투기 부품, 약품, 연료 등 다양한 품목의 수요 예측 정확도를 크게 향상시켰습니다.

특히 주목할 만한 것은 미 육군이 IBM Watson과 계약을 체결하여 스트라이커(Stryker) 장갑차에 설치한 17개 센서로부터 수집한 정보를 기반으로 장갑차별 맞춤형 정비 계획을 수립하는 시스템입니다. 2017년 Watson을 이용한 두 번째 과제에서는 수리 부속의 물류를 분석하여 연간 약 1억 달러(약 1,150억 원)를 절감할 수 있었습니다. 앞으로 모든 요청을 분석하면 훨씬 더 큰 비용을 절감할 것으로 기대됩니다.

DLA는 이러한 AI 시스템을 통해 재고 부족으로 인한 부대의 임무 차질을 줄이고, 동시에 수십억 달러에 달하는 재고 유지 비용을 절감하는 두 마리 토끼를 모두 잡고 있습니다.

1-2 자동화된 군수품 조달 시스템

군대가 필요한 물품이나 서비스를 구매하는 '조달(Procurement)' 과정은 매우 중요하면서도 복잡한 미션입니다. 수많은 종류의 군수품을 정해진 규정과 절차에 따라, 믿을 수 있는 공급업체로부터, 합리적인 가격에, 제때 구매해야 하기 때문입니다.

전통적인 조달 과정은 마치 종이 서류의 바다에서 헤엄치는 것과 같았습니다. 서류 작업이 산더미처럼 많고, 여러 단계의 승인을 거쳐야 하며, 손으로 하는 일이 많아 시간도 오래 걸리고 실수도 자주 발생했습니다. 복잡한 절차는 비효율을 불러왔고, 때로는 투명성 부족이나 부정행위의 온상이 되기도 했습니다.

인공지능(AI) 기술은 이런 조달 시스템을 완전히 뒤바꿀 수 있는 잠재력을 가지고 있습니다. AI는 반복적이고 데이터가 많이 필요한 조달 업무의 상당 부분을 자동화하여, 더 빠르고 정확하며 효율적인 조달 과정을 만들어 냅니다. AI 기반 자동화된 군수품 조달 시스템은 군대를 위한 똑똑한 온라인 쇼핑 플랫폼처럼 작동합니다.

AI는 먼저 필요한 물품을 '자동'으로 알아차립니다. 앞서 설명한 AI 기반 재고 관리 시스템과 연동하여, 특정 물품의 재고가 미리 설정된 기준치 이하로 떨어지면 자동으로 구매 요청을 생성합니다. 예를 들어 특정 부대의 특정 총알 재고가 일정 수준 이하로 내려가면, 시스템이 자동으로 해당 총알에 대한 구매 필요성을 인식하고 조달 절차를 시작하는 것입니다.

다음으로 AI는 '최고의 공급업체'를 찾아내는 데 탁월한 능력을 발휘합니다. 시스템은 사전에 승인된 공급업체들의 데이터베이스를 분석하여, 과거 납품 실적, 품질 평가 결과, 가격 경쟁력, 납기 준수율, 재무 상태,

AI 기반 군수품 조달 시스템

똑똑한 온라인 쇼핑 플랫폼처럼 작동하는 조달 혁신

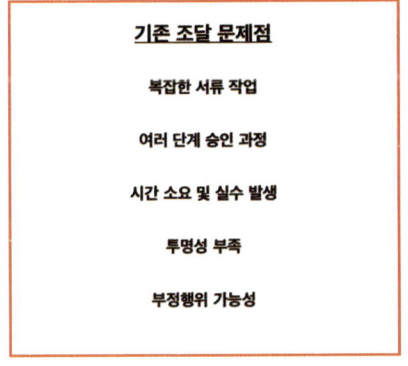

기존 조달 문제점

복잡한 서류 작업

여러 단계 승인 과정

시간 소요 및 실수 발생

투명성 부족

부정행위 가능성

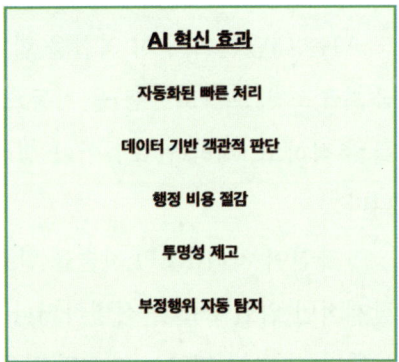

AI 혁신 효과

자동화된 빠른 처리

데이터 기반 객관적 판단

행정 비용 절감

투명성 제고

부정행위 자동 탐지

AI 조달 시스템 5대 핵심 기능

자동 물품 인식	최적 공급업체 선정	주문서 자동 생성	계약 관리	부정행위 탐지
재고 부족 시 자동 구매 요청 생성	과거 실적, 품질, 가격 등 종합 평가	표준화된 구매 주문서 자동 작성	계약 추적, 만료일 알림, 위험 분석	이상 패턴 감지 자동 경고 시스템

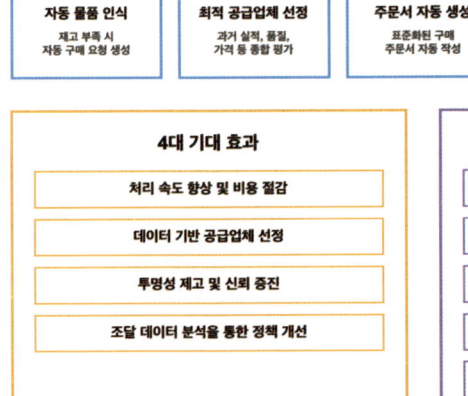

4대 기대 효과

처리 속도 향상 및 비용 절감

데이터 기반 공급업체 선정

투명성 제고 및 신뢰 증진

조달 데이터 분석을 통한 정책 개선

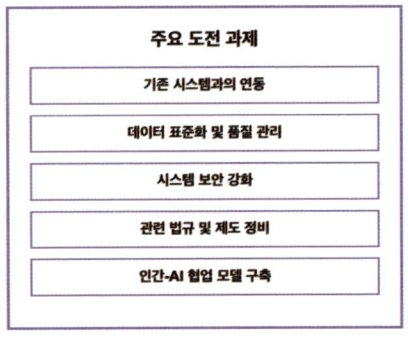

주요 도전 과제

기존 시스템과의 연동

데이터 표준화 및 품질 관리

시스템 보안 강화

관련 법규 및 제도 정비

인간-AI 협업 모델 구축

[그림 30] AI 기반의 군수품 조달 시스템.

관련 인증 보유 여부 등 다양한 기준에 따라 각 업체를 평가합니다. 구매하려는 특정 물품이나 서비스에 가장 적합한 공급업체를 추천하거나, 정해진 기준에 따라 자동으로 업체를 선정할 수도 있습니다.

구매 요청과 공급업체가 결정되면, AI는 필요한 정보를 바탕으로 '표준화된 구매 주문서'를 자동으로 만들고 전송합니다. 계약 관리 측면에서도 AI는 대단한 도우미 역할을 합니다. 계약서의 주요 내용(납품 기한, 대금 지급 조건, 보증 조건 등)을 자동으로 추출하고 관리하며, 계약 이행 상태를 추적하고, 계약 만료일이나 갱신 시점이 다가오면 담당자에게 알려줍니다.

자연어 처리(NLP) 기술을 활용하면 복잡한 계약서 문서를 분석하여 잠재적인 위험 요소를 식별하거나 유사한 계약 사례를 찾아 주는 것도 가능합니다. 마치 계약서 분야의 전문 변호사가 24시간 근무하는 것과 같습니다.

AI의 또 다른 중요한 역할은 조달 과정에서의 '부정행위 탐지'입니다. AI 알고리즘은 방대한 조달 데이터를 분석하여 정상적인 패턴에서 벗어나는 이상 징후(Anomaly)를 자동으로 감지할 수 있습니다. 특정 업체와의 거래에서 비정상적으로 높은 가격이 책정되거나, 동일한 물품에 대한 중복 주문이 발생하거나, 특정 담당자와 특정 업체 간의 의심스러운 거래 패턴 등이 발견되면 시스템이 자동으로 경고합니다.

AI 기반 자동화 조달 시스템을 도입하면 놀라운 효과를 얻을 수 있습니다. 조달 업무를 훨씬 빠르게 처리할 수 있어 행정 비용도 크게 줄어듭니다. 데이터를 바탕으로 최고의 공급업체를 선택할 수 있고, 가격 협상도 더 잘할 수 있어 예산을 절약할 수 있습니다. 조달 과정이 더 투명해져 부정행위도 막을 수 있어 국민의 신뢰를 높일 수 있습니다. 또한 쌓인 조달 데이터를 분석하여 앞으로의 조달 정책을 세우고 제도를 개선하는 데 활용할 수 있습니다.

이는 우리나라 국방개혁 4.0과 같은 군의 디지털 전환 노력과 같은 방향을 향하고 있습니다. 영국도 'Intelligent Ship' 프로젝트에 400만

파운드(약 61억 3,000만 원)를 투자하여 AI 군함 시스템을 개발하고 있으며, 이 기술을 모든 영국 방어 및 공격 능력에 사용할 기초 기술로 발전시킬 계획입니다.

AI 기반 자동화 시스템을 도입하기 위해서는 여전히 해결해야 할 과제들이 있습니다. 기존 시스템과의 연동 문제, 데이터의 표준화 및 품질 관리, 시스템 보안 강화, 관련 법규 및 제도 정비, 그리고 담당자들의 AI 활용 능력 향상 등이 그것입니다. 모든 조달 과정을 완전히 자동화하기보다는, AI가 반복적인 업무를 처리하고 인간은 더 복잡한 협상이나 전략적 판단, 공급업체와의 관계 관리 등 고부가가치 업무에 집중하는 '인간-AI 협업' 모델이 현실적일 수 있습니다.

1-3 군수품 추적 및 관리 투명성

군수품 공급망은 마치 거대한 지구촌 릴레이와 같습니다. 하나의 중요한 항공기 부품이 만들어져서 최종적으로 전투기 정비에 사용되기까지, 제조업체, 운송 회사, 중간 창고, 보급 부대 등 수많은 손을 거치게 됩니다.

이렇게 많은 주체가 관여하다 보니, 현재 해당 부품이 어디에 있는지, 누가 보관하고 있는지, 제대로 된 절차를 거쳐 이동하고 있는지 등을 정확하게 추적 관리하는 것이 매우 어렵습니다. 무기나 총알, 비싼 중요 부품, 민감한 약품 등의 경우에는 이러한 추적 관리의 어려움이 가짜 제품의 유통이나 불법적인 유출과 같은 심각한 안보 문제로 이어질 수도 있습니다.

이러한 군수품 추적 및 관리의 어려움을 해결하고 투명성과 신뢰성을 높이기 위해 주목받는 기술이 바로 '블록체인(Blockchain)'입니다.

블록체인은 특정 군수품이 생산되는 순간부터 고유한 디지털 신분증을 만들어 줍니다. 특정 군수품이 생산되는 순간부터 고유한 식별 정보와 함께 블록체인에 등록하고, 이후 운송, 보관, 인수인계 등 공급망의 모든 단계에서 발생하는 일(언제, 어디서, 누가, 무엇을 했는지)을 해당 군수품의 블록체인 기록에 실시간으로 추가해 나갑니다. 이렇게 하면, 해당 군수품이 거쳐 온 모든 경로와 상태 변화가 투명하고 위조 불가능한 형태로 기록되어, 마치 디지털 '족보'나 '이력서'처럼 관리됩니다.

미 국방부는 DARPA를 통해 블록체인 기반의 해킹 불가능한 안전한 메시징 플랫폼 개발에 관한 실험연구를 적극 지원하고 있습니다. 미국 국방부는 사이버 공격으로부터 320만 명의 글로벌 네트워크를 보호해야 하는 책임이 있으며, 특히 민감한 정보가 담긴 방대한 저장소와 정보의 대량 도난 가능성에 대비하기 위해 블록체인 기술을 최우선으로 하는 정책을 실행하고 있습니다.

NATO도 블록체인 기술 도입에 적극적입니다. NATO 블록체인 애플리케이션 제안에는 회원과 원조 수령인 사이의 지불 및 상품 전송 효율화 및 면밀한 추적, 안전한 방식으로 군 물류 분산, 쉽게 접근 가능하고 조작 방지 및 안전한 방식으로 회원 간의 정보 공유 등이 포함되어 있습니다.

블록체인 기술은 인공지능(AI)과 결합할 때 더욱 강력한 시너지 효과를 냅니다. 블록체인이 제공하는 '신뢰할 수 있는 데이터'는 AI 분석의 정확성과 신뢰도를 높이는 든든한 기반이 됩니다. 블록체인에 기록된 정확한 군수품 이동 및 재고 데이터를 AI가 분석하여, 더 정밀한 수요 예측 모델을 만들거나, 공급망 내의 비효율적인 구간이나 병목 현상을 식별하여 최적화 방안을 제시할 수 있습니다.

블록체인의 '스마트 계약(Smart Contract)' 기능과 AI를 연동하면 더욱 혁신적인 결과를 얻을 수 있습니다. 스마트 계약은 미리 정해진 조건이 충족되면 자동으로 계약 내용이 실행되는 프로그램입니다. 특정 군수품이 목적지에 도착하여 수령 부대가 블록체인상에서 수령 확인을 하면

(조건 충족), 스마트 계약이 자동으로 실행되어 공급업체에게 돈이 지급되도록 설정할 수 있습니다.

여기에 AI를 결합하면 더욱 지능적인 계약 실행이 가능합니다. 단순히 도착 여부뿐만 아니라 운송 중 온도나 습도 등 품질 관련 데이터(IoT 센서를 통해 블록체인에 기록된)를 AI가 분석하여 품질 기준을 만족하는 경우에만 대금이 지급되도록 하는 등 더 섬세하고 똑똑한 계약 실행이 가능해집니다.

2 장비 유지 보수의 혁신

2-1 AI 기반 예측 정비 시스템

첨단 무기 체계와 장비들을 최상의 성능으로 유지하는 것은 현대 군사력의 핵심입니다. 전투기, 전차, 함선, 레이더 등 복잡하고 정밀한 군사 장비들은 최상의 상태를 유지하기 위해 지속적인 점검과 정비가 필요합니다. 하지만 언제, 어떻게 정비하는 것이 가장 효과적일까요?

과거에는 크게 두 가지 방식의 정비가 주로 이루어졌습니다. 첫 번째는 '사후 정비(Reactive Maintenance)' 또는 '고장 정비(Corrective Maintenance)' 방식으로, 장비가 고장 난 후 수리하는 방식입니다. 이는 마치 자동차가 완전히 멈춘 후에야 수리하는 것과 같습니다.

두 번째는 '예방 정비(Preventive Maintenance)' 방식입니다. 장비의 실제 상태와 상관없이, 미리 정해진 주기(예: 특정 운용 시간 도달 시, 특정 기간 경과 시)에 따라 부품을 교체하거나 점검하는 방식입니다. 자동차의 엔진 오일을 주행 거리나 기간에 맞춰 정기적으로 교환하는 것이 좋은 예입니다.

예방 정비는 갑작스러운 고장을 줄이는 데 도움이 되지만, 여전히 문제가 있습니다. 아직 충분히 더 사용할 수 있는 부품을 너무 일찍 교체하여 불필요한 비용과 자원을 낭비할 수 있고, 반대로 정해진 주기보다 먼저 부품 수명이 다해 고장 나는 경우도 막지 못합니다.

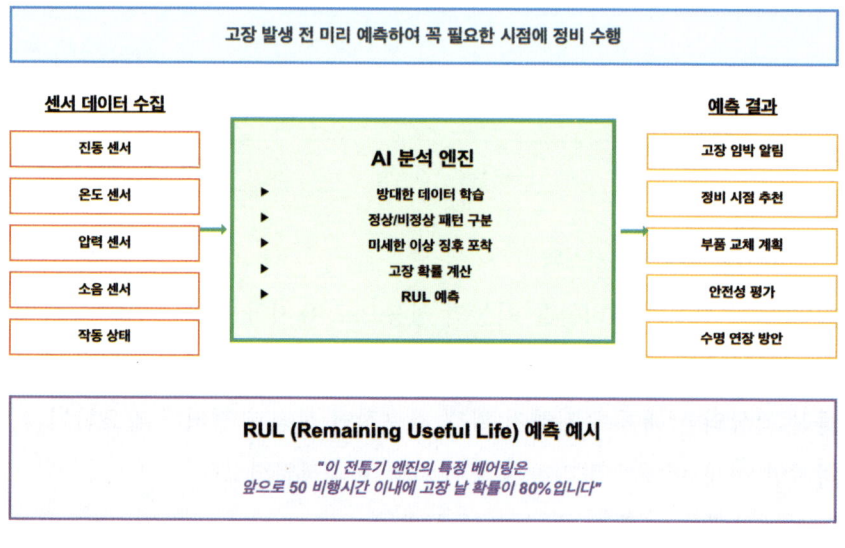

AI 기반 예측 정비 시스템
Predictive Maintenance (PdM)

고장 발생 전 미리 예측하여 꼭 필요한 시점에 정비 수행

센서 데이터 수집

| 진동 센서 |
| 온도 센서 |
| 압력 센서 |
| 소음 센서 |
| 작동 상태 |

AI 분석 엔진

▶ 방대한 데이터 학습
▶ 정상/비정상 패턴 구분
▶ 미세한 이상 징후 포착
▶ 고장 확률 계산
▶ RUL 예측

예측 결과

| 고장 임박 알림 |
| 정비 시점 추천 |
| 부품 교체 계획 |
| 안전성 평가 |
| 수명 연장 방안 |

RUL (Remaining Useful Life) 예측 예시

"이 전투기 엔진의 특정 베어링은
앞으로 50 비행시간 이내에 고장 날 확률이 80%입니다"

[그림 31] AI 기반 예측 정비 시스템.

이러한 전통적인 정비 방식의 한계를 극복하기 위해 등장한 혁신적인 접근법이 바로 '예측 정비(Predictive Maintenance, PdM)'입니다.

예측 정비는 장비에 다양한 센서를 부착하여 진동, 온도, 압력, 소음, 작동 상태 등 장비의 실제 상태 데이터를 실시간으로 수집하고 분석하여, 부품이나 시스템이 언제쯤 고장 날 가능성이 높은지를 '예측'하는 방식입니다. 고장이 임박했다는 징후를 사전에 포착하여, 실제로 고장이 발생하기 직전에, 꼭 필요한 시점에 정비를 수행할 수 있도록 하는 것입니다.

예측 정비 시스템의 핵심 두뇌 역할을 하는 것이 바로 인공지능(AI)과 기계학습 기술입니다. AI는 장비 센서에서 수집되는 방대한 양의 실시간 데이터와 과거의 운용 기록, 정비 이력, 고장 데이터 등을 학습합니다. AI는 정상 상태의 데이터 패턴과 비정상 상태(고장 징후)의 데이터 패턴을 구분하는 능력을 갖추게 됩니다. 미세한 진동 패턴의 변화, 특정 부위의 온도 상승, 압력 변화, 소음의 변화 등 인간이 감지하기 어려운 초기 고장 징후를 AI는 민감하게 포착할 수 있습니다.

AI는 단순히 이상 징후를 감지하는 것을 넘어, 특정 부품이나 시스템의 '남은 유효 수명(Remaining Useful Life, RUL)'을 예측합니다. 현재 상태 데이터를 기반으로 해, 앞으로 얼마나 더 안전하게 사용할 수 있을지를 확률적으로 예측하는 것입니다. "이 전투기 엔진의 특정 베어링은 앞으로 50 비행 시간 이내에 고장 날 확률이 80%입니다."와 같은 구체적인 예측 정보를 제공할 수 있습니다.

미 공군은 이미 항공기 예방 정비에 AI를 적극 활용하고 있습니다. 항공기 고장이 발생하거나 표준 정비 계획에 따라 수리하는 기존 방식과 달리, AI가 항공기별로 상태를 파악하여 정비시기를 결정하게 하는 것입니다. 이러한 방식은 F-35의 자동군수정보체계(Automatic Logistics Information System)에서 이미 사용되고 있는데, 항공기 엔진과 탑재체에 내장된 센서로부터 실시간으로 데이터를 수집하고, 이를 예측 알고리즘에 입력하여 언제 항공기를 점검해야 하는지 또는 부품을 교체해야 하는지를 알 수 있게 해 줍니다.

예측 정비의 실제 효과는 상당히 인상적입니다. 최근 연구에 따르면 예측 유지 보수를 채택한 기업 중 95%가 긍정적인 투자 대비 수익률(ROI,

Return on Investment)을 보고했으며, 이들 중 27%는 1년 이내에 투자 비용을 상쇄했다고 응답했습니다. 생산 라인이 갑작스럽게 멈출 때 낭비되는 비용이 시간당 평균 12만 5,000달러인 것을 고려하면, 예측 정비의 경제적 가치는 엄청납니다.

이러한 예측 정보는 정비 담당자들이 언제 어떤 부품을 교체해야 할지, 어떤 정비 작업을 수행해야 할지를 사전에 계획하고 준비하는 데 결정적인 도움을 줍니다. 예측 정비는 잠재적인 고장 위험을 사전에 감지하고 예방함으로써 장비 운용의 안전성을 높이는 데 기여합니다. 또한 문제가 커지기 전에 조기에 발견하고 조치함으로써 장비의 전반적인 수명을 연장하는 효과도 기대할 수 있습니다.

AI 기반 예측 정비 시스템을 성공적으로 구축하고 운영하기 위해서는 여전히 해결해야 할 과제들이 있습니다. 적절한 센서를 설치하고 관리하는 문제, 방대한 센서 데이터를 효율적으로 수집, 저장, 처리하는 인프라 구축 문제, 정확한 예측 모델을 개발하기 위한 양질의 데이터 확보 문제, 기존 정비 시스템 및 군수 시스템과의 연동 문제, 정비 담당자들이 AI 시스템의 예측 결과를 신뢰하고 활용하도록 교육하는 문제 등이 그것입니다.

이러한 어려움에도 불구하고, AI 기반 예측 정비는 군사 장비의 유지보수 방식을 '사후 대응'이나 '정기 점검'에서 '사전 예측 및 선제 조치'로 전환하는 혁신적인 패러다임이며, 군의 전투력과 효율성을 동시에 높이는 핵심적인 기술로 발전해 나가고 있습니다. 미래의 스마트한 군대는 장비가 고장 나기 전에 미리 알고 대비하는 군대가 될 것입니다.

2-2 미 공군 PANDA(Predictive Analysis and Decision Assistant) 프로젝트

상공을 날아다니는 최첨단 전투기들이 갑자기 땅에 묶여버린다면? 예상치 못한 부품 하나가 고장 나면서 수억 달러짜리 전투기가 한순간에 철덩어리가 되는 일이 실제로 벌어지고 있습니다. 이것이 바로 미 공군이 가장 두려워하는 'Aircraft On Ground(AOG)' 상황입니다.

전세계에 흩어진 수많은 미군 기지에서 F-35, F-22, B-1 폭격기 같은 최첨단 항공기들이 작은 부품 하나 때문에 며칠, 심지어 몇 주씩 비행을 멈춰야 하는 상황이 발생합니다. 문제는 이런 항공기들이 필요로 하는 예비 부품만 해도 수만 가지에 달한다는 점입니다. 모든 부품을 미리 쌓아놓으면 천문학적인 비용이 들고, 너무 적게 비축하면 정작 필요할 때 없어서 난감해집니다.

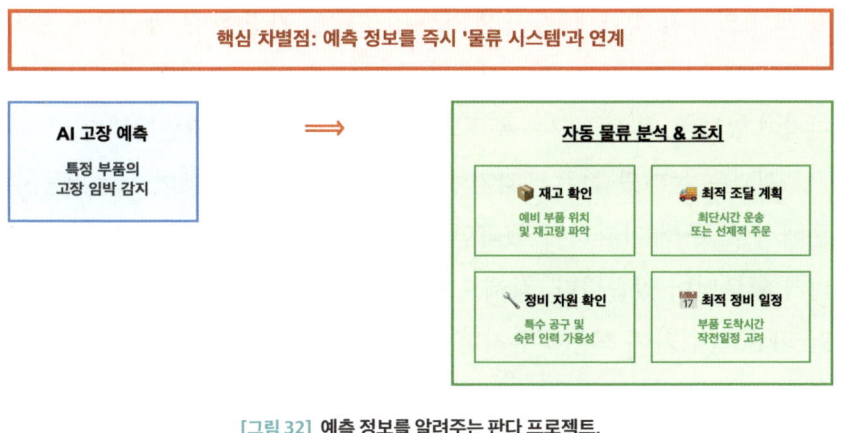

판다 프로젝트
예측 정비 + 물류 시스템 통합

핵심 차별점: 예측 정보를 즉시 '물류 시스템'과 연계

AI 고장 예측
특정 부품의
고장 임박 감지

⟹

자동 물류 분석 & 조치

📦 **재고 확인**
예비 부품 위치
및 재고량 파악

🚚 **최적 조달 계획**
최단시간 운송
또는 선제적 주문

🔧 **정비 자원 확인**
특수 공구 및
숙련 인력 가용성

📅 **최적 정비 일정**
부품 도착시간
작전일정 고려

[그림 32] 예측 정보를 알려주는 판다 프로젝트.

이런 딜레마를 해결하기 위해 미 공군이 야심 차게 추진하는 프로젝트가 바로 'PANDA(Predictive Analysis and Decision Assistant)'입니다. 판다는 단순히 "언제 고장 날지 예측하는" 수준을 넘어선 혁신적인 시스템입니다. 마치 미래를 내다보는 수정구슬처럼 항공기의 상태를 실시간으로 분석해서 고장을 예측하고, 동시에 필요한 부품과 정비 인력까지 완벽하게 준비해 놓는 똑똑한 비서 역할을 합니다.

실제로 F-35 전투기에는 이미 '자동군수정보체계(Automatic Logistics Information System)'가 탑재되어 PANDA의 초기 버전이 작동하고 있습니다. 이 시스템은 엔진과 각종 장비에 내장된 센서들이 실시간으로 데이터를 전송하면, AI가 이를 분석해서 "3주 후 이 부품을 교체해야 합니다."라고 미리 알려 줍니다.

PANDA의 진짜 혁신은 예측과 동시에 벌어지는 마법 같은 일들입니다. AI가 특정 엔진 부품의 고장을 예측하는 순간, 시스템은 번개처럼 빠르게 움직입니다. 전세계 미군 기지의 창고를 뒤져서 해당 부품이 어디에 몇 개나 있는지 찾아내고, 가장 가까운 곳에서 가장 빠른 방법으로 운송 계획을 세웁니다. 심지어 그 부품을 교체할 수 있는 숙련된 정비사가 그 기지에 있는지, 특수 공구는 준비되어 있는지까지 모두 확인합니다.

결과는 놀라웠습니다. 과거에는 부품이 고장 난 후에야 허둥지둥 주문해서 몇 주씩 기다려야 했다면, 이제는 고장 나기 전에 이미 모든 준비가 완료되어 있습니다. 실제로 미 육군이 IBM의 Watson AI와 함께 Stryker 장갑차에 적용한 유사한 시스템에서는 차량별로 맞춤형 정비 계획을 세워 정비 효율성이 크게 향상되었습니다.

PANDA는 단순한 기술적 성취를 넘어 전쟁의 판도를 바꿀 수 있는 게임 체인저입니다. 적과의 대결에서 승부를 결정하는 것은 더 이상 누가 더 강력한 무기를 가졌느냐가 아니라, 누가 더 오랫동안 그 무기를 하늘에 띄워 둘 수 있느냐의 문제가 되었기 때문입니다.

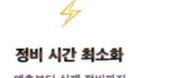

정비 시간 최소화	항공기 가용성 향상	통합 프로세스 관리
예측부터 실제 정비까지 소요시간 단축	지상 대기시간 방지 작전 준비태세 유지	고장예측과 물류준비의 원스톱 솔루션

[그림 33] 판다 프로젝트의 통합 관리 효과.

2-3 원격 진단 및 유지 보수

태평양 한가운데 외딴섬의 레이더 기지에서 갑자기 복잡한 전자 장비가 먹통이 되었다고 상상해 보세요. 가장 가까운 전문가는 수천 km 떨어진 본토에 있고, 헬기나 배편으로 오려면 며칠이 걸립니다. 그사이 적의 항공기가 접근해도 탐지할 수 없는 위험한 상황이 벌어집니다.

과거라면 속수무책이었겠지만, 이제는 마치 SF 영화에서나 보던 일이 현실이 되었습니다. 현장에 있는 정비 요원이 특수 제작된 AR(Augmented Reality) 스마트 안경을 쓰기만 하면, 수천 km 떨어진 최고의 전문가가 마치 바로 옆에 있는 것처럼 실시간으로 도움받을 수 있게 되었습니다.

AR 안경의 카메라가 고장 난 장비를 비추면, 영상이 즉시 본토의 전문가에게 전송됩니다. 전문가는 마치 자신이 현장에 있는 것처럼 상황을 정확히 파악할 수 있습니다. 더 놀라운 것은 여기서부터입니다. 전문가가 "저기 빨간 케이블을 확인해 보세요."라고 말하면서 화면상에서 그 케이블 주위에 원을 그리면, 현장 요원의 AR 안경에 빨간 동그라미가 실제 케이블 위에 정확히 나타납니다.

복잡한 배선도나 3D 부품 구조도 현장 요원의 눈앞에 홀로그램처럼 떠오릅니다. 마치 투명 인간이 된 것처럼 장비 내부 구조를 들여다보면서 어느 부분이 문제인지 한눈에 파악할 수 있습니다. 현장 요원은 양손을 자유롭게 사용하면서도 마치 베테랑 전문가가 직접 손을 잡고 가르쳐주는 것처럼 정확한 작업을 수행할 수 있습니다.

미 공군은 이미 이런 시스템을 적극적으로 도입하고 있습니다. 최근 벡트로나와 협력하여 개발한 AR 훈련 프로그램에서는 실제 장비 없이도 몰입형 3D 환경에서 유지 보수 훈련을 받을 수 있게 되었습니다. 훈련생들은 가상 환경에서 수백 번의 실습을 반복하면서 실제 상황에서는 절대 허용될 수 없는 실수들을 안전하게 경험하고 배웁니다.

이 기술의 진짜 위력은 교육 효과에서도 드러납니다. 과거에 50페이지짜리 매뉴얼을 읽어야 했던 내용을 이제는 5분간의 AR 체험으로 더 완벽하게 습득할 수 있습니다. 초보 정비 요원도 AR 시스템을 통해 베테랑 전문가의 노하우를 실시간으로 전수하면서 빠르게 실력을 향상할 수 있습니다.

더욱 흥미로운 것은 이 모든 과정이 자동으로 녹화되어 향후 교육 자료로 활용된다는 점입니다. 실제 고장 상황에서 전문가가 문제를 해결하는 과정이 고스란히 기록되어, 나중에 비슷한 문제가 발생했을 때 참고할 수 있는 살아있는 매뉴얼이 됩니다.

3   **자원 배분 최적화**

3-1 인력, 장비, 예산의 효율적 배분

군대를 운영하는 것은 거대한 퍼즐 맞추기와 같습니다. 수십만 명의 병사들, 수만 대의 장비들, 그리고 천문학적인 예산을 언제, 어디에, 어떻게 배치할지 결정해야 하는 엄청나게 복잡한 문제입니다. 과거에는 베테랑 장

AI 자원 배분 시스템의 5대 장점

1 효율성 증대	2 준비태세 향상	3 비용 절감	4 신속한 의사결정	5 미래 예측 지원
자원 낭비 없는 집중 배분으로 운영 효율성 향상	최적 인력/장비 배치로 전투 준비태세 강화	중복 투자 방지 및 예산 절약 재투자 가능	데이터 기반 객관적 대안 신속 제시	장기적 인력 양성 장비 도입 계획 수립 지원

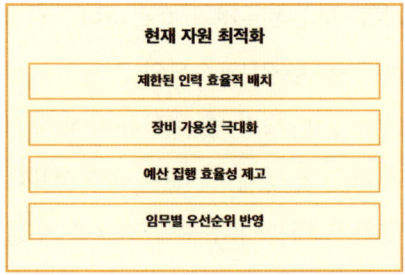

현재 자원 최적화

- 제한된 인력 효율적 배치
- 장비 가용성 극대화
- 예산 집행 효율성 제고
- 임무별 우선순위 반영

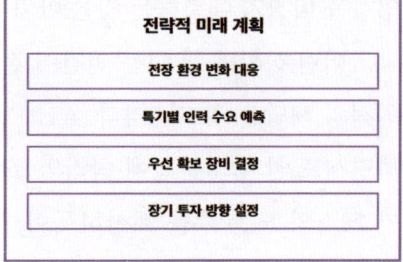

전략적 미래 계획

- 전장 환경 변화 대응
- 특기별 인력 수요 예측
- 우선 확보 장비 결정
- 장기 투자 방향 설정

[그림 34] 자원 배분 시스템의 최적화 표.

군들의 경험과 직감에 의존해서 이런 결정을 내렸지만, 현대의 군사 작전은 너무나 복잡해져서 인간의 두뇌만으로는 모든 변수를 고려하기 어려워졌습니다.

　예를 들어, 특정 임무에 숙련된 통신병을 배치해야 한다면 단순히 통신 기술을 가진 병사의 수만 세면 될까요? 실제로는 그들의 경력, 건강 상태, 현재 위치, 다른 임무와의 중복 여부, 심지어 개인적인 사정까지 고려해야 합니다. 한 명의 병사를 다른 부대로 옮기는 결정 하나가 도미노 효과처럼 전체 부대 배치에 영향을 미칠 수 있기 때문입니다.

　장비 배분은 더욱 복잡합니다. 최신형 전차 한 대를 어느 부대에 배치할지 결정할 때는 그 부대의 운용 능력, 정비 시설, 작전 지역의 지형, 적의 위협 수준 등 수십 가지 요소를 동시에 고려해야 합니다. 게다가 그 전차가 정비를 받아야 할 시점, 필요한 예비 부품, 연료 소비량까지 계산해야 합니다.

예산 배분은 가장 골치 아픈 문제입니다. 새로운 무기 개발에 투자할지, 기존 장비의 성능 개선에 집중할지, 아니면 병사들의 복지 향상에 예산을 쓸지 결정해야 합니다. 각각의 선택이 몇 년 후 군의 전투력에 어떤 영향을 미칠지 예측하는 것은 마치 미래를 내다보는 것과 같습니다.

이런 상황에서 AI는 인간이 절대 따라올 수 없는 속도와 정확성으로 최적의 해답을 찾아냅니다. AI는 한 번에 수만 개의 변수를 동시에 고려하면서도 찰나의 순간에 최적의 조합을 계산해 냅니다. 마치 슈퍼컴퓨터가 체스의 모든 수를 계산하듯이, 군사 자원 배분의 무수한 경우의 수를 순식간에 분석합니다.

실제로 미국 국방부는 현재 800개 이상의 AI 프로젝트를 진행하고 있으며, 그 중 상당수가 자원 배분 최적화와 관련되어 있습니다. 이들 시스템은 단순히 현재 상황만 분석하는 것이 아니라, 미래의 위협 변화까지 예측해서 장기적인 전력 건설 계획을 제시합니다.

예를 들어, AI가 "향후 5년 내에 사이버 전쟁 능력이 중요해질 것"이라고 예측했다면, 지금부터 사이버 전문가 양성에 더 많은 예산을 투입하고, 관련 장비를 미리 확보하라고 제안합니다. 이런 식으로 AI는 현재와 미래를 모두 내다보는 전략적 조언자 역할을 하고 있습니다.

3-2 Virtualitics IRO(Intelligent Reveal & Observe) 시스템

숫자와 데이터로만 가득한 분석 보고서를 보면서 "도대체 이게 무슨 의미인지 모르겠다."라고 고개를 절레절레 흔든 경험이 있으신가요? 아무리 AI가 완벽한 해답을 제시해도 사람이 이해하지 못하면 소용없습니다. 이런 문제를 해결하기 위해 '버추얼리틱스(Virtualitics)'라는 회사가 혁신적인 해결책을 내놓았습니다. 즉, AI가 데이터 속의 중요한 인사이트를 찾아내고(Reveal), 이를 사람이 직관적으로 관찰(Observe)할 수 있게 해 주었던 겁니다.

이들이 개발한 시스템은 복잡한 데이터 분석 결과를 마치 블록버스터 영화의 한 장면처럼 생생한 3D 가상현실로 보여줍니다. VR 헤드셋을 쓰고 가상 공간에 들어가면, 추상적인 숫자들이 살아 움직이는 입체적인 형태로 변신합니다.

군사 작전 계획을 세울 때 이 시스템을 사용한다면 어떨까요? 지휘관이 VR 헤드셋을 쓰고 가상의 작전 상황실에 들어갑니다. 눈앞에는 실제 지형과 똑같이 만들어진 3D 지도가 펼쳐지고, 각 부대의 위치와 규모가 컬러풀한 아이콘으로 표시됩니다. 특정 부대를 손으로 집어서 다른 위치로 옮겨 보면, 즉시 그로 인한 전술적 변화와 위험 요소들이 실시간으로 계산되어 시각적으로 나타납니다.

더욱 놀라운 것은 여러 명의 지휘관이 각자 다른 장소에서 VR 장비를 착용하고 같은 가상 공간에서 만나 함께 작전을 계획할 수 있다는 점입니다. 서울에 있는 사령관과 워싱턴에 있는 합참의장이 가상 공간에서 만나 실시간으로 작전을 조율하는 일이 가능해진 것입니다.

예를 들어, 북한의 미사일 기지를 타격하는 작전을 계획한다면, 가상 공간에서 F-35 전투기의 비행경로를 손으로 그려 보고, 적의 방공망 범위를 3D로 확인하면서 가장 안전한 침투 루트를 찾을 수 있습니다. 각종 시나리오별로 성공 확률과 예상 손실까지 실시간으로 계산되어 표시됩니다.

이런 시스템은 복잡한 군사 상황을 직관적으로 이해할 수 있게 해 주어, 최고위 지휘관들이 더 빠르고 정확한 결정을 내릴 수 있도록 돕습니다. 과거에는 수십 페이지짜리 브리핑 자료를 분석하는 데 몇 시간이 걸렸다면, 이제는 가상현실 속에서 몇 분 만에 핵심을 파악할 수 있게 되었습니다.

전쟁터에서 병사들의 큰 적 중 하나는 바로 무거운 군장입니다. 방탄복, 무기, 탄약, 통신장비, 물, 식량까지 합치면 한 병사가 짊어져야 할 무게가 40-50km에 달합니다. 이런 무거운 짐을 지고 산악 지대나 사막을 행군해야 하는 병사들은 정작 적과 마주쳤을 때 이미 체력이 고갈되어 제대로 싸울 수 없는 상황에 부닥치곤 합니다.

이런 문제를 해결하기 위해 한국이 개발한 것이 바로 '견마 로봇'입니다. 이름 그대로 개처럼 기민하게 수색하고 말처럼 묵묵히 짐을 나르는 네 발 달린 로봇입니다. 2024년 8월, 마침내 꿈이 현실이 되었습니다. 레인보우로보틱스와 현대로템이 공동 개발한 방산용 다족보행로봇이 한국 육군에 사상 최초로 납품된 것입니다.

이 로봇은 50-100km 이상의 물자를 등에 싣고도 시속 4km로 꾸준히 이동할 수 있습니다. 심지어 20cm 높이의 계단도 거뜬히 오르내립니다. 바퀴 달린 차량이 절대 갈 수 없는 산악 지대, 늪지, 폐허 더미 사이도 안정적으로 통과합니다.

견마 로봇의 진짜 혁신은 AI 기술에 있습니다. 로봇에 달린 카메라와 센서들이 주변 환경을 실시간으로 스캔하면서 자체적으로 3D 지도를 만들어 냅니다. 길을 막고 있는 바위나 나무뿌리 같은 장애물을 발견하면 스스로 우회 경로를 찾아서 이동합니다. 마치 충성스러운 군견처럼 지정된 병사를 자동으로 따라다니거나, 미리 설정된 목적지까지 혼자서 이동할 수도 있습니다.

실제 전장에서 견마 로봇은 단순한 짐꾼을 넘어서는 역할을 합니다. 주야간 카메라가 장착되어 있어 위험 지역을 먼저 정찰하고, 필요하면 원격사격 시스템이나 로봇팔을 추가로 장착해서 전투나 구조 임무도 수행할 수 있습니다. 병사들이 위험한 곳에 직접 들어가기 전에 견마 로봇이 먼저 상황을 파악하고 안전을 확보하는 것입니다.

기술이 민간 분야로도 확산되고 있다는 것입니다. 현대로템은 농업용 웨어러블 로봇도 개발해서 농민들의 무거운 농작업을 도와주고 있으며, 재난 구조나 위험 지역 탐사 등 다양한 분야에서 활용 가능성을 모색하고 있습니다.

전세계적으로도 견마 로봇에 대한 관심이 급증하고 있습니다. 우크라이나 전쟁에서는 이미 영국제 BAD-2 로봇 개가 실전에 투입되어 참호 수색과 폭발물 탐지 임무를 수행하고 있습니다. 중국의 유니트리로보틱스는 군용 로봇 개 양산에 나서고 있으며, 미국도 보스턴다이내믹스의 기술을 바탕으로 차세대 군용 로봇 개발에 박차를 가하고 있습니다.

견마 로봇은 단순히 편의를 제공하는 도구를 넘어 병사들의 생존성을 높이고 작전 능력을 향상시키는 전력 증강 수단으로 자리 잡고 있습니다. AI와 로봇 기술이 군사 분야에 가져올 변화는 이제 시작에 불과합니다. 미래의 전장에서는 인간과 로봇이 팀을 이루어 함께 싸우는 모습이 일상이 될 것입니다.

하지만 동시에 이런 기술이 가져올 윤리적 문제들도 심각하게 고민해야 할 때입니다. AI가 스스로 판단해서 적을 공격하는 자율 무기의 등장, 로봇 병사들이 인간을 대체하면서 발생할 수 있는 예상치 못한 결과들, 그리고 이런 기술이 잘못된 목적으로 사용될 위험성까지 신중하게 검토해야 합니다. 기술의 발전만큼이나 그것을 올바르게 사용할 수 있는 지혜가 필요한 시점입니다.

1-1 실시간 네트워크 트래픽 분석 및 위협 탐지

인터넷은 마치 거대한 고속도로 네트워크와 같습니다. 매 순간 수백만 개의 데이터가 복잡한 도로망을 따라 쉴 새 없이 달려갑니다. 이 디지털 고속도로에는 평범한 시민들의 일상적인 정보만 오가는 것이 아닙니다. 때로는 위험한 목적을 숨긴 채 침투하려는 악의적인 데이터들이 숨어들어 옵니다.

군대의 핵심 정보나 작전 시스템도 이 네트워크를 통해 움직입니다. 만약 해커들이 보낸 '독이 든 데이터'를 제때 발견하지 못한다면 어떻게 될까요? 군사 기밀이 적의 손에 넘어가거나, 중요한 작전 시스템이 마비되는 끔찍한 상황이 벌어질 수 있습니다. 이것이 바로 네트워크 보안이 현대 전쟁에서 생존의 열쇠가 된 이유입니다.

과거에는 사람이 직접 컴퓨터 화면을 들여다보며 의심스러운 데이터를 찾아내야 했습니다. 마치 교통경찰이 수천 대의 차량 중에서 수배 차량을 찾아내는 것과 비슷했죠. 하지만 오늘날 네트워크를 오가는 데이터의 양은 상상을 초월합니다. 하루에 처리해야 할 데이터가 도서관 전체 장서보다 많을 정도입니다.

바로 이때 인공지능이 마치 슈퍼히어로처럼 등장했습니다. AI는 지치지 않는 디지털 탐정입니다. 24시간 내내 깨어있으면서 번개처럼 빠른 속도로 모든 데이터를 분석합니다. AI의 핵심 무기는 '패턴 인식' 능력입니다.

숙련된 형사가 범죄자의 특징적인 행동 패턴을 기억하듯이, AI는 과거 사이버 공격의 흔적들을 학습합니다. 특정 악성코드가 네트워크를 통과할 때 남기는 미세한 발자국, 해커들이 즐겨 사용하는 공격 방식의 특징 등을 모두 기억하고 있다가, 비슷한 패턴을 발견하는 순간 "이상하다! 이건 예전에 봤던 그 나쁜 녀석과 똑같이 생겼는데?"라고 경고를 보냅니다.

하지만 해커들도 가만있지 않습니다. 새로운 공격 기법을 계속 개발하여 기존 탐지 시스템을 피해 가려 합니다. 이때 AI의 또 다른 강력한 능력인 '머신러닝'이 빛을 발합니다.

머신러닝은 AI가 마치 경험 많은 의사처럼 스스로 학습하고 판단하는 능력입니다. AI는 평소 네트워크의 '건강한' 상태가 어떤 것인지를 꼼꼼히 관찰하고 학습합니다. 어떤 종류의 데이터가 언제, 어떤 경로로 이동하는 것이 정상인지, 시간대별 트래픽 패턴은 어떤지 등을 모두 파악합니다.

그러다가 갑자기 평상시와 다른 이상한 움직임이 포착되면 즉시 알아차립니다. 한밤중에 갑자기 대량의 데이터가 외부로 유출되려 하거나, 평소 조용하던 컴퓨터가 수상한 외부 서버와 연결을 시도하는 등의 '비정상적인' 활동을 감지하는 순간, AI는 "뭔가 이상하다! 평소와 너무 다른데?"라며 보안팀에게 즉시 알립니다.

2025년 최신 동향: 구글의 혁신적인 AI 보안 기술

구글이 공개한 'Big Sleep'이라는 AI 에이전트는 이러한 AI 보안 기술의 놀라운 발전을 보여주는 실제 사례입니다. 이 AI는 단순히 알려진 위협을 탐지하는 것을 넘어서, 아직 아무도 발견하지 못한 소프트웨어의 보안 취약점을 스스로 찾아냅니다. 2024년 11월, Big Sleep은 실제로 SQLite라는 중요한 소프트웨어에서 심각한 취약점을 발견했는데, 이는 해커들이 악용하기 직전이었던 위험한 보안 허점이었습니다. AI가 실제 사이버 공격을 사전에 차단한 첫 번째 사례로 기록되었습니다.

머신러닝의 가장 큰 장점은 전혀 새로운 유형의 공격, 즉 '제로데이 공격'도 잡아낼 수 있다는 점입니다. 기존에 없던 완전히 새로운 공격이라도, 그것이 정상적인 네트워크 활동과 다른 이상한 행동을 보인다면 AI는 이를 감지해 낼 가능성이 높습니다.

이처럼 인공지능은 패턴 인식과 머신러닝을 결합하여 방대한 네트워크 트래픽을 실시간으로 분석하고, 아주 작은 이상 징후까지 놓치지 않고 포착함으로써 우리의 디지털 세상을 지키는 든든한 방패가 되고 있습니다. 사람이 감당할 수 없는 속도와 규모의 데이터를 처리하며, 알려진 위협은 물론 미지의 새로운 위협까지 감지해 내는 AI의 능력은 현대 사이버 보안에 없어서는 안 될 필수 요소가 되었습니다.

1-2 AI 기반 침입 탐지 시스템

중요한 군사 기지나 정부 시설을 지키는 경비병처럼, 디지털 세상에도 외부의 불법 침입자나 내부의 수상한 활동을 감시하는 전자 파수꾼이 있습니다. 이것이 바로 '침입 탐지 시스템(IDS)'입니다.

IDS는 네트워크를 지나다니는 모든 디지털 트래픽을 검사하여 해커의 침입 시도나 악성코드의 활동을 찾아내는 디지털 보초병입니다. 성벽 위에서 끊임없이 지평선을 살피며 적의 접근을 감시하는 파수꾼과 같은 역할을 합니다.

기존의 IDS는 주로 '수배 전단' 방식으로 작동했습니다. 알려진 악성코드나 공격 기법의 특징들을 미리 목록으로 만들어 두고, 네트워크에서 포착한 데이터와 이 목록을 하나씩 대조해 보는 방식이었죠. 마치 공항 보안검색대에서 수배자 명단과 승객들의 신분증을 일일이 대조하는 것과 비슷했습니다.

하지만 이 방식에는 치명적인 약점이 있었습니다. 수배 전단에 없는

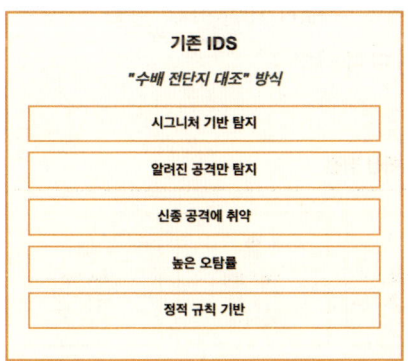
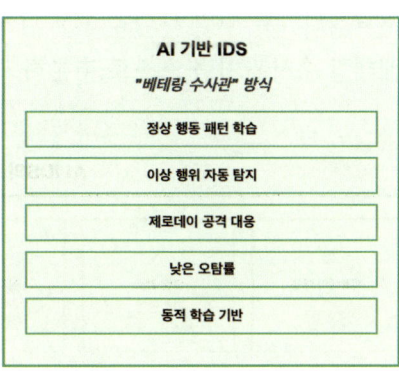

[그림 35] 사이버 침입 탐지.

새로운 범죄자는 잡을 수 없다는 것입니다. 해커들이 완전히 새로운 공격 기법을 사용하거나, 기존 악성코드를 조금만 변형해도 탐지할 수 없었습니다. 게다가 너무 많은 오경보가 발생해서 보안팀이 진짜 위험과 가짜 경보를 구분하기 어려웠습니다.

AI IDS 4단계 작동 원리

[그림 36] AI IDS 4단계 작동 원리.

AI가 바꾼 침입 탐지의 혁명

인공지능이 IDS에 도입되면서 완전히 새로운 차원의 보안이 가능해졌습니다. AI 기반 IDS는 단순히 정해진 목록과 비교하는 것을 넘어서, 베테랑 수사관처럼 스스로 추론하고 판단합니다.

AI IDS의 5대 핵심 장점

제로데이 대응
시그니처 없는
새로운 공격도
탐지 가능

오탐 감소
맥락 고려한
정교한 판단으로
잘못된 경보 최소화

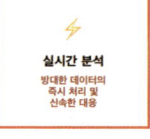
실시간 분석
방대한 데이터의
즉시 처리 및
신속한 대응

스텔스 탐지
숨어 들어오는
고도의 은밀한
위협까지 식별

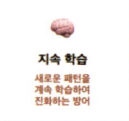
지속 학습
새로운 패턴을
계속 학습하여
진화하는 방어

[그림 37] AI IDS의 핵심 쟁점 5가지.

AI는 먼저 네트워크의 '정상적인 일상'이 무엇인지를 깊이 있게 학습합니다. 어떤 직원이 언제 어떤 시스템에 접속하는지, 어떤 종류의 파일이 오가는 것이 일반적인지, 시간대별로 네트워크 사용 패턴이 어떻게 변하는지 등을 세밀하게 관찰하고 기억합니다.

그러다가 이 일상적인 패턴에서 벗어나는 '이상한 일'이 발생하면 AI는 즉시 의심의 눈길을 보냅니다. 평소에는 문서 작업만 하던 컴퓨터가 갑자기 밤늦게 대량의 기밀 파일을 외부로 전송하려 한다거나, 일반 직원이 자신의 권한을 넘어서는 중요한 시스템에 접근하려 한다거나, 네트워크 트래픽이 평소와 확연히 다른 패턴을 보인다면 AI는 "이건 뭔가 수상한데?"라고 경고를 보냅니다.

2025년 트렌드: 차세대 자동화된 보안관제센터

최근 보안 업계는 AI를 활용한 '차세대 자동화된 보안관제센터

(NextGen Automation SOC)'로 빠르게 진화하고 있습니다. 이는 단순한 탐지를 넘어서 위협 인텔리전스, 자동화된 대응, 그리고 예측적 보안을 통합한 시스템입니다. 2025년에는 이러한 시스템들이 AI의 도움으로 더욱 정교해져서, 글로벌 사이버 위협 데이터를 실시간으로 분석하고 미래의 공격까지 예측할 수 있게 될 것으로 전망됩니다.

이러한 AI 기반 이상 행위 탐지 기술의 가장 큰 장점은 '시그니처'가 없는 새로운 공격도 잡아낼 수 있다는 것입니다. 전혀 새로운 해킹 기법이라도, 그것이 정상적인 네트워크 활동과 다른 비정상적인 패턴을 보인다면 AI는 이를 의심스러운 활동으로 판단할 수 있습니다.

AI는 오탐지 문제도 크게 줄여줍니다. 더 많은 정보와 맥락을 종합적으로 고려하여 판단하기 때문에, 단순한 규칙 기반 시스템보다 훨씬 정교하게 진짜 위험과 일시적인 이상 상황을 구분할 수 있습니다. 특정 직원이 업무상 필요로 평소보다 많은 데이터를 다운로드하는 것인지, 아니면 악의적인 정보 유출 시도인지를 활동 패턴, 접속 시간, 데이터 종류 등을 종합 분석하여 판단합니다.

영국의 방위산업체 BAE 시스템즈가 개발한 SCISRS 같은 시스템들이 이러한 AI 기반 사이버 보안 기술의 실제 적용 사례입니다. 이런 시스템들은 우주 자산부터 일반 네트워크까지 포괄하는 AI 기반 위협 탐지 및 대응 기술을 제공하여, 숨어 들어오는 스텔스 공격이나 아직 알려지지 않은 새로운 위협까지도 탐지할 수 있는 능력을 보여주고 있습니다.

1-3 사이버 공격 대응 자동화

사이버 공격은 번개보다 빠릅니다. 해커가 시스템에 침투해서 중요한 정보를 훔치거나 시스템을 마비시키는 데 걸리는 시간은 때로 몇 분, 심지어 몇 초에 불과할 수도 있습니다. 이런 상황에서 사람이 일일이 상황을 파악하고 대응책을 결정하는 동안 피해는 눈덩이처럼 불어날 수 있습니다.

중요한 군사 작전 중에 통신 시스템이나 지휘 통제 시스템이 해킹당한다면? 작전 실패는 물론이고 아군의 생명까지 위험에 빠질 수 있습니다. 따라서 사이버 공격이 탐지되는 순간, 가능한 한 빠르게 자동으로 대응하는 것이 생존의 열쇠입니다.

자동 소방 시스템처럼 작동하는 사이버 방어

'사이버 공격 대응 자동화'는 마치 건물의 자동 화재 진압 시스템과 같습니다. 화재가 발생했을 때 사람이 소방서에 신고하고 소방관이 출동하기를 기다리는 대신, 화재 감지기가 연기를 감지하는 즉시 스프링클러가 자동으로 작동하여 불을 끄는 것처럼 말이죠.

AI는 이 자동화 과정의 핵심 '두뇌' 역할을 합니다. AI 기반 침입 탐지 시스템이 사이버 공격 징후를 포착하면, AI는 즉시 공격의 종류, 심각도, 영향받는 시스템 등을 분석합니다. 그리고 미리 준비된 대응 매뉴얼(플레이북)에서 가장 적합한 대응 시나리오를 찾아냅니다.

예를 들어, 특정 컴퓨터가 악성코드에 감염된 것으로 판단되면 AI는 다음과 같은 자동 대응을 실행합니다. 먼저 감염된 컴퓨터를 즉시 네트워크에서 격리시켜 다른 시스템으로 악성코드가 확산되는 것을 막습니다.

자동 대응 프로세스

| **1**
공격 탐지
IDS가 사이버
공격 징후 발견 | **2**
AI 분석
공격 종류, 심각도
영향 범위 평가 | **3**
플레이북 선택
상황에 맞는
대응 시나리오 결정 | **4**
자동 실행
사람 개입 없이
즉시 대응 조치 |

[그림 38] 자동 대응 프로세스.

동시에 해당 악성코드가 통신하는 외부 서버로의 연결을 방화벽에서 차단합니다. 시스템 관리자와 보안팀에게 자동으로 상황을 알리고, 필요한 경우 감염된 시스템의 중요 데이터를 안전한 곳으로 백업하거나 악성코드 제거 프로그램을 자동 실행하기도 합니다.

2025년 글로벌 동향: 더욱 지능화된 자동 대응

2025년에는 AI 기반 자동 대응 시스템이 더욱 정교해질 것으로 예상됩니다. 최근 RSA 콘퍼런스 2025에서 발표된 내용에 따르면, AI는 이제 단순한 대응을 넘어서 '예측적 방어'까지 가능해지고 있습니다. AI가 글로벌 위협 인텔리전스를 분석하여 앞으로 발생할 가능성이 높은 공격을 미리 예측하고, 사전에 방어 체계를 강화하는 단계까지 발전하고 있습니다.

이러한 모든 과정이 사람의 개입 없이 자동으로 이루어지기 때문에, 공격 초기에 피해 확산을 효과적으로 막을 수 있습니다. 특히 야간이나 휴일처럼 보안 인력이 부족한 시간대에도 24시간 365일 쉬지 않고 즉각적인 대응이 가능하다는 큰 장점이 있습니다.

CISA의 역할과 자동화 시스템의 발전

미국의 사이버 보안 및 인프라 안보국(CISA, Cybersecurity and Infrastructure Security Agency)은 국가의 핵심 기반 시설을 보호하는 중요한 기관으로, 자동화된 사이버 방어 기술의 발전에 핵심적인 역할을 하고 있습니다. CISA가 제공하는 최신 위협 정보와 공격 패턴 분석 자료는 AI 기반 자동화 시스템이 더 정확하게 위협을 식별하고 효과적인 대응 전략을 수립하는 데 중요한 기초가 됩니다.

자동화 시스템도 완벽하지는 않습니다. AI가 상황을 잘못 판단하여 정상적인 시스템을 차단하거나 불필요한 조치를 취할 수도 있습니다. 따라

악성코드 감염 시 자동 대응 플레이북

1단계	2단계
네트워크 격리	악성 IP 차단
감염된 컴퓨터를 즉시 분리하여 확산 방지	방화벽에서 악성 주소로의 통신 차단

3단계	4단계
자동 경고	백업 및 제거
시스템 관리자와 보안팀에게 즉시 알림	데이터 백업 후 악성코드 자동 제거

[그림 39] 악성코드 감염 때 자동 대응 방법.

서 자동화 시스템을 설계할 때는 신중해야 하며, 어떤 상황에서 어떤 조치를 자동으로 수행할지에 대한 규칙을 명확하고 정교하게 설정해야 합니다.

중요한 결정이나 복잡한 상황에서는 여전히 인간 전문가의 검토와 승인이 필요할 수 있습니다. 이상적인 모델은 AI가 반복적이고 긴급한 초동 대응을 자동화하여 사람의 부담을 덜어주고, 사람은 더 중요하고 전략적인 판단에 집중할 수 있도록 하는 협력적인 관계입니다.

사이버 공격 대응 자동화는 AI 기술을 활용하여 탐지된 위협에 대해 신속하고 일관성 있는 조치를 자동으로 수행하는 혁신적인 기술입니다. 이는 공격 피해를 최소화하고 대응 시간을 극적으로 단축하며, 보안 인력의 효율성을 높이는 데 크게 기여하고 있습니다. 미래의 사이버 전장에서 이러한 자동화된 방어 능력은 필수적인 요소가 될 것입니다.

중요한 비밀을 지키는 가장 기본적인 방법은 '암호화'입니다. 암호화는 소중한 정보를 다른 사람이 알아볼 수 없는 비밀 코드로 바꾸는 마법 같은 기술입니다. 마치 어린 시절 친구와 비밀 편지를 주고받을 때 사용했던 암호와 비슷하지만, 훨씬 더 복잡하고 정교합니다.

암호화된 정보는 중간에 누가 훔쳐보더라도 무의미한 문자와 숫자의 나열로만 보입니다. 오직 정확한 암호 키를 가진 사람만이 원래의 내용으로 되돌릴 수 있습니다. 이를 '복호화'라고 하죠. 군대에서는 작전 계획, 통신 내용, 무기 시스템 정보 등 수많은 기밀이 이런 방식으로 보호받고 있습니다.

암호 기술의 역사는 끝없는 창과 방패의 대결입니다. 더 강력한 암호가 만들어지면, 그 암호를 뚫으려는 해독 기술도 함께 발전합니다. 컴퓨터의 계산 능력이 급속도로 발전하면서, 과거에는 수백 년이 걸릴 것으로 예상했던 암호도 훨씬 짧은 시간에 해독될 위험이 커지고 있습니다.

인공지능은 암호 기술 분야에서 양날의 검 같은 존재가 되었습니다. AI는 암호를 더욱 강력하게 만들어 주는 동시에, 반대로 숨겨진 암호를 찾아내고 해독하는 데도 사용될 수 있기 때문입니다. AI의 뛰어난 패턴 분석 능력과 자가 학습 능력은 기존 방식으로는 불가능했던 새로운 차원의 암호화와 암호 해독을 가능하게 하고 있습니다.

2-1 DARPA SABER 프로그램

컴퓨터나 스마트폰에서 중요한 정보를 보호하기 위해 비밀번호를 설정하고, 중요한 파일은 암호화해서 저장하기도 합니다. 그런데 만약 이런 보안 기능을 담당하는 프로그램 자체가 해킹당하거나 조작된다면 어떻게 될까요? 모든 보안이 무너지는 끔찍한 상황이 벌어질 것입니다.

인공지능이 군사 분야를 포함한 여러 영역에서 점점 더 중요한 역할을 하게 되면서, 이제는 AI 시스템 자체의 보안을 강화하는 것이 매우 중요한 과제로 떠올랐습니다. AI가 중요한 군사적 판단을 내리고, 민감한 정보를 다루며, 심지어 무기 시스템을 제어할 수도 있기 때문에, AI 자체가 적에게 탈취당하거나 몰래 조작된다면 그 결과는 상상하기 어려울 정도로 치명적일 수 있습니다.

SABER: AI를 지키는 AI 보안 프로그램

이런 문제를 해결하기 위해 미국 DARPA(국방고등연구계획국)가 추진하는 흥미로운 프로그램이 바로 'SABER(Securing AI from Bias, Entanglement, and Replication)' 프로그램입니다.

SABER라는 이름 자체가 이 프로그램의 목표를 명확히 보여줍니다. Bias는 '편견', Entanglement는 '얽힘'이나 '간섭', Replication은 '복제'를 의미합니다. 즉, SABER 프로그램은 AI가 편견에 치우치지 않고, 외부의 간섭이나 조작으로부터 안전하며, 함부로 복제되거나 도용되지 않도록 AI 자체를 근본적으로 더 안전하고 신뢰할 수 있게 만드는 기술을 개발하는 것을 목표로 합니다.

편견 문제 해결: AI가 공정한 판단을 내리도록

AI는 개발자가 제공하는 데이터를 학습하여 능력을 키웁니다. 만약 학습 데이터가 특정 그룹에게 불리하거나 잘못된 정보를 담고 있다면, AI는 그 편견까지 그대로 학습하여 불공정하거나 잘못된 판단을 내릴 수 있습니다.

예를 들어, 군사용 AI가 특정 지역의 영상 데이터만 집중적으로 학습했다면, 다른 지역의 상황을 잘못 판단하거나 엉뚱한 표적을 식별할 위험이 있습니다. SABER는 AI가 학습 과정에서 발생할 수 있는 편견을 스스로 감지하고 수정하거나, 편견의 영향을 최소화하는 방법을 연구합니다.

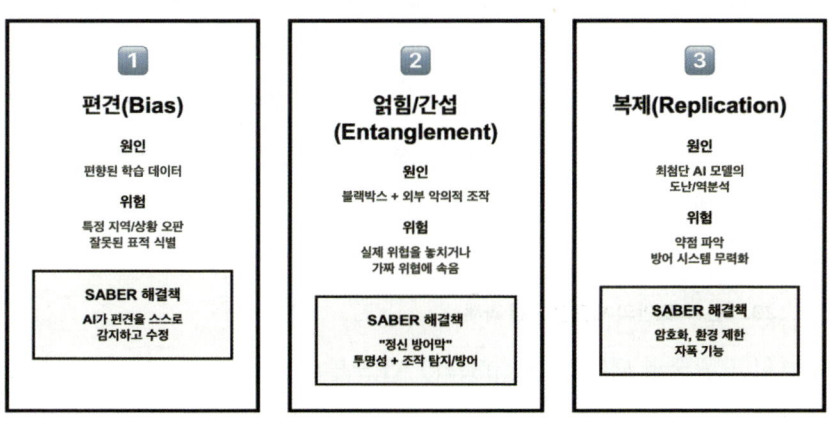

DARPA SABER 프로그램
AI 시스템의 신뢰성과 안전성 확보

AI 시스템의 신뢰성과 안전성을 근본적으로 확보하기 위한
중요한 연구 프로그램

3대 핵심 해결 과제

1

편견(Bias)

원인
편향된 학습 데이터

위험
특정 지역/상황 오판
잘못된 표적 식별

SABER 해결책
AI가 편견을 스스로
감지하고 수정

2

**얽힘/간섭
(Entanglement)**

원인
블랙박스 + 외부 악의적 조작

위험
실제 위협을 놓치거나
가짜 위협에 속음

SABER 해결책
"정신 방어막"
투명성 + 조작 탐지/방어

3

복제(Replication)

원인
최첨단 AI 모델의
도난/역분석

위험
약점 파악
방어 시스템 무력화

SABER 해결책
암호화, 환경 제한
자폭 기능

[그림 40] AI 시스템 신뢰성과 안전성 확보 프로그램.

조작 및 간섭 방지: AI의 정신 방어막 구축

두 번째 도전 과제는 AI 시스템의 내부 작동 방식이 너무 복잡해서 개발자조차 그 이유를 정확히 설명하기 어렵거나(블랙박스 문제), 적이 몰래 AI의 판단 과정에 영향을 미치는 문제입니다.

적이 아군의 AI 정찰 시스템을 속여서 실제로는 위험하지 않은 상황을 위험한 것으로 착각하게 만들거나, 반대로 실제 위험을 사소한 것으로 무시하도록 만들 수 있습니다. SABER는 AI의 내부 작동 원리를 더 투명하게 만들고, 외부의 악의적인 간섭이나 조작 시도를 탐지하고 방어할 수 있는 기술을 개발하려고 합니다.

복제 및 도난 방지: AI 기술의 보안 강화

뛰어난 성능을 가진 AI 모델은 그 자체로 매우 중요한 군사 자산입니다. 만약 적이 아군의 최첨단 AI 모델을 훔쳐서 분석하거나 역으로 이용한다면 큰 위협이 될 수 있습니다.

아군의 미사일 방어 시스템을 제어하는 AI를 적이 훔쳐서 약점을 파악하거나 무력화시키는 방법을 알아낼 수 있기 때문입니다. SABER는 AI 모델 자체를 암호화하거나, 특정 환경에서만 작동하도록 만들거나, 무단 복제를 시도하면 스스로 파괴되도록 하는 등 AI 모델의 불법적인 복제나 도난을 방지하는 기술을 개발합니다.

2025년 AI 보안의 새로운 도전 과제

최근 중국의 딥시크(DeepSeek) AI 모델이 글로벌 이슈가 되면서 AI 보안의 중요성이 더욱 부각되었습니다. 보안 전문가들은 딥시크가 다른 AI 모델보다 'AI 탈옥(Jailbreak)' 공격에 매우 취약하다고 분석했습니다. 또한 오픈소스화 과정에서 민감한 데이터가 노출될 위험성도 제기되었습니다.

DARPA의 SABER 프로그램은 이처럼 AI를 단순한 도구로 사용하는 것을 넘어, AI 시스템 자체의 신뢰성과 안전성을 근본적으로 확보하기 위한 중요한 연구입니다. 미래의 AI 시대에서 누가 더 안전하고 신뢰할 수 있는 AI를 개발하느냐가 국가 안보의 핵심 요소가 될 것입니다.

2-2 양자 암호화 기술

양자 컴퓨터는 기존 컴퓨터와는 완전히 다른 차원의 미래형 컴퓨터입니다. 일반 컴퓨터가 0과 1만 사용하는 반면, 양자 컴퓨터는 '큐비트'라는 신비로운 단위를 사용하여 0과 1을 동시에 나타낼 수 있습니다. 이는 마치 동전이 공중에서 돌 때 앞면과 뒷면이 동시에 존재하는 것과 비슷합니다.

이런 원리 덕분에 양자 컴퓨터는 특정 종류의 계산을 기존 컴퓨터로는 상상할 수 없는 속도로 수행할 수 있습니다. 문제는 현재 널리 사용되는 많은 암호 시스템의 기반이 되는 수학 문제들을 양자 컴퓨터가 매우 빠르게 풀 수 있다는 점입니다.

암호의 아포칼립스가 온다?

강력한 성능의 양자 컴퓨터가 실제로 개발된다면, 현재 우리가 안전하다고 믿는 대부분의 암호 체계는 하루아침에 무용지물이 될 수 있습니다. 이는 국가 안보, 금융 시스템, 개인 정보 보호 등 사회 전반에 걸쳐 엄청난 혼란을 초래할 수 있는 '암호 아포칼립스' 시나리오입니다.

군사적으로는 적국이 아군의 모든 비밀 통신을 엿듣거나, 중요한 시스템에 마음대로 침투할 수 있게 된다는 것을 의미합니다. 마치 모든 자물쇠가 한순간에 열려버리는 것과 같습니다.

양자의 힘으로 양자를 막는다: 양자 암호화

이런 '양자 위협'에 대비하기 위해 과학자들은 두 가지 방향으로 노력하고 있습니다. 하나는 양자 컴퓨터로도 풀기 어려운 새로운 수학 문제에 기반한 '양자 내성 암호'를 개발하는 것입니다.

다른 하나는 아예 새로운 방식으로 정보의 비밀성을 보장하는 '양자 암호화 기술'입니다. 그중에서도 가장 주목받는 것이 '양자 키 분배(QKD,

Quantum Key Distribution)'입니다.

QKD는 양자 역학의 신비로운 성질을 이용합니다. 양자 세계에서는 '측정하면 상태가 변한다'는 독특한 법칙이 있습니다. QKD는 이 성질을 활용하여, 만약 중간에 누군가 비밀 키 정보를 훔쳐보려고 시도하면 키 정보 자체가 변해 버리거나 오류가 발생하여 도청 시도가 즉시 발각되도록 합니다. 마치 누군가 엿보는 순간 글씨가 사라지는 마법 잉크로 비밀 편지를 쓰는 것과 같습니다. 따라서 QKD를 이용하면 이론적으로 도청이 불가능한, 완벽하게 안전한 키 교환이 가능해집니다.

AI가 양자 암호화를 도와준다

인공지능은 양자 암호화 기술, 특히 QKD 시스템을 더욱 효율적이고 안정적으로 만드는 데 중요한 역할을 할 수 있습니다.

QKD 시스템은 실제로 구현하고 운영하는 데 여러 기술적 어려움이 따릅니다. 양자 신호는 매우 약하고 외부 환경에 민감하여 전송 중에 오류가 발생하기 쉽습니다. 또한 여러 사용자가 동시에 QKD 네트워크를 사용하려면 복잡한 경로 설정과 자원 관리가 필요합니다.

AI는 이런 문제들을 해결하는 데 큰 도움이 됩니다. AI는 QKD 시스템에서 발생하는 복잡한 오류 패턴을 학습하고 분석하여, 오류를 예측하고 보정하는 알고리즘을 개발하는 데 사용될 수 있습니다. 마치 AI가 통신망의 '잡음' 특성을 파악하고 이를 제거하여 깨끗한 신호를 복원하는 것과 같습니다.

AI는 QKD 네트워크의 상태를 실시간으로 모니터링하고 분석하여, 가장 효율적인 키 분배 경로를 찾아내고 네트워크 자원을 최적으로 배분하는 역할을 할 수 있습니다. AI 교통 관제사가 실시간 교통 상황을 분석하여 가장 빠른 길을 안내해 주듯이, AI는 양자 키가 필요한 사용자들에게 가장 빠르고 안전하게 키를 전달할 수 있도록 네트워크를 지능적으로 관리합니다.

미래의 사이버 보안 환경

양자 컴퓨터의 등장은 현재의 암호 체계에 큰 위협이 되지만, 양자 암호화 기술과 양자 내성 암호는 이러한 위협에 대응할 수 있는 새로운 방패를 제공합니다. 인공지능은 이 새로운 양자 시대의 암호 기술들을 더욱 발전시키고 안정적으로 운영하며, 보안성을 강화하는 데 핵심적인 역할을 할 수 있습니다.

AI는 QKD 시스템의 오류를 보정하고 네트워크를 최적화하며, 새로운 보안 위협을 탐지하고, 양자 내성 암호 알고리즘 개발을 지원함으로써 미래의 사이버 보안 환경을 구축하는 데 중요한 조력자가 될 것입니다. 양자 기술과 AI의 결합은 미래 군사 통신과 정보 시스템의 비밀을 안전하게 지키는 강력한 힘이 될 것으로 기대됩니다.

3 AI, 사이버 공격의 새로운 무기가 되다

인공지능이 사이버 보안의 든든한 방패 역할을 하는 것과 동시에, 악의적인 목적을 가진 사람들의 손에 들어가면 무서운 공격 무기로 변모할 수 있다는 어두운 현실도 있습니다.

AI의 빠른 학습 능력, 뛰어난 패턴 분석 능력, 그리고 자동화 능력은 기존의 사이버 공격 방식을 훨씬 더 정교하고, 빠르고, 탐지하기 어렵게 만들 수 있는 잠재력을 가지고 있습니다. 숙련된 전사가 뛰어난 무기를 들면 더 강력한 전투력을 발휘하는 것처럼, 사이버 공격자들은 AI라는 새로운 무기를 통해 방어 시스템을 무력화시키고 더 큰 피해를 주려 시도할 수 있습니다.

AI는 사이버 공간에서 방패인 동시에 이제껏 보지 못했던 날카로운 창의 역할까지 할 수 있게 된 양날의 검이 되었습니다.

3-1 AI를 활용한 악성코드 생성 및 진화

**AI 기술이 악성코드 개발을 자동화하고
기존 탐지 기술을 회피하며 스스로 진화하는 능력 확보**

생성 자동화

"요리 로봇"

특징

목적 입력 시 자동으로 악성코드 생성
기존 코드 조각 조합 및 변형

위험성

전문 지식 불요
대량의 다양한 변종 생산
방어 측 대응 능력 한계 초과

탐지 회피

"카멜레온"

특징

백신/IDS 탐지 방식 학습
다형성/변형 악성코드 생성

위험성

지능적이고 예측 불가능한 변화
기존 시그니처 기반 방어 무력화
끊임없는 모습 변경

자가 진화

"스마트 바이러스"

특징

침투 시스템 보안 환경 학습
최적의 공격 방법 스스로 발견

위험성

살아있는 생물처럼 적응
제거 어려움
예측 불가능한 피해 확산

취약점 발견

"건물 약점 분석"

특징

방대한 코드 고속 분석
잠재적 보안 허점 탐지

위험성

정확한 공격 경로 제시
인간보다 빠른 취약점 발견
효과적인 침투 전략 수립

[그림 41] 무기로 돌변한 인공지능.

악성코드는 컴퓨터 바이러스, 웜, 랜섬웨어, 스파이웨어 등 다른 사람의 컴퓨터에 몰래 침투하여 정보를 훔치거나 시스템을 파괴하는 모든 종류의 악성 소프트웨어를 말합니다. 마치 우리 몸에 침투하는 병균이나 집안에 몰래 들어와 물건을 훔치는 도둑과 같습니다.

전통적으로 악성코드는 해커나 사이버 범죄자들이 직접 복잡한 프로그래밍 코드를 작성하여 만들어야 했습니다. 이는 상당한 시간과 전문 지식이 필요한 고난도 작업이었고, 완성된 악성코드도 백신 프로그램 같은 보안 시스템에 의해 탐지되고 차단될 수 있었습니다.

하지만 인공지능 기술이 발전하면서 악성코드를 만들고 퍼뜨리는 방식에 혁명적인 변화가 일어나고 있습니다. AI는 악성코드 개발을 자동화하고, 기존 탐지 기술을 회피하며, 심지어 스스로 환경에 적응하여 진화하는 능력까지 갖춘 '스마트 악성코드'를 만들어 낼 가능성을 보여주고 있습니다.

악성코드 제조 공장의 자동화

AI는 악성코드 생성을 자동화할 수 있습니다. 특정 목적을 입력하면, AI가 기존의 악성코드 코드 조각들을 조합하거나 변형하여 새로운 악성코드를 자동으로 만들어 낼 수 있습니다. 마치 요리 레시피를 입력하면 로봇이 재료를 조합하여 자동으로 요리를 만드는 것과 비슷합니다.

이렇게 되면 전문적인 프로그래밍 능력이 부족한 공격자도 비교적 쉽게 악성코드를 만들 수 있게 되며, 대량의 다양한 변종 악성코드를 짧은 시간 안에 생산해 낼 수 있습니다. 방어하는 입장에서는 수많은 새로운 악성코드에 일일이 대응하기가 훨씬 어려워집니다.

디지털 카멜레온: 탐지를 피하는 변형 능력

AI는 기존의 보안 탐지 시스템을 회피하도록 설계된 악성코드를 만드는 데 사용될 수 있습니다. AI는 수많은 백신 프로그램이나 침입 탐지 시스템이 어떻게 악성코드를 탐지하는지를 학습할 수 있습니다. 그런 다음, 이 탐지 시스템의 눈을 속일 수 있도록 자신의 코드 구조나 행동 패턴을 계속해서 바꾸는 악성코드를 생성할 수 있습니다.

카멜레온이 주변 환경에 따라 자유자재로 색깔을 바꿔 자신을 숨기는 것처럼, AI 기반 악성코드는 보안 시스템의 탐지망을 피하기 위해 끊임 없이 자신의 모습을 바꿀 수 있습니다. 이는 기존의 시그니처 기반 탐지 방식으로는 잡아내기가 매우 어렵습니다.

주요 우려 사항

기술 진입 장벽 제거	방어-공격 비대칭	예측 불가능성
전문 지식 없어도 고도의 공격 가능 공격자 저변 확대	하나의 AI로 수많은 변종 생산 vs 각각 개별 대응 필요	스스로 진화하는 악성코드는 기존 대응 체계로 한계

[그림 42] 무기로 돌변 가능한 인공지능의 우려 사항.

자가 진화하는 스마트 바이러스

무서운 것은 AI가 악성코드 자체에 탑재되어 스스로 환경에 적응하고 진화하는 능력을 갖출 수 있다는 점입니다. 어떤 시스템에 침투한 AI 악성코드는 해당 시스템의 보안 환경을 스스로 학습하고 분석하여, 탐지되지 않으면서 목표를 달성할 수 있는 최적의 방법을 찾아낼 수 있습니다.

공격 목표를 달성한 후에는 자신의 흔적을 스스로 지우거나, 다음 공격을 위해 숨어있는 등 더 지능적인 행동을 할 수 있습니다. 마치 살아있는 생물처럼 스스로 생각하고 환경에 적응하는 '스마트 바이러스'가 현실이 될 수 있습니다.

2025년 새로운 위협: 악성 LLM과 AI 도구의 남용

2025년에는 악성 대규모 언어 모델(LLM) 서비스가 다크웹에서 거래되는 새로운 현상이 나타나고 있습니다. 최근 보고서에 따르면, 대규모 언어 모델인 믹스트랄 AI와 그록(Grok)을 기반으로 한 AI 해킹 도구들이 다크웹에서 판매되고 있어 사회적 문제가 되고 있습니다.

AI는 소프트웨어의 취약점을 찾아내는 데도 사용될 수 있습니다. 복잡한 소프트웨어 코드를 분석하여 잠재적인 보안 허점을 찾아내는 것은 사람에게는 많은 시간과 노력이 필요한 작업이지만, AI는 방대한 양의 코드를 훨씬 빠른 속도로 분석하고 잠재적 취약점을 찾아낼 수 있습니다.

RSA 2025에서 본 AI 공격의 진화

세계 최대 사이버보안 콘퍼런스인 RSA 2025에서 발표된 내용에 따르면, AI 기반 사이버 공격은 다음과 같은 진화 로드맵을 따르고 있습니다.

현재는 피싱(Phishing) 이메일 작성, 익스플로잇(exploit) 생성, 악성코드 배포 자동화 단계입니다. 2년 이내에는 AI 악성코드가 시스템 정보를 실시간으로 분석하고, 상황에 맞는 페이로드를 자동 조정할 수 있게 될 것으로 예상됩니다. 3~5년 이내에는 AI가 제로데이 취약점을 스스로 탐지하고, 대상에 맞춘 전체 공격 수명 주기를 자동으로 수행할 수 있는 단계까지 발전할 것으로 전망됩니다.

이러한 AI 기반 악성코드는 기존의 사이버 위협과는 차원이 다른 심각한 문제를 야기할 수 있으며, 특히 중요한 기반 시설이나 군사 시스템을 노리는 AI 기반 악성코드는 국가 안보에 직접적인 위협이 될 수 있습니다. 이에 대응하기 위해서는 AI 기반의 새로운 방어 기술 개발과 함께, AI 기술의 악용을 방지하기 위한 국제적인 협력과 규제가 필요한 시점입니다.

3-2 맞춤형 피싱 공격 및 딥페이크 기술

사이버 공격에는 기술적인 시스템의 약점을 직접 노리는 것 외에도, 사람의 심리나 실수를 이용하여 정보를 빼내거나 악성코드를 설치하게 만드는 '사회공학적' 공격 방식이 있습니다.

그중에서도 대표적인 것이 '피싱(Phishing)' 공격입니다. 피싱은 마치 낚시를 하듯이, 이메일, 문자 메시지, 소셜 미디어 등을 통해 사용자를 속여서 가짜 웹사이트로 유인하거나 악성 첨부 파일을 열도록 유도하는 사기 수법입니다.

```
┌─────────────────────────────────────────┐
│       딥페이크 = 디지털 세상의 특수분장        │
│        특정 인물을 완벽하게 모방             │
└─────────────────────────────────────────┘

              2대 핵심 공격 유형
─────────────────────────────────────────────

┌──────────────────────┐  ┌──────────────────────┐
│     조직 내부 사칭      │  │     사회적 혼란 야기     │
│ ▶ 지휘관 목소리로 가짜 작전 지시 │  │ ▶ 정치인/군 장성 가짜 발언 영상 │
│ ▶ 상관 사칭하여 기밀 정보 요구   │  │ ▶ 가짜 뉴스 제작 및 유포       │
│ ▶ CEO 얼굴로 긴급 자금 이체 요청 │  │ ▶ 여론 조작 및 선동           │
│ ▶ 익숙한 목소리로 의심 없이 속임  │  │ ▶ 개인 명예 훼손 및 협박        │
└──────────────────────┘  └──────────────────────┘
```

[그림 43] 특정 인물을 완벽하게 모방한 딥페이크 공격.

전통적인 피싱의 한계

기존의 피싱 공격은 많은 사람에게 똑같은 내용의 메시지를 무작위로 보내는 '뿌리기' 방식이 주류였습니다. "긴급히 계좌 정보를 확인하세요.", "축하합니다! 복권에 당첨되었습니다." 같은 뻔한 내용이 대부분이었죠. 내용이 어색하거나 문법이 틀리거나, 나와는 전혀 관련 없는 내용인 경우가 많아 비교적 쉽게 가짜임을 알아챌 수 있었습니다.

AI가 만들어 내는 맞춤형 디지털 속임수

하지만 인공지능 기술이 발전하면서 피싱 공격은 훨씬 더 정교하고 개인화된 형태로 진화하고 있습니다. AI는 피싱 공격의 성공률을 크게 높이는 강력한 도구가 되었습니다.

AI는 먼저 공격 대상에 대한 정보를 광범위하게 수집하고 분석합니다. 대상의 소셜 미디어 활동, 과거 이메일 내용, 직업, 관심사, 인간관계 등 인터넷에 공개된 다양한 정보를 AI가 학습하여 개인의 특징과 상황을 정확히 파악합니다.

그런 다음, AI는 이 정보를 바탕으로 개인에게 가장 그럴듯하게 보일 만한 '맞춤형' 피싱 메시지를 자동으로 생성합니다. 특정 회사의 직원을 공격 대상으로 삼는다면, AI는 그 직원의 동료나 상사의 이름을 도용하고, 최근 업무 내용과 관련된 그럴듯한 제목과 본문을 작성하여 마치 실제 업무 관련 메일인 것처럼 위장한 피싱 메일을 보낼 수 있습니다.

이를 '스피어 피싱(Spear Phishing)'이라고 하는데, 작살로 특정 물고기를 노려 잡듯이 특정 개인이나 조직을 목표로 정밀하게 이루어지기 때문에 훨씬 속기 쉽습니다.

딥페이크: 디지털 세상의 완벽한 변장술

여기에 더해, AI의 '딥페이크(Deepfake)' 기술은 피싱 공격을 더욱 위험하게 만들고 있습니다. 딥페이크는 AI를 이용하여 특정 인물의 얼굴이나 목소리를 놀랍도록 사실적으로 합성하여 가짜 동영상이나 음성 파일을 만드는 기술입니다.

마치 영화 속 특수분장 기술처럼, AI가 디지털 세상에서 특정 인물을 완벽하게 모방하는 것입니다. 초기 딥페이크는 어색한 부분이 있었지만, 기술이 발전하면서 이제는 전문가도 구분하기 어려운 수준에 이르렀습니다.

딥페이크가 만들어 내는 새로운 위협

딥페이크 기술이 피싱과 결합되면 매우 위험한 상황이 발생할 수 있습니다. 공격자는 특정 군부대 지휘관의 목소리를 딥페이크 기술로 완벽하게 흉내 내어 부하에게 전화를 걸어 가짜 작전 지시를 내리거나, 민감한 정보에 접근할 수 있는 암호를 요구할 수 있습니다. 부하는 익숙한 지휘관의 목소리이기 때문에 의심 없이 속아 넘어갈 수 있습니다.

회사의 CEO 얼굴과 목소리를 딥페이크로 합성하여 재무 담당자에게 긴급하게 특정 계좌로 거액을 송금하라는 영상 통화를 걸 수도 있습니다. 딥페이크는 이메일이나 문자 메시지보다 훨씬 더 강력한 신뢰감을 주기 때문에 피해자를 속이기가 훨씬 쉽습니다.

딥페이크 위협의 확산

2025년에는 딥페이크 기술이 더욱 정교해지고 접근하기 쉬워지면서, 앞으로는 사이버 범죄자들이 공격에 허위 정보와 딥페이크를 적극 활용할 것으로 예상됩니다. 이를 통해 금전적 강탈을 가속화하거나 다른 공격을 숨기거나 조직의 평판을 손상시키는 등 다양한 악의적 목적으로 사용될 것입니다.

딥페이크 탐지 기술도 함께 발전하고 있어, AI 기반 알고리즘을 활용해 조작된 콘텐츠를 실시간으로 탐지하려는 연구가 활발히 이루어지고 있습니다.

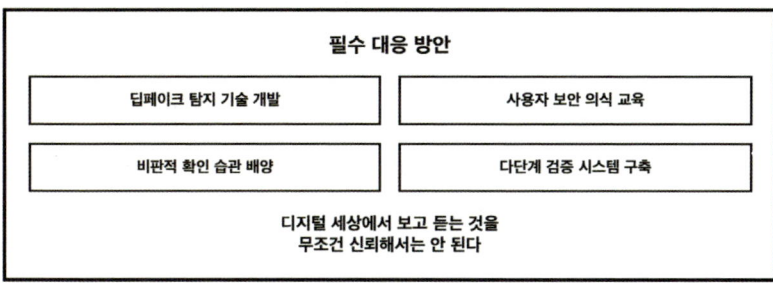

[그림 44] 조직별 딥페이크 피해 영향.

딥페이크는 단순한 개인적 피해를 넘어서 사회적 혼란을 야기하거나 특정 인물의 평판을 훼손하는 데 악용될 수도 있습니다. 유명 정치인이나 군 장성이 하지 않은 말을 한 것처럼 딥페이크 영상을 만들어 유포하여 가짜 뉴스를 퍼뜨리거나 여론을 조작할 수 있습니다.

AI는 개인의 정보를 분석하여 고도로 맞춤화된 피싱 메시지를 대량으로 생성하고, 딥페이크 기술을 통해 실제와 구분하기 힘든 가짜 영상이나 음성을 만들어 냄으로써 속이는 공격을 매우 효과적이고 위험하게 만들고 있습니다. 신뢰가 중요한 군대나 조직 내에서는 딥페이크를 이용한 상관 사칭이나 가짜 명령 전달 등이 심각한 보안 사고로 이어질 수 있습니다.

3-3 정보 조작 및 여론 조작

정보는 현대 사회와 전쟁에서 핵폭탄만큼 강력한 힘을 가집니다. 정확한 정보는 올바른 판단과 효과적인 행동을 가능하게 하지만, 거짓되거나 조작된 정보는 사람들을 혼란에 빠뜨리고 잘못된 결정을 내리게 하며, 사회적 갈등을 증폭시키고 전쟁의 승패에도 결정적인 영향을 미칠 수 있습니다.

과거에도 적의 사기를 떨어뜨리거나 아군의 사기를 높이기 위해, 또는 특정 정책에 대한 지지나 반대를 유도하기 위해 전단을 뿌리거나 라디오 방송을 이용하는 등의 정보전과 심리전이 꾸준히 이어져 왔습니다.

하지만 인공지능 기술의 등장은 이러한 정보 조작 및 여론 조작 활동을 훨씬 더 교묘하고, 광범위하며, 효과적으로 만들고 있습니다. AI는 정보전의 게임 체인저가 되고 있습니다.

AI가 만들어 내는 가짜 정보의 홍수

AI는 정보 및 여론 조작의 강력한 도구로 활용될 수 있습니다. AI는 가짜 뉴스 기사, 소셜 미디어 게시물, 댓글 등 조작된 콘텐츠를 마치 공장에서 제품을 찍어내듯 대량으로, 그리고 빠르게 생성해 낼 수 있습니다.

대규모 언어 모델(LLM)은 사람이 쓴 것처럼 자연스럽고 설득력 있는 글을 순식간에 만들어 낼 수 있습니다. 공격자는 AI를 이용하여 특정 사건에 대한 가짜 목격담, 특정 인물에 대한 비방글, 특정 주장을 지지하는 여론처럼 보이는 댓글 등을 수없이 만들어 인터넷 공간에 퍼뜨릴 수 있습니다.

사람들은 무엇이 진실이고 무엇이 거짓인지 구분하기 어려워지며, 자신도 모르게 조작된 정보에 노출되고 영향받게 됩니다. 마치 진짜와 가짜를 구분할 수 없는 위조지폐가 시장에 넘쳐나는 것과 같은 상황입니다.

심리적 약점을 파고드는 맞춤형 선전

AI는 소셜 미디어 플랫폼 등에서 수집된 사용자 데이터를 분석하여 특정 메시지에 쉽게 넘어갈 만한 개인이나 집단을 식별하고, 그들의 심리적 약점이나 선입견을 파고드는 '맞춤형' 선전 메시지를 전달하는 데 사용될 수 있습니다.

특정 성향을 가진 사람들에게는 그들의 믿음을 더욱 강화시키는 가짜 정보를 집중적으로 보여주고, 사회적 불만이 많은 그룹에는 정부나 특정 집단에 대한 불신을 조장하는 메시지를 퍼뜨리는 방식입니다.

마치 개인의 취향을 분석하여 맞춤형 광고를 보여주는 것처럼, AI가 사람들의 생각과 감정을 조종하기 위해 맞춤형 정보를 '주입'하는 것과 같습니다. 이러한 미시적 타기팅은 여론을 특정 방향으로 미묘하게 유도하거나 사회적 분열을 심화시키는 데 매우 효과적일 수 있습니다.

AI가 조종하는 디지털 꼭두각시들

AI는 소셜 미디어에서 활동하는 수많은 가짜 계정, 즉 '봇(Bot)'들을 자동으로 관리하고 운영하는 데 사용됩니다. AI가 제어하는 봇 네트워크는 마치 실제 사람들이 활동하는 것처럼 보이면서 조직적으로 특정 메시지를 퍼뜨리고, 좋아요나 공유 수를 조작하여 특정 정보가 인기를 얻고 있는 것처럼 보이게 만들며, 반대 의견을 공격하거나 묵살하는 등의 활동을 수행합니다.

이러한 봇들은 특정 이슈에 대한 여론이 한쪽으로 쏠리는 것처럼 보이게 하거나, 소수의 의견을 다수의 의견처럼 포장하여 여론의 흐름을 왜곡할 수 있습니다. AI는 이러한 봇들이 실제 사람처럼 더 자연스럽게 행동하도록 만들고, 탐지를 피하도록 지능적으로 관리할 수 있습니다.

ChatGPT 시대의 새로운 우려

ChatGPT와 같은 강력한 언어 모델의 등장은 이러한 위협을 더 가중시킬 수 있다는 우려를 낳고 있습니다. 개발사들이 악용을 막기 위해 여러 안전장치를 마련하고 있지만, 일부 사용자들은 이러한 모델을 이용하여 악성코드 코드를 작성하거나, 설득력 있는 피싱 이메일을 만들거나, 대량의 가짜 뉴스 및 선전물을 생성하려고 시도하고 있습니다.

디지털 전환에서 AI 전환으로

'디지털 전환(DX)'을 넘어 'AI 전환(AX)' 시대로 접어들면서, 향후 AI를 이용한 정보 조작과 여론 조작이 더욱 정교해질 것으로 예상됩니다. AI가 만들어 내는 콘텐츠의 질이 점점 높아지면서, 전문가가 아닌 일반인들은 AI가 생성한 가짜 정보와 실제 정보를 구분하기가 더욱 어려워지고 있습니다.

AI는 가짜 콘텐츠 생성, 정밀 타기팅, 봇 네트워크를 통한 여론 조작 등 다양한 방식으로 정보전 및 심리전의 판도를 바꾸고 있습니다. 이는 단순히 개인적인 피해를 넘어 사회의 신뢰를 무너뜨리고, 민주주의를 위협하며, 국가 안보에도 심각한 영향을 미칠 수 있는 중대한 문제입니다.

따라서 AI가 만들어 내는 정교한 가짜 정보와 콘텐츠를 식별하고 대응하는 기술 개발과 함께, 시민들의 디지털 리터러시와 비판적 사고 능력을 높이는 교육이 그 어느 때보다 중요해지고 있습니다.

---

4   **주요 국가들의 AI 기반 사이버 방어 노력**

오늘날 사이버 공간은 눈에 보이지 않는 거대한 전쟁터입니다. 국가 기반시설, 군사 시스템, 기업의 핵심 정보, 그리고 개인 정보까지 모든 것이 사이버 공격의 표적이 될 수 있습니다. 공격은 더 지능화되고, 빨라지며, 규모도 커지고 있습니다.

특히 인공지능 기술이 발전하면서 공격자들 역시 AI를 악용하여 더욱 탐지하기 어렵고 파괴적인 공격을 시도하고 있습니다. 마치 적군이 더 강력한 신무기를 개발하는 상황과 같습니다.

세계 주요 국가들은 더 이상 기존의 방식만으로는 사이버 공간의 안전을 지키기 어렵다는 것을 깨닫고, 인공지능을 활용하여 국가 차원의 사이버 방어 능력을 강화하기 위해 총력을 기울이고 있습니다. AI라는 첨단 기술을 방패 삼아, 날로 지능화되는 사이버 위협으로부터 국가의 소중한 자산과 국민을 보호하기 위한 생존 전략입니다.

미국: AI 사이버 방어의 선두 주자

미국은 오랫동안 첨단 국방 기술 개발을 선도해 왔으며, AI 분야에서도 막대한 투자를 통해 군사적 우위를 유지하려고 노력하고 있습니다. 사이버 보안 분야에서 AI의 중요성을 일찍부터 인식하고 국방부 차원에서 AI 기술의 도입과 활용을 가속해 왔습니다.

2022년, 미 국방부는 디지털 현대화와 AI 역량 강화를 더욱 통합적으로 추진하기 위해 여러 조직을 통합하여 최고 디지털 및 인공지능 책임자실(CDAO, Chief Digital and Artificial Intelligence Office)을 출범시켰습니다. CDAO는 국방부 전반에 걸쳐 데이터, 분석, 그리고 AI 기술의 도입과 활용을 총괄하며, 사이버 보안을 핵심적인 응용 분야 중 하나로 다루고 있습니다.

미국은 AI를 활용하여 사이버 방어의 여러 측면을 혁신하려고 합니다. 방대한 네트워크 트래픽을 AI가 실시간으로 분석하여, 사람이 놓치기 쉬운 미묘한 이상 징후나 잠재적인 침입 시도를 조기에 탐지하는 시스템을 개발하고 있습니다. 마치 수많은 CCTV 화면을 24시간 지치지 않고 감시하며 아주 작은 수상한 움직임까지 포착해 내는 지능형 감시 시스템과 같습니다.

DARPA의 혁신적인 AI 사이버 챌린지

특히 주목할 만한 것은 DARPA와 함께 진행하고 있는 AI 사이버 챌린지(AI Cyber Challenge, AIxCC)입니다. 이 프로그램은 참가자들이 주요 오픈 소스 프로젝트의 보안을 강화할 수 있는 새로운 AI 도구를 개발하도록 하는 혁신적인 경진대회입니다. 2025년 8월에는 세계 최대 해킹 방어 대회인 '데프콘 33(DEF CON 33)'이 미국 라스베이거스 컨벤션 센터에서 개최되었습니다. 이러한 대회는 AI가 세상을 더욱 안전하게 만들 수 있다는 가능성을 실제로 검증하는 중요한 실험이 되고 있습니다.

미국 사이버 사령부(USCYBERCOM)와 CISA(사이버 보안 및 인프라 안보국)와 같은 기관들은 CDAO와 협력하며 AI 기반의 차세대 사이버 방어 역량을 구축하고 실전에 적용하기 위해 노력하고 있습니다. 미국의 목표는 AI를 통해 더욱 빠르고, 지능적이며, 회복력 있는 사이버 방어 체계를 구축하여 국가 안보를 튼튼히 지키는 것입니다.

일본: 아시아의 AI 사이버 방어 허브

일본 또한 증가하는 사이버 공격 위협에 대응하기 위해 AI 기술 활용에 큰 관심을 보입니다. 일본은 자국의 중요 인프라 보호와 국가 안보 강화를 위해 사이버 보안 역량 확충을 중요한 정책 과제로 추진하고 있으며, 이 과정에서 AI의 역할에 주목하고 있습니다.

일본 방위성과 자위대는 사이버 방위 능력 강화를 위해 AI 기술을 도입하는 방안을 모색하고 있습니다. AI를 활용한 네트워크 감시 강화, 악성코드 분석 자동화, 사이버 공격 예측 및 조기 경보 시스템 개발 등이 포함될 수 있습니다.

특히 정교한 표적 공격이나 대규모 분산 서비스 거부(DDoS) 공격 등 고도화된 사이버 위협에 효과적으로 대응하기 위해 AI의 정보 분석 및 상황 판단 능력을 활용하는 데 중점을 두고 있습니다. 일본의 목표는 AI 기술을 통해 사이버 공간에서의 방어 태세를 현대화하고, 국가 차원에서 공격에 대한 회복력을 높이는 것입니다.

글로벌 AI 사이버 방어 경쟁 심화

미국, 일본 외에도 중국, 러시아, 영국, 이스라엘, 유럽연합(EU) 국가 등 세계 여러 나라들이 AI를 사이버 보안에 접목하기 위한 연구 투자를 활발히 진행하고 있습니다. AI 기술이 미래 사이버 전장의 판도를 바꿀 '게임 체인저'가 될 수 있다는 공감대가 형성되었기 때문입니다.

각국은 AI를 활용하여 자국의 사이버 방어 능력을 강화하는 동시에, 잠재적으로는 AI를 이용한 공격 능력 개발에도 힘쓸 수 있어, 사이버 공간에서의 AI 경쟁은 더욱 치열해질 것으로 보입니다.

새로운 도전 과제들

2025년에는 새로운 도전 과제들이 등장하였습니다. 중국의 딥시크(DeepSeek) 같은 AI 모델의 등장으로 AI 기술 경쟁이 심화하고 있으며, 동시에 AI 보안 취약점에 대한 우려도 커지고 있습니다. 각국은 자국의 AI 기술을 보호하면서도 AI를 활용한 사이버 방어 능력을 강화해야 하는 이중적 과제에 직면하고 있습니다.

또한 5G, 6G 등 초연결 시대의 도래와 함께 사물인터넷(IoT), 자율주행차, 스마트시티 등 새로운 공격 표면이 확대되면서, 이에 대응하는 AI 기반 방어 기술의 중요성이 더 커지고 있습니다.

제로트러스트(Zero Trust)와 AI의 결합

2025년 주목받은 또 다른 트렌드는 제로트러스트(Zero Trust) 보안 모델과 AI의 결합입니다. "신뢰는 없다. 항상 검증하라."라는 제로트러스트 원칙을 AI가 실시간으로 구현하여, 모든 접속과 활동을 지능적으로 검증하고 관리하는 시스템이 각국에서 도입되고 있습니다.

인공지능은 날로 정교해지고 빨라지는 사이버 위협에 맞서 국가의 안보와 국민의 안전을 지키기 위한 핵심적인 방어 수단으로 부상하고 있습니다. 주요 국가들은 AI 기술을 사이버 방어 체계에 통합하여 위협 탐지, 분석, 대응 능력을 혁신하기 위해 적극적으로 노력하고 있습니다.

비록 여러 도전 과제가 남아 있지만, AI가 미래 사이버 보안 환경에서 수행할 역할은 더 커질 것이며, AI 기술을 효과적으로 활용하는 능력이 국가의 사이버 안보 수준을 결정하는 중요한 요소가 될 것입니다. 보이지 않는 사이버 전장에서 AI라는 강력한 도구를 누가 더 현명하고 효과적으로 사용하느냐의 경쟁이 이미 시작되었습니다.

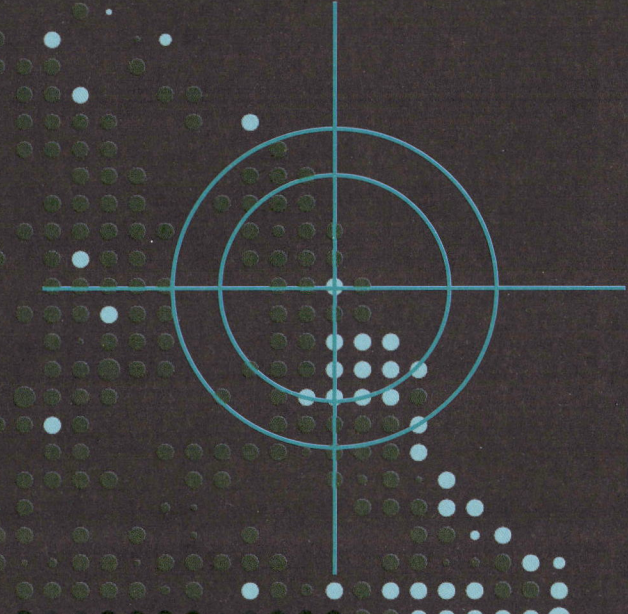

1-1 국방부 최고 디지털 및 인공지능 책임자실(CDAO)

1-1-1 CDAO의 핵심 역할과 설립 배경

미국 국방부 최고 디지털 및 인공지능 책임자실(CDAO, Chief Digital and Artificial Intelligence Office)은 2022년 2월 공식 출범한 AI 혁신의 최전선입니다. CDAO는 단순한 기술 연구소가 아닙니다. 국방부 전체에 흩어져 있던 AI 관련 역량들을 하나로 묶어 내는 '디지털 지휘부'의 역할을 담당하고 있습니다.

CDAO 설립 이전, 미국 국방부는 심각한 문제를 겪고 있었습니다. 육군은 육군대로, 해군은 해군대로, 공군은 공군대로 각자 AI 프로젝트를 진행하면서 엄청난 예산 낭비가 발생했습니다. 마치 한 집에서 냉장고를 방마다 하나씩 사는 것과 같은 상황이었죠. 육군에서 개발한 드론 인식 AI와 공군의 항공기 인식 AI가 서로 대화조차 못 하는 웃지 못할 일들이 반복되었습니다.

국방부는 이런 혼란을 끝내기 위해 CDAO를 만들었습니다. CDAO의 가장 중요한 임무는 국방부 내 600개가 넘는 AI 프로젝트들이 제각각 흩어져 진행되는 것을 막고, 이들을 하나의 통합 생태계로 만드는 것입니다.

CDAO는 공항 관제탑처럼 운영됩니다. 모든 항공기의 이착륙을 조율하는 관제탑처럼, CDAO는 국방부 전체의 AI 프로젝트들을 조율하고 방향을 제시합니다. 각 군과 기관들이 개발한 우수한 AI 기술들을 CDAO가 수집하고 평가한 후, 이를 전군이 활용할 수 있는 공통 플랫폼으로 발

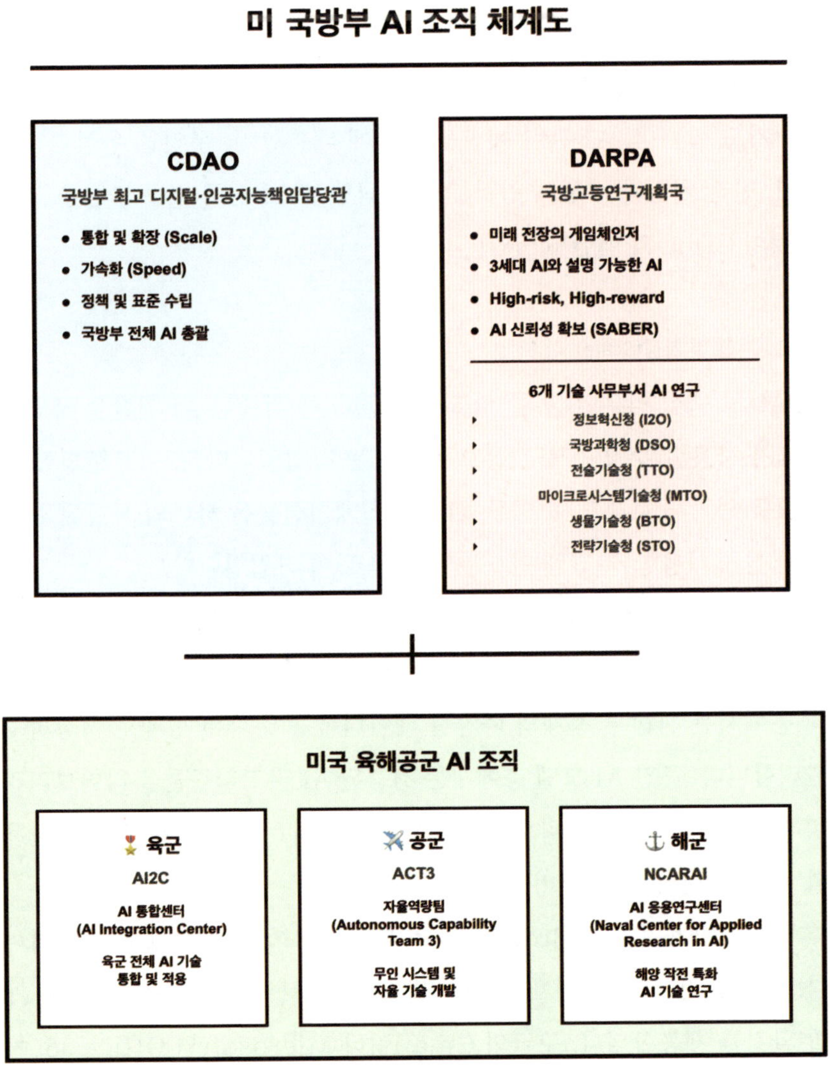

미 국방부 AI 조직 체계도

CDAO	DARPA
CDAO	**DARPA**
국방부 최고 디지털·인공지능책임담당관	국방고등연구계획국

CDAO
국방부 최고 디지털·인공지능책임담당관

- 통합 및 확장 (Scale)
- 가속화 (Speed)
- 정책 및 표준 수립
- 국방부 전체 AI 총괄

DARPA
국방고등연구계획국

- 미래 전장의 게임체인저
- 3세대 AI와 설명 가능한 AI
- High-risk, High-reward
- AI 신뢰성 확보 (SABER)

6개 기술 사무부서 AI 연구

- 정보혁신청 (I2O)
- 국방과학청 (DSO)
- 전술기술청 (TTO)
- 마이크로시스템기술청 (MTO)
- 생물기술청 (BTO)
- 전략기술청 (STO)

미국 육해공군 AI 조직

★ 육군

AI2C

AI 통합센터
(AI Integration Center)

육군 전체 AI 기술
통합 및 적용

✈ 공군

ACT3

자율역량팀
(Autonomous Capability
Team 3)

무인 시스템 및
자율 기술 개발

⚓ 해군

NCARAI

AI 응용연구센터
(Naval Center for Applied
Research in AI)

해양 작전 특화
AI 기술 연구

[그림 1] 미국 국방부 AI 조직 체계도.

전시킵니다.

해군에서 개발한 레이더 신호 분석 AI 기술이 육군의 드론 탐지에도 활용될 수 있다면, CDAO가 이런 기술의 교차 활용을 적극 추진합니다. 이것이 바로 '시너지 창출'입니다.

CDAO는 국방부의 AI 전략을 수립하고 실행하는 최고 의사결정 기구이기도 합니다. AI 관련 예산을 어떻게 배분할지, 무엇을 우선순위로 둘지, 민간 기업과 어떻게 협력할지 등 국방부 AI 정책의 큰 그림을 그리는 것이 CDAO의 핵심 책임입니다.

1-1-2 통합 및 확장(Scale)

CDAO의 핵심 임무인 '통합 및 확장(Scale)'은 검증된 AI 기술을 국방부 전체가 사용할 수 있는 플랫폼으로 만드는 작업입니다. 스마트폰의 앱스토어를 생각해 보세요. 다양한 AI 애플리케이션들을 하나의 통합된 환경에서 쉽게 사용할 수 있게 만드는 것이 바로 이 작업입니다.

CDAO는 이런 문제를 해결하기 위해 '공통 AI 플랫폼' 구축에 온 힘을 쏟고 있습니다. 이 플랫폼은 3층 구조로 설계되었습니다. 맨 아래 데이터 층에서는 국방부 전체의 다양한 데이터를 표준화된 형태로 저장하고 관리합니다. 중간 AI 모델 층에서는 검증된 AI 알고리즘들을 라이브러리 형태로 제공합니다. 맨 위 애플리케이션 층에서는 실제 군사 작전에 활용할 수 있는 완성된 AI 서비스들을 제공합니다.

성공 사례가 바로 'Jupiter'라는 클라우드 기반 AI/ML 플랫폼입니다. Jupiter는 국방부 전체의 AI 개발자들이 공통으로 사용할 수 있는 개발 환경을 제공합니다. 구글의 Gmail이나 Microsoft의 Office 365처럼, 웹 브라우저만 있으면 어디서든 접속해서 AI 모델을 개발하고 테스트할 수 있습니다. 덕분에 각 부대가 별도의 AI 인프라를 구축할 필요가 없

DARPA AI 연구 체계

6개 기술 사무소의 AI 연구 분업 구조

I2O 정보혁신사무소 (Information Innovation Office)

AI 연구의 지휘본부 - AI 기술 개발의 핵심 허브, 다른 사무소의 기반 기술 제공

프로그램: XAI(설명가능한 AI), SABER(AI보안), MCS(상식적 추론)   연구영역: 숙련된 AI, 안전 소프트웨어, 사이버 작전, 신뢰정보

BTO 생물기술사무소 (Biological Technologies Office)

생명과학의 AI 혁명 - AI와 생명공학의 교차점 연구, 의료 AI 및 바이오 혁신

프로그램: AI-생명공학 교차점 연구(42개 프로젝트), 바이오 시뮬레이션   연구영역: 의료 AI, 생물학적 데이터 분석, 인간 성능 향상

STO 전략기술사무소 (Strategic Technology Office)

물리적 전장의 AI 적용 - 자율 시스템과 AI 기반 자율 플랫폼 개발로 미래 전장 우위 확보

프로그램: SCEPTER(복합 작전 계획), 자율 무기 시스템   연구영역: 자율 시스템, AI 기반 자율 플랫폼, 복합 작전 계획

DSO 국방과학사무소 (Defense Sciences Office)

미래 10-20년 원천기술 - 기초 AI 연구의 최전선, 게임체인저 원천 기술 연구

프로그램: 양자 컴퓨터 기반 AI, 뇌 모방 AI 프로세서   연구영역: 양자 AI, 뉴로모픽 컴퓨팅, 혁신적 AI 개념

MTO 마이크로시스템기술사무소 (Microsystems Technology Office)

AI 하드웨어 구현 - AI 알고리즘을 실제 하드웨어로 구현, 엣지 AI 기술 개발

프로그램: 초소형 AI 칩, 드론 탑재 AI, 실시간 AI 처리   연구영역: AI전용 칩, 센서 기술, 통신 장비, 엣지 AI

TTO 전술기술사무소 (Tactical Technology Office)

실전 검증 및 통합 - 개발된 AI 기술의 실제 전투 환경 테스트 및 검증

프로그램: 통합 자율 드론 시스템, 실전 배치 검증   연구영역: 실전 검증, 시스템 통합, 전투 환경 테스트

DARPA AI 연구의 핵심 특징

- **고위험-고수익 철학**: 성공 확률 50% 이하 프로젝트도 적극 추진
- **통합적 협력 체계**: 6개 사무소의 전문성 융합으로 AI 생태계 조성
- **미래 지향적 비전**: 10-15년 후 압도적 군사 우위를 위한 3세대 AI 개발

[그림 2] DARPA AI 연구 체계도.

어졌고, 개발 속도도 놀랍도록 빨라졌습니다.

또 다른 혁신적 프로젝트는 'Advana'라는 데이터 분석 플랫폼입니다. Advana는 국방부의 방대한 데이터를 실시간으로 분석하고 시각화하는 서비스를 제공합니다. 부대 지휘관이 자신의 장비 상태, 인력 현황, 예산 집행률 등을 한눈에 파악하고 싶을 때 Advana를 통해 즉시 확인할 수

있습니다.

확장(Scale) 전략에서 가장 중요한 것은 '표준화'입니다. 모든 AI 시스템이 동일한 데이터 형식, 보안 프로토콜, 인터페이스 규격을 따르도록 함으로써, 서로 다른 시스템들이 마치 레고 블록처럼 쉽게 결합할 수 있도록 만듭니다. 이를 통해 한 번 개발된 AI 기능을 여러 용도로 재활용할 수 있고, 새로운 기능을 추가할 때도 기존 시스템과의 호환성을 보장할 수 있습니다.

1-1-3 가속화(Speed)

CDAO의 두 번째 핵심 임무인 '가속화(Speed)'는 AI 기술이 연구실에서 실제 전장까지 도달하는 시간을 극적으로 단축하는 것입니다. 전통적인 국방 획득 체계에서는 새로운 기술이 실제 배치되기까지 보통 10~15년이 걸렸습니다. AI처럼 빠르게 발전하는 기술 분야에서는 이런 속도로는 도저히 경쟁력을 유지할 수 없습니다.

민간에서는 AI 스타트업이 아이디어를 실제 서비스로 만들어 시장에 출시하기까지 몇 개월에서 1~2년이면 충분합니다. 반면 국방부의 복잡한 규정과 절차를 거치면 같은 기술이 실제 사용되기까지 수년이 걸립니다. CDAO는 이런 '혁신의 속도 격차'를 해결하기 위해 혁신적인 접근 방식을 도입했습니다.

가장 대표적인 것이 '신속 프로토타이핑(Rapid Prototyping)' 방식입니다. 기존에는 완벽한 시스템을 한 번에 개발하려고 했다면, 이제는 기본 기능만 있는 최소 실행 가능 제품(MVP, Minimum Viable Product)을 먼저 만들어 실제 사용자들에게 테스트해 보고, 피드백을 받아 지속적으로 개선해 나가는 방식을 택합니다.

CDAO가 도입한 혁신적인 획득 경로 중 하나가 'Trade Winds'입니다. Trade Winds는 기존의 복잡한 계약 절차를 대폭 간소화한 신속 획득 프로그램입니다. 일반적인 국방 계약이 수십 개의 승인 단계를 거쳐야 하는 반면, Trade Winds는 핵심 승인 단계만 거쳐 몇 개월 만에 계약을 체결할 수 있습니다.

CDAO는 '해커톤(Hackathon)' 형태의 AI 경진대회를 정기적으로 개최합니다. 군 내외의 개발자들이 모여 48~72시간 동안 집중적으로 AI 솔루션을 개발하고, 우수한 작품은 즉시 파일럿 프로젝트로 전환됩니다. 이런 방식으로 혁신적인 아이디어를 빠르게 발굴하고 실용화할 수 있습니다.

1-1-4 정책 및 표준 수립

CDAO의 세 번째 핵심 임무인 '정책 및 표준 수립'은 국방부 전체의 AI 활용이 안전하고 윤리적이며 효과적으로 이루어지도록 하는 규칙과 가이드라인을 만드는 것입니다. AI 기술의 강력한 잠재력만큼이나 그 위험성도 크기 때문에, 명확한 원칙과 기준 없이는 예상치 못한 문제가 발생할 수 있습니다.

가장 중요한 것은 '책임감 있는 AI(Responsible AI, RAI)' 원칙의 수립과 적용입니다. 이는 AI 시스템이 인간의 통제에 있어야 하고, 그 결정 과정이 투명해야 하며, 편향성이나 차별이 없어야 한다는 기본 원칙들을 담고 있습니다. 군사 영역에서는 AI의 잘못된 판단이 생명과 직결될 수 있기 때문에 이런 원칙들이 더욱 중요합니다.

CDAO는 모든 AI 시스템 개발과 도입 과정에서 RAI 체크리스트를 의무적으로 거치도록 했습니다. 적군 식별 AI를 개발할 때는 민간인을 잘못 식별할 위험성은 없는지, AI의 판단 근거를 인간이 이해하고 검증할 수 있는지, 시스템이 오작동할 때 인간이 즉시 개입할 수 있는지 등을 철저히 검토합니다.

데이터 거버넌스(Data Governance)도 CDAO의 중요한 책임 영역입니다. AI 시스템의 성능은 결국 데이터의 품질에 달려 있는데, 국방부가 보유한 방대한 데이터를 체계적으로 관리하고 활용하는 것이 필수적입니다. CDAO는 데이터의 수집, 저장, 공유, 활용에 관한 통일된 기준을 수립했습니다.

민감한 정보의 보안과 개인정보 보호에 각별한 주의를 기울입니다. 군사 데이터는 국가기밀일 뿐만 아니라 군인들의 개인정보도 포함하고 있어서, 이를 AI 학습에 활용할 때는 엄격한 보안 프로토콜을 따라야 합니다. CDAO는 데이터 익명화, 접근 권한 관리, 감사 추적 등의 세부 기준을 마련했습니다.

CDAO는 AI 시스템의 상호 운용성(Interoperability) 표준을 제정합니다. 육군의 AI 시스템과 공군의 AI 시스템이 서로 데이터를 주고받고 협력할 수 있도록 하는 기술적 규격들을 정의합니다. 이는 마치 서로 다른 휴대폰이 같은 통신망을 사용해 통화할 수 있게 하는 통신 표준과 같은 역할입니다.

인력 교육과 역량 강화도 CDAO의 정책 영역에 포함됩니다. AI 기술을 효과적으로 활용하려면 이를 운용하는 군인들이 AI의 기본 원리와 한계를 이해해야 합니다. CDAO는 계급별, 병과별로 차별화된 AI 교육 커리큘럼을 개발하고, 온라인 학습 플랫폼을 통해 지속적인 교육을 제공합니다.

마지막으로 CDAO는 민간 기업 및 학계와의 협력 정책도 수립합니다. AI 분야의 최신 기술과 인재가 주로 민간에 집중되어 있기 때문에, 국방부와 민간의 효과적인 협력 방안을 모색하는 것이 중요합니다. 기술 보안과 정보 공유의 균형점을 찾아 상호 윈-윈 가능한 협력 모델을 만드는 것이 CDAO의 중요한 정책 과제입니다.

1-2 국방고등연구계획국(DARPA)

국방고등연구계획국(DARPA)은 AI 기술 개발을 위해 산하에 6개 기술 사무소를 통해 연구 체계를 구축하고 있습니다. 이 중에서도 정보혁신사무소(I2O)가 AI 연구의 핵심 허브 역할을 담당하며, 나머지 사무소들이 각자의 영역에서 AI 기술을 응용하는 분업 구조입니다.

정보혁신사무소(I2O)는 2010년 기존 정보처리기술사무소와 전술기술사무소를 통합하여 설립되었습니다. I2O는 정보 및 컴퓨팅 도메인에서의 혁신 기술 창출과 미래 역량 제공이라는 막중한 임무를 가지고 있습니다. I2O의 연구는 크게 네 가지 분야로 구성됩니다.

숙련된 AI(Proficient AI) 분야에서는 최첨단 AI 기술 개발과 신뢰할수 있는 AI 시스템 구축에 매진하고 있습니다. 설명 가능한 AI(XAI), 전장 AI 보안 강화를 위한 SABER 프로그램, AI 평가 기술 개발 AIQ 프로그램 등이 포함됩니다. XAI 프로그램은 AI의 판단 근거를 인간이 이해할 수 있도록 하는 기술로, 군사적 의사결정에서 AI 신뢰성 확보의 핵심입니다.

복원력 있는 안전 소프트웨어 분야는 보안과 복원력 강화에 중점을 둡니다. 적의 사이버 공격이나 AI 조작에도 견딜 수 있는 시스템 개발이 목표입니다.

사이버 작전 분야에서는 AI 기반 사이버 역량 개발을 통해 사이버 공간에서의 압도적 우위 확보를 추구합니다.

신뢰 정보 분야는 딥페이크와 같은 AI 기반 정보 조작에 대응하는 기술을 개발합니다. 미디어 포렌식(MediFor)과 의미론적 포렌식(SemaFor) 프로그램을 통해 조작된 정보를 탐지하고 진실을 구별하는 능력을 확보하고 있습니다.

I2O는 차세대 AI 기술 개발을 위한 야심 찬 프로젝트들을 추진하고 있습니다. AIRA(Artificial Intelligence Research Associate) 프로그램은 제3세대 AI 기술 개발을 목표로 하며, Machine Common Sense(MCS) 프로그램은 AI가 인간과 같은 상식적 추론 능력을 갖추도록 하는 연구를 진행합니다.

생물기술사무소(BTO)는 AI와 생명공학의 교차점에서 연구를 수행합니다. 2024년 12월 AI-생명공학 교차점 연구에 42개 프로젝트를 시작한 AI BTO 이니셔티브는 의료 AI, 생물학적 데이터 분석, AI 기반 바이오 혁신 등 생명과학 분야에서 AI의 가능성을 탐구하고 있습니다.

전략기술사무소(STO)는 실제 응용에 집중합니다. 자율 시스템과 AI 기반 자율 플랫폼 개발을 통해 미래 전장의 물리적 우위를 확보하려고 합니다. SCEPTER 프로그램은 복합 작전 계획을 위한 신뢰할 수 있는 AI 접근법을 개발하여, 복잡한 군사 작전에서 AI의 전략적 활용을 가능하게 합니다.

국방과학사무소(DSO)는 기초 AI 연구의 최전선에서 차세대 과학적 발견을 위한 AI 응용 연구를 수행합니다. 기존 패러다임을 벗어난 혁신적 AI 개념을 탐구하여, 10~15년 후 게임 체인저가 될 수 있는 원천 기술을 연구하고 있습니다.

DARPA의 2018년 발표된 AI Next 프로그램은 20억 달러 규모의 다년간 AI 투자로, 약 50개의 신규 및 기존 프로그램을 포함하여 제3세대 AI 시스템 개발에 중점을 두고 있습니다. "상황을 보고 판단하는 AI"가 바로 그것입니다. 지금까지의 AI는 미리 배운 것만 할 수 있었지만, 제3세대 AI는 처음 보는 상황에서도 스스로 "아, 이런 상황이구나!"라고 알아차릴 수 있습니다.

AI는 사람처럼 당연한 상식을 알고 있어야 합니다. "비가 오면 우산을 써야 한다.", "뜨거운 것을 만지면 다친다.", "밤에는 어둡다." 같은 기본적인 지식을 스스로 갖고 있어서 더 똑똑한 판단을 내릴 수 있어야 합니다. 지금까지의 AI는 복잡한 계산은 잘하지만, 이런 당연한 것들을 모를 때가 많았거든요. 이는 현재의 딥러닝 기술을 뛰어넘어 인간과 같은 맥락적 추론 능력을 갖춘 AI 개발을 목표로 합니다.

1-2-1 미래 전장의 게임 체인저

국방고등연구계획국(DARPA)은 미국 국방부에서 독특하고 중요한 역할을 담당하는 기관입니다. 1958년 소련의 스푸트니크 쇼크 이후 설립된 이래, DARPA는 '적보다 먼저 미래를 발명한다'는 철학으로 운영되고 있습니다.

DARPA의 AI 연구는 현재의 문제를 해결하는 것이 아니라, 10~15년 후 미래 전장에서 압도적 우위를 확보하는 것을 목표로 합니다. 체스에서 상대방이 세 수 앞을 생각할 때, 열 수 앞을 내다보는 것과 같습니다. 현재 군대가 사용하는 많은 기술 - 인터넷, GPS, 터치스크린 등 - 이 모두 DARPA에서 시작되었다는 점을 고려하면, 이들의 연구가 얼마나 중요한지 알 수 있습니다.

DARPA의 AI 연구는 세 가지 특징을 가집니다. 첫째, '파괴적 혁신(Disruptive Innovation)'을 추구합니다. 기존의 방식을 조금씩 개선하는 것이 아니라, 완전히 새로운 패러다임을 만들어 내는 것을 목표로 합니다. 둘째, '기술적 위험'을 적극적으로 감수합니다. 성공 확률이 50% 이하인 프로젝트도 과감하게 추진하며, 실패를 통해서도 중요한 교훈을 얻습니다. 셋째, '군사적 우위'에 집중합니다. 학술적 완성도보다는 실제 전장에서 적을 압도할 수 있는 실용적 기술 개발을 우선시합니다.

DARPA는 전세계 최고의 연구자들과 협력합니다. 대학, 기업, 정부 기관의 경계를 넘나들며 아이디어를 발굴하고 지원합니다. AI 분야에서는 실리콘밸리의 스타트업부터 MIT, 스탠퍼드 같은 명문대학까지 폭넓은 네트워크를 활용하여 최첨단 연구를 진행하고 있습니다.

1-2-2 3세대 AI와 설명 가능한 AI의 혁신

DARPA는 현재의 AI를 뛰어넘는 '3세대 AI' 개발에 집중하고 있습니다. 이를 이해하기 위해서는 AI의 발전 단계를 살펴볼 필요가 있습니다.

1세대 AI는 규칙 기반 시스템이었습니다. 인간이 미리 정해놓은 규칙에 따라 작동하는 단순한 형태였죠. 2세대 AI는 현재 우리가 사용하는 머신러닝과 딥러닝 기술입니다. 데이터를 통해 학습하지만, 여전히 특정 작업에만 특화되어 있습니다. DARPA가 개발하려는 3세대 AI는 인간처럼 맥락을 이해하고 추론할 수 있는 '상식적 AI'입니다. 새로운 상황에 직면했을 때도 기존 지식을 응용하여 해결책을 찾을 수 있는 AI를 의미합니다. 인간이 처음 보는 요리법을 읽고도 요리할 수 있는 것처럼, AI도 처음 접하는 문제에 대해 유연하게 대응할 수 있어야 합니다.

중요한 것이 '설명 가능한 AI(XAI)' 기술입니다. 현재의 AI는 '블랙박스'와 같아서, 왜 그런 결정을 내렸는지 인간이 이해하기 어렵습니다. 군사 작전에서는 AI의 판단 근거를 명확히 알아야 합니다. AI가 "적의 공격이 임박했다."라고 판단했을 때, 그 근거가 무엇인지 지휘관이 이해할 수 있어야 적절한 대응이 가능합니다.

DARPA의 XAI 프로그램은 AI가 자신의 판단 과정을 인간이 이해할 수 있는 언어로 설명할 수 있도록 하는 기술을 개발하고 있습니다. 단순히 결과만 제시하는 것이 아니라, "이런 데이터를 바탕으로, 이런 패턴을 발견했고, 따라서 이런 결론에 도달했다."라는 식으로 논리적 과정을 설명하는 것입니다.

DARPA는 'AI의 AI'라고 할 수 있는 메타 러닝(Meta Learning) 기술도 연구하고 있습니다. 이는 AI가 새로운 작업을 빠르게 학습하는 방법 자체를 학습하는 기술로, 인간의 '학습 능력'을 모방한 것입니다.

1-2-3 High-risk, High-reward

DARPA의 독특한 특징 중 하나는 '고위험-고수익(High-risk, High-reward)' 연구 철학입니다. 이는 일반적인 연구 기관과는 완전히 다른 접근법입니다.

일반 연구 기관은 성공 확률이 높은 안전한 프로젝트를 선호합니다. 반면 DARPA는 오히려 성공 확률이 50% 이하인 위험한 프로젝트를 적극적으로 추진합니다. 왜일까요? 바로 '게임 체인저'가 될 수 있는 기술은 항상 위험을 수반하기 때문입니다.

인터넷의 전신인 ARPANET, GPS의 핵심 기술, 스텔스 기술 등 현재 우리가 당연하게 여기는 많은 기술들이 당시에는 '불가능해 보이는' 도전이었습니다. 만약 DARPA가 안전한 길만 택했다면, 이런 혁신적 기술들은 탄생하지 못했을 것입니다.

DARPA의 AI 연구에서 이런 철학은 더욱 중요합니다. AI는 아직 초기 단계의 기술이고, 진정한 혁신은 기존의 틀을 벗어난 곳에서 나옵니다. 현재 대부분의 AI는 대량의 데이터가 필요합니다. 하지만 DARPA는 '소량 학습(Few-shot Learning)' 기술을 연구하여 적은 데이터로도 효과적으로 학습할 수 있는 AI를 개발하고 있습니다.

핵심은 '실패에 대한 관용'입니다. DARPA는 실패한 프로젝트도 가치 있는 학습 기회로 봅니다. 실패를 통해 어떤 접근법이 작동하지 않는지 알게 되고, 이는 다음 연구의 방향을 설정하는 데 중요한 정보가 됩니다.

DARPA는 '기한 설정'을 통해 연구의 집중도를 높입니다. 프로젝트는 3~5년의 명확한 기한이 있고, 이 기간 내에 구체적인 성과를 보여야 합니다. 이는 연구자들이 이론적 완성도보다는 실용적 결과에 집중하도록 만듭니다.

프로그램 매니저(PM) 시스템도 독특합니다. DARPA의 PM들은 대부분 3~5년 임기제로 근무하며, 자신만의 독창적인 비전을 가지고 프로젝트를 이끌어 갑니다. 이들은 과학자이면서 동시에 기업가적 마인드를 가진 사람들로, 혁신적 아이디어를 현실로 만드는 촉매 역할을 합니다.

1-2-4 AI 신뢰성 확보(SABER 프로그램)

SABER는 2025년 1월에 시작된 프로젝트입니다. 24개월 동안 진행됩니다. SABER(Squad-level Autonomous Breach and Entry Robot) 프로그램은 DARPA의 대표적인 AI 보안 연구 중 하나입니다. 이 프로그램은 적의 AI 공격을 방어하고, AI 시스템의 취약점을 미리 발견하여 보완하는 기술을 개발합니다.

미국 국방부는 "우리 AI가 진짜 전쟁에서 적의 공격을 잘 막을 수 있는지 확인해 보자."라고 생각했습니다. 이 프로젝트의 목표는 간단합니다. "우리 AI를 공격하는 팀을 만들어서, AI가 얼마나 강한지 테스트해 보자."라는 것입니다. 축구팀이 연습 경기를 하는 것과 같습니다. 진짜 경기에서 실수하지 않으려면 미리 연습을 많이 해야 하잖아요. SABER도 마찬가지로 실제 전쟁 전에 AI를 미리 테스트해 보는 것입니다.

프로젝트를 이끄는 바스티안 중령은 이렇게 말했습니다. "적이 AI를 공격하는 방법들을 우리가 알고 있지만, 실제 전쟁에서 이런 공격들을 어떻게 조합해서 사용할지는 잘 모른다. 우리가 먼저 알아봐야 한다."

SABER는 3개의 팀으로 나뉩니다. 첫 번째 팀은 AI를 공격하는 새로운 방법을 연구합니다. 컴퓨터로 하는 공격, 전파를 이용한 공격, 물리적인 공격 등 여러 가지 방법을 시도해 봅니다. 두 번째 팀은 첫 번째 팀이 만든 공격 방법들을 하나로 묶어서 사용하기 쉬운 도구를 만듭니다. 세 번째 팀은 실제 군대에서 사용하는 AI 시스템들을 제공합니다. 무인기나 로봇 같은 것들을 말입니다.

SABER는 앞으로 1~3년 안에 군대에서 사용할 예정인 AI, 로봇들과 무인기들을 테스트합니다. 하늘을 나는 드론부터 땅을 다니는 로봇까지 다양합니다. 실험실에서만 "AI가 이런 공격을 받으면 이렇게 될 것이다." 라고 예상하는 것을 넘어, SABER는 실제 상황과 비슷한 환경에서 테스트를 해 보려고 합니다.

바스티안 중령은 "우리 군인들은 자신들이 사용하는 AI가 안전하다는 것을 알 권리가 있다."라고 말했습니다. 여러분이 자동차를 탄다면, 그 자동차가 안전한지 미리 테스트해 보면 좋겠죠? SABER도 마찬가지입니다. 군인들이 사용하는 AI가 적의 공격을 잘 막을 수 있는지 미리 확인해 보는 것입니다.

DARPA는 여러 기술을 개발하고 있습니다. '강건한 AI(Robust AI)' 기술은 입력 데이터가 조작되어도 올바른 판단을 내릴 수 있는 AI를 만드는 것입니다. 이는 마치 사람이 안개가 끼거나 조명이 어두워도 사물을 인식할 수 있는 것과 같은 능력을 AI에게 부여하는 것입니다.

'AI 레드팀(Red Team)' 활동도 중요합니다. 이는 의도적으로 AI 시스템을 공격해 보는 팀을 만들어, 취약점을 미리 발견하고 보완하는 것입니다. 마치 해커가 되어 자신의 시스템을 공격해 보는 것과 같은 원리입니다.

DARPA는 'AI 검증(AI Verification)' 기술도 연구하고 있습니다. 이는 AI가 내린 판단이 올바른지 실시간으로 검증하는 기술로, 마치 조종사의 판단을 부조종사가 점검하는 것과 같은 개념입니다.

'적응형 보안(Adaptive Security)' 개념입니다. 기존의 보안은 알려진 위협에 대응하는 정적인 방어였지만, AI 시대에는 새로운 형태의 공격이 계속 등장합니다. 따라서 AI 시스템 자체가 새로운 위협을 학습하고 적응할 수 있는 동적 보안 시스템이 필요합니다.

1-2-5   DARPA 6개 기술 사무부서의 AI 연구 분업

DARPA의 6개 기술 사무소는 각각 고유한 전문 영역을 담당하면서도, AI라는 공통 기술을 중심으로 유기적으로 연결된 혁신적 조직 구조를 형성하고 있습니다.

정보혁신사무소(I2O): AI 연구의 지휘본부

I2O는 DARPA 내에서 AI 연구의 '마에스트로' 역할을 담당합니다. 이 사무소가 개발하는 핵심 AI 기술들은 다른 모든 부서의 연구 기반 기술로 활용됩니다. I2O에서 개발한 설명 가능한 AI(XAI) 기술은 생물기술사무소의 의료 AI에서는 치료 결정의 근거를 설명하는 데 사용되고, 전략기술사무소의 자율 무기 시스템에서는 표적 선택의 논리를 명확히 하는 데 활용됩니다.

I2O의 독특한 위치는 '플랫폼 제공자' 역할에 있습니다. 다른 사무소들이 특정 응용 분야에 집중하는 동안, I2O는 모든 분야에서 사용할 수 있는 범용 AI 기술과 도구를 개발합니다. Machine Common Sense(MCS) 프로그램이 대표적 예로, 이는 AI가 상식적 추론을 할 수 있게 하는 기반 기술을 개발하여 다른 모든 사무소의 AI 시스템 성능을 향상시킵니다.

생물기술사무소(BTO): 생명과학의 AI 혁명

BTO는 AI 기술을 생명과학 영역에 적용하는 전문성을 가지고 있습니다. AI를 단순한 도구가 아닌 '생물학적 시스템을 이해하는 새로운 언어'로 접근한다는 점입니다. 2024년 12월 동시에 선정한 42개 AI-생명공학 프로젝트는 이런 접근법의 결실입니다.

BTO의 AI 연구는 크게 세 가지 방향으로 진행됩니다. 첫째, 생물학적 데이터 해석입니다. 인간 게놈에서 단백질 구조까지, 생명체의 복잡한 정보를 AI가 분석하여 새로운 치료법이나 생화학 무기 대응책을 개발합니다. 둘째, 바이오 시뮬레이션입니다. AI가 생물학적 과정을 시뮬레이션하여 약물 개발이나 생물 무기 효과 예측을 가능하게 합니다. 셋째, 인간 성능 향상입니다. AI를 활용하여 군인의 신체적, 인지적 능력을 최적화하는 연구를 진행합니다.

주목할 만한 것은 BTO와 I2O의 협력입니다. I2O에서 개발한 설명 가능한 AI 기술이 BTO의 의료 AI에 적용되어, 군의관이 AI의 진단 근거를 명확히 이해할 수 있게 되었습니다. 이는 생명을 다루는 의료 분야에서 AI 신뢰성 확보의 핵심입니다.

전략기술사무소(STO)

STO는 AI 기술을 물리적 전장 환경에 적용하는 데 특화되어 있습니다. 이 사무소의 핵심 철학은 'AI가 물리적 세계와 상호작용을 하는 방법'을 연구하는 것입니다. 디지털 세계에서 뛰어난 성능을 보이는 AI가 실제 물리적 환경에서는 예상치 못한 문제에 직면할 수 있기 때문입니다.

STO의 대표적 프로젝트인 SCEPTER 프로그램은 복합 작전 계획을 위한 신뢰할 수 있는 AI 접근법을 개발합니다. 이는 단순히 하나의 무기 시스템이 아니라, 육해공 전체의 복합적 작전을 AI가 실시간으로 계획하고 조정하는 시스템입니다. 적의 방공망을 무력화하기 위해 공군의 스텔스기, 해군의 크루즈 미사일, 육군의 전자전 시스템을 동시에 조율하는 것입니다.

STO와 다른 사무소들의 협력도 혁신적입니다. I2O에서 개발한 적응형 AI 기술과 BTO에서 연구한 인간-기계 인터페이스 기술을 결합하여, 조종사나 지휘관이 직관적으로 AI 시스템과 협력할 수 있는 통합 플랫폼을 개발하고 있습니다.

국방과학사무소(DSO)

DSO는 10~20년 후의 미래를 내다보는 가장 기초적이고 혁신적인 AI 연구를 담당합니다. 이 사무소의 역할은 '불가능해 보이는 것을 가능하게 만드는' 원천 기술을 발굴하는 것입니다. 현재의 AI 패러다임을 완전히 뒤엎을 수 있는 혁신적 개념들을 탐구합니다.

DSO의 연구 중 가장 흥미로운 것은 '양자 AI'입니다. 기존의 디지털 컴퓨터가 아닌 양자 컴퓨터 기반의 AI 시스템을 개발하여, 현재 AI의 계산적 한계를 근본적으로 뛰어넘으려는 시도입니다. 또한 '뉴로모픽 컴퓨팅'을 통해 인간 뇌의 구조를 모방한 완전히 새로운 형태의 AI 프로세서를 연구하고 있습니다.

마이크로시스템기술사무소(MTO)

MTO는 AI 알고리즘을 실제 하드웨어로 구현하는 데 특화된 사무소입니다. 아무리 뛰어난 AI 소프트웨어라도 이를 구동할 효율적인 하드웨어가 없다면 의미가 없습니다. MTO는 AI 전용 칩, 센서, 통신 장비 등 AI 시스템의 물리적 기반을 제공합니다.

MTO는 '에지 AI' 기술 개발에 집중하고 있습니다. 클라우드 서버가 아닌 개별 장비에서 직접 AI 연산을 수행하는 기술로, 전장에서 통신이 두절되어도 AI 시스템이 계속 작동할 수 있게 합니다. 드론이나 로봇에 탑재되는 초소형 AI 칩이 대표적 예시입니다.

전술기술사무소(TTO)

TTO는 개발된 AI 기술을 실제 전투 환경에서 테스트하고 검증하는 역할을 담당합니다. 이 사무소의 독특함은 '실전 검증'에 있습니다. 실험실에서 완벽하게 작동하는 AI 시스템도 실제 전장의 복잡하고 예측 불가능한 환경에서는 예상치 못한 문제가 발생할 수 있기 때문입니다.

TTO는 다른 사무소에서 개발된 AI 기술들을 통합하여 실제 군사 작전에서 사용할 수 있는 완성품으로 만드는 '시스템 통합자' 역할을 합니다. I2O의 AI 알고리즘, MTO의 하드웨어, STO의 물리적 플랫폼을 결합하여 실전 배치 가능한 자율 드론 시스템을 개발합니다.

각 조직 간 통합적 협력

DARPA의 6개 사무소는 다양한 협력 네트워크를 형성합니다. 수직적 통합은 기초 연구(DSO)에서 응용 연구(I2O, BTO, STO), 하드웨어 구현(MTO), 실전 검증(TTO)까지의 전체 연구개발 주기를 커버합니다. 수평적 협력은 서로 다른 전문 영역의 기술들을 융합하여 새로운 혁신을 창출합니다.

장점은 '기술의 빠른 이전과 융합'입니다. 한 사무소에서 개발된 혁신적 기술이 다른 사무소의 연구에 즉시 적용되어, 전체적인 혁신 속도가 크게 향상됩니다. 이는 DARPA가 단순한 연구 기관이 아닌, AI 기술의 '생태계 조성자' 역할을 하는 이유입니다.

1-3 미국 육해공군 AI 조직

1-3-1 각 군별 AI 조직

미군의 군별 AI 조직은 국방부 AI 생태계에서 '실행의 최전선'이라고 할 수 있습니다. CDAO가 전군 공통의 AI 플랫폼과 정책을 제공하고, DARPA가 기술을 연구한다면, 각 군의 AI 조직은 이러한 기술들을 실제 전장 환경에서 작동하는 실용적 솔루션으로 변환하는 핵심 역할을 담당합니다.

군별 AI 조직의 가장 중요한 특징은 '영역별 특화'입니다. 육군은 복잡한 지형과 다양한 위협이 공존하는 지상전 환경에, 해군은 광활하고 예측 불가능한 해양 환경에, 공군은 고속으로 변화하는 3차원 공중전 환경에 각각 특화된 AI 솔루션을 개발해야 합니다. 이는 마치 같은 언어를 사용하더라도 지역별 방언과 문화가 다른 것처럼, AI 기술도 각 전장 환경의 특성에 맞게 '번역'되어야 함을 의미합니다.

또 다른 역할은 '상향식 혁신(Bottom-up Innovation)'의 촉진입니다. 실제 전장에서 복무하는 장병들이 직면하는 구체적인 문제들을 AI 기술로 해결하고, 이 과정에서 발견되는 새로운 요구사항이나 혁신적 아이디어를 상부 조직에 전달하는 역할을 합니다. 전선의 소대장이 "적의 은밀한 접근을 더 빨리 탐지할 방법이 필요하다."라고 제기한 문제가 새로운 AI 센서 시스템 개발로 이어지는 것입니다.

군별 AI 조직은 '기술 문화의 교량' 역할을 합니다. 전통적인 군사 문화와 혁신적인 AI 기술 문화 사이의 간극을 메우고, 기존 군사 교리와 새로운 가능성을 조화시키는 것입니다. 기술을 도입하는 것이 아니라, 조직 전체의 사고방식과 운영 방식을 변화시키는 과정입니다.

중요한 것은 '상호운용성(Interoperability)' 확보입니다. 각 군이 개발하는 AI 시스템들이 합동작전 시 원활히 연동될 수 있도록 하는 것이 과제입니다. 이를 위해 CDAO가 제공하는 공통 플랫폼과 표준을 기반으로 하되, 각 군의 고유한 요구사항을 반영한 특화 시스템을 개발하는 균형 잡힌 접근법을 추구하고 있습니다.

1-3-2 육군 AI 통합센터(AI2C)

육군 AI 통합센터(Army AI Integration Center, AI2C)는 2018년 카네기 멜론 대학교 내에 설립된 육군의 AI 연구개발 허브입니다. 육군 미래사령부 산하 조직입니다. AI2C의 핵심 미션은 지상전의 복잡하고 다변적인 환경에서 육군이 압도적 우위를 확보할 수 있는 AI 솔루션을 개발하는 것입니다.

지상전은 다른 어떤 전장보다 복잡합니다. 도시, 숲, 사막, 산악 등 다양한 지형에서, 정규군부터 게릴라까지 다양한 적과 대면해야 하며, 민간과 군사 목표가 혼재하는 환경에서 작전을 수행해야 합니다. AI2C는 이런 복잡성을 AI의 강점으로 전환하는 연구에 집중하고 있습니다.

AI2C의 주요 연구 분야 중 하나는 '상황 인식 AI(Situational Awareness AI)'입니다. 이는 다양한 센서와 정보원으로부터 수집된 데이터를 실시간으로 분석하여 전장 상황을 종합적으로 파악하는 기술입니다. 드론 영상, 지상 센서 데이터, 통신 정보, 인간 정보원 보고서 등을 AI가 통합 분석하여 "적의 주력 부대가 3시간 후 A지역을 통과할 가능성이 85%"와 같은 예측 정보를 제공합니다.

'자율 지상 차량(Autonomous Ground Vehicles)' 기술도 중요합니다. 무인 보급 차량, 정찰 로봇, 폭발물 처리 로봇 등 다양한 자율 지상 시스템을 개발하고 있습니다. 도시나 험지에서도 안전하게 작동할 수 있는 '강건한 자율주행' 기술에 중점을 두고 있습니다. 일반 자율주행차와 달리 적의 공격이나 전자전 환경에서도 작동해야 하는 요구를 반영한 것입니다.

AI2C는 '적응형 사이버 방어(Adaptive Cyber Defense)' 시스템을 개발하고 있습니다. 지상전에서는 물리적 공격과 사이버 공격이 동시에 이루어지는 '하이브리드 전쟁' 양상을 보입니다. AI2C의 사이버 방어는 적의 새로운 사이버 공격 패턴을 실시간으로 학습하고 대응 방안을 자동으로 생성하는 능력을 갖추고 있습니다.

AI2C의 '병사 중심 AI(Soldier-Centric AI)' 접근법입니다. AI 기술을 개발할 때 실제 병사들의 의견과 경험을 적극적으로 반영하는 것입니다. AI2C는 정기적으로 현역 병사들과의 워크숍을 개최하여 현장의 실제 필요를 파악하고, 개발된 시스템을 실제 부대에서 테스트하여 피드백을 받습니다. 이를 통해 '실험실에서는 완벽하지만, 현장에서는 쓸모없는 기술'이 아닌, 실제로 병사들의 생존과 임무 수행에 도움이 되는 실용적 AI를 개발하고 있습니다.

1-3-3 공군 자율역량팀(ACT3)

공군 자율역량팀(Autonomous Capabilities Team 3, ACT3)은 공군의 AI 혁신을 이끄는 핵심 조직입니다. 자율역량팀(ACT3)은 공군연구소(AFRL) 산하 조직으로 오하이오주 라이트-패터슨 공군기지에 위치합니다. 공군 및 우주군 인지 엔진(ASCE) 개발을 주도하는 임무를 담당하며, 공군 내 AI 특수작전 조직으로 운영됩니다. AI 네트워크 개발과 자율 시스템 연구를 핵심 프로젝트로 추진하여, 차세대 항공 우주 전력의 자율화와 지능화를 선도하고 있습니다.

ACT3의 가장 큰 특징은 '속도와 규모'에 대한 집착입니다. 공중전은 지상전보다 훨씬 빠른 속도로 전개되며, 판단과 대응이 몇 초 차이로 승부가 결정되는 영역입니다. 따라서 ACT3는 인간의 반응 속도를 뛰어넘는 자율 시스템 개발에 집중하고 있습니다.

ACT3의 핵심 프로젝트 중 하나는 'Loyal Wingman' 프로그램입니다. 유인 전투기와 함께 편대를 이루어 비행하는 무인 전투기를 개발하는 것입니다. 이 무인기들은 단순히 조종사의 명령을 따르는 것이 아니라, 상황을 스스로 판단하여 최적의 전술 행동을 취할 수 있어야 합니다. 적의 미사일이 날아올 때 자동으로 기만책을 펼치거나, 적기가 나타났을 때 최적의 요격 경로를 계산하여 공격하는 것입니다.

'예측 정비(Predictive Maintenance)' AI입니다. 전투기는 극도로 복잡하고 정밀한 기계로, 갑작스러운 고장이 조종사의 생명을 위험에 빠뜨릴 수 있습니다. ACT3의 예측 정비 AI는 항공기의 수천 개 센서 데이터를 실시간으로 분석하여 부품 고장을 사전에 예측합니다. 이는 마치 숙련된 정비사가 엔진 소리만 들어도 문제를 파악하는 것처럼, AI가 미세한 데이터 변화를 통해 미래의 고장을 예측하는 것입니다.

ACT3는 또한 '공중 교통 관제(Air Traffic Control)' AI도 개발하고 있습니다. 현대 공중전에서는 아군 항공기, 무인기, 미사일 등 수백 개의 공중 자산이 동시에 작전을 수행합니다. 이들 간의 충돌을 방지하고 최적의 비행경로 제공하는 것은 인간 관제사의 능력을 넘어선 복잡성을 가집니다. ACT3의 AI 관제 시스템은 3차원 공간에서 실시간으로 모든 항공자산의 위치와 의도를 파악하고, 최적의 교통 흐름을 조절합니다.

혁신적인 것은 '적응형 전술 AI(Adaptive Tactics AI)'입니다. 실시간으로 적의 전술 변화를 분석하고, 이에 대응하는 새로운 전술을 자동으로 생성하는 시스템입니다. 적이 새로운 형태의 전자전 공격을 시도할 때, AI가 이를 즉시 분석하여 효과적인 대응 전술을 개발하고 아군 항공기에 실시간으로 전파하는 것입니다.

ACT3는 또한 민간 항공 산업과의 협력을 중시합니다. 보잉, 록히드마틴 같은 전통적인 방산업체뿐만 아니라 스타트업들과도 적극적으로 협력하여 아이디어를 발굴하고 있습니다. Agile Development 방식을 도입하여 기존의 느린 국방 획득 절차를 혁신하고, 민간의 빠른 혁신 속도를 군사 분야에 접목하고 있습니다.

1-3-4 해군 AI 응용연구센터(NCARAI)

해군 AI 응용연구센터(Naval Center for Applied Research in Artificial Intelligence, NCARAI)는 해군대학원(Naval Postgraduate School)에 위치한 해군의 AI 연구 중심지입니다. 해양이라는 특수한 환경의 도전과 기회를 동시에 활용하는 데 있습니다.

해양 환경은 AI에게 독특한 도전을 제시합니다. 육지와 달리 명확한 지형지물이나 고정점이 없고, 날씨와 해상 상태에 따라 환경이 급격히 변합니다. 수중에서는 일반적인 통신이나 센서 기술이 제한되며, 광활한 바다에서는 표적을 탐지하고 추적하는 것이 극도로 어렵습니다. NCARAI는 이런 해양 환경의 특수성을 오히려 AI의 강점으로 활용하는 연구에 집중하고 있습니다.

NCARAI의 가장 중요한 연구 분야는 '해양상황인식(Maritime Situational Awareness)' AI입니다. 위성 영상, 소나 데이터, 레이더 정보, AIS(자동식별시스템) 신호 등 다양한 정보원을 통합하여 해상의 모든 활동을 실시간으로 파악하는 시스템입니다. 주목할 만한 것은 '이상행동 탐지(Anomaly Detection)' 기능으로, 정상적인 해상 교통 패턴을 학습한 AI가 수상한 활동을 자동으로 식별해 냅니다. 어선으로 위장한 정찰선이나 비정상적인 경로로 항해하는 선박을 자동으로 탐지하는 것입니다.

수중 작전 AI도 NCARAI의 핵심 연구 분야입니다. '자율 수중 차량(Autonomous Underwater Vehicles, AUVs)' 기술은 인간이 접근하기 어려운 깊은 바다나 위험한 수역에서 정찰, 기뢰 탐지, 해저 지형 조사 등을 수행할 수 있는 AI 시스템입니다. NCARAI는 여러 대의 AUV가 협력하여 광범위한 해역을 효율적으로 수색하는 '군집 AI(Swarm AI)' 기술을 개발하고 있습니다. 물고기 떼가 협력하여 먹이를 찾거나 포식자를 피하는 것처럼, 무인 수중정들이 서로 통신하며 협력하는 시스템입니다.

NCARAI의 또 다른 혁신 분야는 '적응형 네트워크(Adaptive Net-working)' 기술입니다. 해상에서는 육지와 달리 안정적인 통신 인프라가 없어 함정들 간의 연결이 자주 끊어집니다. NCARAI의 AI 네트워킹 시스템은 이런 불안정한 환경에서도 중요한 정보가 목적지에 도달할 수 있도록 최적의 경로를 동적으로 계산합니다. 위성, 함정, 항공기, 무인기 등을 모두 활용하여 끊어진 통신을 자동으로 우회하고 복구하는 것입니다.

해상 작전에서 날씨는 전투 효과를 좌우하는 결정적 요소입니다. NCARAI의 '해양 기상 예측(Marine Weather Prediction)' AI는 해양의 복잡한 기상 패턴을 학습하여 기존의 일반적인 기상예보보다 훨씬 정확한 해상 전용 예보를 제공합니다. 또 이를 통해 함정의 항해 경로 최적화, 항공기 이·착함 시기 결정, 작전 계획 수립 등에 핵심적인 정보를 제공합니다.

NCARAI는 해군의 전통적 강점인 '바다에서의 지속성(Persistence at Sea)'을 AI로 극대화하는 연구도 진행하고 있습니다. 장기간 바다에서 작전하는 함정의 승조원들을 AI가 지원하여 피로도를 줄이고 효율성을 높이는 '디지털 승조원(Digital Crew)' 개념을 개발하고 있습니다.

2　주요 AI 이니셔티브 및 프로그램

2-1　합동 전영역 지휘통제(JADC2)

합동 전영역 지휘통제(Joint All-Domain Command and Control, JADC2)는 미국 국방부가 추진하는 야심 찬 AI 프로젝트로, 전쟁 패러다임을 바꿀 혁명적 개념입니다. JADC2의 핵심은 육군, 해군, 공군, 우주

미 국방부 주요 AI 이니셔티브

[그림 3] 미국 국방부 주요 AI사업 종합표.

군, 사이버사령부의 모든 센서와 데이터를 하나의 거대한 신경망처럼 연결하여, AI가 실시간으로 전장 상황을 통합 분석하고 최적의 대응 방안을 제시하는 시스템을 구축하는 것입니다.

현재의 군사 작전은 각 군이 독립적으로 수행하는 '사일로(Silo)' 구조를 가지고 있습니다. 육군은 육군대로, 해군은 해군대로, 공군은 공군대로 각자 나름의 정보와 무기 체계를 사용하며, 이들 간의 정보 공유는 제한적이고 느립니다. 이는 마치 몸의 각 기관이 따로따로 작동하는 것과 같아서, 전체적인 효율성이 떨어지고 대응 속도가 늦어집니다.

JADC2 합동 전영역 지휘통제

AI 기반 통합 군사 지휘통제 시스템

핵심 개념 및 문제 해결

JADC2 핵심 개념 (Joint All-Domain Command and Control)

개요: 미국 국방부의 야심찬 AI 프로젝트로 전쟁 패러다임을 바꿀 혁명적 개념

세부내용: 육군, 해군, 공군, 우주군, 사이버사령부의 모든 센서와 데이터를 하나의 거대한 신경망처럼 연결

목표: AI가 실시간으로 전장 상황을 통합 분석하고 최적의 대응 방안을 제시하는 시스템 구축

현재 문제점 (사일로(Silo) 구조의 한계)

개요: 각 군이 독립적으로 수행하는 분산 구조로 효율성 저하

세부내용: 육군-해군-공군이 각자의 정보와 무기 체계를 사용, 정보 공유는 제한적이고 느림

영향: 몸의 각 기관이 따로 작동하는 것처럼 전체적 효율성 떨어짐, 대응 속도 지연

해결책: 전영역 융합 (All-Domain Fusion)

개요: 지상-해상-공중-우주-사이버공간의 모든 정보를 하나의 공통된 작전 그림으로 통합

세부내용: 우주 정찰위성 탐지 → 지상 방공포대, 해상 이지스함, 공중 전투기에 동시 전달

결과: 각자 최적의 대응 행동을 동시에 취할 수 있는 통합 시스템

기술적 핵심 요소

클라우드 기반 AI 분석 엔진

기능: 전장에서 수집되는 엄청난 양의 데이터를 실시간 처리

세부사항: 영상, 음성, 신호 정보, 센서 데이터 등을 몇 초 내에 분석하고 의미 있는 정보로 변환

장점: 기존 개별 컴퓨터 시스템의 한계를 클라우드 컴퓨팅으로 극복

예측적 지휘통제

기능: AI가 적의 의도와 다음 행동을 예측하여 선제적 대응 방안 제시

세부사항: 현재 상황만이 아닌 미래 상황 예측으로 최적의 대응 전략을 미리 준비

비유: 체스에서 상대방의 다음 몇 수를 미리 읽고 대응하는 것과 동일한 원리

적응형 네트워킹

기능: 통신 시설 파괴나 전자전 공격 상황에서도 자동 복구 능력

세부사항: 위성, 무인기, 전투기, 함정 등을 모두 활용하여 끊어진 통신을 자동 우회 복구

능력: 자기 치유 능력으로 통신망의 연속성 보장

실제 성과 및 성공 요인

노던 엣지(Northern Edge) 훈련 성과 (2023년)
성과: 적의 미사일 공격 탐지 후 단 6분 만에 최적의 요격 방안 계산 및 실행
비교: 기존 시스템: 30분 이상 소요 → JADC2: 6분으로 단축 (80% 시간 단축)
의의: JADC2 시제품의 실전 적용 가능성 입증

성공 요인: 조직 문화 변화
과제: 각 군의 오랜 독립적 작전 문화에서 통합적 사고로의 전환
접근방법: JADC2 훈련 정례화, 새로운 교리와 절차 개발
중요성: 기술적 완성도를 넘어 조직 문화 변화가 성공의 핵심

JADC2의 핵심 혁신
- **전영역 통합:** 5개 영역(지상-해상-공중-우주-사이버)의 완전 연결
- **실시간 AI 분석:** 수초 내 빅데이터 처리로 즉각적 의사결정 지원
- **예측 기반 대응:** 적의 행동 예측으로 선제적 대응 전략 수립
- **자기치유 네트워크:** 공격받아도 자동 복구되는 적응형 통신망

[그림 4] JADC2 합동 전영역 지휘통제표.

JADC2는 이러한 한계를 극복하기 위해 '전영역 융합(All-Domain Fusion)' 개념을 도입했습니다. 지상, 해상, 공중, 우주, 사이버 공간의 모든 정보를 하나의 공통된 작전 그림(Common Operating Picture)으로 통합하는 것입니다. 우주의 정찰위성이 적의 미사일 발사를 탐지하면, 이 정보가 즉시 지상의 방공포대, 해상의 이지스함, 공중의 전투기에 동시에 전달되어 각자 최적의 대응 행동을 취할 수 있도록 하는 것입니다.

JADC2의 기술적 핵심은 '클라우드 기반 AI 분석 엔진'입니다. 전장에서 수집되는 엄청난 양의 데이터 - 영상, 음성, 신호 정보, 센서 데이터 등 - 를 실시간으로 처리하기 위해서는 기존의 개별 컴퓨터 시스템으로는 한계가 있습니다. JADC2는 클라우드 컴퓨팅과 AI를 결합하여 이 모든 데이터를 몇 초 내에 분석하고, 의미 있는 정보로 변환합니다.

'예측적 지휘통제(Predictive Command and Control)' 기능입니다.

현재 상황만을 보는 것이 아니라, AI가 적의 의도와 다음 행동을 예측하여 선제적 대응 방안을 제시하는 것입니다. 마치 체스에서 상대방의 다음 몇 수를 미리 읽고 대응하는 것처럼, JADC2는 전장에서 일어날 상황을 예측하고 최적의 대응 전략을 미리 준비합니다.

JADC2의 또 다른 핵심 요소는 '적응형 네트워킹(Adaptive Networking)'입니다. 전쟁에서는 통신 시설이 파괴되거나 전자전 공격을 받을 수 있습니다. JADC2는 이런 상황에서도 위성, 무인기, 전투기, 함정 등을 모두 활용하여 끊어진 통신을 자동으로 우회하고 복구하는 '자기 치유' 능력을 갖추고 있습니다.

2023년 실시된 '노던 에지(Northern Edge)' 훈련을 들 수 있습니다. 이 훈련에서 JADC2 시제품이 적의 미사일 공격을 탐지한 후 단 6분 만에 최적의 요격 방안을 계산하고 실행했습니다. 기존 시스템으로는 30분 이상 소요되던 과정이 6분으로 단축된 것입니다.

JADC2의 성공은 단순히 기술적 완성도를 넘어 '조직 문화의 변화'에도 달려 있습니다. 각 군이 오랫동안 유지해 온 독립적 작전 문화에서 통합적 사고로 전환하는 것은 쉽지 않은 과정입니다. 이를 위해 국방부는 JADC2 훈련을 정례화하고, 새로운 교리와 절차를 개발하고 있습니다.

2-2 리플리케이터(Replicator)

리플리케이터 이니셔티브는 2023년 로이드 오스틴(Lloyd James Austin III) 국방장관이 발표한 혁신적 전략으로, "수천 개의 저비용 자율 무인 시스템을 2년 내에 신속하게 대규모로 배치"하여 중국 등 경쟁국의 군사적 위협에 대응하는 것을 목표로 합니다. 이 이니셔티브의 이름은 스타트렉의 '리플리케이터(Replicator, 복제기)'에서 따온 것으로, 필요한 무기를 빠르고 대량으로 '복제'하듯 생산한다는 의미입니다.

핵심은 '양으로 질을 압도한다'는 개념입니다. 기존의 군사 전략은 F-35 전투기나 이지스함처럼 소수의 고성능, 고가 플랫폼에 의존했습니다. 하지만 리플리케이터는 개별 성능은 상대적으로 낮더라도 수천 개가 동시에 작동하는 '군집 효과(Swarm Effect)'로 적을 압도하는 전략을 추구합니다. 이는 마치 한 마리의 강력한 사자보다 수천 마리의 개미가 더 큰 일을 해낼 수 있는 것과 같은 원리입니다.

배경에는 중국의 급속한 군사력 증강에 대한 우려가 있습니다. 중국은 대만 침공 등 '반접근/지역거부(A2/AD)' 전략을 위해 대량의 미사일과 무인기를 보유하고 있습니다. 기존의 소수 정예 무기 체계로는 이런 물량 공세에 효과적으로 대응하기 어렵다는 판단하에, 미국도 '물량으로 물량에 대응'하는 전략을 채택한 것입니다.

리플리케이터가 중점적으로 개발하는 무인 시스템들은 크게 세 가지 유형입니다. 첫째, 소형 무인 항공기(Small Unmanned Aircraft Systems, sUAS)입니다. 이들은 정찰, 감시, 표적 지정, 전자전, 자폭 공격 등 다양한 임무를 수행할 수 있으며, 대량으로 배치되어 적의 방공망을 무력화하거나 중요 표적을 공격합니다.

둘째, 무인 지상 차량(Unmanned Ground Vehicles, UGVs)입니다. 이들은 보급, 정찰, 폭발물 처리, 화력 지원 등의 역할을 담당하며, 위험한 지역에서 인간 병사를 대신하여 임무를 수행합니다. 셋째, 무인 해상/수중 시스템입니다. 이들은 기뢰 탐지, 대잠 작전, 해상 감시 등을 담당하며, 광활한 바다에서 24시간 지속적인 작전 능력을 제공합니다.

2024년 펜타곤은 Replicator 이니셔티브를 위한 AI 데이터 허브 구축을 계획하고 있다고 발표했습니다. 이는 여러 기업과 서비스 간의 학습을 가속화하고 자율성 사용 사례를 중심으로 최고의 관행을 확산시키기 위한 것입니다.

리플리케이터의 기술적 핵심은 '모듈화(Modularity)'와 '표준화(Standardization)'입니다. 다양한 제조업체가 공통된 표준에 따라 부품을 생산하고, 레고 블록처럼 조합하여 다양한 형태의 무인 시스템을 만들수 있도록 하는 것입니다. 생산 비용을 크게 줄이고, 대량 생산을 가능하게 합니다.

'개방형 아키텍처(Open Architecture)' 접근법을 채택하여 다양한 AI 소프트웨어가 같은 하드웨어 플랫폼에서 작동할 수 있도록 했습니다. 마치 스마트폰에서 다양한 앱을 설치할 수 있는 것처럼, 상황에 따라 필요한 AI 기능을 무인 시스템에 추가하거나 변경할 수 있게 합니다.

리플리케이터는 전통적인 방산업체뿐만 아니라 스타트업과 중소기업의 참여를 적극 장려합니다. '혁신을 위한 국방부 부서(Defense Innovation Unit, DIU)'가 주도하여 실리콘밸리의 기술 기업들과 협력하고, 기존의 복잡하고 느린 국방 조달 절차를 간소화하여 빠른 개발과 배치를 추진하고 있습니다.

2-3 AI Next

AI Next 캠페인은 2018년 DARPA가 시작한 대규모 AI 연구개발 이니셔티브로, 5년간 20억 달러를 투자하여 '3세대 AI' 기술을 개발하는 것을 목표로 합니다. 현재의 AI 기술이 가진 한계를 극복하고, 인간 수준의 인공일반 지능(Artificial General Intelligence, AGI)에 한 걸음 더 다가가는 것을 지향합니다.

AI Next 캠페인의 출발점은 현재 AI 기술의 한계에 대한 인식입니다. 현재의 머신러닝과 딥러닝 기술은 특정 작업에서는 인간을 뛰어넘는 성능을 보이지만, 새로운 상황에 적응하거나 상식적 추론을 하는 데는 여전히 한계가 있습니다.

AI Next 캠페인이 추구하는 '3세대 AI'는 이런 한계를 극복하여 '맥락적 추론(Contextual Reasoning)' 능력을 갖춘 AI를 개발하는 것입니다. 인간처럼 상황을 이해하고, 기존 지식을 새로운 문제에 응용하며, 불완전한 정보로도 합리적 판단을 내릴 수 있는 AI를 의미합니다.

캠페인의 주요 연구 분야 중 하나는 '상식 추론(Common Sense Reasoning)'입니다. 인간은 명시적으로 학습하지 않아도 "비가 오면 땅이 젖는다.", "뜨거운 것을 만지면 아프다." 같은 상식을 자연스럽게 이해합니다. AI Next는 이런 상식적 지식을 AI가 체계적으로 습득하고 활용할 수 있는 방법을 연구합니다.

또 다른 분야는 '인과관계 학습(Causal Learning)'입니다. 현재의 AI는 상관관계는 잘 찾아내지만, 인과관계를 이해하는 데는 어려움을 겪습니다. "감기에 걸린 사람들이 티슈를 많이 사용한다."라는 상관관계는 발견할 수 있지만, "감기 때문에 티슈를 사용하는 것"이라는 인과관계는 이해하지 못합니다. AI Next는 이런 인과관계를 이해할 수 있는 AI를 개발합니다.

'메타 러닝(Meta Learning)' 또는 '학습하는 법을 학습하기'도 중요한 연구 영역입니다. 인간은 새로운 기술을 배울 때 기존의 학습 경험을 활용하여 더 빠르게 습득합니다. AI Next는 AI가 이런 능력을 갖추도록 하여, 적은 데이터로도 새로운 작업을 빠르게 학습할 수 있게 하는 연구를 진행합니다.

'신경상징 AI(Neuro-Symbolic AI)'는 AI Next의 혁신적 접근법 중 하나입니다. 이는 딥러닝의 패턴 인식 능력과 기호 논리의 추론 능력을 결합하는 것으로, 감성과 이성을 모두 갖춘 인간의 사고방식을 모방합니다.

AI Next 캠페인은 또한 'AI의 강건성(Robustness)' 확보에도 중점을 둡니다. 적대적 공격에 취약한 현재 AI의 한계를 극복하여, 예상치 못한 상황이나 악의적 공격에도 안정적으로 작동하는 AI를 개발하는 것입니다.

2-4 설명 가능한 AI(XAI)

설명 가능한 AI(Explainable AI, XAI)는 DARPA가 2016년부터 추진해 온 핵심 연구 프로그램으로, AI가 내린 결정의 근거를 인간이 이해할 수 있도록 설명하는 기술을 개발하는 것을 목표로 합니다. 이는 단순히 기술적 완성도를 높이는 것을 넘어, AI에 대한 인간의 신뢰를 확보하고 책임감 있는 AI 활용을 가능하게 하는 핵심 기술입니다.

현재의 AI 시스템은 '블랙박스(Black Box)'와 같은 특성을 가집니다. 입력과 출력은 명확하지만, 그 사이의 의사결정 과정은 인간이 이해하기 어려운 복잡한 수학적 연산으로 이루어져 있습니다. 이는 마치 숙련된 의사가 환자를 보고 직감적으로 병명을 맞히지만, 그 판단 근거를 명확히 설명하지 못하는 것과 비슷합니다.

군사 분야에서 이런 '설명 불가능성'은 치명적인 문제가 될 수 있습니다. AI가 "적의 공격이 임박했으니 선제공격해야 한다."라고 판단했을 때, 그 근거가 무엇인지 지휘관이 이해할 수 없다면 그 판단을 신뢰하고 중대한 결정을 내리기 어렵습니다. 인명이 걸린 군사 작전에서는 AI의 판단 근거를 명확히 아는 것이 필수적입니다.

XAI 프로그램의 핵심 목표는 AI가 자신의 판단 과정을 "왜(Why)", "어떻게(How)", "언제(When)" 설명할 수 있도록 하는 것입니다. '왜'는 특정 결정을 내린 주요 이유를, '어떻게'는 그 결정에 도달한 과정을, '언제'는 그 판단이 신뢰할 만한 조건을 설명하는 것입니다.

XAI의 기술적 접근법은 크게 세 가지로 나뉩니다. 첫째, '사후 설명(Post-hoc Explanation)'은 이미 훈련된 AI 모델의 결정을 분석하여 설명을 생성하는 방법입니다. 이는 기존 AI 시스템에 설명 기능을 추가할 수 있다는 장점이 있지만, 설명의 정확성이 제한적일 수 있습니다.

둘째, '해석 가능한 모델(Interpretable Models)'은 처음부터 설명 가능하도록 설계된 AI 모델을 개발하는 것입니다. 이는 설명의 정확성은 높지만, 기존의 복잡한 AI 시스템에 비해 성능이 다소 제한될 수 있습니다.

셋째, '하이브리드 접근법'은 복잡한 AI 시스템과 해석 가능한 모델을 결합하여 성능과 설명 가능성을 모두 확보하려는 방법입니다.

XAI의 실제 적용 사례로는 의료 진단 AI를 들 수 있습니다. DARPA가 지원한 연구에서 개발된 X-ray 판독 AI는 "좌측 폐 하엽에서 관찰되는 불투명한 영역(화살표 표시)이 폐렴을 시사하며, 이는 환자의 발열과 기침 증상과 일치합니다."와 같이 구체적인 근거를 제시합니다.

군사 분야에서는 표적 인식 AI에 XAI가 적용되고 있습니다. "우상단 모서리의 직선적 구조(전차 포탑), 중앙의 원형 패턴(궤도), 그리고 열 신호 분포가 T-72 전차와 95% 일치"와 같이 판단 근거를 시각적으로 표시하고 설명합니다.

XAI는 또한 '편향성 탐지(Bias Detection)' 기능도 제공합니다. AI가 특정 집단이나 상황에 대해 편향된 판단을 내릴 때, 그 편향의 원인을 찾아내어 수정할 수 있게 합니다. 이는 공정하고 윤리적인 AI 활용을 위해 필수적입니다.

2-5 Task Force Lima(생성형 AI의 안전 활용을 위한 전담 조직)

Task Force Lima는 2023년 CDAO 주도로 설립된 국방부의 생성형 AI 전담팀으로, ChatGPT 같은 대화형 AI와 DALL-E 같은 이미지 생성 AI 등 생성형 AI 기술의 군사적 활용 가능성과 위험을 체계적으로 분석하고, 안전한 활용을 위한 가이드라인을 수립하는 역할을 담당합니다.

Task Force Lima의 명칭은 군사 용어에서 'L'을 뜻하는 'Lima'에서 따온 것으로, 'Large Language Model'의 첫 글자를 의미합니다. 이는 ChatGPT의 기반 기술인 대규모 언어 모델(LLM)이 이 태스크포스의 주요 연구 대상임을 나타냅니다.

생성형 AI는 2022년 ChatGPT의 등장으로 전세계적 관심을 받았지만, 군사 분야에서의 활용은 특별한 신중함이 요구됩니다. 생성형 AI는 텍스트, 이미지, 코드, 심지어 음성까지 인간과 구별하기 어려운 수준으로 생성할 수 있어, 잘못 사용될 경우 정보 조작이나 사이버 공격 등에 악용될 수 있기 때문입니다.

Task Force Lima의 첫 번째 임무는 '위험 평가(Risk Assessment)'입니다. 생성형 AI가 군사 작전에 미칠 수 있는 긍정적 영향과 부정적 위험을 체계적으로 분석합니다. 긍정적 영향으로는 신속한 작전 계획 수립, 다국어 번역, 보고서 작성 자동화, 시뮬레이션 시나리오 생성 등이 있습니다. 반면 위험 요소로는 잘못된 정보 생성, 기밀 정보 유출, 적의 딥페이크 공격 등이 있습니다.

두 번째 임무는 '활용 가이드라인 수립'입니다. Task Force Lima는 국방부 직원들이 생성형 AI를 안전하고 효과적으로 사용할 수 있도록 상세한 지침을 개발했습니다. 이 가이드라인은 어떤 정보를 AI에 입력해도 되는지, 어떤 업무에 활용할 수 있는지, 결과물을 어떻게 검증해야 하는지 등을 구체적으로 규정합니다.

세 번째 임무는 '내부 AI 시스템 개발'입니다. 상용 생성형 AI는 보안상 제약이 있어 군사 목적으로 직접 사용하기 어렵습니다. Task Force Lima는 국방부 전용의 안전한 생성형 AI 시스템을 개발하여, 기밀 정보가 외부로 유출되지 않으면서도 생성형 AI의 장점을 활용할 수 있게 하고 있습니다.

Task Force Lima는 '딥페이크 대응 전략'도 수립하고 있습니다. 적이 생성형 AI를 사용하여 가짜 뉴스나 허위 정보를 생산할 가능성에 대비하여, 이를 탐지하고 대응하는 기술과 절차를 개발합니다. 이는 현대 정보전에서 중요한 요소가 되고 있습니다.

하지만 2024년 12월, 펜타곤은 Task Force Lima를 해체하고 새로운 AI 신속 역량 셀(AI Rapid Capabilities Cell)을 설립한다고 발표했습니다. 12개월간의 활동을 통해 Task Force Lima는 수백 개의 AI 워크플로와 작업을 분석하고, 이를 15개 핵심 영역으로 분류했습니다. 이 경험을 바탕으로 더욱 실행력 있는 조직으로 발전시키기 위한 결정이었습니다.

2-6 AI BTO 이니셔티브

DARPA의 AI BTO 이니셔티브는 인공지능과 생명과학을 합쳐서 새로운 기술을 만드는 프로젝트입니다. 2024년 12월 5~6일, 워싱턴에서 특별한 행사가 열렸는데, 하루 만에 42개의 프로젝트가 선정되어 상을 받았습니다. 이는 정말 놀라운 속도였습니다.

생명과학 기술사무소(BTO)의 마이클 코어리스(Michael A. Kouris) 박사는 "참가자의 70%가 DARPA와 처음 일한다고 답했다."라고 말했습니다. 새로운 사람들이 많이 참여했다는 뜻입니다. 전체 77명의 발표자 중에서 42명이 선정되었고, 그중 29명은 DARPA와 처음 일하는 사람들이었습니다.

이 프로젝트는 AI를 사용해서 생명과학 분야에서 혁신적인 발견을 하는 것이 목표입니다. 병 예측과 건강 관리 분야에서는 AI가 사람이 언제 병에 걸릴지 예측하고, 개인에게 맞는 치료법을 찾아줍니다. 일기예보처럼 "내일 감기에 걸릴 확률이 높으니 조심하세요."라고 알려주는 것과 비슷합니다.

생물 제조 분야에서는 AI를 사용해서 약이나 의료용품을 생물체를 이용해 만드는 방법을 연구합니다. 특별한 박테리아에게 약을 만들라고 시키는 것입니다.

이 프로젝트가 중요한 이유는 군인들의 건강과 안전 때문입니다. 전쟁터에서 다친 군인을 빨리 치료하거나, 병에 걸리지 않도록 미리 예방하는 기술이 필요합니다.

BTO 소장은 "AI BTO는 미래 연구 프로젝트를 만들어 내고 기술적 장벽을 없애서 큰 영향을 미치는 프로젝트들을 지원한다."라고 설명했습니다. 놀라운 점은 하루 만에 모든 것이 결정되었다는 것입니다. 보통 정부 프로젝트는 몇 달이나 몇 년이 걸리는데, 이번에는 발표하고 바로 그 자리에서 결과가 나왔습니다.

각 프로젝트는 10만 달러, 20만 달러, 또는 30만 달러의 지원금을 받았습니다. 선정된 프로젝트들은 크게 두 분야로 나뉩니다. 예측과 건강 분야에서는 병을 예측하고 치료하는 기술을 만드는 회사들이 선정되었습니다. Continuity Technologies나 PathCision Medicine 같은 회사입니다.

생물 제조 분야에서는 생물체를 이용해서 필요한 물건을 만드는 기술을 연구하는 회사들이 선정되었습니다. Bolt Threads나 Arzeda Corp 같은 회사들이 여기에 해당합니다.

성공하면 더 빠른 치료가 가능해져서 AI가 어떤 약이 가장 효과적인지 빨리 찾아주면, 아픈 사람들이 더 빨리 나을 수 있습니다. 맞춤형 의료 서비스도 발전해서 각 사람에게 딱 맞는 치료법을 AI가 찾아줄 것입니다. 마치 옷을 맞춤 제작하는 것처럼 말입니다. 무엇보다 군인들이 더 건강하고 안전하게 임무를 수행할 수 있게 될 것입니다.

DARPA는 "생명공학, AI, 머신러닝이 만나는 지점에서 획기적인 과학 혁신을 이끌어 내려고 한다."라고 밝혔습니다. 이는 마치 요리에서 서로 다른 재료들을 섞어서 새로운 맛을 만들어 내는 것과 같습니다. AI라는 똑똑한 컴퓨터와 생명과학이라는 생명체 연구가 만나면, 지금까지 생각해 보지 못한 신기한 기술들이 나올 수 있습니다.

2-7 미군의 생성형 AI

미군이 생성형 인공지능 기술을 국방 운영에 통합하기 위한 전략적 전환을 가속화하고 있습니다. 2024년 6월 미 공군이 출시한 비기밀 국방망 기반 AI 챗봇 'NIPRGPT'는 변화의 상징적인 사례입니다. 보고서 작성, 코드 생성 등 다양한 업무를 지원하는 이 서비스는 출시 직후 10만 명 이상의 사용자가 몰리며 현장의 폭발적인 수요를 입증했습니다. 이러한 성공은 그래픽 처리 장치 컴퓨팅 비용의 급증이라는 중대한 과제를 동시에 부각시켰습니다.

한편, 미 해군 역시 'NavyGPT' 상표를 출원하고 'DoN GPT'라는 이름의 자체 AI 툴을 시범 운영하는 등 유사한 행보를 보입니다. 이는 미군 전반에 걸쳐 AI를 통한 업무 효율성 증대와 인력 부족 문제 해결에 대한 높은 기대감이 형성되어 있음을 시사합니다.

미 공군은 2024년 6월, 공군 연구소가 개발한 생성형 AI 챗봇 'NI-PRGPT'를 공식 출시했습니다. 이 서비스는 기밀이 아닌 정보를 다루는 국방망인 NIPRNET에서 운영되며, 공군 및 우주군 장병과 군무원들이 공통 접근 카드를 통해 접속할 수 있는 보안 환경 내에서 제공됩니다.

NIPRGPT는 보고서 및 서신 작성, 자료 요약, 코드 생성과 같은 다양한 작업을 지원하며, 장병들이 안전한 환경에서 생성형 AI 기술에 대한 이해도를 높이고 활용 능력을 개발할 수 있도록 돕는 '실험적 교량' 역할을 하도록 설계되었습니다.

NIPRGPT는 출시 직후부터 폭발적인 반응을 얻었습니다. 2024년 6월 출시 이후 10만 명 이상의 사용자가 몰리며 미 공군 역사상 가장 빠르게 채택된 내부 IT 도구 중 하나가 되었습니다. 배경에는 여러 요인이 있습니다. 첫째, 사용자나 소속 부대에 추가 비용 부담 없이 무료로 제공된다는 점입니다. 둘째, 외부 상용 챗봇 사용 시 발생할 수 있는 민감 정보 유출 위험 없이 안전한 국방망 내에서 운영된다는 점이 큰 장점으로 작용했습니다.

NIPRGPT는 AFRL의 '다크 세이버' 소프트웨어 플랫폼의 일부로 개발되었습니다. 특정 상용 모델에 종속되지 않고, 공개적으로 사용 가능한 여러 AI 모델을 맞춤화하여 구축되었습니다. 이는 미 공군이 다양한 AI 모델의 성능과 효율성을 실제 환경에서 테스트하고 비교하며, 향후 도입할 상용 솔루션에 대한 정보에 입각한 결정을 내리기 위한 테스트베드로서 NIPRGPT를 활용하고 있음을 의미합니다.

NIPRGPT의 폭발적인 인기는 생성형 AI 도입의 이면에 존재하는 근본적인 문제를 수면 위로 끌어올렸습니다. 바로 천문학적인 GPU 컴퓨팅 비용입니다. AI 모델, 특히 대규모 언어 모델은 훈련과 추론 과정에서 막대한 양의 GPU 자원을 소모합니다. NIPRGPT의 예상치를 뛰어넘는 사용량은 GPU 컴퓨팅 비용을 급증시켰고, 이는 계획되지 않은 운영 예산을 관리해야 하는 국방부에 심각한 도전 과제가 되었습니다.

생성형 AI의 비용 구조를 살펴보면, GPT-3와 같은 대규모 언어 모델 훈련에 수백만 달러가 소요될 수 있으며, NVIDIA A100/H100 등 데이터센터용 GPU는 개당 1만 달러를 초과합니다. NIPRGPT와 같이 사용량이 폭증할 경우 예상치 못한 막대한 운영 비용이 발생하며, NVIDIA는 제조 원가 및 관세 영향으로 GPU 가격을 10~15% 인상했습니다.

미 공군이 NIPRGPT로 가시적인 성과를 내는 동안, 미 해군 역시 전략적인 움직임을 보였습니다. 2024년 3월 26일, 미 해군은 'NavyGPT'라는 명칭에 대한 상표를 미국 특허상표청에 출원했습니다. 이 상표 출원은 텍스트 생성, 소프트웨어 코드 생성, 번역, 요약 등 광범위한 생성형 AI 소프트웨어에 대한 사용 계획을 포함하고 있습니다.

상표 출원에 그치지 않고, 미 해군은 'DoN GPT'라는 이름의 AI 툴을 실제로 배포하여 시범 운영에 들어갔습니다. 이 툴은 2025 회계연도 2분기에 해군의 IL5 등급 클라우드 환경인 '플랭크 스피드'에 배포되었습니다. IL5는 비기밀 정보지만 민감 정보를 다룰 수 있는 보안 등급으로, NIPRGPT보다 높은 수준의 데이터를 처리할 수 있는 환경에서 테스트가 진행되고 있음을 의미합니다.

해군은 45일간의 '알파 트라이얼'을 통해 사용자들에게 엄격한 가이드라인 없이 자유롭게 툴을 사용하도록 장려하며 다양한 활용 사례와 문제점을 발굴했습니다. 예를 들어, 해군 차관보 선임 기술 고문인 제이콥 글래스먼은 "머리에 레이저 빔을 단 상어"가 포함된 가상의 무기 프로그램 획득 전략을 단 5분 만에 생성하는 시연을 통해 DoN GPT의 잠재력을 선보였습니다.

미 해군은 AI 도입에 있어 신중한 접근법을 취하고 있습니다. 단순히 AI의 결과물을 제공하는 것을 넘어, 그 결과물에 내재한 위험성을 함께 평가하여 사용자에게 제시하는 도구를 개발 중입니다. 이는 사용자가 AI의 한계를 명확히 인지하고 책임감 있게 결과물을 활용하도록 유도하기 위함입니다.

NIPRGPT와 DoN GPT의 등장은 미군이 AI 기술을 소규모 실험의 단계를 넘어, 전군에 걸쳐 확장 가능한 엔터프라이즈급 솔루션으로 도입하려는 명확한 전략적 전환을 보여줍니다. 이는 단순히 업무 효율을 높이는 것을 넘어, 인구 절벽으로 인한 병력 감소와 같은 구조적 문제에 대응하고 미래 전장의 복잡성에 대비하기 위한 필수적인 선택입니다.

3-1 더글러스 매티(Douglas Matty)

더글러스 매티는 국방부 최고 디지털 및 인공지능 책임자실(CDAO)의 수장 대행을 맡고 있는 인물로, 군사 작전과 AI 통합 분야의 최고 전문가 중 한 명입니다.

매티의 경력은 전통적인 군사 작전 경험과 현대적인 기술 혁신이 완벽하게 결합한 독특한 궤적을 보입니다. 육군 장교로 시작하여 다양한 작전 지휘 경험을 쌓았으며, 이라크와 아프가니스탄 전쟁에서 첨단 기술을 활용한 작전 수행 경험을 보유하고 있습니다. 이 과정에서 그는 기술과 전술의 융합이 얼마나 중요한지 직접 체험했으며, 이는 후에 CDAO에서의 역할에 결정적인 밑거름이 되었습니다.

CDAO 대행으로서 매티가 직면한 가장 큰 도전은 '조직 문화의 변화'였습니다. 국방부는 전통적으로 보수적이고 위계적인 조직 문화를 가지고 있어, 빠르게 변화하는 AI 기술을 수용하는 데 어려움을 겪고 있었습니다. 매티는 이 문제를 해결하기 위해 '점진적 혁신' 전략을 채택했습니다. 급진적인 변화보다는 기존 시스템과 새로운 기술을 단계적으로 통합하면서, 조직원들이 AI 기술에 점차 익숙해지도록 하는 접근법을 취했습니다.

'실용주의적 접근법'입니다. 매티는 화려한 기술 시연보다는 실제 군사 작전에서 검증된 실용적 솔루션을 선호합니다. CDAO 산하의 여러 AI

프로젝트 중에서도 즉시 현장에 적용 가능한 것들을 우선순위에 두고, 장기적인 연구 프로젝트와 단기적인 실용화 프로젝트의 균형을 맞추는 데 뛰어난 능력을 보입니다.

매티는 '인재 확보와 유지'라는 CDAO의 핵심 과제에 대해서도 독창적인 해결책을 제시했습니다. 실리콘밸리의 높은 연봉과 경쟁해야 하는 상황에서, 그는 '사명감과 영향력'을 강조하는 모집 전략을 개발했습니다. 국가 안보에 기여한다는 사명감과 자신의 기술이 실제 세계에 미치는 영향력을 부각시켜 우수한 AI 인재들을 유치하는 데 성공했습니다.

3-2 크레이그 마텔(Craig Martell) 초대 CDAO

크레이그 마텔은 CDAO의 초대 책임자로서, 조직의 기술적 토대와 비전을 수립한 혁신가입니다. 실리콘밸리의 기술 기업인 Lyft와 Cohesity에서 쌓은 풍부한 경험을 바탕으로, 민간의 혁신적인 기술 문화를 국방부에 도입하는 데 결정적인 역할을 했습니다.

마텔의 Lyft에서의 경험은 CDAO의 AI 전략 수립에 특별한 의미를 가집니다. Lyft에서 수석 데이터 사이언티스트로 근무하면서, 실시간으로 수백만 건의 데이터를 처리하고 분석하여 최적의 차량 배치와 경로를 결정하는 AI 시스템을 구축했습니다. 이 경험은 후에 CDAO에서 군사 자산의 최적 배치와 작전 계획 수립을 위한 AI 시스템 개발에 직접적으로 활용되었습니다.

Cohesity에서의 경험도 중요한 의미를 가집니다. 데이터 관리 및 보안 분야의 최고 기술 책임자로서, 그는 대규모 데이터의 보안과 관리에 대한 깊은 이해를 갖게 되었습니다. 이는 국방부의 방대하고 민감한 군사 데이터를 AI 시스템에서 안전하게 활용하는 방법을 설계하는 데 핵심적인 역할을 했습니다.

마텔이 CDAO에서 구축한 중요한 것 중 하나는 '데이터 중심 문화 (Data-Driven Culture)'입니다. 전통적으로 국방부는 경험과 직감에 의존하는 의사 결정 문화가 강했지만, 마텔은 모든 결정이 데이터와 분석에 기반해야 한다는 새로운 패러다임을 도입했습니다. 이를 위해 그는 국방부 전체의 데이터를 표준화하고 통합하는 '데이터 메시(Data Mesh)' 아키텍처를 설계했습니다.

마텔의 '민관 협력' 모델입니다. 그는 정부 조직이 혼자서는 AI 혁신의 속도를 따라갈 수 없다는 현실을 인정하고, 민간 기업과의 적극적인 파트너십을 구축했습니다. 하지만 단순한 외주가 아니라, 국방부의 고유한 요구사항을 반영한 맞춤형 협력 모델을 개발하여 보안성과 혁신성을 동시에 확보했습니다.

마텔의 또 다른 기여는 '윤리적 AI' 원칙의 수립입니다. 그는 AI 기술의 강력함이 클수록 이를 윤리적으로 사용할 책임도 커진다는 인식에 따라, 국방부의 모든 AI 개발과 배치에 적용되는 윤리적 가이드라인을 만들었습니다. 이는 후에 'Responsible AI(RAI)' 정책의 기반이 되었습니다.

3-3 스티븐 윈첼(Stephen Winchell) DARPA 국장

스티븐 윈첼은 현재 DARPA(국방고등연구계획국) 국장을 맡고 있는 인물로, 전통적인 군사 경험과 첨단 기술 전문성을 완벽하게 결합한 '융합형 리더'의 전형을 보여줍니다. 해군 잠수함 장교로 시작하여 Project Maven의 핵심 엔지니어까지, 그의 경력은 현대 군사 기술 발전의 축소판과도 같습니다.

윈첼의 잠수함 장교 경험은 그의 철학에 근본적인 영향을 미쳤습니다. 잠수함은 고립된 환경에서 첨단 기술에 완전히 의존하여 작전을 수행하는 플랫폼으로, 기술의 신뢰성과 승조원의 역량이 완벽하게 조화되어야 합니다. 이 경험을 통해 윈첼은 '인간과 기술의 협력'이 얼마나 중요한지 깊이 이해하게 되었으며, 이는 후에 DARPA에서 추진하는 '인간-AI 협력' 연구의 철학적 기반이 되었습니다.

Project Maven에서의 경험은 윈첼의 기술적 역량을 크게 확장시켰습니다. Project Maven은 국방부가 추진한 최초의 대규모 AI 프로젝트로, 드론 영상을 자동으로 분석하여 표적을 식별하는 시스템이었습니다. 윈첼은 이 프로젝트의 핵심 엔지니어로 참여하여 컴퓨터 비전과 머신러닝 기술을 실제 군사 작전에 적용하는 방법을 체득했습니다. 더 중요한 것은 이 과정에서 AI 기술의 윤리적 사용에 대한 복잡한 이슈들을 직접 경험했다는 점입니다.

DARPA 국장으로서 비전은 '인간 중심 AI(Human-Centered AI)'입니다. 그는 AI가 인간을 대체하는 것이 아니라 인간의 능력을 증강시키는 방향으로 발전해야 한다고 믿습니다. 이는 그의 군사 경험에서 나온 깊은 통찰로, 아무리 뛰어난 기술도 결국 인간이 효과적으로 활용할 수 있어야 의미가 있다는 철학에 기반합니다.

윈첼의 리더십 아래 DARPA는 '설명 가능한 AI(XAI)', '강건한 AI', '적응형 AI' 등 차세대 AI 기술 연구에 적극적으로 투자하고 있습니다. 그는 현재의 AI 기술이 가진 한계 - 예측 불가능한 상황에서의 취약성, 적대적 공격에 대한 무력함 등 - 를 명확히 인식하고, 이를 극복할 수 있는 혁신적 기술 개발에 집중하고 있습니다.

'실패에 대한 관용'입니다. DARPA의 전통적인 '고위험-고수익' 철학을 계승하면서도, 그는 실패를 통한 학습을 더 체계화했습니다. 실패한 프로젝트에서도 가치 있는 교훈을 추출하고, 이를 다음 연구에 반영하는 순환 구조를 만들어 DARPA의 연구 효율성을 크게 높였습니다.

3-4 매튜 튜렉(Matt Turek) I2O 부국장

매튜 튜렉은 DARPA의 정보혁신사무소(Information Innovation Office, I2O) 부국장으로서, 설명 가능한 AI(XAI), 미디어 조작 탐지(MediFor) 등 DARPA의 핵심 AI 프로그램을 이끌어 온 컴퓨터 비전 및 머신러닝 분야의 세계적 전문가입니다. 그의 가장 큰 특징은 이론적 깊이와 실전적 응용을 완벽하게 결합한 '연구자-실무자' 하이브리드 역량입니다.

튜렉의 학문적 배경은 탄탄합니다. 컴퓨터 비전과 패턴 인식 분야에서 박사 학위를 취득한 후, 수년간 대학과 연구소에서 기초 연구에 몰두했습니다. 그는 이미지와 비디오에서 복잡한 패턴을 인식하고 분석하는 알고리즘 개발에 특화되어 있으며, 이 분야에서 다수의 혁신적 논문을 발표했습니다. 하지만 그를 단순한 학자와 구별시키는 것은 이런 이론적 지식을 실제 국가 안보 문제에 적용하는 뛰어난 능력입니다.

튜렉이 이끄는 XAI 프로그램은 현재 AI 연구에서 가장 중요한 주제 중 하나입니다. 그는 XAI의 목표를 단순히 '설명을 생성하는 것'을 넘어서 '인간이 AI와 효과적으로 협력할 수 있게 하는 것'으로 확장했습니다. 이를 위해 그는 인지과학, 심리학, 인간-컴퓨터 상호작용 등 다양한 분야의 전문가들과 협력하여 진정으로 유용한 설명 시스템을 개발하고 있습니다.

MediFor(Media Forensics) 프로그램에서 튜렉의 기여는 더욱 직접적이고 시급한 국가 안보 이슈와 연결됩니다. 딥페이크와 AI로 생성된 가짜 미디어가 정보전과 여론 조작의 새로운 무기가 되는 상황에서, 튜렉은 이런 조작된 미디어를 탐지하고 대응하는 기술을 개발하고 있습니다. 그의 접근법은 단순히 기술적 탐지를 넘어서, 인간 분석가가 의심스러운 미디어를 효과적으로 검증할 수 있도록 돕는 '증강 지능(Augmented Intelligence)' 시스템을 구축하는 것입니다.

튜렉의 연구 철학에서 가장 주목할 만한 점은 '적대적 사고(Adversarial Thinking)'입니다. 그는 모든 AI 시스템을 개발할 때 "이 시스템을 공격하려는 적은 어떤 방법을 사용할 것인가?"라는 질문을 항상 염두에 둡니다. 이런 접근법은 그의 시스템들을 더욱 강건하고 신뢰할 수 있게 만들며, 실제 적대적 환경에서도 안정적으로 작동할 수 있게 합니다.

3-5 라다 플럼 박사(Dr. Radha Iyengar Plumb) - 2대 CDAO

라다 플럼 박사는 2024년 제2대 CDAO 최고 책임자에 취임한 인물로, 경제학자 출신이면서도 거대 기술 기업에서의 경험을 겸비한 독특한 배경을 가지고 있습니다. 프린스턴 대학교에서 경제학 박사 학위를 취득한 그녀는 RAND Corporation에서 선임 경제학자로 활동하며 국방 정책과 경제 분석의 교차점에서 깊은 전문성을 쌓았습니다.

플럼 박사의 가장 독특한 강점은 구글과 페이스북에서의 실무 경험입니다. 구글에서 Trust & Safety 연구 디렉터로, 페이스북에서 글로벌 정책 분석 헤드로 근무하면서 대규모 AI 시스템의 윤리적 운영과 안전성 확보에 대한 실질적 경험을 쌓았습니다. 이는 AI의 사회적 영향과 윤리적 이슈에 대한 깊은 이해를 바탕으로 국방부의 책임감 있는 AI 도입을 이끌 수 있는 최적의 배경입니다.

CDAO 책임자로서 그녀의 가장 중요한 업적은 Open DAGIR(Defense Advanced GPS-Denied Integrated Recognition) 이니셔티브 런칭입니다. 이는 GPS가 차단된 환경에서도 AI가 위치 인식과 항법을 수행할 수 있는 기술을 민간과 협력하여 개발하는 프로그램으로, 전통적인 국방 연구의 폐쇄성을 깨고 오픈 이노베이션을 추진하는 혁신적 접근법입니다. 또한 JADC2의 최소 기능 제품(MVP) 달성과 AI 신속 역량 셀(RCC) 설립을 통해 CDAO의 실질적 성과를 가시화했습니다.

3-6 매튜 무하(Matthew Muha) - 공군연구소 ACT3 디렉터

매튜 무하는 공군연구소(AFRL) 내 자율역량팀(ACT3)의 디렉터로서, 미래 항공 우주 전력의 자율화를 이끄는 핵심 인물입니다. 라이트-패터슨 공군기지에 위치한 ACT3는 공군과 우주군의 AI 혁신을 담당하는 최전선조직으로, 무하는 이곳에서 차세대 자율 항공기와 우주 자산 개발을 총괄하고 있습니다.

무하의 리더십 하에 ACT3는 Loyal Wingman 프로그램을 발전시켰습니다. 유인 전투기와 협력하여 임무를 수행하는 무인 전투기 개발 프로그램으로, 조종사의 작업 부담을 줄이고 전술적 유연성을 크게 향상시키는 혁신적 기술입니다. 무하는 이 프로그램에서 기술적 완성도뿐만 아니라 실제 조종사들의 의견을 적극 반영하여 '인간-기계 협력'의 이상적 모델을 구현하고 있습니다.

공군의 '예측 정비(Predictive Maintenance)' AI 시스템 개발입니다. 전투기의 복잡한 시스템에서 발생할 수 있는 고장을 사전에 예측하여 안전성을 높이고 운영 비용을 절감하는 이 기술은 무하의 실무적 접근법이 만들어 낸 성과입니다. 그는 기술의 화려함보다는 실제 공군 부대에서 매일 사용할 수 있는 실용적 솔루션 개발에 집중하는 리더십을 보여주고 있습니다.

3-7 크리스토퍼 클라크(Christopher Clark) 대위 - 해병대 AI 리드

크리스토퍼 클라크 대위는 해병대의 AI 리드로서, 전통적으로 보수적인 해병대 문화에서 디지털 변환을 이끄는 혁신가입니다. 현역 해병대 장교이면서 동시에 AI 전문가라는 독특한 위치에서, 그는 해병대의 디지털 변환팀 3년 파일럿 프로그램을 운영하며 첨단 기술과 해병대의 전투 전통을 성공적으로 결합시키고 있습니다.

가장 큰 강점은 '현장 이해도'입니다. 실제 해병대 작전에 참여한 경험을 바탕으로, 그는 AI 기술이 실제 전투 환경에서 어떻게 활용될 수 있는지 정확히 파악하고 있습니다. 해병대의 핵심 임무인 상륙작전과 신속 기동작전에서 AI가 어떤 역할을 할 수 있는지에 대한 그의 통찰은 실질적이고 구체적입니다.

그가 이끄는 디지털 변환팀 파일럿 프로그램은 해병대의 모든 계층에서 AI 기술을 시험하고 도입하는 체계적인 접근법을 취하고 있습니다. 개별 해병의 개인 장비부터 소대급 전술 시스템, 대대급 지휘통제 시스템까지 다양한 수준에서 AI 기술을 테스트하고 최적화하고 있습니다. 클라크 대위는 이 과정에서 해병들의 직접적인 피드백을 수집하고 반영하여, 기술 중심이 아닌 사용자 중심의 AI 도입을 추진하고 있습니다.

3-8 난드 물찬다니(Nand Mulchandani)

난드 물찬다니는 CIA의 최고기술책임자(CTO)로서, 미국 정보계의 AI 혁신을 이끄는 핵심 인물입니다. 국방부 합동인공지능센터(JAIC)의 CTO로 활동하며 Pentagon AI 커뮤니티를 "AI 개척자에서 AI 실무자로" 전환시키는 데 결정적 역할을 했고, 이후 CIA로 이직하여 정보 분야의 AI 혁신을 주도하고 있습니다.

물찬다니의 가장 혁신적인 프로젝트는 CIA에서 개발한 'AI 기반 세계 지도자 에뮬레이션 시스템'입니다. 이는 세계 각국 지도자들의 발언 패턴, 의사결정 방식, 정책 선호도 등을 AI가 학습하여, 특정 상황에서 그들이 어떤 선택을 할지 예측하는 시스템입니다. 이는 정책 결정자들이 국제 정세를 예측하고 대응 전략을 수립하는 데 혁명적인 도구가 되고 있습니다.

스탠퍼드 경영대학원을 졸업한 그는 기술적 전문성과 전략적 사고를 모두 갖춘 리더입니다. 그의 리더십 하에 CIA는 전통적인 인간 정보원

(HUMINT)과 AI 기술을 결합한 새로운 정보 수집 및 분석 패러다임을 구축하고 있습니다. 이는 정보계가 빅데이터 시대에 맞춰 진화하는 데 필수적인 변화로 평가받고 있습니다. 물찬다니는 CIA 역사상 첫 번째 CTO로서, 70년 넘는 CIA 역사에 기술 혁신의 새로운 장을 열고 있습니다.

3-9 프레스턴 던랩(Preston Dunlap) - 전 공군/우주군 최고기술책임자

프레스턴 던랩은 2019년부터 2022년까지 미 공군과 우주군의 최초 최고기술책임자(CTO) 겸 최고건축책임자를 역임한 인물로, 국방부의 기술적 한계를 신랄하게 비판하며 사임한 것으로 유명합니다. 그의 사임은 단순한 개인적 결정이 아니라, 국방부의 기술 혁신 속도에 대한 강력한 경고 메시지였습니다.

던랩이 재임 기간 중 가장 집중한 것은 공군과 우주군의 '디지털 DNA' 구축이었습니다. 모든 공군 자산이 디지털로 연결되고 AI로 최적화되는 미래 비전을 제시했으며, 이를 위해 클라우드 기반 인프라와 데이터 분석 플랫폼을 대폭 확충했습니다. 우주군이 신설되면서 처음부터 AI와 자동화 기술을 핵심으로 하는 '디지털 네이티브' 군종으로 설계하는 데 중요한 역할을 했습니다.

던랩은 국방부가 "데이터, 분산컴퓨팅, 소프트웨어, AI, 사이버보안 분야에서 민간 상업 부문에 심각하게 뒤처지고 있다."라며 공개적으로 비판했습니다. 그는 국방부의 느린 의사 결정 과정과 구식 조달 시스템이 AI 시대의 혁신 속도를 따라갈 수 없다고 지적했습니다. 현재 그는 민간 부문에서 국방 기술 자문 활동을 하며, 외부에서 국방부의 기술 혁신을 견인하고 있습니다. 던랩의 비판과 사임은 국방부에는 쓰라린 현실 인식의 계기가 되었고, 이후 더욱 적극적인 기술 혁신 정책의 동력이 되었습니다.

4-1 기술적 과제 - 데이터 통합의 복잡성

미국 국방부가 직면한 가장 근본적인 기술적 도전은 방대하고 이질적인 군사 데이터를 실시간으로 통합하는 것입니다. 육군, 해군, 공군, 우주군, 사이버사령부가 각각 다른 데이터 형식과 시스템을 사용하고 있어, 하나의 통합된 AI 시스템에서 활용하기가 극도로 복잡합니다. 마치 서로 다른 언어를 사용하는 사람들이 동시에 대화하려는 것과 같은 상황입니다.

　　이를 해결하기 위해 국방부는 데이터 메시(Data Mesh) 아키텍처를 도입했습니다. 이는 중앙집중식 데이터 저장소 대신, 각 조직이 자신의 데이터를 관리하되 공통된 표준과 인터페이스를 통해 연결하는 분산형 접근법입니다. 해군의 함정 위치 데이터와 공군의 항공기 정보가 서로 다른 시스템에 저장되어 있어도, 표준화된 API를 통해 실시간으로 통합 분석이 가능해집니다. 이는 데이터의 품질과 보안을 각 조직이 책임지면서도, 전체적인 상호운용성을 확보하는 혁신적 방법론입니다.

4-2 보안적 과제 - 적대적 환경에서의 AI 강건성

AI 시스템의 보안 취약성은 민간 영역보다 군사 분야에서 훨씬 치명적인 결과를 초래할 수 있습니다. AI 시스템을 해킹하거나 조작하여 잘못된 판단을 유도할 경우, 이는 전투의 승패를 좌우하고 수많은 생명을 위험에 빠뜨릴 수 있습니다. 적대적 공격(Adversarial Attack)은 AI의 입력 데이터를 미세하게 조작하여 완전히 다른 결과를 만들어 내는 공격 방식으로, 인간은 인지하지 못하지만 AI는 속아 넘어가는 교묘한 위협입니다.

　　국방부는 이에 대응하기 위해 AI 레드팀(Red Team) 제도를 구축했습니다. 이는 의도적으로 자체 AI 시스템을 공격하는 전담팀을 운영하여,

미국 국방부 AI 도전 과제 및 전략

4대 핵심 도전과제와 해결 전략

데이터 통합의 복잡성 `기술적 과제`

문제점: 방대하고 이질적인 군사 데이터를 실시간으로 통합하는 것이 극도로 복잡

세부사항: 육군, 해군, 공군, 우주군, 사이버사령부가 각각 다른 데이터 형식과 시스템 사용

비유: 서로 다른 언어를 사용하는 사람들이 동시에 대화하려는 상황

해결책: 데이터 메시(Data Mesh) 아키텍처 도입

접근방법: 중앙집중식 대신 분산형 접근법, 각 조직이 데이터 관리하되 공통 표준과 인터페이스로 연결

혜택: 해군 함정 위치 데이터와 공군 항공기 정보를 표준화된 API로 실시간 통합 분석

AI 강건성 확보 `보안적 과제`

문제점: 적대적 환경에서 AI 시스템 해킹/조작으로 인한 치명적 결과 초래 가능

세부사항: 적대적 공격(Adversarial Attack)은 입력 데이터를 미세 조작하여 AI를 속이는 교묘한 위협

비유: 은행이 보안 전문가를 고용하여 자신의 금고를 털어보게 하는 것과 동일한 원리

해결책: AI 레드팀(Red Team) 제도 구축

접근방법: 의도적으로 자체 AI 시스템을 공격해보는 전담팀 운영으로 취약점 미리 발견 보완

추가개선: AI 시스템 자체가 공격을 실시간 탐지하고 대응하는 자기 방어 능력 개발

AI 인재 확보 `인재 확보와 문화 혁신`

문제점: 실리콘밸리와의 치열한 AI 인재 확보 경쟁에서 열세

세부사항: 구글, 애플, 메타가 수십만 달러 연봉과 스톡옵션 제공 vs 상대적으로 낮은 공무원 급여

해결책: 애국심과 사명감에 호소하는 새로운 모집 전략

전략: 연봉 경쟁보다 국가 안보 기여 사명감과 세계를 바꿀 기술 개발 기회 강조

혁신: 신속 획득 절차 도입으로 수년 걸리던 시스템 도입 과정을 몇 개월로 단축

문화혁신: DIU를 통한 스타트업 같은 민첩한 개발 환경, 실패 용인하는 혁신 문화 조성

책임감 있는 AI `윤리적 구현`

문제점: AI 무기 시스템의 자율적 생명결정에 대한 윤리적, 법적 책임 소재 불분명

장벽:

우려: 자율 무기 오작동 민간인 공격이나 AI 잘못된 판단으로 인한 의도치 않은 확전

해결책: 책임감 있는 AI(Responsible AI, RAI) 원칙 수립

원칙: 인간의 최종 통제권 보장, AI 결정의 투명성과 설명가능성, 편향 방지, 국제법 준수

핵심개념: Human-in-the-loop 개념으로 생명 관련 최종 결정은 반드시 인간이 내려야 함

시스템: 디지털 감사 추적(Digital Audit Trail) 시스템으로 AI 행동 기록 추적하여 책임 소재 규명

통합 해결 전략

- **기술혁신:** 데이터 메시 아키텍처로 이질적 시스템 통합
- **보안강화:** AI 레드팀과 자기방어 시스템으로 강건성 확보
- **인재확보:** 사명감 어필과 신속 절차로 실리콘밸리와 경쟁
- **윤리구현:** Human-in-the-loop와 디지털 감사로 책임감 있는 AI

성공을 위한 핵심 요소

기술적 통합 + 보안 강건성 + 문화 혁신 + 윤리적 책임

[그림 5] 미국 국방부 AI 도전 과제와 전략표.

취약점을 미리 발견하고 보완하는 방식입니다. 마치 은행이 보안 전문가를 고용하여 자신의 금고를 털어 보게 하는 것과 같은 원리로, 적이 공격하기 전에 스스로 약점을 찾아 강화하는 것입니다. 또한 AI 시스템 자체가 공격을 실시간으로 탐지하고 대응할 수 있는 '자기방어' 능력을 개발하여, 적의 사이버 공격에도 견딜 수 있는 강건한 AI를 구축하고 있습니다.

4-3 인재 확보와 문화 혁신

국방부가 직면한 심각한 도전 중 하나는 실리콘밸리와의 치열한 AI 인재 확보 경쟁입니다. 구글, 애플, 메타 같은 거대 기업들이 수십만 달러의 연봉과 스톡옵션을 제공하는 상황에서, 상대적으로 낮은 공무원 급여로 최고의 AI 전문가들을 유치하기는 어렵습니다. 게다가 국방부의 전통적인 관료주의적 문화와 느린 의사결정 과정은 빠른 혁신에 익숙한 젊은 개발자들에게 큰 장벽으로 작용합니다.

이를 극복하기 위해 국방부는 애국심과 사명감에 호소하는 새로운 모집 전략을 개발했습니다. 단순히 연봉 경쟁보다는 "국가 안보에 기여한다."는 특별한 사명감과 "세계를 바꿀 수 있는 기술"을 개발할 기회를 강조합니다. 또한 신속 획득 절차를 도입하여 기존의 수년간 걸리던 시스템 도입 과정을 몇 개월로 단축했습니다. DIU(Defense Innovation Unit) 같은 조직을 통해 스타트업과 같은 민첩한 개발 환경을 만들고, 실패를 용인하는 혁신 문화를 조성하여 우수한 인재들이 국방부에서도 자신의 능력을 발휘할 수 있도록 하고 있습니다.

4-4 책임감 있는 AI의 구현

AI 무기 시스템이 자율적으로 생명과 죽음을 결정할 수 있는 시대가 도래하면서, 그 사용에 대한 윤리적 책임과 법적 책임 소재를 명확히 하는 것이 국제적으로 중요한 이슈가 되었습니다. 만약 자율 무기가 오작동하여 민간인을 공격하거나, AI가 내린 잘못된 판단으로 인해 의도치 않은 확전이 발생한다면, 그 책임은 누가 져야 할까요? 이는 단순한 기술적 문제를 넘어 국제법과 전쟁법의 근본적 재검토를 요구하는 복합적 과제입니다.

국방부는 이에 대응하기 위해 '책임감 있는 AI(Responsible AI, RAI)' 원칙을 수립하고, 모든 AI 개발과 배치 과정에 이를 적용하고 있습니다. RAI 원칙은 인간의 최종 통제권 보장, AI 결정의 투명성과 설명 가능성, 편향 방지, 그리고 국제법 준수 등을 핵심으로 합니다. 중요한 것은 'Human-in-the-loop' 개념으로, 아무리 자율적인 AI 시스템이라도 생명과 관련된 최종 결정은 반드시 인간이 내려야 한다는 원칙입니다. 또한 AI 시스템의 모든 행동을 기록하고 추적할 수 있는 '디지털 감사 추적(Digital Audit Trail)' 시스템을 구축하여, 문제 발생 시 책임 소재를 명확히 규명할 수 있도록 하고 있습니다.

8장 중국의 군사 인공지능(AI)

[그림 6] 중국 인공지능 상징 그림.

중국이 인공지능에 거는 기대는 단순한 기술 발전 차원을 넘어섭니다. 중국 국가 지도부는 AI 기술을 미래 국제 경쟁의 핵심 무기로 간주하며, 이 분야에서 선도국이 되어야만 글로벌 군사·경제 패권 경쟁에서 승리할 수 있다고 확신합니다. 중국 국무원이 발표한 차세대 인공지능 발전 계획과 중국 제조 2025를 핵심 전략으로 삼으며, AI를 국가안보와 경쟁력을 좌우할 전략 기술로 인식합니다.

시진핑 주석의 AI에 대한 의지는 확고한 수준입니다. 2018년 AI를 주제로 한 정치국 학습을 직접 주재하며 자립적 기술 확보와 세계 수준 도달을 강조했던 것, 그리고 핵심 AI 기술을 "우리 손안에 장악해야 한다."(把关键核心技术掌握在自己手中)라고 언급했던 것은 단순한 구호가 아니었습니다. 실제로 수십억 달러 이상의 국가 및 지방정부 예산이 AI에 쏟아져 들어가고, 반도체 국가 펀드만도 2014년과 2018년에 각각 20조 원, 45조 원 규모로 조성되어 공격적인 투자가 이루어지고 있습니다.

놀라운 것은 중국의 AI 성과 자체입니다. 현재 중국은 AI 분야에서 미국과 양강 구도를 형성하고, AI 논문 수, 특허, 투자 금액 등에서 세계 1위를 기록하고 있습니다. DJI(大疆创新, 드론), SenseTime(商汤科技, 컴퓨터 비전) 등 세계적 경쟁력을 지닌 기업들을 다수 보유하고, Baidu(百度), Tencent(腾讯), SenseTime(商汤科技) 등의 AI 챔피언 기업들은 국가 전략과 밀접히 연결되어 움직입니다. 또한 국방기술대학 산하에 2018년부터 무인시스템 연구센터와 AI 연구센터를 설립하여 각각 100명 이상의 연구원을 보유하고 있습니다.

그러나 중국 AI 생태계의 약점도 분명히 존재합니다. 인재, 기술표준, 소프트웨어 플랫폼, 반도체를 자신들의 약점으로 인식하고 있는 상황입니다. 고급 인재 수 부족 문제가 심각하고, 핵심 프레임워크인 TensorFlow, PyTorch는 모두 외국산이며, 반도체는 여전히 해외, 특히 미국과 대만에 크게 의존하는 구조입니다. 많은 성과가 외국과의 공동 연구 결과이고 미국 기술에 대한 의존도가 여전히 높아서, 국제 협력과 기술 이전이 중국 AI 성장을 가속화하는 핵심 요인이 되는 실정입니다.

이러한 약점을 인식한 중국은 ZTE 제재 사례 이후 기술 자립의 필요성에 대한 위기의식이 고조되면서, 단기적으로는 해외 기술 의존을 유지하되 장기적으로는 기술 자립을 추진하는 이중 전략을 구사하고 있습니다. AI와 반도체 분야에서 '자립 가능하고 통제 가능한 생태계' 구축을 목표로 삼고, 화웨이(华为) HiSilicon의 Kirin 칩 설계 성공 등을 반도체 자립의 전조로 삼아 노력을 기울이고 있습니다.

중국은 미래 AI 경쟁의 핵심이 AI 전용 반도체 칩이라고 보고 전력

투구하고 있습니다. AI가 데이터뿐 아니라 고성능 연산 자원이 중요하다는 점에서 AI용 맞춤형 칩 개발에 주력하고 있습니다. GPU보다 효율이 높은 AI 전용 칩 시장에서 Baidu(百度), Huawei(华为), Alibaba(阿里巴巴) 등 중국 기업들이 진출하고, 구형 공정으로도 AI 칩 경쟁이 가능하다고 판단하고 있습니다. Tsinghua 보고서에서는 "칩 없이는 AI도 없다."라고 강조하면서 AI 칩을 중국이 반도체 시장에서 경쟁력을 확보할 기회로 여기고 있습니다.

중국 군 지도자들의 AI 무기에 대한 시각도 매우 적극적입니다. AI 무기 도입과 전투지휘 자동화가 전쟁의 핵심이 될 것으로 인식하고, "AI가 인간의 두뇌처럼 전투지휘를 할 것"이라는 주장을 내놓기도 합니다. AI 군사 활용을 피할 수 없는 미래로 간주하며 적극 개발하고, 무인 공격 드론 및 감시 시스템을 수출하고 있습니다. 동시에 AI를 미국과의 기술 격차를 뛰어넘는 '도약 발전' 기회로 간주하며, 미국의 기존 무기 체계 의존성이 오히려 미래 AI 기반 체계 전환에 장애가 될 것으로 판단하고 있습니다.

한편, 중국은 AI가 군사 행동의 문턱을 낮추고 오판 가능성을 키운다는 우려를 표현하면서도, AI 통제 및 군사 로봇 기술에 대한 국제적 규범 및 무기 규제에 대해 논의할 필요성을 제시하고 있습니다. 민군 융합이 국가 AI 전략의 핵심이며, 중국의 상업적 AI 성공은 안보적 영향력으로 직결되어 국가 안보 부문과의 협력이 강제되는 구조입니다.

중국은 미국과 격차가 존재하지만, 투자와 정책 덕분에 격차는 점차 축소되고 있으며, 유럽과 대만의 인재 및 기술 유치 노력을 계속하고 있습니다. 거시 경제 및 자산 버블 등이 AI 성장의 잠재적 위험 요인으로 작용할 수 있으며, 중국 기술 스타트업의 과도한 기업가치와 성장 의존형 자금 조달 구조는 금융위험을 내포하고 있고, 2018년 이후 기술 기업 해고 및 투자 감소 조짐도 나타나고 있습니다.

중국은 AI를 단순한 신기술이 아닌, 미국과의 군사적 격차를 해소하고 미래 전쟁의 패러다임을 바꿀 '전략적 기회'로 인식하고 있습니다. '지능화 전쟁(智能化战争)'이라는 명확한 목표 아래 범국가적으로 추진되고 있습니다.

중국 AI 군사 전략

국가 정책부터 작전 교리까지 체계적 접근

핵심 전략 정책 문서 `국가 정책 기반`

2015년: 중국제조 2025: AI를 핵심 산업으로 지정, 해외 기술 의존도 낮추기 위한 국가적 청사진

2017년: 신세대 인공지능 발전계획: 2030년까지 AI 이론·기술·응용 분야 세계 선도 수준 도달 목표

핵심전략: 군민융합(军民融合)을 통한 국방 분야 적용 명시

2019년: 2019년 국방백서: 지능화 전쟁이 목전에 다가왔다 공식 선언, PLA 전쟁 패러다임 전환

2024년: 2024년 AI 플러스 이니셔티브: 과학기술 혁신을 통한 새로운 질적 생산력 개발

확산전략: AI 기술의 산업 전반 확산 강조

지도부 의지와 3화 융합 `최고 지도부 추진`

최고지도자: 시진핑 주석: AI 핵심 기술을 확고히 우리 손에 장악해야 한다 강조

3화 융합: PLA 3화 융합 발전 전략: 기계화(机械化) + 정보화(信息化) + 지능화(智能化)

전략목표: 정보화 전쟁을 넘어 AI로 전장 모든 요소 통합

결정우위: 지휘관 의사결정 속도와 질 극대화하여 결정 우위(Decision Dominance) 확보

통합접근: 3가지 현대화 목표를 동시에 추구하는 통합적 접근

전장통제: AI를 통한 전장 통합 지휘통제 시스템 구축

시스템 파괴 전쟁 `핵심 작전 교리 1`

핵심개념: 적군의 네트워크 연결성을 오히려 취약점으로 역이용하는 전략

분석방법: AI가 지휘통제시설, 통신위성, 보급창고 같은 핵심 연결 지점 분석 식별

공격방법: 중요한 연결고리들을 끊어 적의 전체 군사시스템 마비

비유: 거미줄에서 중요한 연결점만 끊으면 전체 구조가 무너지는 원리

효과: 최소 공격으로 최대 시스템 마비 효과 달성

다영역 정밀 전쟁 `핵심 작전 교리 2`

핵심개념: AI와 빅데이터로 적의 약점을 정확히 찾아내는 전략

영역범위: 육해공 + 우주 + 사이버공간까지 모든 영역 정보를 AI가 종합 분석

취약점탐지: 적이 가장 취약한 부분을 찾아 정밀 공격

비유: 의사가 모든 검사결과를 종합해 정확한 진단을 내리듯 AI가 가장 효과적인 공격지점 도출

비용효과: 최소한의 비용으로 최대한의 효과를 얻는 것이 목표

인지전 `핵심 작전 교리 3`

핵심개념: 기존 심리전이 AI 시대에 맞게 진화한 새로운 전쟁 형태

AI 도구: AI로 가짜 뉴스와 실제 사람과 구별 어려운 딥페이크 영상 제작

목표: 적국 지휘관들과 국민들의 판단력을 흐리게 만드는 것이 목표

비유: 마술사가 관객의 눈을 속여 잘못된 현실을 믿게 만드는 것(총 대신 착각이 무기가 되는 셈).

특징: 총탄이나 폭탄 없이 적의 마음과 생각을 공격하는 전쟁

중국 AI 군사 전략의 특징

- **국가주도:** 최고지도부 직접 관여하는 국가 차원의 체계적 추진
- **군민융합:** 민간 기술을 군사 목적으로 적극 활용하는 융합 전략
- **비대칭전:** 직접 대결보다 시스템 파괴와 인지전으로 우위 확보
- **전영역통합:** 모든 영역을 AI로 통합하여 결정 우위 달성

중국 AI 군사화 로드맵

2015년 계획 수립 → 2017년 구체화 → 2019년 공식화 → 2024년 확산 → 2030년 선도

[그림 7] 중국의 AI 군사 전략 및 교리.

1-1 중국 정부의 핵심전략정책 문서

2015년 발표된 '중국제조 2025'에서는 AI를 핵심 산업으로 지정하고 해외 기술 의존도를 낮추기 위한 국가적 청사진을 제시했습니다. 이후 2017년 '신세대 인공지능 발전 계획'을 통해 2030년까지 AI 이론, 기술, 응용 분야에서 세계 선도 수준에 도달한다는 구체적인 목표를 설정했으며, 특히 '군민융합(军民融合)'을 통한 국방 분야 적용을 명시했습니다.

2019년 국방백서에서는 "지능화 전쟁이 목전에 다가왔다."라고 공식적으로 선언하며 중국 인민해방군(PLA, People's Liberty Army)의 전쟁 패러다임 전환을 알렸습니다. 가장 최근인 2024년에는 리창 총리가 "AI 플러스" 이니셔티브를 발표했는데, 이는 과학기술 혁신을 통한 '새로운 질적 생산력' 개발을 목표로 하며 AI 기술의 산업 전반 확산을 강조하고 있습니다.

1-2 지도부의 의지와 '3화(三化) 융합'

시진핑 주석은 여러 차례 "AI 핵심 기술을 확고히 우리 손에 장악해야 한다."라고 강조하며, AI 개발을 직접 독려하고 있습니다. PLA는 '기계화(机械化)', '정보화(信息化)','지능화(智能化)'의 3가지 현대화 목표를 동시

에 추구하는 '3화 융합 발전' 전략을 추진하고 있습니다. 이는 기존의 정보화 전쟁을 넘어, AI를 통해 전장의 모든 요소를 통합하고 지휘관의 의사결정 속도와 질을 극대화하여 '결정 우위(Decision Dominance)'를 확보하려는 전략입니다.

1-3 핵심 작전 교리: 시스템 파괴전과 인지전

중국이 개발하고 있는 AI 기반 전쟁 개념은 크게 세 가지로 구분됩니다.

시스템 파괴 전쟁은 현대 군대가 네트워크로 연결되어 있다는 점을 역이용하는 전략입니다. 적군의 강력한 네트워크 연결성을 오히려 취약점으로 간주하여, AI를 활용해 핵심 연결 지점들을 찾아내고 공격합니다. 지휘통제시설, 통신위성, 보급창고 같은 중요한 거점들을 AI가 분석하여 식별하고, 이런 핵심 연결고리들을 끊어버림으로써 적의 전체 군사시스템을 마비시키는 것입니다. 마치 거미줄에서 중요한 연결점만 끊으면 전체 구조가 무너지는 것과 같은 원리입니다.

다영역 정밀 전쟁은 AI와 빅데이터의 힘을 빌려 적의 약점을 정확히 찾아내는 전략입니다. 육해공뿐만 아니라 우주, 사이버 공간까지 모든 영역의 정보를 AI가 종합 분석하여 적이 가장 취약한 부분을 찾아냅니다. 그 약점을 정밀하게 공격하여 최소한의 비용으로 최대한의 효과를 얻으려고 합니다. 의사가 환자의 모든 검사 결과를 종합해 정확한 진단을 내리듯, AI가 전장의 모든 정보를 분석해 가장 효과적인 공격 지점을 찾아내는 것입니다.

인지전은 기존의 심리전이 AI 시대에 맞게 진화한 형태입니다. AI 기술을 이용해 가짜 뉴스를 만들거나, 실제 사람과 구별하기 어려운 딥페이크 영상을 제작하여 적국 지휘관들과 국민의 판단력을 흐리게 만듭니다. 또한 소셜미디어를 통해 여론을 조작하여 적국 내부의 혼란을 조성하고, 전쟁에 대한 저항 의지를 약화시키는 것을 목표로 합니다. 실제 총알이나 폭탄을 사용하지 않고도 적의 마음과 생각을 공격하여 승리를 얻으려는 새로운 형태의 전쟁입니다.

중국의 군사 AI 개발은 군, 국영 방산업체, 민간 기술 대기업, 대학이 유기적으로 얽힌 '군민 융합' 생태계에 의해 추진됩니다. 인민해방군(PLA)의 인공지능 관련 조직은 시진핑이 위원장을 맡고 있는 중앙군사위원회를 정점으로 모든 AI 관련 전략과 정책이 결정되는 구조입니다. 중앙군사위원회는 PLA의 최고 지휘 기관으로서 군사 AI 개발의 최종 승인과 자원 배분을 결정하는 권한을 가지고 있습니다.

2024년 4월 19일 중국군은 대대적인 조직 개편을 단행하여 새로운 "4개 군종, 4개 병종" 체계를 구축했습니다. 4개 군종은 육군, 해군, 공군, 로켓군으로 구성되며, 4개 병종은 모두 중앙군사위원회 직속으로 정보지원부대, 망락공간부대(사이버공간부대), 군사항천부대, 연합후근보장부대로 이루어져 있습니다. 이 중에서 정보지원부대는 2024년에 신설된 조직으로 네트워크 정보 시스템의 통합 개발과 응용, 지휘통제, 정보 보안, 정보 유통을 담당하고 있습니다.

개편의 가장 큰 변화는 2015년 창설된 전략지원부대가 해체되어 3개의 독립적인 부대로 분리된 것입니다. 전략지원부대는 창설된 지 불과 9년 만에 해체되었는데, 기존 통합 구조의 문제점과 효율성 부족이 원인으로 분석됩니다. 사이버공간부대는 사이버 공격·방어, 네트워크 침입 탐지·대응, 사이버 주권 유지를 담당하며, 군사항천부대는 위성 운용과 우

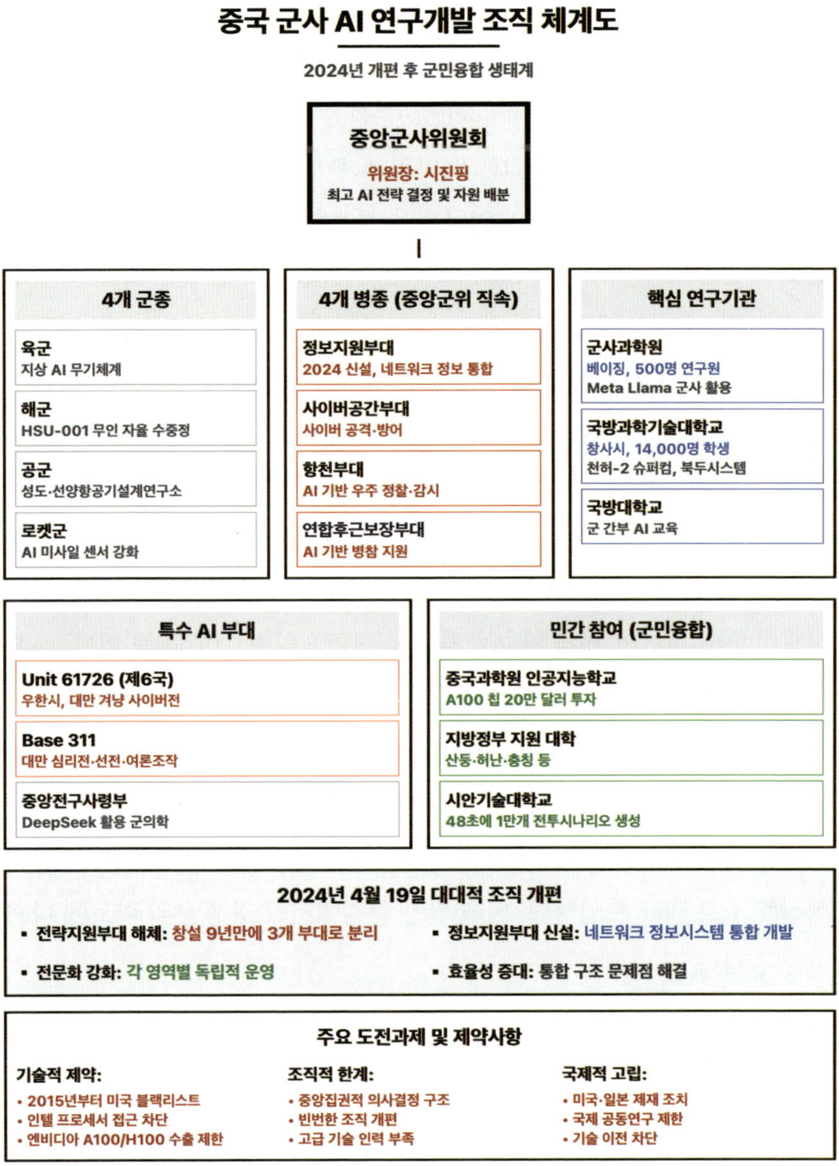

중국 군사 AI 연구개발 조직 체계도

2024년 개편 후 군민융합 생태계

중앙군사위원회
위원장: 시진핑
최고 AI 전략 결정 및 자원 배분

4개 군종

육군
지상 AI 무기체계

해군
HSU-001 무인 자율 수중정

공군
성도·선양항공기설계연구소

로켓군
AI 미사일 센서 강화

4개 병종 (중앙군위 직속)

정보지원부대
2024 신설, 네트워크 정보 통합

사이버공간부대
사이버 공격·방어

항천부대
AI 기반 우주 정찰·감시

연합후근보장부대
AI 기반 병참 지원

핵심 연구기관

군사과학원
베이징, 500명 연구원
Meta Llama 군사 활용

국방과학기술대학교
창사시, 14,000명 학생
천허-2 슈퍼컴, 북두시스템

국방대학교
군 간부 AI 교육

특수 AI 부대

Unit 61726 (제6국)
우한시, 대만 겨냥 사이버전

Base 311
대만 심리전·선전·여론조작

중앙전구사령부
DeepSeek 활용 군의학

민간 참여 (군민융합)

중국과학원 인공지능학교
A100 칩 20만 달러 투자

지방정부 지원 대학
산둥·허난·충칭 등

시안기술대학교
48초에 1만개 전투시나리오 생성

2024년 4월 19일 대대적 조직 개편

- **전략지원부대 해체:** 창설 9년만에 3개 부대로 분리
- **전문화 강화:** 각 영역별 독립적 운영
- **정보지원부대 신설:** 네트워크 정보시스템 통합 개발
- **효율성 증대:** 통합 구조 문제점 해결

주요 도전과제 및 제약사항

기술적 제약:
- 2015년부터 미국 블랙리스트
- 인텔 프로세서 접근 차단
- 엔비디아 A100/H100 수출 제한

조직적 한계:
- 중앙집권적 의사결정 구조
- 빈번한 조직 개편
- 고급 기술 인력 부족

국제적 고립:
- 미국·일본 제재 조치
- 국제 공동연구 제한
- 기술 이전 차단

[그림 8] 중국의 군사 AI 연구 기관 조직도.

주 작전, AI 기반 우주 정찰과 감시를 맡고 있습니다.

중국군의 AI 연구개발을 주도하는 기관은 군사과학원(军事科学院), 국방대학교, 국방과학기술대학교(国防科技大学)입니다.

군사과학원(军事科学院)은 베이징에 본부를 둔 인민해방군(PLA)의 최고 연구 기관으로 500명의 연구원을 보유한 인민해방군(PLA) 내 최대 연구 기관입니다. Meta의 Llama 모델을 사용하여 군사 공개 정보 수집에 특화된 언어 모델을 개발했으며, 과학기술 정보 분석과 처리, 미군의 생성형 AI 군사 응용 사례 분석 등을 수행하고 있습니다.

국방과학기술대학교(国防科技大学)는 1953년 설립된 중앙군사위원회 직속 국가공립연구대학으로 중국 최고 수준의 군사 공과대학입니다. 후난성(湖南省) 창사시(长沙市)에 소재하며 총 14,000명의 학생이 재학하고 있고, 천허-2(天河二号) 슈퍼컴퓨터 개발로 유명합니다. 천허-2는 2013년부터 2016년까지 세계 최고 수준의 슈퍼컴퓨터였으며, 현재 천허-2A는 세계 4위의 성능을 기록하고 있습니다. 중국이 독자적으로 구축하고 운영하는 글로벌 위성항법시스템인 북두(北斗) 시스템 개발을 주도했으며, 무인 자동차 시스템과 군사용 자율 플랫폼 개발도 담당하고 있습니다.

중국 인민해방군(PLA)의 각 군종은 AI 기술을 자신들의 전력 강화 핵심 요소로 적극 도입하며, 미래 전장 환경에서의 경쟁 우위 확보에 나서고 있습니다.

공군의 AI 혁신

공군 분야에서는 두 개의 주요 항공기 설계연구소가 AI 기술 도입을 선도하고 있습니다. 성도항공기설계연구소(成都飞机设计研究所, CADI)는 2024년 11월 전자전 무기를 장착한 드론을 지휘할 수 있는 실험적 생성형 AI를 개발했다고 홍콩의 사우스차이나모닝포스트(SCMP)가 보도했습니다. 이 AI는 ChatGPT와 유사한 대규모 언어 모델을 기반으로 하여, 적 레이더와 통신 체계를 신속히 교란하는 임무에서 기존 AI나 강화 학습, 그리고 숙련된 인간 전문가보다 더 빠르고 정확한 의사결정을 수행하는 것으로 평가됩니다. CADI는 중국의 대표적인 스텔스 전투기 J-20의 설계 사로도 유명합니다.

선양항공기설계연구소(沈阳飞机设计研究所, SADI)는 DeepSeek AI 플랫폼을 차세대 전투기 개발에 적극 활용하고 있습니다. 2025년 5월 3일 자 SCMP는 SADI 수석 설계자 왕융칭(王永庆)의 발언을 인용했습니다. 그는 DeepSeek가 J-15 '플라잉 샤크'와 J-35 스텔스 전투기를 비롯한 첨 단 전투기 연구개발 과정에서 복잡한 설계 문제를 해결하고 새로운 아이 디어와 방법을 제시하는 데 높은 잠재력을 보여주었다고 밝혔습니다.

해군의 자율 수중 전력

해군은 2019년 10월 1일 국경절(건국 70주년) 군사 퍼레이드에서 대 형 무인 자율 수중정 HSU-001을 처음 공개했습니다. DefenceNews와 The War Zone을 비롯한 군사 전문 매체들은 해당 무인정이 장시간 잠 항과 자율 항해가 가능한 대형 수중 플랫폼으로 평가되며, 중국 해군의 해 양작전 능력을 한층 확장시킬 잠재력을 갖추고 있다고 분석했습니다.

로켓군의 정밀 타격 강화

로켓군은 AI와 머신러닝 기술을 미사일 센서에 적용하여 표적 탐지 와 명중 정확도를 향상시키는 계획을 추진하고 있습니다. 미국 국방부가 발간한 2024년판 "Military and Security Developments Involving the People's Republic of China" 보고서에 따르면, 로켓군은 미사일 센서에 AI와 머신러닝 기술을 적용하여 표적 탐지와 명중 정확도를 향상시키는 계획을 추진하고 있습니다. 같은 보고서에서는 중국 국방대학교 (NDU) 소장이 생성형 AI를 전투 시뮬레이션과 훈련에 도입할 것을 제안한 사실도 언급되었습니다.

통합적 전력 혁신

이처럼 중국의 공군, 해군, 로켓군은 각각의 특성에 맞는 AI 기술을 도입하여 설계, 지휘, 센서 운용, 자율 작전 등 다양한 영역에서 혁신을 추진하고 있습니다. 이는 첨단 AI 기술과 군사 플랫폼의 결합을 통해 기존의 전력 구조를 근본적으로 변화시키려는 중국군의 의지를 보여주는 대표적인 사례들입니다. 각 군종이 자신들의 전문 분야에서 AI를 활용한 전력 강화를 추진함으로써, 전체적인 군사 역량의 시너지 효과를 창출하려는 전략적 접근이 돋보입니다.

중국군의 DeepSeek AI 활용 확산

중국 인민해방군(PLA)은 DeepSeek AI 모델을 다양한 비전투 분야에서 활용하며 군사 AI 역량 강화에 나서고 있습니다.

의료 및 병원 지원 분야

베이징 방어를 담당하는 중앙전구사령부는 인민해방군(PLA) 군 병원에서 DeepSeek의 R1-70B 대규모 언어 모델의 "내장형 배치"를 승인했다고 발표했습니다. 2025년 3월 23일 자 사우스차이나모닝포스트(SCMP)는 이 시스템이 군의관들에게 치료 계획 제안을 제공하고 데이터 저장 계획을 수립하는 업무를 수행하고 있다고 보도했습니다. 2025년 3월 23일 자 비즈니스 스탠다드는 베이징의 명망 높은 인민해방군(PLA) 종합병원 (301병원)을 포함하여 전국의 다른 인민해방군(PLA) 병원들도 유사한 배치를 채택했다고 전했습니다. 병원 측은 환자 프라이버시와 데이터 보안을 강조하며 모든 데이터가 로컬 서버에 저장되고 처리된다고 밝혔습니다.

비상 대피 및 동원 계획

2025년 3월 27일 자 국방정책재단(FDD)은 난징국방동원판공실(南京国防动员办公室)이 DeepSeek를 활용한 비상 대피 계획 수립과 기타 비전투 관련 업무 지원에 관한 매뉴얼을 발간했다고 보도했습니다. 2025년 3월 25일 자 노트북체크(www.notebookcheck.net)는 이 매뉴얼이 비상 대피 계획, 국방 교육, 자원 평가 등에 DeepSeek를 어떻게 사용할 수 있는지 구체적으로 설명하고 있다고 전했습니다.

군사 시뮬레이션 혁신

시안기술대학교(西安理工大学) 컴퓨터과학공학부의 푸얀팡(傅燕芳) 교수가 이끄는 연구팀은 DeepSeek 인공지능 대형 모델을 사용하여 자동 군사 시뮬레이션 시나리오 생성 시스템을 개발했습니다. 글로벌타임스는 이 연구 성과를 보도했으며, 2025년 5월 16일 자 사우스차이나모닝포스트(SCMP)는 AI 기반 시뮬레이션 시스템이 48초 만에 1만 개의 군사 시나리오를 생성할 수 있으며, 이는 기존에 지휘관이 48시간이 걸리던 작업이라고 전했습니다. 연구팀은 "이는 단순한 효율성 개선이 아니라 기존의 수동으로 생성되던 시나리오의 근본적인 전복"이라고 밝혔습니다.

군사 지능화 과정에서의 역할

중국 국영 광명일보(光明日报)는 DeepSeek가 "군사 지능화 과정에서 점점 더 중요한 역할을 하고 있다."라며 군사 지능 발전의 새로운 장을 열고 있다고 보도했습니다. 이 기사는 DeepSeek가 방대한 양의 전장 데이터를 실시간으로 처리하여 전투 중 정확한 상황 인식을 제공할 수 있는 능력을 강조했습니다.

전문가 분석

조지타운대학교 보안신흥기술센터의 연구원 샘 브레스닉(Sam Bresnick)은 "병원과 군인 훈련 프로그램 같은 환경에서 DeepSeek 모델을 사용하는 것은 인민해방군(PLA)에게 통제된 환경에서 실험할 기회를 제공한다."며 "비전투 시나리오에서 먼저 LLM을 배치함으로써 PLA는 더 민감하고 고위험 지역으로 확장하기 전에 기술적, 운영적 과제를 해결할 수 있다."라고 분석했습니다.

이러한 다양한 사례들은 중국군이 DeepSeek AI를 의료 지원부터 시뮬레이션, 비상 계획까지 광범위한 비전투 분야에서 체계적으로 활용하며, 향후 실전 운용을 위한 기반을 구축하고 있음을 보여줍니다.[*]

특수 부대와 연구소

중국군에는 AI 개발과 관련된 특수 부대들도 존재합니다. Unit 61726은 "제6국"이라고 불리며 후베이성(湖北省) 우한시(武汉市) 우창구(武昌区)에 주둔하면서 대만을 특별히 겨냥한 사이버전에 전념하는 해커 부대입니다. Base 311은 대만에 대한 심리전과 선전 생성, 여론 조작을 위한 임무를 가진 부대로 정치전을 담당하는 특수 기관입니다.

국방과학기술대학교 산하에는 중요한 연구소들이 위치해 있습니다.

---

[*] 스탠다드 2025년 3월 23일 자 https://www.business-standard.com/world-news/china-s-pla-adopts-ai-tool-deepseek-for-military-hospitals-training-125032300397_1.html

고성능 컴퓨팅 국가중점실험실은 베이징에 주둔하며 네트워크 시스템과 통신, 정보 보장 및 사이버 보안 연구를 수행하고 있으며, 슈퍼컴퓨팅 관련 연구소는 슈퍼컴퓨터를 보유하고 있습니다. 200명 이상의 선임 엔지니어와 전국 각지의 대학원생 및 박사과정 학생들을 고용하고 있습니다. 또한 양자 정보 및 양자 프런티어 혁신센터와 고성능 컴퓨팅 협력 혁신센터도 NUDT와 연계되어 운영되고 있습니다.

민간-군사 융합 정책에 따라 민간 기관들도 군사 AI 개발에 참여하고 있습니다. 중국과학원 산하 인공지능학교는 2022년 A100 칩을 포함한 첨단 장비에 약 20만 달러를 투자했으며, 산둥, 허난, 충칭 등 지방 정부가 지원하는 대학들도 A100 칩을 구매하여 AI 연구를 수행하고 있습니다.

도전 과제와 제약 사항

중국군의 AI 개발은 여러 도전 과제와 제약 사항에 직면해 있습니다. 기술적으로는 국방과학기술대학교를 포함한 중국의 주요 연구 기관들이 2015년부터 미국의 블랙리스트에 포함되어 인텔 프로세서 접근이 차단되었으며, 2022년부터는 엔비디아 A100, H100 칩의 수출도 제한되고 있습니다. 조직적으로는 중앙집권적 의사결정 구조로 인한 AI 시스템 활용의 제약과 빈번한 조직 개편으로 인한 연속성 부족, 그리고 고급 기술 인력의 부족 문제가 있습니다. 국제적으로는 미국과 일본 등 주요국의 제재 조치와 국제 공동연구 프로젝트 참여 제한 등의 고립 상황에 처해 있습니다.

중국 인민해방군(PLA)의 AI 관련 조직 구조는 2024년 대대적인 개편을 통해 보다 전문화되고 효율적인 체계로 발전하고 있으며, 정보지원부대, 사이버공간부대, 항천부대의 분리 독립은 각 영역의 전문성 강화를 목표로 하고 있습니다. 국방과학기술대학교와 군사과학원 등 핵심 연구 기관들을 중심으로 한 AI 기술 개발이 활발히 진행되고 있지만, 미국의 기술 제재와 국제적 고립, 그리고 내부적인 조직 문화의 한계 등이 향후 발전의 주요 변수로 작용할 것으로 예상됩니다.

2-1 인민해방군(PLA)

중국군의 AI 개발은 크게 세 개의 핵심 조직이 주도하고 있으며, 민간과 군사 부문의 협력 체계가 뒷받침하고 있습니다.

정보지원부대의 역할과 중요성

2024년 4월 19일, 중국은 기존의 전략지원부대를 대대적으로 개편하여 정보지원부대를 새롭게 창설했습니다. 이 부대는 중국 최고 군사 지휘부인 중앙군사위원회 직속으로 설치되어 네트워크와 정보 시스템 전반을 총괄하는 막중한 임무를 맡고 있습니다. 정보지원부대의 가장 중요한 역할은 AI와 양자 기술 같은 최첨단 기술들을 실제 군사 작전에 접목시키는 것입니다. 이들은 "정보 주도권 확보"와 "합동 작전 지원"이라는 두 가지 핵심 목표를 추구하며, 우주작전을 담당하는 군사항천부대, 사이버전을 담당하는 망락공간부대와 함께 중국군의 3대 전략 부대 체계를 구성하고 있습니다.

군사과학원의 연구 개발 기능

중국 인민해방군(PLA) 최고의 두뇌 집단인 군사과학원은 군사 이론과 기술 연구의 최전선에서 활동하고 있습니다. 이 기관은 국방과학기술혁신연구원 산하에서 첨단 기술 연구를 이끌어 가는 역할을 담당하며, 특히 AI 분야에서는 두 개의 전문 연구센터를 운영하고 있습니다. 인공지능연구센터는 군사용 AI 알고리즘 개발과 군사 시뮬레이션 연구를 전문적으로 수행하며, 무인시스템연구센터는 무인 전투 체계와 자율 플랫폼 기술 개발에 집중하고 있습니다. 특히 주목할 만한 성과는 미국 메타사의 라마 2 같은 상용 AI 모델을 군사용으로 전환하는 ChatBIT 프로젝트를 주도하고 있다는 점인데, 이는 미국과의 기술 경쟁에서 전략적 우위를 확보하려는 중국의 노력을 보여줍니다.

국방과기대학의 인재 양성과 기초 연구

중국 인민해방군(PLA) 직속의 최고 공과대학인 국방과기대학은 "국방 7자"라고 불리는 중국의 7개 주요 국방 관련 대학 중 하나로, 군사 AI 인재 양성과 기초 연구의 산실 역할을 하고 있습니다. 이 대학의 가장 자랑스러운 성과는 2013년부터 2016년까지 세계 최고 성능을 자랑했던 천허(天河) 슈퍼컴퓨터 시리즈를 개발한 것입니다. 또한 중국의 독자적인 위성항법시스템인 북두(北斗) 시스템과 각종 무인 자율 플랫폼 등 군사 핵심 기술 연구에도 적극 참여하고 있습니다. 더 중요한 것은 이 대학이 군사 AI, 소프트웨어, 정보보호 분야의 전문가들을 체계적으로 양성하는 프로그램을 운영하여 중국군의 미래 AI 전력을 뒷받침할 인재들을 배출하고 있다는 점입니다.

민간과 군사 부문의 융합 체계

중국은 2017년 발표한 「신세대 인공지능 발전 계획」을 통해 민간 기관들이 군사 기술 개발에 적극 참여하도록 장려하는 정책을 추진하고 있습니다. 이러한 정책의 구체적인 사례로는 중국과학원 같은 민간 연구기관들이 미국의 A100 칩 같은 첨단 장비를 도입하여 군사 AI 연구를 지원하는 것을 들 수 있습니다. 또한 국방과기대학이 산업계, 학계, 연구 기관과의 협력을 통해 AI 기반 전투 체계를 개발하는 것도 이러한 민간-군사 융합 정책의 성과라고 할 수 있습니다. 이처럼 중국은 국가 차원에서 민간의 기술력과 군사의 필요를 체계적으로 연결하여 AI 군사 기술 발전을 가속화하고 있습니다.

2-2 국영 방산업체(State-Owned Enterprises)

군민 융합 전략에 따라 주요 국영 방산업체들이 AI 기술을 무기 체계에 통합하는 역할을 수행하고 있습니다. 탱크, 장갑차 등 전통적인 기동장비 개발을 담당하는 중국북방공업집단(中国北方工业集团公司, NORINCO)은 AI 기술을 접목한 '지능 정밀 화력 타격 시스템'과 군용 로봇 개발을 주도하며 지능화에 앞장서고 있습니다.

항공 분야에서는 J-20 스텔스기, 윙룽(翼龙) 무인기 등을 개발하는 중국항공공업집단(中国航空工业集团公司, AVIC)이 핵심입니다. AVIC 산하의 성도비행기설계연구소는 새로운 전투기 설계 과정에 AI 모델을 적극적으로 활용하고 있습니다.

전자, 감시, ISR 시스템을 전문으로 하는 중국전자과기집단(中国电子科技集团公司, CETC)은 2023년, 정부 및 기업용 생성형 AI 모델인 '샤오커(小可)'를 발표하며 AI 소프트웨어 개발에서도 역량을 보입니다. 우주 분야에서는 중국항천과기집단(中国航天科技集团公司, CASC)이 우주기반 AI 시스템과 위성 정보 분석, 그리고 중국의 독자 항법 시스템인 북두(北斗)와 연계된 지능형 유도 무기 개발을 담당합니다.

2-3 민간 협력 기업 및 대학(국가대표팀)

중국 정부는 '국가대표팀'으로 불리는 민간 기업들을 지정하여 군사 AI 개발에 적극적으로 활용하고 있습니다. 대표적으로 자율주행 기술과 생성형 AI '어니봇(ERNIE Bot, 文心一言)'을 개발한 바이두(百度), 클라우드 컴퓨팅과 자체 AI 칩 개발 자회사 '핑터우거(平头哥)'를 운영하는 알리바

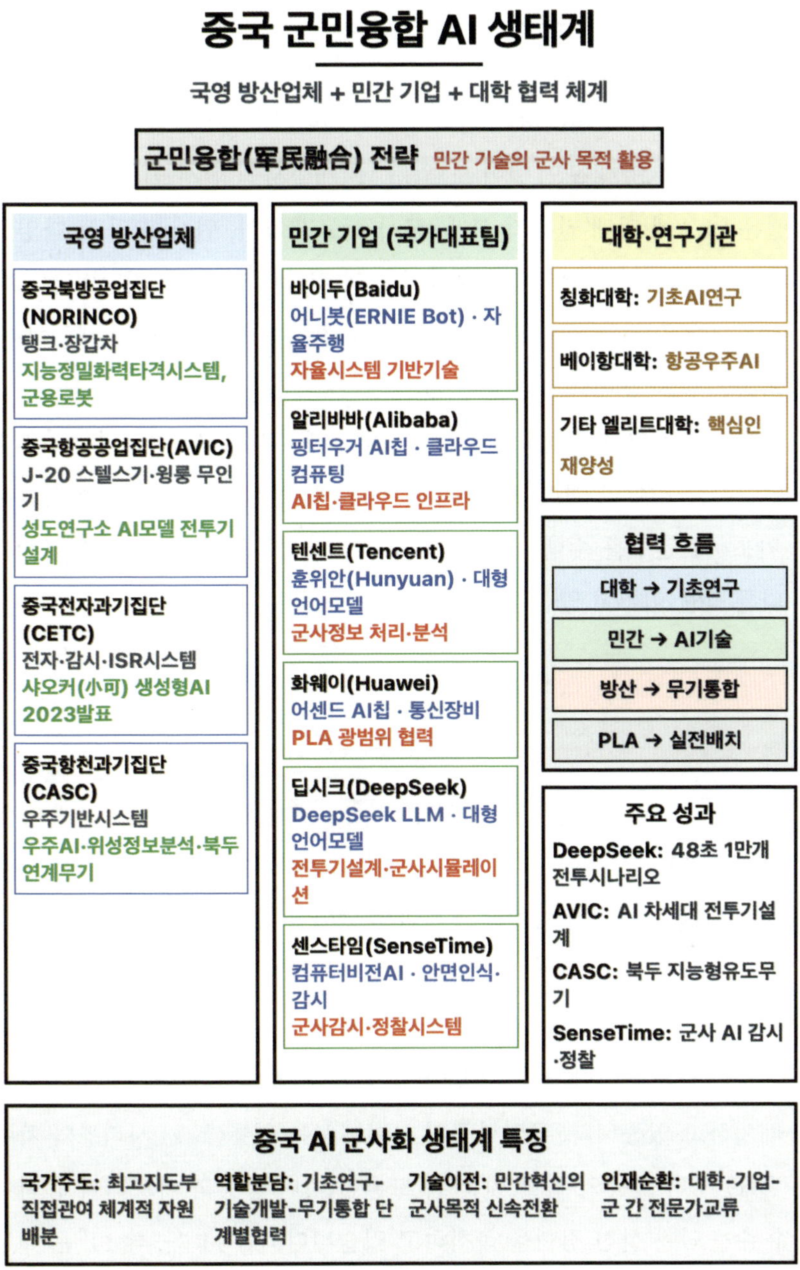

중국 군민융합 AI 생태계

국영 방산업체 + 민간 기업 + 대학 협력 체계

군민융합(軍民融合) 전략 민간 기술의 군사 목적 활용

국영 방산업체

중국북방공업집단 (NORINCO)
탱크·장갑차
지능정밀화력타격시스템, 군용로봇

중국항공공업집단(AVIC)
J-20 스텔스기·윙룽 무인기
성도연구소 AI모델 전투기설계

중국전자과기집단 (CETC)
전자·감시·ISR시스템
샤오커(小可) 생성형AI 2023발표

중국항천과기집단 (CASC)
우주기반시스템
우주AI·위성정보분석·북두 연계무기

민간 기업 (국가대표팀)

바이두(Baidu)
어니봇(ERNIE Bot) · 자율주행
자율시스템 기반기술

알리바바(Alibaba)
핑터우거 AI칩 · 클라우드 컴퓨팅
AI칩·클라우드 인프라

텐센트(Tencent)
훈위안(Hunyuan) · 대형 언어모델
군사정보 처리·분석

화웨이(Huawei)
어센드 AI칩 · 통신장비
PLA 광범위 협력

딥시크(DeepSeek)
DeepSeek LLM · 대형 언어모델
전투기설계·군사시뮬레이션

센스타임(SenseTime)
컴퓨터비전AI · 안면인식·감시
군사감시·정찰시스템

대학·연구기관

칭화대학: 기초AI연구

베이항대학: 항공우주AI

기타 엘리트대학: 핵심인재양성

협력 흐름

대학 → 기초연구

민간 → AI기술

방산 → 무기통합

PLA → 실전배치

주요 성과

DeepSeek: 48초 1만개 전투시나리오
AVIC: AI 차세대 전투기설계
CASC: 북두 지능형유도무기
SenseTime: 군사 AI 감시·정찰

중국 AI 군사화 생태계 특징

국가주도: 최고지도부 직접관여 체계적 자원 배분

역할분담: 기초연구-기술개발-무기통합 단계별협력

기술이전: 민간혁신의 군사목적 신속전환

인재순환: 대학-기업-군 간 전문가교류

[그림 9] 중국 군민 융합 AI 생태계.

바(阿里巴巴), 생성형 AI 모델 '훈위안(Hunyuan, 混元)'을 개발한 텐센트(腾讯), 그리고 통신 장비와 자체 AI 칩 '어센드(Ascend, 昇腾)' 시리즈를 개발하며 PLA와 광범위하게 협력하는 화웨이(华为)가 있습니다.

중국의 주요 대규모 언어 모델(LLM) 개발사인 딥시크(DeepSeek)의 모델은 PLA에 의해 전투기 설계, 군사 시뮬레이션, 인사 관리 등 다양한 분야에 도입되고 있습니다. 세계적 수준의 컴퓨터 비전 AI 기업인 센스타임(商汤科技, SenseTime)은 안면 인식 및 감시 기술을 정부에 제공하며, 이 기술은 군사 분야에도 활용됩니다.

기업들과 더불어 칭화대학(清华大学), 베이징항공항천대학(北京航空航天大学)을 포함한 엘리트 대학들은 PLA 및 방산업체와 긴밀히 협력하며 기초 AI 연구를 수행하고 핵심 인재를 양성하는 군민 융합 생태계의 또 다른 축을 이루고 있습니다.

중국은 전쟁의 전 영역에 걸쳐 AI 기술을 적용하고 있으며, 무인 시스템과 정보 분석 분야에서 가시적인 성과를 보이고 있습니다.

3-1   무인·자율 시스템

중국은 다양한 분야에서 AI 기반 무인 군사 시스템을 적극적으로 개발하고 배치하고 있습니다. 무인항공기 분야에서는 윙룽(翼龙) 시리즈와 차이홍(彩虹) 시리즈 등의 정찰 및 타격 드론이 이미 중동과 아프리카 등지에 다수 수출되어 실전 경험을 축적하고 있습니다. GJ-11 "공격-11"은 내부 무장창을 갖춘 스텔스 무인 전투기로, 경쟁이 치열한 공역에서의 타격 임무를 수행하도록 설계되었습니다. 또한 수백에서 수천 대의 드론이 AI를 통해 협력하여 적의 방공망을 무력화하는 드론 군집(蜂群, Drone Swarm) 기술 개발에도 집중하고 있습니다.

해상 및 수중 영역에서는 2019년 공개된 HSU-001과 같은 대형 무인 잠수정을 통해 정보 수집 및 감시 임무를 수행하고 있으며, 2010년대 초부터 AI를 활용해 소음을 분석하고 표적을 자율적으로 추적 및 공격하는 어뢰와 잠수정 개발을 진행해 온 것으로 보고되고 있습니다.

지상 전력으로는 험지 정찰과 전투 지원을 위한 사족보행 로봇인 '기계 늑대(机器狼)'와 인간형 로봇 등의 군용 로봇을 개발하여 다영역 작전 능력을 구축하고 있습니다.

3-2 지능형 지휘통제(C2) 및 정보 분석(ISR)

중국은 AI 기술을 활용한 지휘통제 체계와 정보 분석 시스템 개발에도 적극 나서고 있습니다.

AI 참모 시스템 분야에서는 방대한 전장 정보를 실시간으로 융합하고 분석하여 지휘관의 의사결정을 지원하는 지능형 지휘 두뇌 시스템을 개발하고 있습니다. 2024년에는 인간의 개입 없이 대규모 군사 시뮬레이션을 독자적으로 지휘할 수 있는 'AI 총사령관' 시스템을 개발했다는 보도가 나오기도 했습니다.

생성형 AI 활용 측면에서는 ChatGPT와 유사한 대규모 언어 모델을 군사 정보 요약, 작전 계획 수립, 공개출처정보 분석 등에 적용하려는 시도가 활발하게 진행되고 있습니다. DeepSeek, Llama 등 국내외 다양한 모델을 활용하여 군사 시뮬레이션 및 정보 분석 시스템을 구축하고 있어, AI가 단순한 도구를 넘어 전략적 사고와 판단을 지원하는 핵심 요소로 발전하고 있음을 보여주고 있습니다.

3-3 사이버전 및 전자전

중국은 AI 기술을 활용한 새로운 형태의 군사 작전 능력을 개발하고 있습니다. 인지 전자전 분야에서는 AI가 실시간으로 전파 환경을 분석하여 적의 통신망과 레이더 시스템을 자율적으로 교란할 수 있는 시스템을 구축하고 있습니다. 이는 기존의 정적인 전자전 방식을 넘어서 상황에 따라 적응적으로 대응하는 지능형 전자전 체계로 발전시키려는 노력입니다.

사이버 작전 영역에서는 AI를 통해 네트워크 취약점을 자동으로 탐지하고 공격하는 시스템을 개발하는 한편, '적대적 AI' 기술을 연구하여 상대방의 AI 시스템을 기만하거나 무력화시키는 공격적 사이버 작전 능력을 구축하고 있습니다. 이러한 기술들은 상대방의 AI 의존도가 높아질수록 더욱 치명적인 효과를 발휘할 수 있는 비대칭 전력으로 활용될 것으로 예상됩니다.

---

4 중국 AI의 강점, 약점 및 국제적 시각

4-1 강점

중국의 AI 발전에는 여러 유리한 요인들이 작용하고 있습니다. 정부가 명확한 국가 전략을 수립하고 막대한 재정 지원을 통해 강력한 주도력을 발휘하고 있으며, 민간 부문의 혁신적인 기술력을 국방 분야에 신속하게 접목시키는 군민 융합 시너지 효과를 창출하고 있습니다. 14억 인구와 광범위한 감시 체계를 바탕으로 AI 모델 학습에 필요한 방대한 데이터를 확보할 수 있는 환경을 갖추고 있습니다. 여기에 더해 매년 과학·기술·공학·수학 분야에서 배출되는 풍부한 STEM 인재들이 이러한 발전을 뒷받침하고 있습니다.

4-2 약점(아킬레스건)

중국의 AI 발전에는 여러 제약 요인과 취약점도 존재합니다. 핵심 하드웨어에 대한 의존성이 가장 큰 문제입니다. AI 연산에 필수적인 첨단 반도체와 GPU 등의 분야에서 여전히 미국을 비롯한 서방 기술에 크게 의존하고 있으며, 미국의 반도체 수출 통제 조치가 중국 AI 발전에 가장 큰 장애물로 작용하고 있습니다. 또한 현대적 대규모 실전 경험이 부족하여 개발된 AI 시스템의 실효성을 검증할 기회가 제한적인 상황입니다. 국가 주도의 하향식 개발 방식은 체계적인 추진력을 제공하는 장점이 있지만, 동시에 경직된 조직 문화로 인해 창의적이고 파괴적인 혁신을 저해할 수 있다는 지적도 받고 있습니다. 데이터 측면에서도 양적으로 방대한 데이터를 보유하고 있으나, 군사적으로 실제 의미가 있고 신뢰성이 높은 고품질 작전 데이터를 확보하는 데에는 여전히 어려움을 겪고 있습니다.

4-3 국제 사회의 시각 및 함의

중국의 AI 발전에 대한 국제 사회의 대응은 각기 다른 양상을 보이고 있습니다. 미국은 중국을 AI 분야의 '핵심 경쟁 상대(Pacing Threat)'로 공식 규정하고, JADC2(합동 전 영역 지휘통제)와 리플리케이터 이니셔티브 등의 대응 프로그램을 추진하는 동시에 반도체 수출 통제를 지속적으로 강화하고 있습니다. 일본을 비롯한 미국의 동맹국들은 중국의 군사 AI 발전을 자국 안보에 대한 직접적인 위협으로 인식하여 자체적인 방위 AI 기술 개발에 나서는 한편, 미국과의 기술 협력을 더 강화하고 있습니다.

한편 러시아는 미국에 대항하는 전략적 파트너로서 중국과 AI 기술 협력을 진행하고 있지만, 동시에 기술적 종속 위험과 중국의 영향력 확대에 대해서는 경계심을 보이는 복합적인 관계를 유지하고 있습니다.

중국은 유엔 등 국제기구에서 '선을 향한 지능(智能向善)' 원칙을 내세우며 AI의 군사적 활용에 대한 국제 규범 마련을 주장하고 있습니다. 그러나 실제로는 자율 무기 개발과 수출을 지속하고 있어 이중적 행보를 보인다는 국제 사회의 비판을 받고 있습니다.

중국은 '지능화 전쟁'이라는 명확한 비전 아래, '군민 융합'이라는 강력한 엔진을 통해 군사 AI 분야에서 무서운 속도로 발전하고 있습니다. 무인 시스템, 정보 분석, 사이버전 등 비대칭적 우위를 점할 수 있는 분야에 역량을 집중하고 있습니다. 다만, 첨단 반도체에 대한 해외 의존이라는 결정적 약점과 미국의 강력한 기술 제재는 중국의 야망에 큰 제약으로 작용하고 있습니다.

이에 중국은 반도체 자립을 위한 범국가적 노력을 기울이는 동시에, 최첨단 기술이 아니더라도 자국의 교리를 수행하기에 '충분히 좋은(Good Enough)' 기술을 확보하는 실용적인 전략을 병행할 것으로 보입니다. 중국의 군사 AI 발전은 대만 해협과 남중국해 등에서의 군사적 균형을 변화시키고, 미·중 기술 패권 경쟁을 심화시키며, 전세계적인 AI 군비 경쟁을 촉발하는 핵심 동력으로 작용할 것입니다. 이는 미래 전쟁의 패러다임을 바꿀 뿐만 아니라 국제 안보 지형에 근본적인 변화를 가져올 중대한 도전 과제입니다.

9장 이스라엘의 군사 인공지능(AI)

세상에서 가장 스마트한 전쟁을 하는 나라가 있습니다. 바로 이스라엘입니다. 1973년 욤 키푸르 전쟁(Yom Kippur War)에서 받은 충격적인 기습 공격은 이스라엘을 완전히 바꿔 놓았습니다. '절대 다시는 당하지 않겠다'는 절박함으로 시작된 이들의 여정은 지금 전세계가 주목하는 AI 군사 혁명으로 이어졌습니다.

이스라엘 군대는 지금 무서운 속도로 진화하고 있습니다. 과거에는 1년에 50개 정도의 공격 목표를 찾는 게 고작이었는데, 지금은 하루에 100개가 넘는 목표를 AI가 척척 찾아냅니다. 마치 슈퍼컴퓨터가 장기를 두듯이, 인공지능이 전장 전체를 내려다보며 최적의 수를 계산합니다.

'탈피오트(Talpiot, תלפיות)'와 '8200부대' 같은 엘리트 집단은 이스라엘 기술력의 핵심입니다. 전국에서 가장 똑똑한 청년들을 뽑아서 최첨단 기술을 가르치고, 이들이 나중에 창업해서 다시 군대에 기술을 공급하는 완벽한 순환 구조를 만들었습니다. 2025년 새로 만든 '인공지능 및 자율성 관리국'은 이런 노력을 국가 차원에서 체계화하겠다는 강력한 의지를 보여줍니다.

'하브소라(Habsora, 복음)'와 '라벤더(Lavender)' 같은 AI 시스템은 전쟁의 게임 룰을 완전히 바꿔 버렸습니다. 엄청난 양의 데이터를 분석해서 순식간에 수천 개의 공격 목표를 만들어 냅니다. 인간만으로는 상상할 수 없었던 작전 속도를 현실로 구현하였습니다. '라벤더'는 최대 3만 7,000명을 공격 목표로 식별하며 90%의 정확도를 자랑했으나, 10%의 오차율과 '아빠 어디야?' 시스템이 가족과 함께 있을 때를 노리는 냉혹한 방식은 전세계적 논란을 불러일으켰습니다.

가자지구 전쟁에서 이런 시스템들이 실제로 사용되면서 인류는 '첫 번째 진짜 AI 전쟁'을 목격했습니다. 2021년 '성벽의 수호자' 작전을 시작으로, 2023~2024년 '철검' 작전에서는 단 27일 만에 1만 2,000곳 이상을 공격하는 데 AI가 핵심 역할을 했습니다. 하지만 AI의 정확도 한계, 20초 만에 목표를 승인하는 형식적 인간 통제, 미리 정해진 높은 민간인 피해 허용치는 국제법의 기본 원칙을 심각하게 위협한다는 비판을 받았습니다.

1   이스라엘 군사 AI의 전략적 배경

1-1   국가 AI 전략과 군사적 우선순위

이스라엘의 군사 AI는 단순한 기술 따라잡기가 아닙니다. 생존을 위한 절박한 선택이었습니다. 1973년 욤 키푸르 전쟁(Yom Kippur War)의 기습 공격은 이스라엘에게 뼈아픈 교훈을 남겼습니다. '기술적 우위로 질적 군사력을 확보해야 한다'는 강박이 시작된 순간입니다.

하마스, 헤즈볼라 같은 비정규 무장 단체들이 등장하고 전쟁 양상이 복잡해지자, 이스라엘은 새로운 해답을 찾아야 했습니다. 무기 자체보다는 정보 처리 능력, 데이터 분석, 알고리즘 우위에 모든 것을 걸었습니다. AI는 변화된 전장에서 방대한 감시정찰 데이터를 실시간으로 분석하고, 숨어 있는 적을 빠르게 찾아내며 민간인 피해를 최소화하는 핵심 기술이 되었습니다.

1-2   이스라엘 방위산업과 AI 생태계

이스라엘의 군사 AI 생태계는 세계에서 가장 독특하고 강력합니다. 국가가 주도하는 인재 양성과 민간 기업의 혁신이 완벽하게 맞물려 돌아갑니다.

'탈피오트' 프로그램은 매년 소수의 과학 영재를 선발해서 9년간 집중 교육합니다. 이들은 아이언 돔 같은 핵심 무기 개발에 참여하고, 전역 후에는 '탈피넷' 네트워크를 통해 이스라엘 기술 생태계를 이끌어 갑니다. '한 번 탈피오트, 평생 탈피오트'라는 말이 있을 정도로, 이는 매우 강력한 연결고리입니다.

이스라엘 군사 AI 생태계

Unit 8200 중심의 군-민 순환 혁신구조

Unit 8200 중심 생태계 군 복무 → 민간 창업 → 기술 환류

핵심 군 부대

Unit 8200(8200부대)
정보군 핵심부대 - 통신정보 수집·분석, 사이버 공격·방어 작전
Lavender AI: 테러조직 구성원 확률 1-100점 산출

Unit 81(81부대)
기술부대 - 군사기술 연구개발, 시스템 통합
센서 데이터 융합, 무인시스템 자율운용, 전투관리 AI

Unit 3060(3060부대)
시각정보 전담 - 위성·드론 영상분석, 작전정보 생성
실시간 적 움직임·무기배치·군사시설 탐지

LOTEM Unit
IT 인프라 관리 - 클라우드컴퓨팅, 빅데이터 분석, AI 데이터처리
군사 데이터 저장·관리·분석 인프라 구축

Signal Corps Mamram
통신부대 - 통신네트워크 관리, AI 기반 통신분석
Genie 군사용 챗봇: RAG 기술 활용 다국어 지원

엘리트 프로그램

Talpiot Program(탈피오트)
전국 최우수 영재 9년간 집중교육
Iron Dome, Arrow System, David's Sling 개발 핵심인력

AI and Autonomy Directorate
군사 AI 개발 총괄 조정, 기술 통합·표준화
장기 AI 발전 로드맵 수립, 윤리적 사용 기준 설정

주요 방산업체

이스라엘항공우주산업(IAI)
국영 항공우주 기업 - AI Excellence Center 운영
Harpy·Harop 자율공격드론 (세계최초 실용화)
자율살상무기 논란의 중심

Rafael(라파엘)
국영 방산업체 - AI 기반 미사일 방어시스템
Iron Dome: AI 궤적분석·선별요격 90% 성공률
실시간 위협평가·요격결정

Elbit Systems(엘빗)
네트워크중심전·자율시스템 - AI 기반 객체탐지 기술
Sky Striker 로이터링탄약, Smart Shooter AI조준시스템
소화기 사격정확도 획기적 향상

Unit 8200 출신 기업

NSO Group
Pegasus 스파이웨어
스마트폰 원격감염·실시간 정보수집

Wiz(위즈)
AI 클라우드 보안솔루션
실시간 보안위협 탐지·분석

Corsight(코사이트)
AI 얼굴인식 시스템
공항보안·국경통제·군사기지 출입통제

Kela(켈라)
전장 AI 플랫폼
실시간 전장데이터 분석·전술의사결정 지원

글로벌 협력

Palantir
Gotham 데이터분석 플랫폼
이질적 데이터 통합분석

Google·Microsoft·Amazon
Project Nimbus
클라우드 인프라·AI모델 제공

OpenAI
자연어처리 기술
다국어 정보분석·자동번역

이스라엘 AI 생태계 특징

Unit 8200 중심: 정보부대가 전체 생태계의 핵심 허브 역할

군-민 순환: 군 복무 → 민간 창업 → 기술 환류 선순환

실전 검증: 지속적 분쟁상황에서 AI 기술 실시간 개선

글로벌 협력: 미국 빅테크와 전략적 파트너십 구축

주요 AI 군사 성과

Lavender AI: 테러조직 구성원 확률 자동 산출

Iron Dome: AI 기반 미사일 방어 90% 성공률

자율 드론: Harpy·Harop 세계최초 실용화

Genie 챗봇: 군사정보 자연어 검색·분석

Pegasus: 고도화 스파이웨어 기술

Smart Shooter: AI 조준시스템 정확도 혁신

[그림 10] 이스라엘 군사 AI 생태계.

'8200부대'는 미국 NSA에 비견되는 이스라엘의 핵심 정보부대입니다. 통신 정보, 사이버전, 빅데이터 분석, 머신러닝 분야의 최고 인재들을 배출합니다. 8200부대 출신들은 전역 후 위즈, NSO 그룹 등 성공적인 스타트업을 만들어 다시 국방력 강화에 기여하는 선순환을 만듭니다.

81부대(기술 부대), LOTEM 부대, 3060부대(작전 및 시각 정보 시스템), 마츠핀 부대(Genie 챗봇 개발) 등 전문 부대들이 각자의 영역에서 군사 AI 연구개발을 담당합니다.

방위산업계도 놀라울 정도로 다양합니다. 국영 기업 IAI(AI 우수성 센터 운영), 라파엘(아이언 돔, 스파이크), 상장 기업 엘빗 시스템즈가 방산 수출의 90%를 차지하며 AI 기술 개발을 선도합니다. 2025년 기준 이스라엘 방산 기업 수는 312개로 급증했습니다.

스타트업들의 혁신도 눈부십니다. 코사이트(얼굴 인식), 켈라(전장 AI 플랫폼), 딥 인스팅트(사이버 보안), AI21 Labs(자연어 처리), Run:ai(GPU 최적화, 엔비디아 인수) 등이 민간과 군사 양쪽에 모두 적용 가능한 기술을 개발합니다.

글로벌 기업들도 이스라엘과 긴밀하게 협력합니다. 팔란티어는 데이

터 분석 플랫폼을 제공하고, 마이크로소프트, 구글(프로젝트 님부스), 아마존, 오픈AI 등이 클라우드 컴퓨팅과 AI 모델을 지원합니다. 가자 전쟁 중에도 이들 회사가 이스라엘군 작전을 지원한 사실은 기술과 전쟁의 경계가 사라지고 있음을 보여줍니다.

이스라엘 군사 AI는 정보 수집부터 공격까지 전쟁의 모든 과정을 아우릅니다. 이들이 만든 '알고리즘 무기창고'는 전장의 속도와 규모를 혁신적으로 바꿔 놓았습니다.

2-1　표적 식별 및 공격 시스템

하브소라(Habsora, 복음) 이름부터 종교적인 이 시스템은 말 그대로 '복음'처럼 좋은 소식을 가져다줍니다. 드론, 위성 영상, 통신 감청 등 온갖 데이터를 분석해서 무기고, 지휘소, 터널 등 군사 시설을 찾아냅니다. 덕분에 이스라엘군은 과거 1년에 50개 수준이던 목표 파악을 하루 100개 이상으로 늘렸습니다. '대량 목표 공장'이라는 별명이 붙을 정도입니다.

라벤더(Lavender) 사람을 표적으로 하는 AI의 대표작입니다. 머신러닝으로 시각 정보, 휴대폰 정보, 소셜미디어, 통화 기록 등을 분석해서 특정 인물이 하마스나 PIJ 구성원일 확률을 1-100점으로 매깁니다. 가자지구에서 최대 3만 7,000명의 잠재적 적 목록을 만들었습니다. 내부적으로 90% 정확도를 자랑하지만, 10%의 오차율은 무고한 민간인이 목표가 될 위험을 안고 있습니다.

"아빠는 어디에?"(Where's Daddy?) 섬뜩한 이름의 이 시스템은 라벤더가 식별한 목표 인물이 가족이 있는 집에 들어갔을 때를 추적합니다. 가족과 함께 있을 때를 노리는 냉혹한 전략으로 심각한 비판을 받았습니다.

파이어 팩토리(Fire Factory) 과거 작전 데이터와 현재 목표 정보를 분석해서 필요한 탄약량을 계산하고, 최적의 공격 시간을 제안하며, 수천 개 목표에 대한 공격 플랫폼 할당과 우선순위를 지정하는 화력 운용 최적화 시스템입니다.

2-2 정보 수집 및 분석

8200부대의 AI 활용 대규모 데이터 분석, 머신러닝, 자연어 처리로 통신 정보와 사이버전 능력을 강화합니다. 테러 공격 저지, 적의 위치 추적, 소셜미디어 및 통신 데이터 분석에 사용됩니다.

비디오 분석 및 감시 시스템 국경 감시 카메라에 설치된 AI가 실시간 영상 분석을 통해 사람, 차량, 무기를 든 사람 등을 자동으로 찾아내고 경고합니다.

지니(Genie) 통신부대 마츠핀(Matzpen) 부대가 개발한 군사용 챗봇으로, 실시간 군사 정보와 대량의 군사 데이터베이스를 분석해서 지휘관의 의사결정을 돕습니다. 히브리어, 아랍어 방언, 영어 등 여러 언어 분석이 가능합니다.

알케미스트 시스템(Alchemist System) 다양한 데이터를 하나의 플랫폼에 통합하고 의심스러운 움직임 같은 위협을 식별해서 전투원에게 빠르게 알리는 시스템으로 2021년에 이미 배치되었습니다.

2-3 방어 및 요격 시스템

이스라엘의 다층 미사일 방어 시스템은 AI 적용의 가장 성공적인 사례입니다.

아이언 돔(Iron Dome) 단거리 로켓 요격의 전설이다. AI 알고리즘이 실시간 센서 데이터를 분석해서 위협을 찾아내고, 식별하고, 우선순위를 매기며 요격 결정을 지원합니다. 90% 이상의 높은 요격 성공률로 운용 비용도 절감합니다.

다윗의 돌팔매(David's Sling) 중거리 미사일 및 로켓 요격 시스템으로, 아이언 돔과 함께 다층 방어망을 구성하며 AI 기반 자동 위협 분석 및 요격 결정을 수행합니다.

애로(Arrow) 시스템 장거리 탄도미사일 요격 시스템으로, AI가 궤도 예측 및 최적의 요격 시점 계산을 돕습니다.

에지 360(Edge 360) Axon Vision이 개발한 AI 기반 시스템으로, 장갑차량에 설치되어 360도 전 방향에서 잠재적 위협을 감지하고 운전자에게 즉시 경고합니다.

2-4 지휘통제 및 작전 지원 시스템

통합 지휘통제 시스템 AI를 활용해서 다양한 센서 및 공격 자산을 통합하고 실시간 전장 정보를 하나의 화면에 보여 줘서 지휘관의 상황 인식을 높이고 의사결정 속도를 빠르게 도와줍니다.

2-5 자율 및 반자율 플랫폼

이스라엘은 실전 경험을 바탕으로 다양한 AI 기반 군사 기술들을 개발해서 세계 군사 기술의 선두 주자로 자리 잡았습니다.

차세대 지상 전투 플랫폼

카르멜 프로그램(Carmel Program)은 이스라엘의 미래형 장갑 전투 차량으로, AI가 핵심 역할을 담당합니다. 사람의 개입 없이도 AI가 주행과 전투의 상당 부분을 스스로 판단하고 수행할 수 있습니다. 운전자 없이도 목적지까지 안전하게 이동하고, 적을 발견하면 자동으로 대응하는 수준까지 발전했습니다.

바락(Barak, 번개) 전차는 이스라엘 국방부의 야심작인 차세대 주력 전차다. AI 기반 360도 관측 시스템이 가장 혁신적입니다. 전차 주변의 모든 방향에서 들어오는 정보를 AI가 실시간으로 분석해서 승무원들에게 종합적인 상황 정보를 제공합니다. 마치 전차에 수십 개의 눈이 달린 것처럼 사각지대 없이 주변 상황을 파악하고, 다양한 센서들이 수집한 정보를 AI가 융합해서 목표 식별 효율을 크게 높였습니다.

개인 화기의 혁신

스마트 슈터는 개별 병사들이 사용하는 소총이나 기관총에 장착되는 AI 기반 광학 조준경입니다. 마치 숙련된 저격수의 눈과 같은 역할을 해서 목표를 자동으로 찾아내고 지속적으로 추적합니다. 사수가 방아쇠를 당기려고 할 때 AI가 최적의 사격 시점을 계산해서 알려줘서 사격 정확도가 현저히 향상됩니다. 최근에는 소형 드론을 격추하는 데도 성공적으로 사용되어 그 효과가 입증되었습니다.

자율 방어 시스템들

이스라엘-가자 국경 지역에는 재규어(Jaguar)라는 이름의 반자율 무장 로봇이 배치되어 있습니다. 24시간 지속적으로 국경을 감시하며 인간 병사들이 위험한 곳에 직접 나가지 않아도 되도록 돕습니다. 사람의 명령을 받아 움직이지만, 기본적인 판단은 스스로 할 수 있는 수준의 지능을 갖추고 있습니다.

IAI에서 개발한 가디움(Guardium)은 완전 자율로 작동하는 순찰 시스템입니다. 정해진 경로를 따라 스스로 이동하면서 이상 상황을 감지하고 보고합니다. 마치 로봇 경비원처럼 밤낮없이 지정된 구역을 순찰하며 보안을 유지합니다.

IMI 시스템즈의 AMSTAF는 자율 무인 지상 차량으로, 사람이 직접 운전하지 않아도 스스로 목적지까지 이동할 수 있습니다. 위험한 지역에서의 물자 수송이나 정찰 임무 등에 활용되어 인명 피해를 줄이는 데 기여합니다.

공중 자율 무기 체계

엘빗 시스템즈의 스카이 스트라이커는 자율 자폭 드론으로, 목표를 스스로 찾아내어 공격하는 능력을 갖췄습니다. 발사된 후 AI가 지정된 지역에서 목표물을 탐지하고 식별해서 정확한 타격을 가할 수 있습니다. 기존의 미사일과 달리 목표 지역에서 대기하면서 최적의 공격 기회를 기다릴 수 있어 효율성이 매우 높습니다.

---

3 실전 운용과 성과 분석

3-1 가자지구 작전에서 AI 활용

가자지구 분쟁은 이스라엘의 군사 AI 시스템이 대규모로 실전에서 사용된 역사상 최초의 '알고리즘 전쟁'으로 기록될 것입니다.

2021년 "성벽의 수호자" 작전(Operation Guardian of the Walls) 군 책임자는 당시 이 작전이 "첫 번째 인공지능 전쟁"이었다고 선언했습니다. AI 덕분에 과거 1년에 50개 수준이던 공격 목표를 매일 100개 발견할 수 있었다고 밝혔습니다.

2023~2024년 "철검" 작전(Operation Iron Swords) 하마스의 10월 7일 기습 공격 이후, 이스라엘군은 '하브로사(복음)' 시스템을 통해 단 27일 만에 1만 2,000곳 이상의 목표물을 공격했습니다. 이는 AI 기반 목표 생성 시스템의 전례 없는 규모와 속도를 보여줍니다. 군 보도자료에 따르면, '복음 프로그램'이 가자지구에서 1만 2,000개의 목표 폭격을 도왔습니다. AI 기반 오디오 도구는 하마스 고위 지휘관의 위치를 추적하는 데도 사용되었습니다.

3-2 작전 효과성과 논란

이스라엘군은 AI 시스템 도입이 정보 과정의 정확성과 효율성을 높여 민간인 사상자를 최소화한다고 주장합니다. 하지만 현장의 실상은 이러한 주장에 심각한 의문을 제기합니다.

효율성 증대 주장 vs. 민간인 피해 AI 시스템은 작전의 속도와 규모를 크게 늘렸지만, 이는 엄청난 민간인 피해로 이어졌습니다. 2023년 10월 7일 이후 가자지구와 레바논에서 5만 명 이상이 사망하고 가자지구 건물의 거의 70%가 파괴되었습니다.

정밀성의 역설 AI가 더 정확한 목표 식별을 돕는다고 주장되지만, 실제로는 하급 무장대원 1명을 제거하기 위해 15~20명의 민간인 사망을, 고위급 지휘관의 경우 100명 이상의 민간인 사망을 미리 허용하는 교전 규칙이 적용되었다는 증언이 나왔습니다. 이는 '정밀 공격'이 아닌 대규모 피해를 감수하는 작전 방식을 시사하며, AI가 '정밀성'보다 '파괴의 효율성'을 높이는 데 사용되었을 가능성을 보여줍니다.

정확도 한계와 잘못된 식별 '라벤더' 시스템의 10% 오류율은 무고한 민간인이 목표가 될 수 있음을 의미합니다. 한 정보 장교는 "기계가 옳다고 확신하지 못해도 통계적으로 정확하다는 것을 알고 있었습니다. 그래서 진행했습니다."라고 증언하며, 통신 패턴 오류 등으로 잘못된 식별 가능성을 시사했습니다.

3-3 국제법적 쟁점과 윤리적 문제

이스라엘의 군사 AI 사용은 국제법 및 윤리적 문제의 최전선에 서 있으며, 국제 사회의 심각한 우려를 사고 있습니다.

자율살상무기 논쟁 이스라엘은 UN 등 국제 무대에서 기존 국제인도법이 자율살상무기를 포함한 새로운 무기 체계를 규제하기에 충분하며, 새로운 법적 구속력 있는 조약은 불필요하다는 입장을 고수합니다. '의미 있는 인간 통제'가 국제법의 독립적인 법적 요건이 아니라고 주장합니다. 하지만 '하피' 자폭 드론과 같이 상당한 자율성을 갖춘 무기를 개발하고, 가자에서 인간 개입이 형식적 수준에 그친 AI 시스템을 운용함으로써 사실상의 '반자율 살상' 결정을 내렸다는 비판을 받습니다.

국제인도법 위반 소지

구별 원칙 10% 오류율을 가진 '라벤더' 시스템과 목표의 집을 공격하는 방식은 민간인과 전투원을 구별해야 하는 원칙을 위협합니다.

비례 원칙 하급 전투원 1명 제거를 위해 15~20명의 민간인 희생을 미리 허용하는 것은 예상되는 군사적 이익과 부수적 민간인 피해 간의 비례성 판단을 무력화하고 기계적 공식으로 대체했다는 비판을 받습니다.

예방 원칙 20초 만에 AI 추천 목표를 승인하고 유도 기능이 없는 폭탄을 사용하는 행위는 민간인 피해 최소화를 위한 예방 조치를 다했다고 보기 어렵습니다.

의미 있는 인간 통제 부재 이스라엘군은 AI 시스템이 '의사결정 지원 도구'이며 인간의 승인을 거친다고 주장하지만, 내부 증언에 따르면 인간 분석가들은 "하나의 목표당 20초"만 검토하며 '승인 도장을 찍는 것 외에 인간으로서 부가가치가 없었다'고 토로했습니다. 이는 사람이 AI 시스템의 결과물을 비판 없이 받아들이게 되고, 실질적인 통제력을 잃게 될 위험을 보여줍니다.

책임 공백 AI 알고리즘이 '블랙박스'처럼 작동하고 인간의 개입이 형식적일 때, 불법적인 공격이 발생해도 그 책임을 누구에게 물어야 할지 모호해지는 '책임 공백' 문제가 발생합니다. 이는 전쟁 범죄 처벌을 어렵게 하고 국제법의 힘을 약화시킬 수 있습니다.

전쟁의 비인간화 알고리즘 기반 자동화된 목표 생성 및 공격은 지휘관과 폭력적 결과 사이의 감정적/도덕적 거리를 늘리며, 목표가 데이터상의 확률 값으로 인식되어 전쟁의 비인간화를 가속한다는 우려가 제기됩니다.

국제기구들은 깊은 우려를 표명합니다. UN은 이스라엘의 AI 사용에 "깊이 우려한다."라고 밝혔습니다. 국제적십자위원회는 무력 사용 결정에 '의미 있는 인간 통제'가 꼭 필요하며, AI의 예측 불가능성 때문에 새로운 규범과 명확한 제한이 필요하다고 강조합니다. 세계적인 인권 옹호 NGO 휴먼 라이츠 워치(Human Rights Watch, HRW)는 AI 도구에 대한 과도한 신뢰와 인간 감독 부족, 결함 있는 데이터 및 편향된 알고리즘이 심각한 문제를 야기하며, 이스라엘의 AI 운용 방식이 전쟁 범죄에 해당할 수 있다고 강력히 비판합니다.

3-4 미래 전망과 시사점

이스라엘은 군사 AI 기술 우위를 확보하기 위한 장기적인 국가 전략을 추진하지만, 동시에 심각한 도전 과제에 직면해 있습니다.

주권 AI를 향한 탐색 외국 상업 기업에 의존하지 않고 독자적으로 대규모 AI를 개발/운용할 수 있는 '주권 AI' 확립이 핵심 목표입니다. 2025년 국가 AI 프로그램의 일환으로 대규모 AI 슈퍼컴퓨터 구축이 발표되었으며, 이는 AI 생태계 전반에 컴퓨팅 자원을 제공하고 미래 AI 기술 분야에서 기술적 종속을 피하려는 강력한 의지를 보여줍니다. 이스라엘군의 5년 AI 계획(2024~2029)은 완전 자율화된 전장 의사결정 시스템 구축을 목표로 합니다.

끝나지 않는 군비 경쟁 이란을 비롯한 적대 세력과 주변국들 역시 AI 군사화를 추진하며 끊임없는 기술 경쟁을 일으킵니다. 이는 이스라엘에게 지속적인 혁신 압박을 가하는 동시에, 첨단 AI 기술이 적대적 비국가 행위자에게 퍼질 위험을 높입니다.

과잉 의존의 역설 2023년 10월 7일 하마스의 기습 공격으로 '철옹성' 같던 이스라엘의 기술 시스템이 무력화된 사건은 기술 과잉 의존이 전략적 약점을 만들 수 있다는 교훈을 남겼습니다. 일부 비판자들은 이스라엘군이 'AI 공장'처럼 데이터 처리에만 몰두하며 인간 분석가의 직감과 경험을 무시한 결과라고 지적합니다.

감당하기 어려운 외교적 후폭풍 가자 분쟁에서의 AI 기반 전쟁 방식은 전세계적인 윤리적/법적 논란을 일으키며 이스라엘의 국제적 정당성을 심각하게 훼손했습니다. 국제사법재판소, 국제형사재판소, 국제 인권 단체의 비판은 이스라엘을 외교적으로 고립시킬 수 있는 위험 요소입니다.

8200 부대는 이스라엘 방위군 정보군 산하의 핵심 부대로서 미국의 NSA 에 비견되는 역할을 수행하며, 이스라엘 군사 AI 발전의 중추적 역할을 담당합니다. 통신 정보 수집 및 분석을 주요 임무로 하며, 다양한 출처에 서 수집되는 방대한 통신 데이터를 실시간으로 분석해서 군사 정보로 가 공합니다. 머신러닝과 자연어 처리 기술을 활용해서 아랍어, 페르시아어, 영어 등 다국어로 이루어진 통신을 자동으로 분석하고 위협 요소를 식별 하는 시스템을 운영합니다. 사이버 보안 및 공격 작전을 수행하며, 적국의 사이버 인프라에 침투해서 정보를 수집하거나 시스템을 무력화하는 공격 적 사이버 작전을 담당합니다. 이 부대의 가장 주목할 만한 성과 중 하나 는 Lavender(לבנדר, 라벤더) AI 시스템의 개발인데, 이는 시각 정보, 휴대 폰 메타데이터, 소셜미디어 활동, 통화 패턴 등을 종합 분석해서 특정 인 물이 테러 조직 구성원일 확률을 1부터 100까지의 점수로 산출하는 머신 러닝 기반 시스템입니다.

Unit 81(יחידה 81, 81부대)은 이스라엘 방위군의 기술 부대로서 군사 기 술 연구개발과 시스템 통합을 담당하며, AI와 자동화 기술의 군사적 활용 에 집중합니다. 다양한 센서 데이터를 융합해서 전장 상황을 실시간으로 파 악하는 시스템을 개발하고 운영하며, 드론과 지상 로봇 등 무인 시스템의 자율 운용 기술을 연구합니다. 전투 관리 시스템과 지휘통제 시스템에 AI 를 통합해서 지휘관의 의사결정을 지원하는 다양한 도구들을 개발합니다.

C4I Directorate(מפקדת C4I, 컴퓨터 IT 사령부) 산하의 LOTEM Unit(יחידת לוטם, LOTEM 부대)는 이스라엘 방위군의 정보 기술 인프라를 관 리하고 발전시키는 역할을 담당하며, 클라우드 컴퓨팅, 빅데이터 분석, 그 리고 AI 기반 데이터 처리 시스템의 구축과 운영을 책임집니다. 방대한

양의 군사 데이터를 효율적으로 저장, 관리, 분석할 수 있는 인프라를 구축하고, 다양한 AI 애플리케이션이 이 인프라 위에서 원활하게 작동할 수 있도록 지원합니다.

Military Intelligence Directorate(אגף המודיעין, 군사정보부) 내의 Unit 3060(יחידה 3060, 3060부대)은 작전 정보와 시각 정보 시스템을 전담하며, AI 기술의 군사적 통합을 주도하는 핵심 조직입니다. 위성 영상, 드론 촬영 영상, 지상 감시 카메라 등에서 수집되는 시각 정보를, AI를 활용해서 자동으로 분석하고, 적의 움직임, 무기 배치, 군사 시설 등을 실시간으로 탐지하는 시스템을 운영합니다. 다양한 정보 출처를 통합해서 종합적인 작전 정보를 생성하고, 이를 지휘관들에게 실시간으로 제공하는 시스템을 개발하고 관리합니다.

Signal Corps Mamram Unit(יחידת ממר"ם, 통신부대 마츠핀 부대)는 이스라엘 방위군의 통신 네트워크를 관리하는 동시에 AI 기반 통신 분석 도구들을 개발하고 운영합니다. 이 부대가 개발한 대표적인 성과물 중 하나가 Genie(ג'ני, 지니) 군사용 챗봇으로, 이는 RAG 기술을 활용해서 방대한 군사 데이터베이스에서 정보를 검색하고 자연어로 답변을 제공하는 시스템입니다. Genie는 히브리어, 아랍어, 영어 등 다국어를 지원하며, 지휘관들이 복잡한 군사 정보에 쉽게 접근하고 활용할 수 있도록 돕습니다.

Talpiot Program(תלפיות, 탈피오트 프로그램)은 이스라엘 방위군의 엘리트 과학 기술 인재 양성 프로그램으로서, 전국에서 선발된 소수의 최우수 과학 영재들을 9년간 집중적으로 교육해서 국방 과학 기술의 핵심 인재로 육성합니다. 탈피오트 출신들은 군 복무 기간 Iron Dome, David's Sling, Arrow System 등 이스라엘의 주요 방어 시스템 개발에 핵심적인 역할을 담당하며, 전역 후에는 강력한 Talpinet(תלפינט, 탈피넷) 네트워크를 통해 이스라엘의 기술 창업 생태계를 주도합니다. 이들은 민간에서 축적한 첨단 기술을 다시 군사 분야로 환류시키는 선순환 구조의 핵심 동력이 되고 있습니다.

DDR&D(מפא"ת, 국방연구개발청) 내에 2025년 새롭게 신설된 AI and Autonomy Directorate(מנהלת בינה מלאכותית ואוטונומיה, 인공지능 및 자율성 관리국)는 이스라엘의 군사 AI 개발을 국가 차원에서 총괄하고 조정하는 역할을 담당합니다. 다양한 군부대와 방산업체에서 개발되는 AI 기술들을 통합하고 표준화하며, 장기적인 AI 발전 로드맵을 수립하고 실행하는 책임을 집니다. AI 기술의 윤리적 사용 기준을 설정하고 국제법적 요구사항을 준수하는 방안을 연구하는 역할도 수행합니다.

민간 방산업체 중에서 IAI(תעשייה אווירית, 이스라엘 항공우주산업)는 이스라엘의 대표적인 국영 항공우주 기업으로서 AI Excellence Center를 운영하며 다양한 AI 기반 군사 시스템을 개발합니다. IAI는 자율 드론 시스템과 스마트 탄약 개발에 집중하고 있으며, Harpy(הארפי, 하피)와 Harop(הרופ, 하롭) 같은 자율 공격 드론을 세계 최초로 실용화한 기업입니다. 이들 시스템은 목표를 스스로 식별하고 공격 여부를 결정할 수 있는 상당한 수준의 자율성을 갖춰 자율살상무기 논란의 중심에 서 있습니다.

Rafael Advanced Defense Systems(רפאל, 라파엘)는 이스라엘의 또 다른 주요 국영 방산업체로서 Iron Dome 미사일 방어 시스템의 개발사로 유명합니다. 라파엘이 개발한 아이언 돔은 AI 알고리즘을 활용해서 들어오는 로켓이나 포탄의 궤적을 실시간으로 분석하고, 민간 지역에 피해를 줄 가능성이 있는 발사체만을 선별적으로 요격하는 첨단 시스템입니다. 이 시스템은 센서 데이터 처리, 위협 평가, 요격 결정, 타이밍 최적화 등 모든 과정에서 AI가 핵심적인 역할을 수행하며, 90% 이상의 높은 요격 성공률을 달성합니다.

Elbit Systems(אלביט, 엘빗 시스템즈)는 이스라엘의 대표적인 방산업체로서 네트워크 중심전, 자율 시스템, AI 기반 객체 탐지 기술 분야에서 선도적인 위치를 차지합니다. 엘빗은 Sky Striker 로이터링 탄약을 개발해서 자율 공격 능력을 갖춘 드론 시스템을 상용화했으며, Smart Shooter AI 기반 조준 시스템을 통해 소화기 사격의 정확도를 획기적으로 향상시켰습니다. 전차와 장갑차에 탑재되는 다양한 AI 기반 방어 시스템을 개발해서 승무원의 생존성을 높이는 데 기여합니다.

Unit 8200 출신들이 설립한 민간 기업들은 이스라엘 방산 생태계의 중요한 구성 요소입니다. NSO Group은 Pegasus라는 스파이웨어로 유명해진 회사로, 스마트폰을 원격으로 감염시켜 통화, 메시지, 위치 정보 등을 실시간으로 수집할 수 있는 고도로 정교한 사이버 첩보 도구를 개발했습니다. 비록 인권 침해 논란에 휘말리기도 했지만, 이 기술은 테러 방지와 국가 안보 목적으로 전세계 정보기관에서 활용됩니다.

Wiz는 클라우드 보안 분야의 스타트업으로, Unit 8200 출신들이 창업한 회사입니다. 위즈는 AI를 활용해서 클라우드 환경에서 발생할 수 있는 보안 위협을 실시간으로 탐지하고 분석하는 솔루션을 제공하며, 단기간에 급성장해서 120억 달러의 가치를 인정받았습니다. 이 회사의 기술은 민간 기업뿐만 아니라 정부 기관과 군사 조직의 클라우드 보안에도 활용됩니다.

Corsight는 얼굴 인식 기술 전문 회사로서 AI 기반 생체 인식 시스템을 개발하며, 공항 보안, 국경 통제, 군사 기지 출입 통제 등 다양한 보안 분야에서 활용되는 솔루션을 제공합니다. Kela는 전장 AI 플랫폼을 개발하는 회사로서 실시간 전장 데이터를 분석해서 전술적 의사결정을 지원하는 시스템을 제공하며, Deep Instinct는 AI 기반 사이버 보안 솔루션을 개발해서 고도화된 사이버 공격을 탐지하고 차단하는 기술을 제공합니다.

Palantir는 미국 회사이지만 이스라엘과 긴밀한 협력 관계를 유지하며 이스라엘군에 데이터 분석 플랫폼을 제공합니다. 팔란티어의 Gotham 플랫폼은 방대한 양의 이질적 데이터를 통합하고 분석해서 의미 있는 인사이트를 도출하는 능력으로 유명하며, 이스라엘군은 이 플랫폼을 이용해 다양한 정보원으로부터 수집되는 데이터를 종합적으로 분석하고, 작전 계획 수립에 활용합니다.

Google, Microsoft, Amazon 등 글로벌 빅테크 기업들도 Project Nimbus 등을 통해 이스라엘의 군사 AI 발전에 중요한 역할을 합니다. 클라우드 컴퓨팅 인프라, AI 모델, 기술 지원 등과 더불어 대규모 데이터 처리와 머신러닝 모델 훈련에 필요한 컴퓨팅 자원을 제공합니다. OpenAI 역시 이스라엘과 기술 협력을 통해 자연어 처리 기술의 군사적 활용을 지원하며, 이는 다국어 정보 분석과 자동 번역 시스템 개발에 활용됩니다.

이러한 다양한 조직들이 형성하는 이스라엘의 군사 AI 생태계는 국가적 차원의 전략적 투자와 민간 기업의 혁신 역량, 그리고 군과 민간 간의 긴밀한 협력을 바탕으로 하여 세계 최고 수준의 군사 AI 기술을 개발하고 운용하며, 실제 전장에서의 검증을 통해 지속적으로 개선되고 발전합니다.

이스라엘의 군사 인공지능 전략은 나라의 생존을 위한 필연적 선택이자 질적 군사력 우위 확보라는 오랜 전략의 현대적 발전입니다. 독특한 군-기술 생태계와 국가적 투자, 그리고 실제 전장에서의 적극적인 활용은 이스라엘을 군사 AI 분야의 세계적 선구자로 만들었습니다. '하브소라', '라벤더' 같은 AI 시스템은 전장의 속도와 규모를 근본적으로 바꾸며 전례 없는 작전 효율성을 보여주었습니다.

하지만 이러한 기술적 성취는 값비싼 대가를 치르고 있습니다. 가자 분쟁에서의 대규모 AI 운용은 심각한 윤리적, 법적, 외교적 논란을 일으켰습니다. '의미 있는 인간 통제'의 부재, 높은 민간인 피해 허용치, '책임 공백' 문제는 국제인도법의 근본 원칙을 위협하며 이스라엘을 국제적인 심판대에 세웠습니다. 이스라엘이 국제 무대에서 새로운 AI 규제에 반대하는 입장은 기술적 우위를 통해 작전의 자유를 최대화하려는 시도로 해석되지만, 동시에 국제법 위반 비판과 외교적 고립이라는 위험을 포함합니다.

이스라엘의 미래는 기술적 우위를 유지하는 것을 넘어, 이 강력한 AI 기술을 어떻게 책임감 있게 통제하고 국제 사회와 공존할 수 있는 윤리적 틀을 마련하는지에 달려 있습니다. 기술 과잉 의존의 역설과 외교적 후폭풍은 이스라엘의 전략적 약점이며, 이는 더 나은 알고리즘 개발만으로는 해결할 수 없는 문제입니다.

이스라엘의 사례는 군사 AI의 발전 가능성과 함께 그 어두운 면을 극명하게 보여줍니다. 한국을 포함한 다른 나라들은 이스라엘의 경험을 통해 군-민-학 통합 생태계 구축, 실전 검증의 중요성 등 긍정적인 시사점을 얻는 동시에, AI 무기 시스템 개발 및 운용 시 국제법 및 윤리적 기준 설정의 필요성, 그리고 완전 자율화보다는 인간 감독 아래의 AI 활용이라는 '인간 중심 설계'의 중요성을 깊이 인식해야 할 것입니다. 전세계는 이스라엘의 행보를 통해 AI 시대의 전쟁이 나아갈 방향과 그 책임의 무게를 가늠하게 될 것입니다.

4부

대한민국의
AI 국방

대한민국이 직면한 안보 현실은 심각합니다. 바로 앞마당에서 벌어지는 위협이 날로 커지고 있기 때문입니다.

북한의 핵·미사일 위협이 갈수록 정교해지고 있습니다. 북한은 끊임 없는 핵실험과 다양한 미사일 개발로 우리나라뿐만 아니라 주변국과 국제 사회 전체를 위협하고 있습니다. 특히 고체연료 기반의 신형 미사일과 극 초음속 무기 개발로 기존 방어체계만으로는 막아내기 어려운 상황에 이르 렀습니다. 마치 창과 방패의 경쟁에서 창이 한발 앞서가는 형국입니다.

더욱 심각한 문제는 저출산으로 인한 병력 자원의 급감입니다. 우리 나라의 출산율이 계속 떨어지면서 군 복무 대상인 젊은 남성 인구가 해마 다 줄어들고 있습니다. 전통적인 '대규모 병력 중심'의 국방 체계로는 더 이상 안보를 보장하기 어렵다는 뜻입니다. 많은 사람으로 막아내던 시대 는 저물어 가고 있습니다.

이런 위기를 타개하기 위해 정부는 '국방혁신 4.0'을 발표하고 'AI 과 학기술 강군' 건설을 국가적 목표로 세웠습니다. 단순한 장비 업그레이드 를 넘어서는 근본적인 패러다임 전환입니다. 인공지능 기술을 국방의 핵 심 동력으로 삼아 '사람 수의 열세를 기술의 우위로 극복'하겠다는 대담한 전략입니다. AI가 탑재된 무인 시스템, 지능형 지휘통제 체계, 첨단 감시 정찰 장비 등을 통해 적은 인력으로도 강력한 방어력을 확보하는 것이 목 표입니다. 이를 통해 북한의 위협에 효과적으로 대응하면서도 지속 가능 한 국방체계를 구축하겠다는 것이 '국방혁신 4.0'의 핵심 비전입니다.

'국방혁신 4.0'은 우리나라가 AI 기반의 첨단 군사력을 확보하기 위한 종합적인 마스터플랜입니다. 단순히 새로운 무기를 도입하는 것을 넘어, 국방 시스템 전체를 인공지능 중심으로 완전히 바꾸겠다는 야심 찬 목표를 담고 있습니다. 5개의 핵심 과제를 설정하고, 과제별로 구체적인 실행 계획을 수립했습니다.

2-1 지능형 3축 체계 구축

북한의 핵·미사일 위협에 대응하기 위해 기존의 3축 체계를 인공지능으로 업그레이드하는 것입니다. 기존 3축 체계는 킬체인(선제 타격), KAMD(미사일 방어), KMPR(대량응징보복)로 구성되어 있었지만, 북한의 위협이 고도화되면서 더 발전시킬 필요가 생겼습니다.

'지능형 3축 체계'는 기존 체계에 AI 지휘결심체계와 유무인 복합체계를 결합한 차세대 방어 시스템입니다. AI 지휘결심체계는 뛰어난 군사 전문가가 24시간 깨어있으면서 북한의 움직임을 실시간으로 분석하고, 효과적인 대응 방안을 제시하는 것과 같습니다. 북한에서 미사일 발사 징후가 포착되면 AI가 과거 데이터와 현재 상황을 종합 분석하여 발사 가능성, 예상 궤도, 최적 요격 방법 등을 몇 초 만에 계산해 보고합니다.

여기에 새롭게 도입된 개념이 바로 '킬웹(Kill Web)'입니다. 킬웹은 거미줄이나 그물망처럼 지휘통제체계를 구축해 북한의 핵·미사일을 무력화하는 최적의 타격 수단을 찾아내도록 AI가 실시간으로 의사결정을 도와주는 체계입니다. 북한이 핵·미사일을 발사하기 전에 이를 교란하거나 파괴할 수 있는 혁신적인 작전 개념입니다.

유무인 복합체계는 사람이 조종하는 전투기와 무인 드론이 함께 작전을 수행하는 시스템입니다. 위험한 지역에는 무인기를 먼저 보내 정찰하고, 안전이 확인되면 유인 전투기가 투입되는 방식으로 전투원의 안전을 보장하면서도 작전 효율을 높일 수 있습니다.

지능형 3축 체계를 운용하기 위해 전략사령부가 운용되고 있습니다. 2024년 4월 공식 창설되었으며, 초대 사령관이 취임하여 본격적인 임무 수행에 돌입했습니다. 전략사령부는 육해공군의 모든 전력을 통합 지휘하여 북한의 핵·미사일 위협에 신속하고 효과적으로 대응할 수 있는 컨트롤타워 역할을 담당합니다. 분산된 지휘 체계를 하나로 통합하여 위기 상황에서 몇 분 내에 통합된 대응 결정을 내릴 수 있는 체계를 구축했습니다. 북한의 기습적인 미사일 발사나 도발에 대해 실시간으로 대응할 수 있는 핵심 능력을 의미합니다. 전략사령부의 창설로 우리나라는 미국, 중국 등 주요 군사 강국과 같은 수준의 통합 지휘 체계를 갖추게 되었으며, 이는 지능형 3축 체계 구현의 핵심 토대가 되고 있습니다.

2-2 새로운 무기 체계에 맞는 전투 방식 개발

AI와 무인 시스템이 도입됨에 따라 완전히 새로워진 전투 환경에 맞는 군사교리를 개발하는 것입니다. 군사교리란 군대가 어떻게 싸울 것인가에 대한 기본 원칙과 방법을 정리한 것으로, 새로운 무기가 등장하면 그에 맞는 새로운 전투 방식도 필요합니다.

유무인 복합전투체계(MUM-T, Manned-Unmanned Teaming)는 사람과 기계가 협력하여 전투를 수행하는 새로운 개념입니다. 조종사가 탑승한 전투기 한 대가 여러 대의 무인 드론을 동시에 지휘하여 작전을 수행하는 방식입니다. 오케스트라 지휘자가 여러 악기를 조화롭게 연주하도록 이끄는 것과 같습니다. 조종사는 전체적인 작전 계획을 수립하고 중요한 결정을 내리며, 무인 드론들은 위험한 임무나 단순 반복 임무를 담당합니다.

AI 경계 시스템은 국경이나 중요 시설 주변을 24시간 감시하는 지능형 시스템입니다. 기존에는 병사들이 직접 경계 근무를 서야 했지만, AI 시스템은 열화상 카메라, 레이더, 음향 센서를 통해 수집한 정보를 실시간으로 분석하여 침입자를 자동으로 탐지할 수 있습니다. 날씨나 동물의 움직임 등으로 인한 오탐지를 최소화하고, 실제 위협 상황에서만 담당자에게 알림을 보내는 똑똑한 시스템입니다.

이러한 무기 체계들이 최대 효과를 발휘하려면 기존의 전투 방식을 완전히 바꿔야 합니다. 따라서 군은 군종별로 새로운 교리를 개발하고, 이를 바탕으로 장병들을 훈련시켜 AI 시대에 맞는 전투력을 확보할 계획입니다.

2-3 자율형 전투 체계와 통합 지휘통제

AI 기술을 활용한 실질적인 전투력을 확보하는 것입니다. 단계적으로 발전시켜 나가는데, 먼저 원격통제 단계에서 시작하여 최종적으로는 자율형 전투 단계까지 발전시킬 계획입니다.

원격통제 단계에서는 사람이 멀리 떨어진 곳에서 무인 시스템을 조종합니다. 드론을 조종하는 것처럼 조종사가 안전한 곳에서 무인 전투기나 무인 전차를 원격으로 조종하는 방식입니다. 이는 전투원의 안전을 보장하면서도 효과적인 작전 수행이 가능합니다.

자율형 전투 단계는 더 발전된 형태로, AI가 스스로 상황을 판단하고 적절한 행동을 취하는 시스템입니다. 무인 드론이 정찰 임무 중에 적군을 발견하면 사전에 입력된 교전 규칙에 따라 스스로 판단하여 공격하거나 회피하는 결정을 내릴 수 있습니다. 물론 이 경우에도 중요한 결정은 반드시 인간의 승인을 받도록 하는 안전장치가 마련됩니다.

합동 전영역 지휘통제체계(JADC2, Joint All-Domain Command

and Control)는 육해공군뿐만 아니라 우주, 사이버 영역까지 포함하여 모든 전투력을 하나의 시스템으로 통합 관리하는 혁신적인 개념입니다. 기존에는 각 군종이 독립적으로 작전을 수행했지만, JADC2 체계에서는 마치 하나의 거대한 네트워크처럼 모든 전력이 실시간으로 정보를 공유하고 협력하여 작전을 수행합니다. 해군의 함정에서 탐지한 적군 정보가 즉시 공군과 육군에 전달되고, 각 군은 자신의 위치와 능력을 고려하여 가장 효과적인 대응 방안을 실시간으로 조율할 수 있습니다. 이는 마치 몸의 모든 기관이 뇌와 연결되어 조화롭게 움직이는 것과 같은 원리입니다.

2-4 미래형 부대 구조와 과학화 훈련

AI 시대에 맞는 새로운 군 구조를 만드는 것입니다. 기존의 대규모 병력 중심 구조에서 유무인·로봇 중심의 소수정예 구조로 전환하는 것이 핵심입니다.

유무인·로봇 중심의 부대 구조는 전통적인 보병 중심 편제에서 벗어나 AI와 로봇 기술을 적극 활용하는 새로운 형태입니다. 기존에 50명이 수행하던 임무를 10명의 숙련된 운용자와 여러 대의 무인 시스템이 함께 수행하는 방식입니다. 이는 단순히 인력을 줄이는 것이 아니라, 더 정확하고 효율적인 작전 수행을 가능하게 합니다.

무인 시스템은 사람보다 더 정확한 사격이 가능하고, 24시간 지속적인 작전이 가능하며, 감정이나 피로에 영향받지 않아 일관된 성능을 유지할 수 있습니다. 또한 위험한 지역에서의 작전 시 인명 손실을 최소화할 수 있다는 장점이 있습니다.

2-5 국방 R&D·전력지원체계 선진화

첨단 기술을 빠르게 군사력으로 전환할 수 있는 혁신적인 연구개발 및 지원 체계를 구축하는 것입니다.

　민·군·산·학·연 협력은 정부(민), 군대, 기업(산), 대학(학), 연구소(연)가 함께 협력하는 통합적 접근 방식입니다. 모든 주체가 협력하면 각자의 강점을 살려 더 큰 성과를 낼 수 있습니다. 대학에서는 기초 이론 연구를, 기업에서는 실용화 기술 개발을, 연구소에서는 응용 연구를, 군에서는 실전 검증을 담당하는 방식으로 역할을 분담하면 효율성을 크게 높일 수 있습니다.

　신속획득사업은 기존의 복잡하고 오랜 시간이 걸리는 무기 도입 절차를 대폭 간소화하는 제도입니다. 전통적인 무기 개발은 계획 수립부터 실전 배치까지 평균 10년 이상이 걸렸지만, AI나 소프트웨어 기술은 변화 속도가 빠르기 때문에 이런 긴 절차를 거치면 기술이 진부해질 수 있습니다. 신속획득사업에서는 검증된 상용 기술을 빠르게 군사용으로 전환하거나, 긴급히 필요한 기술을 우선적으로 개발하여 신속하게 전력화하는 것을 목표로 합니다. 이를 위해 기존의 복잡한 서류 절차를 간소화하고, 시제품 제작과 시험 평가를 동시에 진행하는 등 혁신적인 방법을 도입합니다.

　국방부는 2027년까지 국방 R&D 예산을 국방비의 10% 이상으로 확대하여 양자, 에너지, 극초음속 등 10대 분야, 30개 국방전략기술을 선정하고 이를 위한 예산을 집중적으로 투입할 계획입니다. 또한 미국의 국방혁신단(DIU)을 참고해 민·군의 기술 가교 역할을 수행할 한국형 DIU를 신설할 예정입니다.

　이러한 중점 과제는 서로 유기적으로 연결되어 있어 하나의 통합된 시스템으로 작동합니다. 모든 과제가 성공적으로 달성되면 대한민국은 세계 최고 수준의 AI 과학기술 강군으로 발돋움하여 어떤 위협에도 효과적으로 대응할 수 있는 강력한 국방력을 확보하게 될 것입니다.

3-1   국방과학연구소(ADD)와 국방AI센터

국방과학연구소(Agency for Defense Development, ADD)는 '자주국방'이라는 확고한 목표 아래 1970년에 설립된 대한민국 국방 연구개발의 중추 기관입니다. '자주국방'이란 다른 나라에 의존하지 않고 우리 힘으로 나라를 지키겠다는 의미로, 무기와 군사 기술을 외국에서 사 오는 것이 아니라 우리가 직접 개발하여 완전한 국방 자립을 이루겠다는 철학을 담고 있습니다.

ADD가 설립된 1970년대는 우리나라가 경제적으로 어려웠을 뿐만 아니라 군사 기술 면에서도 선진국에 크게 뒤처져 있던 시기였습니다. 당시에는 총알 하나, 전투기 부품 하나까지도 모두 외국에서 사 와야 했고, 이는 국가 안보에 큰 위험 요소였습니다. 만약 무기를 공급해 주던 나라가 갑자기 공급을 중단한다면 우리나라는 속수무책이 될 수밖에 없었기 때문입니다. 정부는 ADD를 설립하여 우리만의 무기 개발 능력을 갖추기로 결정했습니다. ADD는 마치 우리나라 국방의 '두뇌' 역할을 하며, 미사일, 전투기, 전차, 함정 등 모든 종류의 무기 시스템을 연구하고 개발해 왔습니다.

ADD의 가장 대표적인 성과는 현무 미사일 시리즈입니다. 현무-1부터 시작하여 현재 현무-5까지 발전시킨 이 미사일들은 북한의 핵·미사일 위협에 대응하는 우리의 핵심 무기가 되었습니다. 현무-5는 사거리가 3,000km에 달하는 초장거리 미사일로, 한반도를 넘어 동북아 지역 전체의 군사 균형에 영향을 미치는 전략무기입니다.

ADD는 KF-21 보라매 전투기 개발에도 핵심적인 역할을 했습니다. KF-21은 우리나라가 독자적으로 개발한 첫 번째 초음속 전투기로, 이를 통해 우리나라는 세계에서 몇 안 되는 전투기 개발 능력을 보유한 국가가 되었습니다. 이는 단순히 무기 하나를 만든 것이 아니라, 항공 우주 기술 전반에서 자립 능력을 확보했다는 의미입니다.

ADD는 K-9 자주포, 천궁 미사일 방어 시스템, 해성 대함 미사일 등 다양한 분야에서 세계 최고 수준의 무기 시스템을 개발해 왔습니다. 이러한 성과들은 우리나라가 무기 수입국에서 수출국으로 전환하는 데 결정적인 역할을 했으며, 현재 한국산 무기는 전세계에서 그 성능을 인정받고 있습니다.

ADD는 약 5,000여 명의 연구원이 근무하고 있으며, 이들 중 대부분이 박사 학위를 보유한 최고 수준의 과학자와 기술자들입니다. ADD는 단순히 무기를 개발하는 것을 넘어, 미래 전쟁에 대비한 첨단 기술 연구의 선두 주자 역할을 하고 있습니다.

국방AI센터는 2024년 4월 ADD 내에 창설된 국방 인공지능 연구의 컨트롤타워입니다. 이 센터의 창설은 현대 전쟁의 패러다임이 완전히 바뀌고 있다는 인식에서 출발했습니다. 과거의 전쟁이 '강한 무기'를 가진 쪽이 이겼다면, 미래의 전쟁은 '똑똑한 무기'를 가진 쪽이 승리할 것이라는 전망이 지배적이기 때문입니다.

국방AI센터는 기술 전문성을 가진 민간연구원 100여 명과 군사 전문성을 갖춘 현역 군인 10여 명을 합해 약 110여 명으로 구성되었습니다. 초대 센터장에는 곽기호 ADD 국방첨단기술연구원장이 임명되었습니다. 이들은 인공지능 기반 유무인복합체계·전장상황인식 등 인공지능 관련 핵심기술 개발, 군 인공지능 소요 기획 지원 및 기술 기획, 민간 인공지능 기술의 군 적용을 위한 산·학·연 협업 강화 등의 역할을 수행합니다.

국방AI센터가 추진하는 민군 협력 모델은 혁신적입니다. AI 기술의 특성상 민간의 창의적인 아이디어와 최신 기술이 반드시 필요합니다. AI

분야에서 가장 뛰어난 인재들은 대부분 민간 기업이나 대학에 있기 때문에, 이들과의 협력 없이는 세계 최고 수준의 군사 AI를 개발하기 어렵습니다. 삼성, LG, 네이버, 카카오 등 민간 기업의 AI 전문가들과 군의 실전 경험을 가진 장교들이 함께 팀을 이루어 연구를 진행합니다. 민간 전문가들은 최신 AI 기술과 창의적인 아이디어를 제공하고, 군 관계자들은 실제 전장에서 필요한 요구사항과 제약 조건을 제시하는 방식으로 협력합니다.

2025년에는 더욱 큰 변화가 기다리고 있습니다. 국방AI센터가 '국방인공지능기술연구원'으로 확대 개편된 것입니다. 현재의 센터 형태에서 독립된 연구원으로 확대되면서 더 많은 인력과 예산을 확보할 수 있게 되었고, 더욱 적극적인 연구 활동을 펼칠 수 있게 되었습니다. 이는 국방 AI를 단순한 보조 기술이 아닌 국가 안보의 핵심 역량으로 인식하고 있다는 확고한 의지를 보여주는 조치입니다.

국방인공지능기술연구원이 되면서 현재보다 3~4배 규모로 확대되어 1,000여 명의 연구진이 근무하게 될 예정입니다. 또한 민간 기업, 대학, 해외 연구 기관과의 협력도 더욱 활발해져서 글로벌 수준의 연구 네트워크를 구축할 계획입니다. 확대 개편의 배경에는 AI 기술이 단순히 민간 분야에만 머물지 않고 군사 분야에서도 게임 체인저 역할을 하고 있다는 현실이 있습니다. 미국, 중국, 러시아 등 주요 군사 강국들이 모두 군사 AI 개발에 막대한 투자를 하고 있는 상황에서, 우리나라도 이 경쟁에서 뒤처지지 않기 위해서는 국가 차원의 집중적인 투자와 지원이 필요하기 때문입니다. 단순히 외국의 기술을 따라가는 것이 아니라, 우리나라만의 독창적인 군사 AI 기술을 개발하여 세계를 선도하는 것입니다. 이를 통해 '자주국방'이라는 ADD의 창립 정신을 AI 시대에도 계속 이어 나가겠다는 것이 핵심 비전입니다.

그러나 국방 AI센터가 현재처럼 연구소와 같은 성격으로만 있기보다는 다른 방향으로 더 발전해야 할 것으로 보입니다. 몇 가지 발전 방향을 제시해 본다면, 앞으로 국방AI센터는 단순한 연구개발을 넘어서 실전 적용으로 확장되어야 합니다. 현재까지 센터는 인공지능 연구의 컨트롤타워로서 핵심 기술 개발과 민군 협력을 통해 중요한 성과를 축적해 왔습니다. 그러나 인공지능이 실제 전장에서 전투력을 발휘하기 위해서는 연구 성과가 무기 체계와 작전 개념, 교리 속에 통합되어야 합니다. 미국의 JAIC(Joint AI Center)가 초기부터 Joint Warfighter 지원을 최우선 과제로 삼았던 것처럼, 우리 역시 전투부대와 긴밀히 협력하여 인공지능 기술을 직접 검증하고 운용 개념으로 발전시키는 과정을 강화해야 합니다.

민군 협력 또한 더욱 질적으로 고도화할 필요가 있습니다. 지금까지는 민간의 최신 기술과 창의적 아이디어를 연구 단계에 접목하는 데 중점을 두었다면, 앞으로는 군의 요구와 결합한 공동 실험 및 시범 운용 프로그램을 통해 실질적 전력화로 이어지도록 해야 합니다. 민간 전문가와 군 장교가 함께 참여하는 이러한 협력 구조는 한국형 독창적 군사 AI를 만들어 내는 토대가 될 것입니다.

또한 국방AI센터는 국내 협력을 넘어 글로벌 차원의 네트워크로 활동 영역을 넓혀야 합니다. 미국, 중국, 러시아를 비롯한 주요 군사 강국들이 AI 군사 응용에 막대한 투자를 하고 있으며, NATO 역시 AI 윤리와 표준을 마련하고 있습니다. 이러한 국제 논의에 적극적으로 참여함으로써 우리는 단순히 기술을 따라가는 수준을 넘어 국제 표준을 선도하는 위치에 설 수 있습니다. 이는 곧 AI 시대의 자주국방을 뒷받침하는 중요한 전략적 자산이 될 것입니다.

궁극적으로는 국방AI센터가 연구소적 성격에 머무르지 않고, 데이터와 인공지능, 디지털 역량을 종합적으로 지원하는 조직으로 발전하는 것이 바람직합니다. 미국이 JAIC을 흡수해 CDAO 체계로 전환한 것처럼,

우리도 장기적으로는 군 전체의 디지털·AI 역량을 통합 지원하는 사령탑으로 자리 잡아야 합니다. 이렇게 될 때, 국방AI센터는 단순한 연구개발 기관을 넘어, 전장에서 AI가 실질적인 전투력으로 작동하게 만드는 핵심 주체로 발전할 수 있을 것입니다.

3-2 주요 AI 무기 체계 개발 현황

3-2-1 지능형 지휘통제(C2)

방대한 전장 데이터를 실시간으로 분석하여 지휘관의 상황 판단과 결심을 지원하는 AI 시스템입니다. 한국형 JADC2 구현의 핵심 요소입니다.

'AI 참모'는 마치 천재적인 군사 전문가가 24시간 깨어 있으면서 전장의 모든 상황을 실시간으로 분석하고, 최적의 작전 계획을 제시하는 혁신적인 시스템입니다. 기존에는 사람인 참모들이 지도를 펼쳐 놓고 적군의 위치, 우리 군의 상황, 날씨, 지형 등을 하나하나 분석하여 지휘관에게 보고했지만, AI 참모는 이 모든 과정을 컴퓨터가 자동으로 수행합니다.

AI 참모는 체스에서 세계 챔피언을 이긴 알파고와 같은 원리로 작동합니다. 알파고가 바둑판의 모든 상황을 분석하여 최적의 수를 찾아내듯이, AI 참모는 전장의 모든 정보를 종합하여 가장 효과적인 작전을 제안합니다. 다만 바둑과 달리 실제 전장은 상황이 끊임없이 변하기 때문에, AI 참모는 실시간으로 계속해서 새로운 분석과 제안을 해야 합니다.

AI 참모는 이 모든 정보를 동시에, 실시간으로 분석합니다. 수십 명의 전문가가 하나의 머릿속에서 동시에 일하는 것과 같습니다. 적군 탱크 부대가 이동하는 것을 위성에서 포착하면, AI는 즉시 그 이동 경로, 속도, 목적지를 예측하고, 동시에 우리 군의 대응 가능한 전력을 계산하여 최적의 대응 방안을 몇 초 만에 제시할 수 있습니다.

전통적으로 군대에서 지휘관의 결심은 중요하면서도 어려운 과정이었습니다. 제한된 정보와 시간 속에서 수많은 가능성을 고려하여 최선의 결정을 내려야 하기 때문입니다. 급박한 상황에서는 몇 분, 때로는 몇 초 안에 결정을 내려야 하는데, 잘못된 판단은 작전 실패나 인명 손실로 이어질 수 있습니다.

AI 참모는 지휘관의 부담을 크게 덜어줍니다. AI는 인간보다 훨씬 빠른 속도로 수많은 시나리오를 시뮬레이션할 수 있습니다. "적군이 A지역으로 공격해 올 경우", "B지역으로 우회할 경우", "공중 공격과 지상 공격을 동시에 할 경우" 등 수백 가지 경우의 수를 동시에 계산하여 각각의 성공 확률과 예상 피해를 제시합니다.

AI 참모는 감정이나 피로에 영향받지 않아 항상 객관적이고 일관된 분석을 제공합니다. 사람인 참모는 아무래도 스트레스를 받거나 피곤할 때 실수를 할 수 있지만, AI는 24시간 내내 같은 수준의 정확성을 유지할 수 있습니다.

AI 참모가 지휘관을 완전히 대체하는 것은 아닙니다. AI는 데이터를 바탕으로 한 최적의 선택지들을 제시하지만, 최종 결정은 여전히 지휘관이 내립니다. 왜냐하면 전쟁에는 수치로 계산할 수 없는 요소들, 예를 들어 부하들의 사기, 정치적 고려 사항, 윤리적 판단 등이 포함되기 때문입니다.

한국형 JADC2의 핵심 요소

JADC2(Joint All-Domain Command and Control)는 합동 전영역 지휘통제체계로, 육해공군은 물론 우주, 사이버 영역까지 모든 전력을 하나의 네트워크로 연결하는 미래형 군사 시스템입니다. AI 참모는 바로 이 JADC2 체계의 '두뇌' 역할을 합니다.

기존에는 각 군이 독립적으로 작전했습니다. 육군은 육군끼리, 해군은 해군끼리, 공군은 공군끼리 따로 계획을 세우고 실행했습니다. 하지만

JADC2 체계에서는 모든 군종의 정보가 실시간으로 공유되고, AI 참모가 이를 종합하여 최적의 합동 작전을 제안합니다. 적군 함정이 발견되면 이 정보가 즉시 모든 군에 전달됩니다. AI 참모는 해군 함정의 위치, 공군 전투기의 상황, 육군 해안포의 사정거리 등을 모두 고려하여 "해군 함정이 1차 공격, 공군이 2차 지원, 육군이 3차 후속 타격"과 같은 통합 작전 계획을 즉시 수립합니다.

AI 참모 시스템이 실전에 적용되면 전투 효율이 획기적으로 향상할 것으로 예상됩니다. 가상의 시나리오로 설명해 보면, 북한에서 미사일 발사 징후가 포착되었을 때의 상황을 생각해 볼 수 있습니다. 기존 방식에서는 정보 수집부터 대응 계획 수립까지 최소 30분에서 1시간이 걸렸습니다. 하지만 AI 참모가 있으면 발사 징후 포착과 동시에 미사일 종류, 예상 궤도, 목표 지점을 분석하고, 우리의 요격 미사일 배치 상황을 확인하여 최적의 요격 방안을 몇 분 만에 제시할 수 있습니다. 또한 AI 참모는 과거의 모든 전투 데이터를 학습하고 있어서, 비슷한 상황에서 어떤 전술이 가장 효과적이었는지를 즉시 참조할 수 있습니다. 이는 수십 년간 축적된 군사적 경험과 지혜를 한순간에 활용할 수 있다는 의미입니다.

미래 전쟁의 게임 체인저

AI 참모 시스템은 단순한 기술 개선을 넘어 전쟁 양상 자체를 바꿀 게임 체인저입니다. 빠르고 정확한 의사결정이 승부를 가르는 현대전에서 AI 참모를 보유한 군대는 압도적인 우위를 점할 수 있습니다. 우리나라처럼 상대적으로 작은 영토에서 빠른 상황 변화에 대응해야 하는 환경에서는 AI 참모의 가치가 더욱 클 것입니다. 한국형 JADC2와 결합한 AI 참모 시스템이 완성되면, 우리나라는 세계 최고 수준의 지휘통제 능력을 갖추게 될 것입니다.

한국형 JADC2 개발 현황

한국형 JADC2 개발이 본격적으로 진행되고 있습니다. 한국은 2024년부터 2029년까지 6년에 걸쳐 차세대 지휘통제체계 개발이라는 대규모 국방 프로젝트를 추진하고 있습니다. 이 사업은 방위사업청이 주관하여 연합지휘통제체계의 성능을 대폭 개선하는 것을 목표로 하며, 합동참모본부에서는 한국형 JADC2 체계 능력 구현을 위한 연구를 병행하여 진행하고 있습니다. JADC2란 모든 영역에서 합동 작전을 수행할 수 있도록 지휘통제 체계를 통합하는 개념으로, 미군이 먼저 개발하기 시작한 차세대 전쟁 수행 체계입니다.

한국의 개발 계획은 체계적인 3단계 로드맵을 따라 진행됩니다. 1단계에서는 기반 체계 구축에 집중합니다. 이 단계에서는 전장에서 발생하는 모든 데이터를 하나로 통합하고, 이를 효율적으로 처리할 수 있는 클라우드 인프라를 구축하는 작업이 진행됩니다. 마치 거대한 디지털 창고를 만들어 군대의 모든 정보를 한곳에 모아 정리하는 것과 같습니다.

2단계에서는 AI 기반 지휘통제체계를 본격적으로 구축합니다. 1단계에서 구축한 인프라 위에 인공지능 알고리즘을 활용하여 실시간으로 정보를 분석하고 지휘관의 결정을 도와주는 체계를 만드는 것입니다. 이는 마치 매우 똑똑한 참모가 24시간 쉬지 않고 전장 상황을 분석하여 최적의 작전 방안을 제시하는 것과 같습니다.

3단계에서는 완전한 JADC2 능력을 확보하게 됩니다. 이 단계가 완료되면 육군, 해군, 공군뿐만 아니라 우주와 사이버 영역까지 포괄하는 통합 작전 수행 체계가 완성됩니다. 모든 군종과 모든 작전 영역이 하나의 네트워크로 연결되어 완벽하게 조화된 작전을 수행할 수 있게 되는 것입니다.

이 시스템의 핵심 기술은 빅데이터 분석과 클라우드 기반 통합 시스템입니다. 육해공군이 각각 사용하던 서로 다른 데이터베이스와 단말기들을 모두 하나로 통합하여, 어떤 부대에서든 필요한 정보에 즉시 접근할 수 있도록 만듭니다. 또한 AI를 통해 실시간으로 전장 정보를 분석하고 작전 계획을 수립할 수 있는 능력을 갖추게 됩니다. 이는 마치 모든 군부대가 하나의 거대한 두뇌로 연결되어 생각하고 행동하는 것과 같습니다.

2029년, 이 체계가 완료되면 한국은 세계적 수준의 지능형 국방 체계를 갖출 것으로 평가됩니다. 특히 중요한 효과가 기대됩니다. 적시적 결심 속도가 크게 향상된다는 점입니다. 즉, 상황이 발생했을 때 지휘관이 올바른 판단을 내리는 데 걸리는 시간이 대폭 단축되어 적보다 빠르게 대응할 수 있게 됩니다. 또한 복합 영역 작전 효율성이 증대된다는 점입니다. 육·해·공뿐만 아니라 우주와 사이버 공간까지 포함한 모든 영역에서 동시에 벌어지는 복잡한 작전을 효율적으로 수행할 수 있는 능력을 갖추게 되는 것입니다.

그러나 한국형 JADC2가 진정한 능력을 발휘하기 위해서는 무엇보다 **전장 네트워크의 회복탄력성(resilience)이 핵심 전제가 되어야 합니**다. 전장은 평시와 달리 GPS 교란, 사이버 공격, 물리적 파괴 등 수많은 위협 요소가 상존하며, 이에 따른 통신망은 언제든 단절될 수 있습니다. 따라서 단순히 빠른 연결이 아니라, 끊겨도 스스로 복구하고 우회할 수 있는 강건한 네트워크가 필수적이라고 할 수 있습니다.

미국 역시 JADC2 추진 과정에서 'resilient and secure network'를 가장 기초적인 요소로 규정하고 있으며, ABMS와 Project Convergence 같은 사업에서도 이를 최우선 과제로 삼고 있습니다. 한국형 JADC2 역시 빅데이터와 AI 기반의 지능적 지휘통제 능력 위에, 어떠한 전술 상황에서도 안정적으로 작동할 수 있는 네트워크 체계를 확보해야만 하는 것입니다.

결국 제대로 구축된 네트워크 없이는 JADC2가 지향하는 초연결·지능형 전장 운영은 실현될 수 없으며, 네트워크야말로 모든 것을 가능하게 하는 보이지 않는 '신경망'이자 체계의 생명선이라 할 수 있습니다.

3-2-2 자율/무인 체계

대한민국이 차세대 전장의 핵심인 자율/무인 체계 개발에 박차를 가하고 있습니다. AI 조종사, 드론 요격 시스템, 초소형 정찰 드론, AI-광자 라이다 등 다양한 분야에서 괄목할 만한 성과를 보이며 세계 최고 수준의 기술력을 확보하고 있습니다.

AI 조종사: 차세대 무인 전투기의 두뇌

AI 조종사는 무인 전투기가 사람 조종사 없이도 자율적으로 비행하고 전투 임무를 수행할 수 있도록 하는 핵심 기술입니다. 기존 전투기가 사람의 신체적 한계(9G 가속도 등)에 제약받는 것과 달리, AI 조종사가 탑재된 무인 전투기는 인간이 견딜 수 없는 극한 기동이 가능해 압도적인 공중전 우위를 확보할 수 있습니다.

국방과학연구소는 인공지능 조종사 시스템 개발에 본격적으로 착수했습니다. 이 연구는 머신러닝 기반의 강화 학습 기술을 핵심으로 하여 진행되었으며, 당초 2023년 완료를 목표로 설정했습니다. 강화 학습이란 AI가 시행착오를 통해 스스로 학습하며 점점 더 나은 성능을 보이는 기술로, 마치 사람이 연습을 통해 실력을 늘려가는 것과 비슷한 방식입니다.

현재 한국이 개발 중인 KF-21 보라매 전투기는 이러한 AI 조종사 기술의 핵심 플랫폼 역할을 하고 있습니다. 이 전투기는 지속적인 개발을 통해 적의 레이더에 잘 잡히지 않는 스텔스 기능과 AI 조종사 소프트웨어를 탑재해 무인기를 제어할 수 있는 능력도 갖출 것으로 기대됩니다.

2024년 11월 28일까지 KF-21은 1,000회가 넘는 무사고 시험 비행을 성공적으로 완료하여 그 안정성과 성능을 입증했습니다. 2025년 2월 19일에는 이영수 공군참모총장이 KF-21 시험비행에 직접 탑승하여 비시험 조종사로는 최초로 KF-21을 체험하기도 했습니다.

KF-21 복좌형에서 구현될 예정인 Block-3 버전의 유무인 복합체계(Manned-Unmanned Teaming)는 유인 항공기와 무인 항공기가 함께 작전을 수행하는 체계입니다. 이 기술이 완성되면 한 명의 조종사가 여러 대의 무인기를 동시에 지휘하고 통제할 수 있게 됩니다. 마치 지휘관이 여러 부대를 동시에 지휘하는 것처럼, 한 명의 조종사가 자신의 전투기뿐만 아니라 주변의 무인기들까지 모두 조종할 수 있는 혁신적인 전투 체계가 만들어지는 것입니다.

미국이 2023년 F-16 기반의 'Vista X-62A'로 17시간 자율비행에 성공한 것에 이어, 우리나라도 실제 전투기 AI 조종사 개발에 박차를 가하고 있습니다.

드론 요격 시스템: 세계 최고 수준의 '킬러 드론'

국방과학연구소(ADD)가 개발 중인 드론 요격 시스템은 30km 밖에서 적 드론을 탐지하여 킬러 드론으로 직접 파괴하는 혁신적인 시스템입니다. 이 시스템은 2022년 북한 드론 침입 사건 이후 더욱 절실해진 대드론 방어 능력의 핵심입니다.

시스템은 크게 두 부분으로 구성됩니다. 첫째, GaN 기반 AESA 레이더를 장착한 탐지 시스템으로 기존 용산 대통령실 레이더보다 3배 이상 강력한 탐지 능력을 갖추고 있습니다. 둘째, L-SAM 발사대를 개조한 튜브 발사식 타격 무인기로 적 드론을 자폭 공격으로 요격합니다. 2024년 기본 설계를 완료했습니다.

이와 함께 8km 밖에서 초소형 드론을 탐지할 수 있는 'AI 연동 안티드론 통합 솔루션'도 2023년 중기 소요로 승격되었습니다.

초소형 정찰 드론

79g 이하의 초소형 정찰 드론은 병사 개인이 휴대하며 정찰 임무를 수행하는 차세대 개인 장비입니다. 기존 대대급 드론과 달리 소대나 분대 단위에서 즉시 사용할 수 있어 전술적 가치가 높습니다. 초소형 드론의 핵심은 크기와 무게 제약 속에서도 악천후를 포함한 전장의 극한 환경에서 신뢰성 있게 작동하는 것입니다.

국내에서는 KAIST 등 연구 기관을 중심으로 초소형 개인 정찰 무인기 개발이 진행되고 있으며, 자율비행 기능과 고해상도 카메라를 탑재한 시제품들이 개발되고 있습니다. 미군의 '블랙호넷' 같은 손바닥 크기 드론이 주목받고 있으며, 이스라엘의 경우 보병용 초소형 공격/정찰 드론을 실전에 투입하고 있어 우리나라도 이 분야에서의 기술 경쟁력 확보가 시급한 상황입니다.

AI-광자 라이다

AI-광자 라이다는 레이저와 AI를 결합해 기존 레이더나 카메라로는 탐지하기 어려운 소형·저고도 표적을 식별하는 혁신적 기술입니다. 스텔스 드론이나 초소형 무인기처럼 레이더 반사면적이 극히 작은 표적도 정확히 탐지할 수 있어 '게임 체인저' 기술로 불립니다.

ADD는 2022년부터 미래도전국방기술 개발사업을 통해 AI 기반 광자레이더 기술을 개발해 왔으며, 2025년 4월 17일 세종전자시험장에서 국내 최초로 성공적인 기술 시연을 완료했습니다. 이 기술은 레이저 빛을 전자기파 신호로 변환하여 표적에 보내고, 반사된 신호를 AI로 분석해 수

km 떨어진 소형 드론까지 탐지·식별할 수 있습니다.

이들 기술은 독립적으로 작동하는 것이 아니라 한국형 JADC2 체계 내에서 통합 운용될 예정입니다. AI 조종사가 탑재된 무인 전투기가 AI-광자 라이다로 탐지한 표적을 킬러 드론으로 요격하고, 초소형 정찰 드론이 전장 상황을 실시간으로 모니터링하는 완전한 무인 전투 생태계가 구축될 것입니다. 미국, 중국, 이스라엘 등 주요국들이 이 분야에서 치열한 기술 경쟁을 벌이고 있는 가운데, 우리나라도 ADD를 중심으로 한 강력한 연구개발 역량을 바탕으로 세계 최고 수준의 기술력을 확보하고 있습니다. 드론 요격 시스템의 탐지 능력과 AI-광자 라이다의 성공적 시연은 우리나라가 이 분야에서 선도국 지위를 확고히 하고 있음을 보여줍니다.

3-3 국방부 생성형 AI(Generative Defense AI)

2024년 7월 3일, 대한민국 국방부는 자체 개발한 국방 특화 생성형 인공지능 서비스인 '국방생성형 AI(GeDAI: Generative Defense AI)'를 공식적으로 시작했습니다. 이 서비스는 국방부 직원을 대상으로 우선 운영되었으며, 군사용어, 내부 규정 등 방대한 국방 데이터를 학습하여 업무 효율성을 극대화하는 것을 목표로 합니다. GeDAI는 인터넷과 분리된 국방 내부망에서 운영되어 군사 정보 유출 및 사이버 위협을 원천적으로 차단합니다.

이 시스템은 단순한 정보 검색을 넘어 문서 요약, 특화 번역, 규정 질의응답 등 맞춤형 서비스를 제공하며, 검색증강생성 기술과 답변 출처 명시 기능을 통해 생성형 AI의 고질적 문제인 '환각 현상'을 최소화하고 답변의 신뢰도를 높였습니다. GeDAI의 도입은 병력 감소라는 구조적 문제에 대응하고 '국방혁신 4.0'을 통한 'AI 과학기술 강군'을 육성하려는 우리 군의 핵심 전략의 일환으로, 향후 전군으로 확대될 예정입니다.

2024년 7월 3일부터 10일까지 진행된 '국방 데이터·인공지능 확산주간'의 일환으로, 국방부는 국방 버전 'ChatGPT'인 '국방생성형 AI' 서비스를 시작했습니다. 이 서비스는 우선 국방부 직원을 대상으로 시범 운영되며, 향후 관련 인프라 확충을 통해 점진적으로 서비스 대상을 확대해 나갈 계획입니다.

GeDAI는 상용 대규모 언어 모델(LLM) 대신 소형 언어 모델(SLM)을 기반으로 자체 개발되었습니다. 이는 군이 보유한 한정된 서버 자원 내에서 효율적으로 운영하고, 군사 기밀 유출과 같은 보안 위협을 원천적으로 차단하기 위한 전략적 선택입니다.

최초 학습 데이터는 군 내부 규정, 군사용어, 전자문서 등 약 40만 건의 군 자료로 구성되었으며, 향후 100만 건 이상으로 데이터를 확대 축적할 계획입니다. 민간 생성형 AI와 달리 실시간 학습이 아닌, 보안을 고려해 일정한 주기를 갖고 데이터 학습이 진행될 예정입니다.

GeDAI는 국방 업무의 효율성을 높이기 위해 군사용어 특화 번역, 군 내부 규정 질의응답, 문서 요약 및 초안 작성, 음성 분석 및 기록, 분야별 특화 GPT 등의 맞춤형 서비스를 제공합니다. 군사 분야의 전문 용어와 문맥을 정확하게 이해하고 번역하며, 복잡한 군 내부 규정과 법령에 대해 자연어 질문으로 답변을 얻을 수 있습니다. 또한 방대한 보고서나 문서를 신속하게 요약하고, 개조식 보고서 등의 초안을 생성하며, 회의나 통화 내용을 텍스트로 변환하고 분석하는 기능을 포함합니다.

국방부는 생성형 AI의 잠재적 위험성을 인지하고, 신뢰성과 안전성을 확보하기 위한 다각적인 노력을 기울이고 있습니다. 생성형 AI가 허위 정보를 생성하는 '환각 현상'은 군사 분야에서 치명적인 결과를 초래할 수 있습니다. 이를 최소화하기 위해 GeDAI는 검색증강생성 기술을 핵심적으로 적용했습니다. 이는 LLM이 답변을 생성할 때, 사전에 검증되고 정제된 별도의 데이터베이스를 참조하여 정보의 정확성을 높이는 방식입니다. 또한, GeDAI는 생성된 답변의 근거가 되는 원문 자료를 함께 제시하는 '색인 기술'을 추가하여 사용자가 직접 사실 여부를 검증할 수 있도록 지원합니다.

GeDAI는 국방 내부망에서 운영되어 외부로부터의 사이버 공격과 민감 정보 유출 가능성을 원천적으로 차단합니다. 더 나아가 국방부는 모든 네트워크 연결을 지속적으로 검증하는 '제로 트러스트' 기반의 보안 정책으로 발전시킬 필요성에 공감대를 형성했습니다. 또한, 국방부는 AI 활용 과정에서 발생할 수 있는 부작용을 최소화하고 안전한 AI 확산 환경을 조성하기 위해 '안전하고 신뢰할 수 있는 AI 활용 국방 가이드라인' 연구 용역을 발주했습니다.

GeDAI의 성공적인 출시는 체계적인 준비 과정과 선도적인 프로젝트의 결과물입니다. GeDAI 개발에 앞서, 대한민국 공군은 전군 최초로 국방망 기반 생성형 AI 플랫폼인 '에어워즈'를 자체 개발하여 2024년 6월부터 운영해 왔습니다. 공군은 2020년부터 AI 모델 자체 개발을 위해 인프라를 준비하고, 법령, 전자문서, 이미지 등 방대한 데이터를 확보하여 학습에 적용했습니다. 에어워즈는 챗봇, 통합검색, 음성 분석, 번역, 문서 요약 등 5종의 서비스를 제공하며 GeDAI 개발의 중요한 기술적, 경험적 토대가 되었습니다.

GeDAI 도입은 국방 전반의 디지털 전환을 목표로 하는 '국방혁신 4.0'의 핵심 과제입니다. 인구 절벽으로 인한 병력 감축이 예상되는 상황에서, AI 기술은 적은 인력으로도 높은 국방 효율성을 유지할 수 있는 핵심 대안으로 평가받습니다.

GeDAI는 행정 업무 지원을 시작으로 국방 전반에 걸쳐 활용 범위가 확대될 전망입니다. 국방부는 GeDAI의 서비스 대상을 점차 전군으로 확대할 계획입니다. 방위사업청 또한 '방위사업 행정업무 지원을 위한 생성형 AI 서비스 구축 방안' 연구 용역을 발주하며, 법령 및 규정 질의응답, 문서 작성 지원 등을 위한 자체 생성형 AI 도입을 추진하고 있습니다. 이는 향후 국방과학연구소, 국방기술품질원 등 유관기관으로 확산될 수 있습니다.

생성형 AI는 군수 지원 시스템 혁신에도 기여할 것입니다. 과학기술정보통신부와 방위사업청이 주관하는 '미래 국방 가교 기술 개발 사업'의 일환으로, AI 스타트업 포티투마루는 육군군수사령부의 '핵심 무기 체계 가동률 향상을 위한 국방기술정보 생성형 AI 시스템' 개발을 주관합니다. 이 시스템은 군수통합정보체계 데이터를 학습하여 예측 정비, 재고 관리 최적화 등을 지원할 예정입니다.

장기적으로 생성형 AI는 정보 분석, 작전 계획 및 시뮬레이션, 훈련 및 교육, 자율 시스템, 사이버 안보 등 다양한 군사 분야에 적용될 수 있습니다. 대규모 공개 출처 정보를 신속하게 분석하여 적의 의도와 위협을 예측하고, 다양한 작전 시나리오를 생성하고 시뮬레이션하여 최적의 작전 계획 수립을 지원할 수 있습니다. 또한 가상현실·증강현실과 결합하여 실전적인 훈련 환경을 제공하고, 운용자의 의도를 바탕으로 무인기나 로봇의 임무 계획을 자동으로 생성하고 제어하는 데 활용될 수 있으며, 새로운 공격 패턴을 예측하고 위협 탐지 및 대응을 자동화할 수 있습니다.

미국 국방부 역시 생성형 AI의 군사적 잠재력을 인식하고 관련 기술 도입에 적극적으로 나서고 있습니다. 2023년, 미 국방부는 생성형 AI 역량 평가 및 도입을 총괄하는 '태스크포스 리마'를 설립했습니다. 미 공군은 2024년 6월, 비기밀 국방망에서 운영되는 생성형 AI 챗봇 'NIPRGPT'를 출시했습니다. 보고서 작성, 코드 생성 등을 지원하는 이 서비스는 출시 직후 10만 명 이상의 사용자가 몰리며 폭발적인 수요를 보였으나, 이는 동시에 GPU 컴퓨팅 비용 급증이라는 과제를 안겨 주었습니다. 미 해군 또한 'NavyGPT'라는 상표를 출원하며 유사한 서비스 개발을 진행 중인 것으로 알려져 있습니다.

한편, GeDAI의 출시에 대해 일부에서는 실제 효용성에 비해 과대 포장된 것 아니냐는 지적도 제기되고 있습니다. 국방 데이터·인공지능 확산 주간이라는 대대적인 이벤트와 함께 공개되었지만, 실상은 공군이 자체적으로 시도했던 아이디어와 인프라를 국방 차원으로 포장한 성격이 강하며, 아직 정책적·제도적 기반으로 확산했다고 보기는 어렵다는 분석도 있습니다. 이러한 점을 고려하면, GeDAI를 단순히 "국방 버전 ChatGPT"로 치켜세우기보다는, 시범적 성격의 프로젝트라는 점을 분명히 하고 그 한계를 인식하는 것이 필요합니다. 그렇지 않으면 실제 성과보다 홍보가 앞서는 전시 행정의 산물이라는 비판을 피하기 어렵습니다.

따라서 앞으로는 더 단계적이고 내실 있는 접근이 요구됩니다. ① 우선 소규모 파일럿 프로젝트를 통해 실제 적용 경험을 축적하고, 초기 실패를 수용하며 이를 피드백으로 전환하는 학습 환경을 마련해야 합니다. ② 이러한 파일럿 경험은 단순히 기술적 교훈에 그치지 않고, 법령·군사 규칙·예산 편성 체계 등 제도적 장벽을 드러내고 개선할 기회로 삼아야 합니다. ③ 나아가 국방부, 합참, 각 군이 정보를 공유하고 공동 연구 체계를 마련하여 합동성을 기반으로 모든 프로젝트가 추진되어야 합니다. 이러한 축적의 시간을 거치지 않고서는 실질적 전략 수립도, 기술 도입도 불가능하기 때문입니다. 인공지능 전략은 기술 자체가 아니라 경험 위에서 구축되어야 하며, 그 경험을 통해 인재와 조직 역량이 함께 성장할 때 비로소 국가 차원의 전략으로 자리 잡을 수 있습니다.

11장 국방 AI R&D 생태계(정부-산업-학계의 협력)

대한민국의 국방 AI 생태계는 마치 거대한 오케스트라와 같습니다. ADD가 지휘자 역할을 하고, 소수의 대기업과 대학들이 각자의 악기를 연주하며 강력한 하모니를 만들어 내는 하향식(Top-down) 모델입니다. 이 생태계는 지금 이 순간에도 세계 최고 수준의 AI 군사 기술을 향해 빠르게 달려가고 있습니다.

---

1 국방 AI R&D

1-1 정부/ADD(리더): 시스템 통합 및 핵심 기술 개발 주도

국방과학연구소(ADD)는 한국 국방 AI 생태계의 절대 권력자입니다. '자주국방'이라는 국가 신념 아래 핵심 기술 개발과 시스템 통합을 철저히 주도하고 있죠. ADD는 단순한 연구소가 아닙니다. 국방 AI의 '마스터플랜 설계자'이자 '총사령관' 역할을 동시에 수행합니다.

가장 놀라운 점은 외부에 절대 공개할 수 없는 핵심 기술, 즉 '국가기밀 블랙박스' 기술을 직접 개발한다는 사실입니다. AI 조종사의 생사를 가르는 핵심 알고리즘, 적의 스텔스기도 잡아내는 광자 라이다의 신호 처리 기술, 북한 드론을 순식간에 요격하는 시스템의 표적 식별 로직까지. 이 모든 기술은 오직 ADD만이 보유한 절대 기밀입니다.

더 놀라운 것은 ADD가 각 민간 기업이 개발한 개별 기술들을 마법처럼 하나의 완성된 무기 체계로 변환시키는 능력입니다. 이는 마치 세계 최고 수준의 오케스트라 지휘자가 바이올린, 첼로, 트럼펫 등 전혀 다른 악기들을 완벽한 교향곡으로 연주하도록 만드는 것과 똑같습니다.

2024년 4월 창설된 국방AI센터는 ADD의 이런 막강한 파워를 더욱 강화했습니다. 그리고 2025년 1월, 드디어 '국방인공지능기술연구원'으로 대규모 확대 개편되면서 150억 원의 예산을 확보했습니다. 이제 명실상부한 한국 국방 AI의 절대 컨트롤타워가 탄생한 것입니다.

1-2 한화시스템: 지휘통제(C2)·감시정찰(ISR) 분야 핵심 파트너

한화시스템은 한국 국방 AI 생태계에서 '두뇌와 눈'을 담당하는 절대 강자입니다. 지휘통제(C2) 분야에서는 한국형 JADC2 체계의 핵심 구성요소인 AI 참모 시스템 개발에 핵심 역할을 하고 있습니다. 해군 함정 80여 척의 전투 체계를 개발한 30년의 경험은 그들만의 독보적 노하우입니다.

KF-21 보라매에 탑재되는 AESA 레이더는 한화시스템과 ADD가 합작으로 만든 걸작품입니다. 2024년 전세계에서 12번째로 개발에 성공한 이 레이더는 한국 방산업계의 자랑이죠. 감시정찰(ISR) 분야에서도 전자광학 표적추적장비(EO TGP), 적외선 탐색추적 장비(IRST) 등을 개발하여 우리 군의 '매의 눈'을 책임지고 있습니다.

한화시스템의 진짜 강점은 개별 장비 제작이 아닙니다. 이들을 하나의 통합된 전투 체계로 완벽하게 연결하는 '시스템 통합 마법사' 능력입니다. KDDX(한국형 차기구축함) 사업의 전투 체계 개발을 주도하며 바다에서의 AI 기반 전투 시스템 구축에도 혁신을 일으키고 있어, 육·해·공을 모두 지배하는 종합 방산 제국으로 성장하고 있습니다.

1-3 LIG넥스원: 정밀유도무기·레이더·미사일 방어 분야 강점

LIG넥스원은 한국 방산업계의 '정밀 타격 마스터'입니다. 대한민국이 제작하는 거의 모든 유도무기를 설계하고 생산하는 핵심 기업이죠. 천궁, 현궁, 비궁, 신궁 등 한국형 미사일 방어체계(KAMD)의 모든 핵심 무기가 바로 LIG넥스원의 작품입니다.

더욱 놀라운 것은 중동 지역에 천궁-II를 활발히 수출하며 글로벌 무기 시장에서 한국의 위상을 크게 높이고 있다는 점입니다. AI 분야에서는 레이더 기술과 사격통제 시스템에 AI를 완벽하게 융합시켜 표적 식별 정확도와 요격 성공률을 극적으로 향상시켰습니다.

천궁 시스템의 AI 기반 다중 표적 동시 교전 능력은 북한의 포화공격을 완전히 무력화시킬 수 있는 게임 체인저 기술입니다. LIG넥스원은 '센서 투 슈터(Sensor to Shooter)' 개념의 혁신 개척자로서, 탐지부터 타격까지의 전 과정을 AI로 완전 자동화하는 미래 기술을 선도하고 있습니다.

최근 고스트로보틱스 인수를 통해 군용 사족보행 로봇 기술까지 확보했습니다. 이는 LIG넥스원이 단순한 미사일 제조사를 완전히 뛰어넘어 종합 AI 방산 제국으로 진화하고 있음을 보여주는 증거입니다.

1-4 한국항공우주산업(KAI): 항공기 및 AI 조종사 기술 개발 주도

한국항공우주산업(KAI)은 한국 국방 AI 생태계에서 '하늘의 절대 지배자' 역할을 담당합니다. AI 조종사 기술 개발 분야에서는 아무도 따라올 수 없는 독보적인 위치를 차지하고 있죠.

KF-21 보라매 개발을 통해 축적한 첨단 항공기 기술을 바탕으로, 현재 Block-3 단계에서 구현될 유무인 복합체계(MUM-T) 개발을 완전히 주도하고 있습니다. 이는 한 명의 조종사가 여러 대의 무인기를 동시에 지휘하는 혁명적인 전투 방식으로, AI 기술의 최고 집약체라 할 수 있습니다.

KAI는 대한항공의 '가오리-X1' 무인기와 연계하여 완벽한 무인 전투 생태계를 구축하고 있으며, 이를 통해 6세대 전투기 개발의 확고한 기반을 마련하고 있습니다.

KAI의 진짜 강점은 기체 제작이 아닙니다. AI 조종사가 탑재될 미래형 전투기의 '전자두뇌'를 완벽하게 설계하는 능력입니다. 이는 항공기 제조업체에서 AI 항공 시스템 통합 기업으로의 완전한 변신을 의미하며, 글로벌 항공 산업의 패러다임 혁명을 선도하고 있습니다.

1-5 KAIST: 국방AI융합연구센터를 통한 독보적 학술 파트너

KAIST는 한국 국방 AI 생태계에서 '지식의 원천'이자 '혁신의 창조 공장' 역할을 담당합니다. 국방AI융합연구센터를 통해 기초 연구부터 실전 응용 기술까지 전 영역에서 절대적 학술 파트너 역할을 완벽하게 수행하고 있습니다.

KAIST의 가장 강력한 무기는 AI의 근본 원리부터 실전 국방 응용까지 완전히 아우르는 포괄적 연구 역량입니다. 머신러닝 알고리즘 개발부터 드론 군집 제어, 자율 무기 시스템의 윤리적 제약 조건까지 연구 범위가 상상을 초월할 정도로 광범위합니다.

국방AI융합연구센터는 ADD, 한화시스템, LIG넥스원 등 산업계 파트너들과 마치 DNA처럼 얽혀서 이론과 실무를 완벽하게 연결하는 '혁신 브리지' 역할을 하고 있습니다. KAIST 출신 연구진들이 ADD나 방산업체로 대거 진출하면서 만든 산학협력의 끈끈한 네트워크는 한국 국방 AI 생태계의 핵심 경쟁력 중 하나입니다.

KAIST는 초소형 개인 정찰 무인기 시스템 개발 등 차세대 국방 기술 연구를 완전히 선도하며, 정부의 '한국형 탈피오트' 프로그램과 연계하여 미래 국방 과학기술 인재 양성의 핵심 기관 역할도 담당하고 있습니다. 한국 국방 AI의 현재와 미래를 모두 책임지는 절대적 중추 기관입니다.

2-1　윤리적 쟁점: 치명적 자율살상무기(LAWS)에 대한 입장

대한민국의 전략적 입장　LAWS의 전면 금지에는 단호히 반대하며, '의미 있는 인간 통제(Meaningful Human Control)'와 '인간의 절대 책임성' 확보를 강조하는 실용적·전략적 입장을 고수하고 있습니다. 이는 AI 무기 개발의 여지를 확실히 확보하면서도 국제적 윤리 기준을 완벽하게 준수하려는 균형 잡힌 접근법입니다.

　　LAWS 규제 논의에서 전면 금지보다는 '의미 있는 인간 통제(Meaningful Human Control)'를 핵심 원칙으로 내세우는 현실적 접근을 취하고 있습니다. 이는 AI 무기 체계 개발 과정에서 인간이 반드시 최종 공격 결정권을 보유하고, 무기 사용에 대한 명확하고 투명한 책임 체계를 확립하는 것을 의미합니다.

　　대한민국의 이런 확고한 입장은 북한의 핵·미사일 위협이라는 절박한 현실적 안보 환경과 AI 기술 발전의 절대적 필요성을 동시에 고려한 전략적 판단입니다. 완전 자율형 무기보다는 '인간-기계 협력(Human-Machine Teaming)' 방식을 통해 군사적 효과성과 윤리적 책임을 완벽하게 균형 있게 추구하려 합니다.

인공지능 기본법의 국방 분야 적용 제외

　　2025년 1월 21일 공포된 인공지능 기본법은 제4조 제2항에서 "국방 또는 국가안보 목적으로만 개발·이용되는 인공지능으로서 대통령령으로 정하는 인공지능에 대하여는 적용하지 아니한다."고 명백히 명시하여 국방 분야를 법 적용 대상에서 완전히 제외했습니다. 이는 국방 AI 개발의 절대적 자율성을 보장하는 동시에, 민간 영역과의 규제 차별화를 통해 안보 특수성을 국가적으로 인정한 획기적 조치입니다.

2-2 구조적 한계 및 애로 사항

기술력보다 제도와 문화가 진짜 적

대한민국이 'AI 과학기술 강군' 건설이라는 야심 찬 목표를 세웠지만, 현실에서는 기술적 역량보다 제도와 문화적 장벽이 훨씬 더 큰 걸림돌로 작용하고 있습니다. 이는 마치 최신형 페라리를 구입했지만 좁은 골목길과 복잡한 교통법규 때문에 시속 30km로만 달릴 수밖에 없는 답답한 상황과 똑같습니다.

14년이라는 절망적인 개발 기간

국방 분야에서 새로운 무기나 장비를 도입하는 데 평균 14년이라는 절망적으로 긴 시간이 걸립니다. 연구개발 시작부터 실제 부대 배치까지의 전과정을 의미하는데, AI 기술이 1~2년 만에도 완전히 바뀌는 현실을 고려하면 이는 심각한 문제를 넘어 재앙 수준입니다.

이렇게 오래 걸리는 이유는 미로처럼 복잡한 승인 단계와 까다로운 검증 절차 때문입니다. 민간에서는 스마트폰 앱을 몇 개월 만에 개발해서 즉시 출시할 수 있지만, 군에서는 비슷한 수준의 간단한 소프트웨어라도 수년에 걸친 검토와 승인을 거쳐야 합니다. 단계마다 여러 부서의 검토를 받아야 하고, 문제가 발생하면 처음부터 다시 시작해야 하는 경우도 부지기수입니다.

AI 기술은 하드웨어(물리적 장비)와 완전히 달리 소프트웨어 중심이어서 지속적인 업데이트와 개선이 절대적으로 필요한데, 현재의 획득 체계는 '한 번 만들면 20년은 써야 하는' 전통적인 무기 체계를 전제로 설계되어 있습니다. 이는 마치 스마트폰 시대에 흑백 TV 구매 방식을 그대로 적용하는 것과 같습니다.

결국 개발이 완료될 때쯤이면 기술이 이미 완전히 구식이 되어버리는 '기술 진부화'라는 악순환이 발생합니다. 14년 전인 2010년에 기획된 AI 시스템이 2024년에 완성되어 배치된다면, 그 기술은 이미 중학생도 스마트폰으로 구현할 수 있는 수준일 가능성이 높습니다.

데이터 접근성 및 보안이라는 이중 딜레마

AI의 핵심은 바로 데이터입니다. 최고 수준의 AI를 만들려면 엄청난 양의 고품질 데이터가 필요한데, 군은 보안상의 이유로 데이터를 외부와 공유하기를 극도로 꺼립니다. 이는 마치 미슐랭 3스타 요리 경연대회에서 최고의 셰프를 초청해 놓고는 재료 창고 문을 단단히 잠가버린 것과 같습니다.

민간 AI 기업들이 군사용 AI를 개발하려고 해도 실제 군사 데이터에 접근할 수 없어 현실과 완전히 동떨어진 쓸모없는 시스템을 만들게 됩니다. 적 드론을 탐지하는 AI를 개발하려면 실제 군사 작전에서 수집된 레이더 데이터, 영상 데이터 등이 필요한데, 이런 정보는 대부분 1급 기밀로 분류되어 민간 연구자들이 절대 접근할 수 없습니다.

더 큰 문제는 군 내부의 데이터 관리 체계조차 부서별로 완전히 분산되어 있어, 한 부서에서 수집한 소중한 데이터를 다른 부서에서 활용하기 극도로 어려운 구조라는 점입니다. 육군, 해군, 공군이 각각 완전히 다른 시스템을 사용하고 있어, 통합된 AI 시스템 구축이 거의 불가능한 상황입니다.

인재 확보의 절망적 현실

AI 분야는 전세계적으로 인재 부족 현상이 극도로 심각한데, 국방 분야는 구글, 네이버 같은 민간 기업과의 인재 경쟁에서 거의 모든 면에서 압도적으로 불리한 위치에 있습니다. 구글이나 삼성 같은 대기업에서 연봉 2억 원을 제시하는 AI 전문가를 공무원 급여 수준으로 영입하기는 현실적으로 절대 불가능합니다.

더 큰 문제는 근무 환경의 극명한 차이입니다. 민간 IT 기업에서는 자유로운 복장, 유연근무제, 최신 장비 등 창의적 업무에 최적화된 환경을 제공하지만, 군 조직은 계급제와 규율을 최우선시하는 문화여서 AI 전문가들이 적응하기 극도로 어려워합니다. 또한 군사보안상 인터넷 사용이 심각하게 제한되는 환경에서는 빠르게 변하는 최신 AI 기술 동향을 따라가기가 거의 불가능합니다.

R&D 투자의 심각한 불균형

국방 R&D 예산의 대부분이 당장 부대에 배치할 수 있는 단기 개발 과제에만 집중되어 있고, 5~10년 후를 내다보는 원천 기술 연구에는 상대적으로 턱없이 적은 투자가 이루어지고 있습니다. 이는 마치 씨앗을 전혀 심지 않고 당장 수확할 수 있는 작물만 계속 기르는 근시안적 농사와 똑같습니다.

기존 레이더 성능을 고작 10% 향상시키는 연구에는 수십억 원을 아낌없이 투자하지만, 10년 후 레이더를 완전히 대체할 수 있는 혁신적 기술 연구에는 상대적으로 턱없이 적은 예산을 배정합니다. 이런 투자 패턴은 단기적으로는 눈에 보이는 성과를 가져다주지만, 장기적으로는 기술 혁신의 절호 기회를 완전히 놓치게 만듭니다.

실패를 절대 용인하지 않는 문화도 심각한 문제입니다. AI 연구는 본질적으로 시행착오가 매우 많은 분야인데, 예산 집행에서 실패가 발생하면 가혹하게 책임을 묻는 문화 때문에 연구자들이 안전하고 뻔한 주제만 선택하게 됩니다. 미국의 DARPA(국방고등연구계획국)처럼 '고위험, 고수익' 연구를 적극 장려하고 지원하는 조직이 절대적으로 필요하지만, 현재 한국에는 이런 역할을 제대로 하는 기관이 심각하게 부족합니다.

3 결론 및 향후 방향

대한민국은 ADD를 중심으로 AI 과학기술 강군으로의 도약을 추진하고 있으나, 성공의 진짜 관건은 기술개발보다 오히려 문화와 시스템 혁신 문제가 훨씬 더 클 수도 있습니다. 아무리 최고 성능의 터보 엔진을 만들어도 낡은 자동차에 장착하면 제 성능을 발휘할 수 없듯이, 첨단 AI 기술도 구시대적 제도와 관행 속에서는 그 엄청난 잠재력을 절대 실현하기 어렵습니다. 다음 네 가지 핵심 과제를 해결해야만 대한민국 국방 AI가 한 단계 도약할 수 있습니다.

3-1 AI·소프트웨어 맞춤형 '신속 획득 트랙'

현재 국방 획득 체계는 전투기나 탱크 같은 하드웨어 중심으로 설계되어 있습니다. 이런 시스템은 물리적 제품의 특성상 오랜 시간에 걸친 정밀한 검증이 필요하기 때문에 합리적이었습니다. 하지만 AI 소프트웨어는 완전히 다른 특성을 가지고 있습니다.

소프트웨어는 하드웨어와 달리 '지속적 개선'이 가능하고 필요합니다. 스마트폰 앱이 주기적으로 업데이트되듯이, AI 시스템도 새로운 데이터를 학습하고 성능을 개선해 나가야 합니다. 그런데 현재의 획득 체계로는 소프트웨어 업데이트 하나에도 몇 개월에서 몇 년이 걸릴 수 있습니다.

신속 획득 트랙은 이런 문제를 해결하기 위한 '고속도로' 같은 개념입니다. 기존의 복잡한 절차를 거치지 않고도 검증된 AI 기술을 빠르게 도입할 수 있는 별도의 경로를 만드는 것입니다. 민간에서 이미 충분히 검증된 기계학습 알고리즘을 군사용으로 응용할 때는 처음부터 모든 검증을 다시 할 필요 없이 군사적 특수성만 추가로 확인하면 됩니다.

미국은 이미 '소프트웨어 획득 경로'라는 별도 트랙을 운영하고 있습니다. 이를 통해 AI 소프트웨어의 개발과 배치 기간을 기존 14년에서 2-3년으로 대폭 단축했습니다. 우리도 하드웨어 중심의 기존 체계와 소프트웨어 중심의 신속 체계를 병행 운영하는 '이중 트랙' 시스템을 구축해야 합니다.

3-2 국가 차원의 국방 AI 인재 파이프라인 구축

현재 AI 인재 확보는 국방 분야의 큰 약점 중 하나입니다. 전세계적으로 AI 전문가가 부족한 상황에서 국방 부문은 민간 기업과의 경쟁에서 여러 면에서 불리한 위치에 있습니다. 이 문제를 해결하려면 단순히 급여를 올리는 것을 넘어서 근본적인 접근이 필요합니다. 처우 개선이 핵심입니다. 구글이나 네이버에서 받을 수 있는 수준의 대우를 국방 분야에서도 제공해야 합니다. 이는 단순히 급여만의 문제가 아닙니다. 연구 환경, 복리 후생, 성과 평가 체계까지 포함한 종합적인 개선이 필요합니다. 국방 AI 연구원에게는 최신 장비를 제공하고, 국제 학회 참석이나 해외 연수 기회를 늘리는 등의 방법이 있습니다.

교육 시스템의 혁신도 중요합니다. 국방 AI 전문 학위 과정을 신설하여 처음부터 국방 분야에 특화된 인재를 양성해야 합니다. 이 과정에서는 AI 기술뿐만 아니라 군사 작전의 이해, 국방 정책, 윤리학 등도 함께 교육해야 합니다.

더 나아가 '순환 인사제'도 고려해 볼만합니다. 민간 AI 전문가가

2~3년간 국방 연구소에서 일하고, 반대로 국방 연구원이 민간 기업에서 경험을 쌓는 시스템입니다. 이를 통해 민간의 최신 기술과 국방의 실질적 요구가 만날 수 있습니다.

장기적으로는 '국방 AI 장학생' 제도도 효과적일 수 있습니다. 우수한 학생에게 대학 등록금과 생활비를 지원하는 대신, 졸업 후 일정 기간 국방 분야에서 의무 복무하게 하는 것입니다. 이는 의과대학의 군의관 제도와 비슷한 개념으로, 안정적인 인재 공급 파이프라인을 구축할 수 있습니다.

3-3 보안과 개방이 조화된 '데이터 샌드박스' 구축

국방 AI 발전의 큰 걸림돌 중 하나는 데이터 접근성 문제입니다. AI의 성능은 데이터의 양과 질에 크게 좌우되는데, 군사 데이터는 대부분 기밀로 분류되어 민간 연구자들이 접근할 수 없습니다. 그렇다고 보안을 포기할 수도 없는 딜레마 상황입니다.

데이터 샌드박스는 이 문제를 해결하는 혁신적인 해법입니다. 이는 물리적으로 격리된 보안 환경에서 민간 연구자들이 실제 군사 데이터를 활용해 연구할 수 있게 하는 시스템입니다. 마치 실험실의 무균실처럼, 외부와 완전히 차단된 공간에서만 데이터에 접근할 수 있게 하는 것입니다.

구체적으로는 국방부나 ADD 내에 특별한 연구 공간을 만들고, 이곳에서만 기밀 데이터를 사용한 AI 연구를 허용하는 것입니다. 연구자들은 이 공간에서 데이터를 분석하고 AI 모델을 개발할 수 있지만, 원본 데이터를 외부로 반출할 수는 없습니다. 대신 개발된 AI 모델의 성능 지표나 알고리즘만 공유할 수 있게 합니다.

기술적으로는 '차등 프라이버시'나 '연합 학습' 같은 최신 기법을 활용할 수 있습니다. 차등 프라이버시는 개별 데이터는 보호하면서도 전체 패턴은 학습할 수 있게 하는 기술이고, 연합 학습은 데이터를 공유하지 않고도 여러 기관이 협력해서 AI를 훈련시키는 방법입니다.

이런 시스템을 통해 민간의 창의성과 군의 실제 데이터가 만날 수 있습니다. 대학의 AI 연구팀이 실제 적 드론 침입 데이터를 활용해서 더 정확한 탐지 알고리즘을 개발할 수 있게 되는 것입니다. 보안은 유지하면서도 혁신의 속도를 높일 수 있는 원-윈 솔루션입니다.

3-4 ADD의 진화 방향

미국의 DARPA(국방고등연구계획국)는 인터넷, GPS, 스마트폰의 터치 스크린 등 현대 문명의 핵심 기술들을 만들어낸 혁신의 산실입니다. DARPA의 성공 비결은 '고위험, 고수익' 연구에 과감하게 투자하는 독특한 문화에 있습니다. 실패할 확률이 높더라도 성공했을 때의 파급효과가 크다면 주저하지 않고 지원하는 것입니다. 우리의 국방 연구 체계는 안전하고 확실한 성과를 내는 데 최적화되어 있어, 파괴적 혁신을 시도하기 어려운 구조입니다. 한국형 DARPA는 기존 체계와는 완전히 다른 방식으로 운영되어야 합니다.

가장 중요한 것은 독립성입니다. 기존 조직의 영향을 받지 않고 자유롭게 연구 주제를 선택하고 예산을 집행할 수 있어야 합니다. 또한 실패에 대한 관대함도 필요합니다. 10개 프로젝트 중 9개가 실패해도 1개가 대성공하면 그것으로 충분하다는 철학이 중요합니다.

인재 확보 방식도 달라야 합니다. DARPA는 민간에서 최고 수준의 전문가들을 2~3년간 단기 계약으로 영입합니다. 이들은 자신의 전문 분야에서 혁신적인 아이디어를 실현할 기회를 얻고, 임기가 끝나면 다시 민간으로 돌아갑니다. 이런 순환 시스템을 통해 항상 새로운 아이디어와 에너지를 공급받을 수 있습니다.

연구 방식도 혁신적이어야 합니다. 기존의 하향식이 아니라 연구자가 스스로 도전적인 목표를 설정하고, 이를 달성하기 위한 창의적인 방법을 찾도록 지원해야 합니다. "5년 내에 인간 조종사보다 뛰어난 AI 조종사를 만들라."라는 식의 도전적 목표를 제시하고, 구체적인 방법은 연구팀에 맡기는 것입니다.

이러한 네 가지 과제를 통해 대한민국은 기술 중심의 접근에서 벗어나 시스템 전체의 혁신을 추구할 수 있습니다. 첨단 기술도 중요하지만, 그것을 뒷받침하는 제도와 문화가 더욱 중요하다는 것을 인식하고, 근본적인 변화를 추진해야 할 때입니다.

12장 전세계의 주요 군사 AI 기업

5부

세계의
군사 AI기업

12장 전세계의 주요 군사 AI 기업

🛡 전세계 주요 국방인공지능 기업
Defense AI Companies Global Overview

[전체] [🇺🇸 미국 (10)] [🇪🇺 유럽 (4)] [❈ 한국 (5)] [🌐 기타 (4)] [AI플랫폼] [드론] [항공기]

기업명	국가	핵심 역량	기술분야
팔란티어 테크놀로지스 *Palantir Technologies*	🇺🇸 미국	데이터 분석 및 AI 플랫폼 전문. 고담, 파운드리, AIP로 정부·기업 데이터 통합 분석	AI플랫폼 데이터분석
록히드 마틴 *Lockheed Martin*	🇺🇸 미국	세계 최대 방위산업체. F-35 스텔스 전투기와 AI 팩토리로 차세대 무기체계 선도	항공기 AI팩토리
BAE 시스템즈 *BAE Systems*	🇬🇧 영국	유럽 최대 방위산업체. 사이버보안과 다양역 통합 AI 시스템 전문. 90년 AI 연구 역사	사이버보안 다영역통합
노스롭 그러먼 *Northrop Grumman*	🇺🇸 미국	스텔스 폭격기 전문. B-21 라이더, B-2 스피릿, 글로벌 호크 무인기 개발	스텔스폭격기 무인기
에어로바이론먼트 *AeroVironment*	🇺🇸 미국	소형 드론 전문. 스위치블레이드 자폭드론과 푸마 정찰드론으로 전장 패러다임 변화	드론 자폭드론
쉴드 AI *Shield AI*	🇺🇸 미국	AI 조종사 하이브마인드 플랫폼. GPS 차단 환경 자율비행. F-16 가상전투 99% 승률	AI조종사 자율비행
안두릴 인더스트리즈 *Anduril Industries*	🇺🇸 미국	팔머 러키 창업. 래티스 AI 플랫폼과 센트리 타워로 국경보안 혁신	AI플랫폼 감시시스템
레이시온 *Raytheon Technologies*	🇺🇸 미국	미사일 시스템 절대강자. 토마호크, 패트리엇, AMRAAM 등 정밀타격·방어 시스템	미사일 방어시스템
제너럴 다이내믹스 *General Dynamics*	🇺🇸 미국	지상·해양 전문. M1 에이브람스 전차, 버지니아급 핵잠수함, 이지스 구축함	지상무기 잠수함
탈레스 그룹 *Thales Group*	🇫🇷 프랑스	유럽 대표 방산기업. 항공전자, 사이버보안, 소나시스템, AI 기반 위협탐지	항공전자 사이버보안
엘빗 시스템즈 *Elbit Systems*	🇮🇱 이스라엘	실전경험 기반 군사기술. 헤르메스 드론, 전자광학 시스템, AI 표적추적	드론 전자광학
사브 *Saab AB*	🇸🇪 스웨덴	그리펜 전투기 제조사. 헬싱과 AI 자율공중전 테스트 성공. 기린 레이더 시스템	항공기 AI자율전투
헬싱 *Helsing*	🇩🇪 독일	독일 방산 AI 전문 스타트업. 기존 군사플랫폼 AI 소프트웨어 개발 전담	AI소프트웨어 센서융합
한화시스템 *Hanwha Systems*	❈ 한국	한국군 두뇌·눈 역할. 지휘통제(C2)·감시정찰(ISR) 전문. KF-21용 AESA 레이더	지휘통제 감시정찰
LIG넥스원 *LIG Nex1*	❈ 한국	정밀타격 전문가. 천궁-II, 현궁, 신궁 등 한국형 미사일방어체계(KAMD) 핵심	미사일방어 4족로봇
한국항공우주산업 *Korea Aerospace Industries*	❈ 한국	KF-21 보라매로 세계 8번째 초음속 전투기 독자개발국. AI 조종사 기술 개발	항공기 유무인복합
현대로템 *Hyundai Rotem*	❈ 한국	지상무기에서 미래플랫폼 확장. 견마로봇으로 스마트 지상전력 구축	4족로봇 자율주행
대한항공 *Korean Air*	❈ 한국	민항사에서 군용무기기 진출. 가오리-X1 스텔스 무인전투기로 무인전투 생태계	무인전투기 스텔스
제너럴 아토믹스 *General Atomics*	🇺🇸 미국	무인기 절대강자. MQ-9 리퍼로 대테러작전 혁신. 정찰·감시·타격 통합 임무	드론 장기체공
스케일 AI *Scale AI*	🇺🇸 미국	AI 훈련데이터 전문. 군사용 영상데이터 라벨링으로 차세대 AI 무기시스템 지원	AI데이터 라벨링
자이언 *Ziyan*	🇨🇳 중국	수직이착륙 무장헬리콥터 전문. 블로우피시 A3로 도시환경 작전 최적화	드론 수직이착륙
이스라엘 항공우주산업 *Israel Aerospace Industries*	🇮🇱 이스라엘	배회형 탄약 혁신. 하롭 자폭드론으로 '배회형 탄약' 개념 최초 실용화	자폭드론 배회탄약
보잉 *Boeing*	🇺🇸 미국	유무인 복합전투 선도. MQ-28 고스트 배트로 차세대 공중전 패러다임 제시	유무인복합 AI협력

[그림 1] 전세계 주요 국방 AI 기업.

전세계가 AI 혁명의 한복판에 서 있습니다. 특히 국방 분야에서는 AI 기술이 단순한 보조 도구를 넘어 전쟁의 판도를 바꾸는 게임 체인저로 등장했습니다. 드론이 하늘을 지배하고, 알고리즘이 전략을 세우며, 로봇이 전장에서 인간과 함께 싸우는 새로운 시대가 열렸습니다.

이 변화의 최전선에는 혁신적인 기업들이 있습니다. 실리콘밸리의 젊은 스타트업부터 수십 년 경험을 쌓은 거대 방산업체까지, 이들은 모두 한 가지 공통된 목표를 향해 달려가고 있습니다. 바로 AI로 무장한 차세대 무기 시스템을 만드는 것입니다.

---

1   **팔란티어(Palantir Technologies)**

빅데이터의 마법사가 군사 AI의 왕좌에 오르다

팔란티어 테크놀로지스는 페이팔 공동창업자 피터 틸(Peter Thiel)이 설립한 미국의 데이터 분석 전문 기업입니다. 회사 이름은 톨킨의 소설 '반지의 제왕'에 등장하는 마법 수정구 '팔란티르'에서 따온 것으로, 멀리 떨어진 곳의 사건을 관찰하고 이해할 수 있는 능력을 상징합니다.

이 회사는 혼재된 대량의 데이터를 직관적으로 시각화하고 분석하여 의사결정을 지원한다는 철학을 잘 보여줍니다. 복잡한 데이터를 분석하여 숨겨진 의미와 패턴을 찾아내는 것이 팔란티어의 특기입니다.

군사 분야에서 정보는 곧 힘입니다. 적의 움직임, 아군의 위치, 작전지역의 지형 정보, 통신 내용, 센서 데이터 등 수많은 정보가 실시간으로 쏟아져 들어옵니다. 과거에는 이러한 정보들을 사람이 일일이 확인하고 연결하여 상황을 파악해야 했지만, 정보의 양이 폭발적으로 증가하면서 이는 거의 불가능한 일이 되었습니다. 팔란티어의 기술은 바로 이 지점에서 빛을 발합니다.

혁신의 3대 핵심 제품

팔란티어의 핵심 제품은 크게 세 가지로 구분됩니다.

첫째는 고담(Gotham)으로, 정부 및 국방·정보기관을 위한 데이터 통합 분석 플랫폼입니다. 테러 위협 분석, 위협 네트워크 추적 등에 활용되며, 가장 유명한 사례로는 미군이 알카에다 수장 오사마 빈 라덴을 추적하고 제거하는 데 결정적 역할을 했다는 것입니다. 현재 우크라이나 전쟁에서도 우크라이나군이 러시아군 진지와 보급선을 정확히 타격하는 데 활용되고 있으며, 2025년 4월 NATO가 팔란티어의 Maven Smart System을 도입한다고 발표했습니다.

둘째는 파운드리(Foundry)로, 기업용 데이터 플랫폼입니다. 군수품 관리, 예측 정비, 예산 및 인력 관리 등 조직 운영 효율화에 활용되며, 미 육군의 'Army Vantage' 시스템의 기반 기술이기도 합니다.

셋째는 인공지능 플랫폼(AIP)으로, 2023년 출시된 이 제품은 대규모 언어 모델 등 최신 AI 기술을 기업과 정부 환경에서 안전하게 활용할 수 있도록 지원합니다.

이 외에도 메타콘스텔레이션(MetaConstellation)이라는 위성 및 드론 통합 관리 소프트웨어와 미 육군의 차세대 지상 기반 정보 처리 시스템인 타이탄(TITAN) 개발에도 참여하고 있습니다.

놀라운 성장 스토리

팔란티어의 강점은 서로 다른 종류의 데이터를 매끄럽게 연결하고, 사용자 친화적인 인터페이스를 통해 복잡한 분석 결과를 쉽게 이해할 수 있도록 시각화하는 데 있습니다. 데이터 프라이버시와 보안을 중요하게 생각하며, 데이터 접근 권한을 통제하고 감사 추적 기능을 제공하여 정보 오용을 방지하기 위한 노력을 기울이고 있습니다.

팔란티어는 2024년 주식시장에서 놀라운 성과를 거두었습니다. 주가가 340% 상승하여 S&P 500에서 최고 성과를 기록했으며, 나스닥 100에서도 3위를 차지했습니다. 급성장의 배경에는 AI 혁명에 대한 시장의 기대와 함께 회사의 뛰어난 실적이 있었습니다.

2024년 4분기 매출은 전년 동기 대비 36% 증가한 8억 2,800만 달러를 기록했고, 2025년 전체 매출은 37억 4,000만 달러에서 37억 6,000만 달러로 전망한다고 발표했습니다. 2025년 2분기에는 매출이 전년 동기 대비 48% 증가한 10억 달러를 달성하여 처음으로 10억 달러 매출을 돌파했습니다.

주목할 점은 상업 부문의 급속한 성장입니다. 미국 상업 부문 매출이 전년 동기 대비 64% 증가한 2억 1,400만 달러를 기록했으며, 2025년에는 미국 상업 매출이 최소 54% 성장하여 약 10억 8,000만 달러에 달할 것으로 예상한다고 밝혔습니다. 팔란티어가 정부 고객 중심에서 벗어나 금융, 제조업, 헬스케어 등 민간 기업으로 고객 기반을 확대하고 있음을 보여줍니다.

혁신적인 부트캠프 전략

회사의 성장 동력 중 하나는 독특한 '부트캠프' 전략입니다. 팔란티어는 고객사와 개발자를 5일간 집중적으로 결합시켜 AI 솔루션을 신속하게 구축하는 프로그램을 운영하고 있습니다. 이를 통해 AI 도입의 신비로움을 제거하고 실용적인 해결책을 제시함으로써 고객 확보에 성공하고 있습니다. 2025년 1분기 고객 수가 전년 동기 대비 69% 증가한 593개를 기록한 것이 이러한 전략의 성과를 보여줍니다.

정부 부문에서도 견고한 성장세를 보이고 있습니다. 정부 부문 매출이 2025년 1분기 전년 동기 대비 45% 증가한 3억 7,300만 달러를 기록했으며, 트럼프 행정부의 국방 및 정부 효율성 강조 정책이 팔란티어에게 유리하게 작용할 것으로 전망됩니다.

하지만 대규모 데이터 분석, 개인 정보와 관련된 데이터를 다루는 기술의 특성상, 프라이버시 침해나 감시 사회에 대한 우려도 꾸준히 제기되고 있습니다. 팔란티어는 이러한 우려를 해소하기 위해 기술의 투명성과 책임 있는 사용을 강조하며, 고객과의 긴밀한 협력을 통해 윤리적인 문제에 대응하고자 노력하고 있습니다.

팔란티어는 방대한 데이터를 지혜로 바꾸는 인공지능 기술을 통해 국방 및 안보 분야에서 정보 우위를 확보하고 의사 결정의 질을 높이는 데 핵심적인 역할을 수행하는 기업입니다. 앞으로도 데이터의 중요성이 더욱 커짐에 따라 팔란티어의 역할과 영향력은 계속해서 확대될 것입니다.

---

2   록히드 마틴(Lockheed Martin)

하늘을 지배하는 거인이 AI로 날개를 달다

록히드 마틴은 세계 최대 항공우주 및 방위산업체입니다. 전투기, 수송기, 미사일, 위성, 레이더 시스템 등 첨단 국방 기술 개발을 선도하는 기업입니다. F-35 스텔스 전투기, C-130 수송기, 이지스 전투 시스템 등 록히드 마틴의 제품은 여러 국가의 군대에서 핵심적인 역할을 수행하고 있습니다.

첨단 기술력의 중심에는 인공지능(AI)이 중요하게 자리 잡고 있습니다. 록히드 마틴은 AI를 단순히 특정 제품에 적용하는 것을 넘어, 연구 개발, 생산, 운영, 유지보수 등 기업 활동 전반에 걸쳐 AI를 통합하려는 노력을 기울이고 있습니다.

압도적인 시장 지배력

2024년 연간 매출이 710억 달러로 전년 대비 5% 증가하며 명실상부한 세계 최대 방산기업의 지위를 유지하고 있습니다. 회사의 수익 중 약 74%가 미국 정부 계약에서 발생하며, 펜타곤 연간 조달 예산의 3분의 1이 록히드 마틴 주문에 사용될 정도로 미국 국방 체계의 핵심 축을 담당하고 있습니다.

록히드 마틴의 가장 대표적인 제품은 F-35 스텔스 전투기입니다. 2024년에는 110대의 F-35를 미국과 동맹국에 인도했으며, 누적 인도 대수가 1,000대를 돌파하는 역사적인 이정표를 달성했습니다. 체코, 그리스, 루마니아가 각각 24대, 20대, 32대의 F-35 도입을 결정했고, 폴란드는 첫 번째 F-35A를 인수했습니다. F-35는 A, B, C 세 가지 형태로 제작되며, 각각 공군용 전통 이착륙형, 수직/단거리 이착륙형, 해군용 함재기형으로 구분됩니다.

AI 혁신의 최전선

록히드 마틴이 전세계적으로 주목받는 이유는 단순히 전투기 제조업체가 아니라 인공지능 기술의 선도 기업으로 변모하고 있기 때문입니다. 2024년 7월 DARPA로부터 460만 달러 규모의 AIR(Artificial Intelligence Reinforcements) 프로그램을 수주했는데, 동적 공중 임무를 위한 AI 도구 개발을 목표로 합니다. 다중 전투기가 참여하는 시각 범위 밖 임무에서 첨단 모델링 및 시뮬레이션 기법을 제공하여 실시간 의사결정을 향상시키는 것을 목적으로 합니다.

LMText Navigator라는 자체 개발 생성형 AI 도구를 8,000명 이상의 엔지니어와 개발자에게 배포하여 코드 생성, 데이터 분석, 업무 프로세스 간소화에 활용하고 있습니다. 이 도구는 엔비디아 DGX SuperPOD AI 인프라를 기반으로 구축되었으며, 높은 보안성을 유지하면서도 업무 효율성을 크게 향상시키고 있습니다.

AI 연구의 심장부, LAIC

AI 연구 개발을 이끄는 핵심 조직 중 하나는 '록히드 마틴 AI 센터(LAIC, Lockheed Martin AI Center)'입니다. LAIC는 AI 분야의 최고 전문가들을 모아 차세대 AI 기술을 연구하고, 이를 실제 국방 시스템에 적용하는 방안을 모색하는 역할을 합니다.

이곳에서는 머신러닝, 딥러닝, 자연어 처리, 컴퓨터 비전, 강화 학습 등 다양한 AI 기술을 연구하며, 자율 시스템, 예측 분석, 사이버 보안, 인간-기계 협업 등 국방 분야의 어려운 문제를 해결하기 위한 혁신적인 해결책을 개발하고 있습니다.

LAIC는 대학, 연구 기관, 기술 스타트업과의 협력을 통해 외부의 아이디어와 기술을 적극적으로 받아들이고, 내부적으로 개발된 AI 기술을 회사 전체의 다양한 사업 부문에 전파하는 허브 역할을 수행합니다.

AI 팩토리의 혁신

록히드 마틴의 AI 혁신의 핵심은 AI 팩토리(AI Factory)입니다. AI 팩토리는 AI 모델 개발부터 배포까지의 전 과정을 추적 가능하고 반복 가능한 프로세스로 관리하여 고신뢰성 AI 시스템을 구현합니다. 이 플랫폼은 중앙집중식 컴퓨팅 환경부터 최전선 작전 환경까지 다양한 환경에서 AI 애플리케이션을 배포할 수 있도록 설계되었습니다.

AI 팩토리를 통해 록히드 마틴은 전통적인 맞춤형 솔루션 개발 모델에서 소프트웨어 서비스(SaaS) 모델로 전환하여 시스템 확장성과 유지보

수 효율성을 크게 향상시켰습니다.

실전에서 증명된 AI 기술

AI 기술의 실제 적용 사례로는 VISTA X-62A 항공기의 완전 자율 비행이 있습니다. 2022년 12월 VISTA X-62A가 17시간 이상 완전 AI 자율 비행을 성공적으로 수행했는데, 이는 전술 항공기 분야에서 AI가 직접 조종한 최초의 사례입니다. 이 성과는 미래 무인 전투기 및 AI 조종사 기술 개발의 중요한 이정표가 되었습니다.

2024년 12월, 록히드 마틴은 AI 기술 상용화의 새로운 단계로 Astris AI라는 자회사를 설립했습니다. 이 자회사는 미국 방산업체와 높은 보안성을 요구하는 상업 분야에 AI 솔루션을 제공하는 것을 목표로 합니다. Astris AI는 록히드 마틴의 검증된 AI 팩토리 머신러닝 운영 (MLOps) 플랫폼과 생성형 AI 소프트웨어를 외부에 제공하여 다른 기업들도 안전하고 확장 가능한 AI 솔루션을 개발할 수 있도록 지원합니다.

전설의 스컹크 웍스

록히드 마틴의 AI 연구는 전설적인 스컹크 웍스(Skunk Works)에서도 활발하게 진행되고 있습니다. 스컹크 웍스는 1943년 설립된 록히드 마틴의 첨단 개발 부서로, U-2 정찰기, SR-71 블랙버드, F-117 나이트호크, F-22 랩터 등 혁신적인 항공기들을 개발해 온 곳입니다. 현재 스컹크 웍스는 차세대 AI 기술 연구와 자율 비행 시스템 개발에 집중하고 있으며, 유인기와 무인기의 협력 전투 시스템인 CCA(Collaborative Combat Aircraft) 프로그램에도 참여하고 있습니다.

이지스(Aegis) 시스템은 AI와 머신러닝 기술을 통해 지속적으로 업그레이드되고 있습니다. 홍해에서 후티 반군의 공격에 대응하기 위한 구

축함 업그레이드 작업에서 AI/ML 기술이 위협 평가와 데이터 기반 의사
결정에 핵심적인 역할을 했습니다.

　　록히드 마틴은 또한 우주 분야에서도 AI 기술을 적극 활용하고 있
습니다. NASA와 협력하여 차세대 기상 위성 GeoXO와 라이트닝 매퍼
(LMX) 개발에 참여하고 있으며, 소형 위성 기술과 AI를 결합한 다양한 프
로젝트를 진행하고 있습니다. 2024년 3월에는 포니 익스프레스 2(Pony
Express 2)라는 12U 소형 위성 한 쌍을 발사하여 전술 통신, Ka 대역 크
로스링크, 다중 대역 RF 센싱 등의 기능을 시연했습니다.

　　록히드 마틴은 AI 기술이 방위산업의 패러다임을 완전히 바꿀 것으
로 전망하고 있습니다. 회사는 21세기 보안(21st Century Security) 비전
하에 AI와 머신러닝을 모든 영역에 통합하여 고객들이 급변하는 위협 환
경에서 항상 앞서 나갈 수 있도록 지원하고 있습니다.

3　　　　　　　　　　　　　　　　　　　　**BAE 시스템즈(BAE Systems)**

90년의 전통이 AI로 다시 태어나다

BAE 시스템즈(BAE Systems)는 영국에 본사를 둔 유럽 최대의 방위산업
체로, 전세계 40개국에서 9만 500명을 고용하며 세계에서 첨단 방산, 항
공우주, 보안 솔루션을 제공하고 있습니다. 1999년 영국항공우주(British
Aerospace)와 마르코니 일렉트로닉 시스템즈(Marconi Electronic Sys-
tems)의 합병으로 탄생한 BAE 시스템즈는 항공, 해양, 지상 시스템뿐만
아니라 사이버보안과 인공지능 분야에서 세계 최고 수준의 기술력을 보
유하고 있습니다.

90년 역사의 AI 연구소

BAE 시스템즈의 AI 연구 역사는 놀라울 정도로 깊습니다. AI 랩스(AI Labs)는 1936년 개설된 마르코니 연구소(Marconi Research Laboratory)에서 시작되어 제2차 세계대전에서 중요한 역할을 담당했습니다. 영국 에식스주 첼름스퍼드 근처의 그레이트 배도우에 위치한 AI 랩스는 BAE 시스템즈 디지털 인텔리전스 사업부의 연구 기술 부문으로, 정부 부처와 상업 기관에 연구 개발, 컨설팅, 전문 제조 및 기술 서비스를 제공하고 있습니다.

혁신적인 사이버보안 시스템

AI 기반 사이버보안 시스템의 대표작은 SCISRS(Securing Compartmented Information with Smart Radio Systems)입니다. 이 시스템은 미국 정보고등연구계획활동국(IARPA)으로부터 1,400만 달러 규모의 계약을 수주한 프로젝트로, 무선 주파수(RF) 신호를 분석하여 잠재적 데이터 침해와 관련된 위협을 자동으로 탐지하고 식별하는 스마트 라디오 기술을 개발하는 것을 목표로 합니다. 이 기술은 숨겨지거나 변조된 신호, 모방된 신호, 비정상적인 의도치 않은 방출 등 복잡한 RF 이상 징후를 탐지하고 특성화할 수 있습니다.

2024년에는 BAE 시스템즈가 AI 기술 분야에서 또 다른 중요한 성과를 거두었습니다. DARPA로부터 400만 달러 규모의 AIR(Artificial Intelligence Reinforcements) 프로그램 1단계 계약을 수주한 것입니다. 시각 범위를 넘어선 공중전 임무에서 지배적인 전술 자율성을 발전시키는 것을 목표로 하며, F-16 테스트베드에서 자율성 솔루션을 개발하고 실증할 예정입니다.

다영역 통합의 선두주자

BAE 시스템즈의 AI 기술 혁신은 다영역 통합(Multi-Domain Integration, MDI) 개념을 중심으로 발전하고 있습니다. 400명의 방위 및 항공우주 리더들을 대상으로 한 조사에서 응답자의 90%가 다영역 통합이 그레이존 위협, 사이버보안 공격, AI 개발에 더 효과적인 대응을 가능하게 할 것이라고 답변했습니다. 이는 육지, 해상, 공중, 사이버, 우주 영역 간의 원활한 통합이 현대 군사 전략의 핵심임을 보여줍니다.

응답자의 98%가 미래 전쟁이 '정보 전장 공간'에서 치러질 것이라고 인정하며, 디지털 역량이 현대 군사 전략의 핵심임을 확인했습니다.

첨단 AI 기술 시스템들

BAE 시스템즈의 혁신적인 AI 시스템 중 하나는 통합 지능 인사이트(Integrated Intelligence Insights, I3) 역량입니다. 이 시스템은 상업 위성 및 항공 이미지를 포함한 오픈 데이터 소스에 최첨단 AI/ML 기술을 적용하여 고객의 프로그램을 풍부하게 만들고 있습니다. 또한 SOCET GXP 지리정보 소프트웨어가 65개국에서 사용되고 있으며, AI 기반 이미지 처리 기술을 통해 기존 이미지 분석가보다 훨씬 빠른 속도로 고해상도 이미지를 처리할 수 있습니다.

BAE 시스템즈는 또한 첨단 네트워킹 기술 분야에서도 혁신을 주도하고 있습니다. NetVIPR이라는 최신 배치 가능한 네트워킹 제품을 공개했는데, 이는 소형 정찰 드론부터 전투 차량, 전투기, 항공모함, 군사 지휘부까지 모든 것을 연결하는 지능적이고 안전한 군사 통신 네트워크를 제공합니다. 이러한 기술은 미래 전장에서 요구되는 실시간 정보 공유와 통합 작전 수행 능력을 크게 향상시킬 것으로 기대됩니다.

우주 분야에서도 BAE 시스템즈는 AI 기술을 적극 활용하고 있습니다. 2024년 저궤도에 첫 번째 다중 센서 위성 클러스터를 발사하여 우주에서 군사 고객에게 실시간으로 고품질 정보를 제공할 예정입니다. 이러한 위성 시스템은 AI 기반 데이터 처리 기술을 통해 지구 관측, 통신, 정찰 등 다양한 임무를 수행할 수 있습니다.

BAE 시스템즈의 AI 혁신은 단순히 기술 개발에 그치지 않고 조직 전체의 디지털 변환을 추진하고 있습니다. AI/ML과 로봇 프로세스 자동화 도구를 내부적으로 사용하는 것은 직원들이 단조로운 반복적인 작업에 수없이 많은 시간을 소비하는 대신 전략적 사고와 장기 계획에 더 많은 시간을 투자할 수 있도록 해 주므로 유익하다고 평가하고 있습니다.

BAE 시스템즈는 90년의 연구 역사를 바탕으로 AI와 사이버보안 기술 분야에서 세계 최고 수준의 역량을 구축했습니다. SCISRS, AIR 프로그램, 다영역 통합 개념 등을 통해 미래 전장 환경의 변화에 적극적으로 대응하고 있으며, 전통적인 방위산업에서 AI 기술을 선도하는 첨단 기술 기업으로 성공적으로 변모하고 있습니다.

---

4   **노스롭 그루먼(Northrop Grumman)**

미래를 설계하는 항공우주의 거인

노스롭 그루먼(Northrop Grumman Corporation)은 1994년 노스롭 코퍼레이션이 그루먼 항공우주를 인수하면서 통합 설립된 미국의 다국적 항공우주 및 국방 기업입니다. 9만 7,000명의 직원과 연간 400억 달러가 넘는 수익을 올리는 세계 최대 무기 제조업체이자 군사 기술 공급업체입니다. 2022년 기준 세계 3위의 국방 계약업체, 포춘 500대 기업 중 101위에 랭크되었으며, 버지니아주 폴스처치에 본사를 두고 있습니다.

B-21 라이더, 차세대 전략폭격기의 혁신

B-21 라이더는 미국의 새로운 차세대 전략폭격기입니다. 기존의 B-2 스피릿을 대체할 예정이고, 일반 폭탄과 핵폭탄을 모두 운용할 수 있습니다. B-21은 최신 기술로 제작된 전투기로, 적의 레이더에 거의 탐지되지 않는 스텔스 기술과 다른 무기들과 정보를 주고받을 수 있는 첨단 통합 시스템이 탑재되어 있습니다.

2022년 12월에 처음 공개되었고, 2023년 11월에 첫 비행에 성공했습니다. 제작 방식도 혁신적입니다. 노스롭 그루먼과 미국 공군이 함께 협력해서 개발하고 있으며, 중요한 정보들을 서로 공유하며 작업하고 있습니다. 심지어 컴퓨터로 만든 가상의 B-21 모형까지 공유합니다. 미국 공군은 최소 100대를 제작할 계획이지만, 실제로는 220대 정도가 필요할 것으로 보고 있습니다.

B-2 스피릿의 전설

B-2 스피릿은 노스롭 그루먼이 만든 또 다른 중요한 전투기입니다. 1997년부터 사용하기 시작했고, 지금까지 세계에서 유일하게 레이더에 탐지되지 않는 대형 전략폭격기입니다. 21대를 제작했는데, 한 대당 약 2조 원이 넘게 들었습니다. 적의 미사일 방어시설을 뚫고 들어갈 수 있도록 설계되었고, 장거리에서 대형 무기를 투하할 수 있는 유일한 현역 전투기입니다.

무인 항공 시스템의 혁신

무인 비행기 분야에서도 노스롭 그루먼은 앞서가고 있습니다. 글로벌 호크는 높은 고도에서 장시간 비행하며 정보를 수집하는 무인기이고, 2024년 5월에는 수중을 운항하는 무인기인 만타 레이도 공개했습니다. X-47B라는 무인 전투기는 2013년에 스스로 항공모함에 착륙하고 이륙했으며,

2015년에는 자율적으로 공중에서 연료를 보급받는 데도 성공했습니다.

AI 기반 방어 시스템의 진화

지휘통제 및 방어 시스템에서도 노스롭 그루먼은 새로운 기술을 개발하고 있습니다. FAAD 시스템은 적의 비행기나 드론을 차단하는 방어 시스템입니다. 최근 드론 공격이 증가하고 있어서 이를 막기 위한 새로운 기술이 필요한데, 여기에 인공지능을 적용하여 현장에 있는 군인들이 빠르게 상황을 파악하고 대응할 수 있게 도와줍니다.

복잡한 방어 시스템에서 AI는 여러 가지 중요한 역할을 합니다. 먼저 여러 레이더와 센서에서 들어오는 엄청난 양의 정보를 실시간으로 처리합니다. 그다음 적의 비행기나 미사일을 찾아내고 어떤 종류인지 식별합니다. 또한 어떤 적이 더 위험한지 우선순위를 정하고, 가장 효과적인 방법으로 적을 차단할 수 있는 무기를 추천하거나 자동으로 대응합니다. 이렇게 하면 사람의 개입이 줄어들고 반응 속도가 빨라져서 적을 더 효과적으로 막을 수 있습니다.

AI는 또한 다른 분야에서도 중요한 역할을 합니다. 글로벌 호크 무인기가 촬영한 수많은 사진과 정보를 분석해서 중요한 내용만 추출하고, 스텔스 전투기가 적의 레이더에 탐지되지 않으면서 비행할 수 있는 최적의 경로를 찾아줍니다. 노스롭 그루먼은 이런 방식으로 AI를 활용해서 자신들의 무기 시스템을 더 똑똑하고 효과적으로 만들고 있습니다.

40년간의 AI 경험과 미래 비전

노스롭 그루먼은 40년 넘게 AI를 사용해 왔습니다. 회사는 고객들이 무엇을 필요로 하는지 잘 알고 있고, AI가 자신들의 무기와 제품에서 어떤 좋은 일들을 할 수 있는지도 잘 이해하고 있습니다. 회사는 AI 모델이 국방부에서 사용하기에 적합한지, 그리고 사람들이 AI를 신뢰하고 사용할 수 있는지에 대한 문제를 해결하기 위해 노력하고 있습니다. 이를 위해 노스롭 그루먼은 AI 정책을 만들고, 테스트를 하고, 관리 과정을 거쳐서 국방부 고객들이 AI를 안전하고 올바르게 매우 중요한 임무에 사용할 수 있다는 확실한 증거를 제공하고 있습니다.

우주 분야에서도 노스롭 그루먼은 뛰어난 성과를 보이고 있습니다. 회사와 협력업체들은 콜리어 트로피를 9번이나 받았습니다. 최근에는 2021년에 발사한 제임스 웹 우주 망원경을 제작한 공로로 상을 받았습니다. 이 망원경은 우주에서 멀리 있는 별들을 관찰하는 장비입니다. 또한 NASA의 우주 발사용 로켓 부스터도 제작하고 있습니다.

노스롭 그루먼의 미래 목표는 분명합니다. 전세계 고객들이 계속 바뀌는 요구사항을 충족하기 위해 우주, 항공, 국방, 사이버 분야에서 가장 어려운 문제들을 해결하는 것입니다. 회사는 첨단 무기부터 새로운 전투기, 미사일을 차단하는 시스템까지 정확하고 변화에 잘 적응하며 성능이 뛰어난 기술을 만들어 복잡한 상황에서 승리할 수 있도록 돕고 있습니다.

---

5   **에어로바이론먼트(AeroVironment)**

작은 드론으로 거대한 변화를 이끌다

에어로바이론먼트(AeroVironment Inc.)는 1971년 인력 비행기 설계자 폴 B. 맥크리디(Paul B. MacCready Jr.)에 의해 설립된 미국의 무인항공기 드론 전문 제조업체입니다. 버지니아주 알링턴에 위치하며, 소형 무인기 선도 공급업체로 자리 잡고 있습니다. 현재 1,259명의 직원을 고용하고 있으며, 정부 기관과 기업을 위한 제품과 서비스를 설계, 개발, 생산,

지원하는 업무를 담당하고 있습니다.

스위치블레이드, 전장의 게임 체인저

핵심 제품은 스위치블레이드(Switchblade) 자폭형 드론입니다. 스위치블레이드라는 이름은 스프링으로 작동하는 날개가 튜브 안에 접혀 있다가 발사되면 펼쳐지는 방식에서 유래되었습니다. 이 무인기는 목표를 발견한 후 돌진하여 목표와 함께 폭발하는 특성을 가지고 있습니다. 배낭에 들어갈 정도로 작아서 튜브에서 발사되어 목표 지역으로 비행한 후 탄두와 함께 목표물에 충돌합니다.

스위치블레이드는 두 가지 주요 모델로 구분됩니다. 스위치블레이드-300은 무게 2.5km, 지속시간 15분, 사거리 10km로 단일 병사가 발사할 수 있으며, 광전/적외선 유도 시스템과 GPS 기반 '광표적 목표' 공격 방식을 사용하여 경장갑 목표를 타격합니다.

스위치블레이드 600은 최대 비행시간 40분, 최대 사거리 40km를 가지며, 재블린 대전차 미사일과 같은 중공탄두를 장착하여 전차까지 공격할 수 있는 강력한 모델입니다. 2024년 미 육군은 거의 10억 달러 규모의 계약을 체결하여 향후 5년간 스위치블레이드 300과 600 드론을 공급받기로 했습니다. 중국과의 태평양 분쟁 가능성을 염두에 둔 보병 부대의 화력 증강이 목적입니다.

푸마, 하늘의 눈

또 다른 주력 제품은 푸마(Puma) 정찰 드론입니다. RQ-20 푸마는 소형, 배터리 구동, 손으로 발사하는 미국 무인항공기 시스템으로, 주요 임무는 전자광학 및 적외선 카메라를 사용한 감시 및 정보 수집입니다. 푸마3 AE(전환경)는 전투 입증된 시스템으로, 강화된 기체와 2차 탑재장치를 위한 선택적 날개 하부 수송 베이를 특징으로 하며, 만티스 i45 짐벌(Gimbal) 탑재장치로 50배 줌 전자광학 카메라, 저광량 적외선 센서, 고출력 레이저 조명기를 갖추고 있습니다.

푸마 3 AE는 최대 2.5시간 비행할 수 있고 사거리는 20km이며, 악천후 조건에서도 작동할 수 있는 경량 손 발사 드론으로 실시간 비디오 영상과 이미지를 제공하여 주야간 임무에 이상적입니다.

완벽한 조합, 센서-투-슈터 시스템

에어로바이론먼트의 혁신 중 하나는 푸마와 스위치블레이드의 통합 운용입니다. 푸마-스위치블레이드 자동 센서-투-슈터(S2S) 능력을 통해 푸마가 장거리 정보수집 자산으로 고해상도 카메라로 목표를 식별하고 자동으로 목표 위치를 스위치블레이드에 전달한 후 발사합니다. 푸마로 목표를 탐지하고, 스위치블레이드로 타격한 다음, 다시 푸마로 피해 평가를 수행하는 통합시스템을 구축했습니다.

우크라이나 전쟁에서의 실전 검증

우크라이나 전쟁에서 에어로바이론먼트의 제품들이 주목받고 있습니다. 700대 이상의 스위치블레이드 300 드론을 우크라이나에 무기 패키지로 보냈는데, 러시아가 방공 및 전자전 시스템을 개선하면서 시스템 사용이 점차 감소했습니다. 재밍이 대부분의 드론 손실의 원인으로 보이며, 우크라이나는 월 1만 대의 드론을 러시아 전자전 시스템에 잃고 있다고 보고되었습니다.

회사는 무인기 시스템(UAS), 전술 미사일 시스템, 고효율 에너지 시스템의 설계, 개발, 생산, 기술 지원 및 운영을 통합하며, 주요 고객으로는 미국 국방부, 미국 육군, 미국 공군, 미국 특수작전부대 및 기타 정부 부서와 상업 고객들이 있습니다. 국제적으로도 20개 이상의 국가가 현재 구매에 큰 관심을 보이고 있으며, 회사는 '시장 선도적 생산 능력'으로 수천 대의 스위치블레이드 유사 드론을 제조할 수 있는 독특한 위치에 있다고 평가받고 있습니다.

에어로바이론먼트는 현재 소형 드론과 자폭형 드론 분야에서 세계 최고 수준의 기술력을 보유하고 있으며, 미래 전장의 패러다임을 바꾸는 혁신적인 무인 시스템을 제공하는 선도기업으로 자리매김하고 있습니다.

6   실드 AI(Shield AI)

전투기를 조종하는 AI의 탄생

실드 AI(Shield AI)는 2015년 캘리포니아 샌디에이고에서 설립된 AI 기반 자율 비행 기술 전문 스타트업입니다. 전 네이비 실 장교 브랜든 쳉(Brandon Tseng)과 그의 형제 라이언 쳉(Ryan Tseng), 앤드류 라이터(Andrew Reiter)가 공동 창립했으며, 워싱턴 포스트에 따르면 브랜든 쳉이 아프가니스탄에서 복무하던 중 적대적인 건물의 잘못된 정찰로 인해 부대가 사상자를 입은 경험에서 창업 아이디어를 얻었다고 합니다.

하이브마인드, AI 조종사의 핵심

핵심 기술은 하이브마인드(Hivemind)라는 AI 조종사 프로그램입니다. 드론과 비행기가 GPS와 통신이 차단된 상황에서도 스스로 비행할 수 있게 도와줍니다. 하이브마인드는 사람이 직접 조종하지 않아도 복잡하고 예상하지 못한 상황들을 스스로 처리할 수 있는 똑똑한 소프트웨어입니다.

실드 AI의 대표 제품인 Nova 드론은 라이다 기술을 사용해서 작동하고, GPS 없이도 길을 찾아갈 수 있는 자율 쿼드콥터 드론입니다. Nova 시리즈는 GPS가 차단된 환경에서 실내를 탐험하고, 지도를 만들고, 정찰하기 위해 만들어진 작고 능력 있는 드론들입니다. 2018년부터 위험하고 중요한 임무에 투입되고 있습니다. Nova는 미군 역사상 방어 목적으로 배치된 최초의 AI로 움직이는 드론이 되었습니다.

Nova2는 쉬운 조종이 장점입니다. 조종사는 어디로 들어갈지만 정해 주면 되고, 그다음부터는 드론이 모든 일을 스스로 해결합니다. 임무 중에 Nova는 일반 카메라나 열 감지 카메라로 촬영한 영상을 보내 주고, 적을 발견하면 드론이 자동으로 2D와 3D 지도를 만들어서 진동으로 알려줍니다. 군사 작전에서 사용될 때는 이 드론이 적의 건물 안으로 들어가서 사진과 지도를 병사들에게 보내주어 더 안전하게 작전을 수행할 수 있게 도와줍니다.

F-16을 조종하는 AI의 기적

하이브마인드 기술의 확장 가능성은 놀랍습니다. 실드 AI는 앞으로 1년 안에 하이브마인드 디지털 조종사가 3가지 추가 항공기에서 작동하도록 할 계획이며, 총 9가지가 될 예정입니다. 이미 3종류의 쿼드콥터, 자체 제작한 V-Bat 드론, F-16 전투기, 크라토스에서 만든 MQM-178 파이어젯 드론에 자율 비행 소프트웨어를 설치했습니다. F-16을 사용한 가상 공중전에서 AI는 99%의 상황에서 인간 조종사를 이길 수 있었습니다.

실전에서 증명된 성능

실제 전장에서도 주목할 만한 성과를 보이고 있습니다. 2025년 1월 실드 AI는 우크라이나의 MQ-35A V-BAT 수직이착륙 드론 부대를 완전히 지원하기 위해 키이우(키예프)에 사무소를 열었고, Nova 쿼드콥터는 최근

이스라엘에서 중요한 실내 정찰과 인질 구조 작전에 사용되었습니다.

폭발적인 성장과 투자

2022년 6월 1억 6,500만 달러 투자 유치 후 회사 가치는 23억 달러로 평가받으며 유니콘 기업 지위를 획득했습니다. 2025년 3월에는 2억 4,000만 달러 규모의 F-1 전략 펀딩을 성공적으로 마무리하며 기업 가치를 53억 달러로 끌어올렸습니다. 이번 투자는 L3해리스(L3Harris)와 한화에어로스페이스(Hanwha Aerospace)가 주도했고, 안드레센 호로위츠(Andreessen Horowitz) 등 기존 투자자들도 참여했습니다.

하이브마인드 엔터프라이즈의 혁신

실드 AI는 이번 자금으로 자율 소프트웨어 제품군 '하이브마인드 엔터프라이즈(Hivemind Enterprise)'를 제조업체, 정부, 기업에 확대 보급할 계획입니다. 이 소프트웨어는 로봇과 드론의 자율 기술 개발을 지원하며, 방산과 산업 전반에 걸친 혁신을 이끄는 핵심 동력입니다.

하이브마인드 엔터프라이즈는 개발자가 자율 기능을 설계하고 배포할 수 있는 통합 플랫폼입니다. GPS와 통신이 차단된 환경에서도 작동하며, 통합 자율 공장, 산업용 미들웨어, 풍부한 자율 카탈로그, 실시간 임무 제어 기능을 제공합니다.

팔란티어와의 전략적 파트너십

2024년 12월, 실드 AI는 팔란티어 테크놀로지스와 전략적 파트너십을 체결했습니다. 양사는 국방 분야에서 AI 기반 지능·작전 제어 기능을 갖춘 자율 비행을 개발하는 데 힘을 모으기로 했습니다. 팔란티어의 워프 스피드(Warp Speed) 제조 운영체제와 실드 AI의 하이브마인드 소프트웨어 개발 키트가 결합되어 대규모 명령 및 제어 시스템을 개발하게 됩니다.

실드 AI는 AI와 자율성 기술을 통해 미래 전장의 패러다임을 바꾸는 혁신적인 기업으로 평가받고 있습니다. 2025년 CNBC는 실드 AI를 연례 디스럽터 50 리스트에서 38위로 선정했습니다.

VR 천재가 만든 무기 제국

안두릴 인더스트리즈는 VR 헤드셋 오큘러스를 만든 팔머 러키(Palmer Luckey)가 설립한 회사입니다. 회사 이름은 영화 《반지의 제왕》에 나오는 가상의 검 이름에서 따온 것으로, '서방의 불'이라는 뜻입니다.

래티스, AI의 두뇌

안두릴의 핵심은 래티스(Lattice)라는 AI 기반 운영 프로그램입니다. 래티스는 인공지능을 사용해서 자신들이 만든 장비와 다른 회사가 만든 장비의 센서들에서 들어오는 정보를 모아서 목표물이 무엇인지 구분하는 소프트웨어입니다. 기존과 달리 소프트웨어를 중심으로 해서 하드웨어와 AI 소프트웨어를 함께 사용하는 해결책을 만들고 있습니다.

회사의 대표 제품인 센트리 타워(Sentry Tower)는 10m 높이의 태양광으로 움직이는 휴대용 감시 탑입니다. 카메라, 통신 안테나, 레이더, 열 감지 장비가 들어있고 스스로 작동해서 래티스에 정보를 보냅니다. 분해할 때는 픽업트럭에 들어갈 수 있고 1시간 안에 다시 조립할 수 있습니다.

안두릴은 미국 관세국경보호청을 위해 300개의 감시 타워를 설치했다고 발표했으며, 현재 미국 남부 국경의 약 30%를 감시하고 있다고 합니다. 2024년에는 확장 사거리 센트리 타워(XRST)를 출시했습니다. 24m 높이의 감시 탑으로 만들어진 XRST는 최대 12km 떨어진 물체를 구분하고 추적할 수 있는 센서가 달려있으며, 8km 이상을 스스로 감지할 수 있습니다.

다양한 자율 시스템들

안두릴은 여러 자율 시스템을 개발하고 있습니다. 다이브-LD(Dive-LD)는 2022년 2월 안두릴이 인수한 보스턴의 다이브 테크놀로지스가 설계한 자율 수중 비행기로, 연안과 심해 조사, 검사, 정보 수집 용도로 사용됩니다. 또한 드론을 막는 시스템인 앤빌(Anvil), 작은 지상 센서인 더스트(Dust), 장거리 스텔스 군용 드론인 퓨리(Fury) 등을 개발했습니다.

놀라운 성장 스토리

회사의 성장은 놀랍습니다. 2024년 8월 안두릴은 305억 달러의 가치로 25억 달러를 조달하여 작년의 140억 달러에서 두 배 이상 성장했습니다. 파운더스 펀드가 10억 달러를 투자하며 이번 라운드를 주도했습니다. 2024년 매출이 두 배 증가하여 10억 달러를 달성했다고 발표했습니다.

2025년 1월, 안두릴은 오하이오주 피커웨이 카운티에 10억 달러 규모의 제조 시설 'Arsenal-1'을 건설한다고 발표했습니다. 이 시설은 래티스 소프트웨어가 장착된 항공 및 해상 드론을 생산할 예정이며, 4,000개 이상의 일자리를 창출할 것으로 예상됩니다.

혁신적인 무기 개발

안두릴의 접근 방식은 기존 무기 회사들과 다릅니다. 기존 국방 업체들이 크고 비싸며 무거운 무기 시스템을 만드는 반면, 안두릴은 많은 수의 더 작고 비용이 적게 드는 자율 시스템으로 이루어진 무기 해결책을 만들려고 노력하고 있습니다.

2024년 9월, 안두릴은 기존 미사일보다 30% 적은 비용으로 2배 빠른 속도로 대량 생산할 수 있는 새로운 '바라쿠다(Barracuda)' 순항 미사일을 출시했습니다. 설계는 부품이 50% 적고 조립이 고도로 자동화되어 제작하는 데 95% 더 적은 도구가 필요합니다.

OpenAI와의 협력

2024년 12월, 안두릴은 OpenAI와의 협업을 통해 자사 드론 방어 시스템에 이들의 인공지능 기술을 도입한다고 발표했습니다. 이는 국방 AI 기술의 새로운 전환점이 될 것으로 기대됩니다.

IPO 계획과 미래 전망

안두릴 CEO 팔머 럭키는 CNBC와의 인터뷰에서 "우리는 확실히 상장기업이 될 것"이라고 확인했습니다. 그는 대규모 방산 계약을 수주하기 위해서는 상장기업으로서의 지위가 필요하다는 점을 언급하며, 안두릴이 "상장기업의 형태를 갖추려고 회사를 운영하고 있다."라고 강조했습니다. 팔머 럭키는 특히 F-35 합동 타격 전투기와 같은 수조 달러 규모의 프로그램을 언급하며 "안두릴 같은 회사가 비상장기업으로서 수조 달러 규모의 F-35 합동 타격 전투기 계약을 따낼 수 있는 길은 없다."고 말했습니다.

안두릴은 드론, 전장 소프트웨어, AI 기반 군용 웨어러블을 포함한 자율 방위 시스템을 전문으로 하는 기업으로, 미래 전장의 패러다임을 완전히 바꿀 것으로 기대됩니다.

미사일의 왕, AI로 더욱 강해지다

레이시온은 세계에서 가장 큰 스스로 목표를 찾아가는 미사일 제조 회사로, 첨단 레이더와 탐지 장비 분야의 세계적인 선도 기업입니다.

레이시온은 여러 가지 핵심 무기들을 만들고 있습니다. 토마호크 미사일은 멀리 날아가는 순항 미사일이고, 패트리엇 미사일 방어 시스템은 적의 미사일을 막는 시스템입니다. 또한 AIM-9X 사이드와인더와 AMRAAM은 전투기가 다른 전투기를 향해 쏘는 미사일입니다. 회사는 SPY-6과 LTAMDS같은 차세대 첨단 레이더 기술도 보유하고 있습니다.

레이시온은 AI 기술을 적극적으로 사용하고 있습니다. 자동으로 목표를 찾는 기술, 미사일 방어 시스템에서 적을 평가하고 가장 좋은 방법으로 막는 기술, 그리고 장비가 언제 고장 날지 예측해서 관리하는 시스템을 개발했습니다.

레이시온의 종합 방어 시스템은 AI를 통해 센서에서 들어오는 정보를 실시간으로 분석해서 전장 상황 파악 능력을 최대한 높이고, 미사일 방어 시스템의 정확도와 반응 속도를 획기적으로 향상시켰습니다. 현재 레이시온은 차세대 초고속 무기와 우주에서 작동하는 방어 시스템 개발에도 집중하고 있습니다.

땅과 바다를 지배하는 강철의 거인

제너럴 다이내믹스는 미국의 육군과 해군이 사용하는 무기 전문 회사입니다. M1 에이브람스 전차와 스트라이커 장갑차로 잘 알려져 있으며, 버지니아급과 컬럼비아급 핵잠수함, 알레이 버크급 이지스 구축함 등 해양 전력의 핵심이 되는 군함들을 제작합니다.

땅에서 싸우는 차량 분야에서는 AI 기반 기술들을 많이 사용하고 있습니다. 스스로 운전하는 기술, 목표를 찾아주는 시스템, 고장 나기 전에 미리 고치는 기술을 결합해서 전투 효율성과 생존 능력을 높이고 있습니다. 차세대 전투 차량에는 더 발전된 기술들이 들어갑니다. AI 기반으로 스스로 길을 찾아가고 움직이는 시스템, 적을 찾아내고 구별해 주는 기능, 차량 상태를 지켜보고 문제를 찾아내는 시스템이 설치됩니다.

바다에서 사용하는 시스템에서도 AI를 활용하고 있습니다. 바닷속 음파 정보를 분석하는 기술, 스스로 항해를 도와주는 시스템 등을 개발해서 미 해군의 수중 전력과 수상 전력 모두에서 기술적 우위를 확보하고 있습니다.

10　　　　　　　　　　　　　　　　　　　**탈레스 그룹(Thales Group)**

유럽 방산업계의 디지털 혁신 리더

탈레스는 프랑스의 다국적 기술 기업으로 항공우주, 방산, 운송, 디지털 보안 분야에서 유럽을 대표하는 기업입니다. 항공 전자(Avionics), 군사 통신, 사이버 보안, 소나 시스템 분야에서 최고 수준의 기술력을 보유하고 있습니다.

전투기 및 헬리콥터용 레이더, 전자전 시스템, 암호화된 통신 시스템을 생산하며, 대잠수함전용 소나 시스템과 해상 감시 시스템에서도 강점을 보입니다. AI 기술을 적극 도입하여 지휘통제(C2) 시스템, 사이버 위협 분석 플랫폼, 자율 시스템용 AI 엔진을 개발했습니다.

다양한 센서 데이터를 융합하여 실시간 상황 인식을 제공하는 AI 솔루션과 사이버 보안 분야에서 AI를 활용한 위협 탐지 및 대응 시스템을 통해 유럽 방산업계의 디지털 전환을 선도하고 있습니다.

실전에서 검증된 이스라엘의 혁신

엘빗 시스템즈는 이스라엘의 대표적인 무기 회사로, 실제 전쟁 경험을 바탕으로 혁신적인 군사 기술을 개발하는 것으로 유명합니다. 엘빗 시스템즈는 여러 분야에서 세계 최고 수준의 기술을 보유하고 있습니다. 헤르메스 시리즈 정찰 및 공격 드론, 전자광학과 적외선 시스템, 헬멧에 부착하는 디스플레이 등을 만들고 있습니다.

무인기 분야에서는 스스로 비행하여 목표를 찾아내고 임무를 수행할 수 있는 첨단 드론 시스템을, 전자광학 시스템에서는 AI 기반으로 목표를 추적하고 구별하는 기술을 사용하고 있습니다.

지상 시스템 분야에서는 AI 기반으로 대포를 조준하고 발사를 통제하는 시스템과 스스로 길을 찾아가는 기능을 가진 지상 로봇을 개발해서 실제 전장에 배치했습니다. 중동 지역의 복잡한 안보 환경에서 검증된 기술력을 바탕으로 전세계 군사 시장에서 AI 기반 무인 시스템과 지능형 무기 체계 분야의 선도 기업으로 성장하고 있습니다.

스웨덴의 혁신, 중립국의 독립적 기술

사브는 스웨덴의 항공우주 및 무기 회사로 JAS 39 그리펜 전투기로 세계적인 명성을 얻었습니다. 사브는 그리펜 전투기 외에도 여러 분야에서 높은 기술력을 보유하고 있습니다. 기린 레이더 시스템 등 첨단 감시 시스템, 미사일, 잠수함, 훈련 및 시뮬레이션 분야에서 뛰어난 기술을 가지고 있습니다.

최근 사브는 AI 기술 도입에 적극적으로 나서고 있습니다. 2025년에는 독일의 헬싱 회사와 협력해서 그리펜 전투기에 AI 시스템을 탑재, 자율 공중전 테스트에 성공했습니다. 이는 유인 전투기와 AI가 함께 협력하는 분야에서 획기적인 성과로 평가받습니다.

사브의 AI 기술은 여러 분야에서 활용되고 있습니다. 항공기 센서에서 들어오는 정보를 융합하는 기술, 전자전 시스템을 최적화하는 기술, 스스로 의사결정을 도와주는 시스템에 사용되고 있으며, 실시간으로 위협을 분석하고 대응하는 능력을 크게 향상시켰습니다. 중립국인 스웨덴의 독립적인 무기 기술 개발 정책하에서 사브는 혁신적인 AI 기반 방어 시스템을 지속적으로 발전시키고 있습니다.

유럽의 AI 방산 혁신을 이끄는 신성

헬싱은 독일의 국방 및 안보 특화 AI 소프트웨어 스타트업으로, 유럽에서 가장 주목받는 방산 AI 기업입니다. 하드웨어를 직접 제조하지 않고 기존 군사 플랫폼에 탑재되는 AI 소프트웨어 개발에 전념합니다.

다양한 센서 데이터를 실시간으로 융합하여 전장 상황을 인식하고, 위협을 식별하며, 의사결정을 지원하는 통합 AI 플랫폼을 개발했습니다. 사브의 그리펜 전투기, 라인메탈의 푸마 장갑차 등 유럽의 주요 무기 체계에 AI 소프트웨어를 성공적으로 통합했습니다.

헬싱의 AI 기술은 기존 무기 체계의 성능을 획기적으로 향상시키며, 자율 작전 능력과 실시간 의사결정 지원 분야에서 혁신을 이루고 있습니다. 유럽연합의 방산 기술 자립화 정책과 맞물려 빠른 성장을 보이고 있으며, 차세대 군사 AI 플랫폼의 표준을 제시하고 있습니다.

---

14 한화시스템(Hanwha Systems)

한국 국방 AI의 두뇌와 눈

한화시스템은 대한민국 국방 AI 생태계에서 '두뇌와 눈' 역할을 담당하는 핵심 기업입니다. 지휘통제(C2) 및 감시정찰(ISR) 분야의 전문성을 바탕으로 한국군의 미래 전장 환경에 최적화된 시스템을 개발하고 있습니다.

'AI 참모' 시스템을 통해 지휘관의 의사결정을 지원하는 인공지능 기반 지휘통제 체계를 구축했으며, KDDX(한국형 차기구축함)의 전투 체계 개발을 주도하고 있습니다. 감시정찰 분야에서는 KF-21 보라매 전투기에 탑재되는 AESA 레이더, 전자광학 표적추적장비(EO TGP), 적외선 탐색추적장비(IRST) 등 첨단 센서 시스템을 개발했습니다.

HAIQV, 한화의 AI 브랜드

한화시스템은 2020년 AI 브랜드 'HAIQV(Hanwha AI Quality & Value)'

를 공식 출시했습니다. 정육면체의 큐브가 돌면서 생기는 조합만큼 다양한 고객 산업군에 맞춤형 서비스를 제공하겠다는 포부를 담았습니다.

한화시스템은 AI 플랫폼 연구 개발을 담당하는 AI Engineer, 정형 데이터 분석을 진행하는 Data Scientist, 음성, 동영상, 이미지 등의 비정형 데이터 및 자연어 처리를 연구 개발하는 AI Developer/AI Researcher, AI 사업 수행을 위한 AI Strategist/Planner 등 다수의 AI 전문가를 보유하고 있습니다.

이러한 시스템들은 AI 기술과 결합되어 실시간 표적 식별, 위협 분석, 상황 인식 능력을 제공하며, 한국군의 정보 우위 확보에 결정적인 역할을 하고 있습니다. 한화시스템의 기술력은 한국의 독자적인 방산 기술 발전과 수출 경쟁력 강화에 크게 기여하고 있습니다.

---

15 **LIG넥스원(LIG Nex1)**

대한민국의 정밀 타격 전문가

LIG넥스원은 대한민국의 '정밀 타격 전문가'로 불리며, 유도무기 및 미사일 방어 시스템 분야에서 독보적인 기술력을 보유한 기업입니다. 한국형 미사일 방어체계(KAMD)의 핵심을 이루는 천궁-II, 현궁, 신궁 등의 방공 미사일 시스템을 개발하여 한반도 방공망의 중추 역할을 하고 있습니다.

이들 시스템에는 AI 기반 레이더 및 사격통제 시스템이 탑재되어 다중 표적에 대한 동시 대응 능력과 정밀 타격 능력을 크게 향상시켰습니다. 최근에는 고스트로보틱스를 인수하여 군용 4족 보행 로봇 기술을 확보했으며, 이를 통해 지상 작전 지원 로봇 개발에도 진출했습니다.

LIG넥스원의 AI 기술은 표적 인식, 궤도 계산, 요격 최적화 등 미사일 방어의 전 과정에서 활용되고 있으며, 북한의 다양한 미사일 위협에 대응하는 핵심 기술력으로 평가받고 있습니다. 국산 방어 시스템의 완성도를 높여 방산 수출에도 크게 기여하고 있습니다.

16

하늘의 지배자, AI 조종사의 개척자

한국항공우주산업은 대한민국의 '하늘의 지배자'로서 항공기 플랫폼 개발과 AI 조종사 기술 개발을 주도하는 핵심 기업입니다. KF-21 보라매 전투기 개발을 통해 한국이 세계 8번째 초음속 전투기 독자 개발국으로 도약하는 데 결정적인 역할을 했습니다.

차세대 전투기에 필수적인 AI 조종사 기술 개발에 집중하여, KF-21 Block-3에 적용될 유무인 복합체계(MUM-T) 기술을 개발하고 있습니다. 이 시스템은 유인 전투기가 무인기를 지휘하거나 AI가 조종사를 보조하는 형태로 작동하여 전투 효율성을 극대화합니다.

AI 조종사 기술은 자율 비행, 위협 회피, 표적 공격 등의 임무를 수행할 수 있으며, 조종사의 작업 부하를 줄이고 생존성을 높이는 효과를 제공합니다. KAI의 기술 개발은 한국이 차세대 항공 전력에서 기술적 우위를 확보하고, 국제 항공기 시장에서 경쟁력을 갖추는 데 핵심적인 역할을 하고 있습니다.

지상 전력의 미래를 개척하다

현대로템은 지상 무기 체계 전문 기업으로서 전통적인 전차 및 장갑차 개발에서 미래 지상 플랫폼 개발로 영역을 확장하고 있습니다. 4족 보행 로봇인 '견마(犬馬) 로봇' 개발을 통해 차세대 지상 작전 지원 시스템의 새로운 패러다임을 제시하고 있습니다.

견마 로봇은 병사들의 물자 운반 임무를 대신하여 작전 지속 능력을 향상시키고, 감시정찰 임무를 통해 위험 지역에서의 정보 수집을 가능하게 합니다. 이 로봇은 AI 기반 자율 주행 기능을 갖추어 복잡한 지형에서도 안정적인 이동이 가능하며, 다양한 센서를 탑재하여 실시간 상황 인식 능력을 제공합니다.

현대로템의 기술 개발은 전통적인 중장비 중심의 지상 전력에서 벗어나 로봇과 AI가 결합된 스마트 지상 전력으로의 전환을 이끌고 있습니다. 이러한 혁신적 접근은 미래 전장 환경에서 병사들의 생존성과 작전 효율성을 동시에 향상시키는 핵심 기술로 평가받고 있습니다.

민항사에서 군용 무인기 개발의 새로운 도전

대한항공은 민간 항공사이지만 항공기 운용 및 정비 경험을 바탕으로 군용 무인기 개발에 진출한 독특한 포지션의 기업입니다. 스텔스 무인 전투기인 '가오리-X1' 개발을 통해 한국의 무인 전투 생태계 구축에 핵심적인 역할을 하고 있습니다.

가오리-X1은 스텔스 기술이 적용된 무인 전투기로서 적 방공망을 우회하여 정밀 타격 임무를 수행할 수 있는 능력을 갖추고 있습니다. KAI와의 연계를 통해 유무인 복합체계의 일환으로 활용될 예정이며, 이는 한국군의 항공 전력 운용 개념을 혁신적으로 변화시킬 것으로 기대됩니다.

대한항공의 오랜 항공기 운용 경험과 정비 노하우는 무인기의 안정성과 신뢰성 확보에 중요한 자산이 되고 있습니다. 민간 항공 분야에서 축적한 자동화 기술과 AI 기반 운항 관리 시스템 경험을 군용 무인기에 적용하여 독창적인 기술적 우위를 확보하고 있습니다.

19 제너럴 아토믹스(General Atomics Aeronautical Systems, GA-ASI)

무인기 시장의 절대 강자

제너럴 아토믹스는 미국의 중고도 장시간 체공(MALE) 무인기 분야의 절대 강자로, 전세계 무인기 시장을 선도하는 기업입니다. 대표작인 MQ-9 리퍼(Reaper) 무인기는 미군의 대테러 작전에서 핵심적인 역할을 수행하며 무인기 전투의 새로운 패러다임을 제시했습니다.

MQ-9 리퍼는 최대 27시간의 체공 능력과 헬파이어 미사일 등 다양한 무장을 탑재할 수 있어 정찰-감시-타격의 통합 임무를 수행합니다. 최근에는 AI 기술을 적극 도입하여 자율 비행, 표적 인식, 임무 계획 최적화 등의 기능을 강화하고 있습니다.

차세대 무인기인 MQ-9B 스카이가디언은 더 향상된 AI 기능과 센서 융합 기술을 탑재하여 민간 영역에서의 활용도 확대하고 있습니다. GA-ASI의 기술력은 장거리 정밀 타격과 지속적인 감시 능력으로 현대 전장에서 무인기의 전략적 가치를 입증했으며, 전세계 30여 개국에서 운용되고 있어 글로벌 무인기 표준을 제시하고 있습니다.

AI 학습의 숨은 영웅

스케일 AI는 인공지능 모델을 학습시키는 데 꼭 필요한 고품질 데이터를 만들고 데이터에 라벨을 붙이는 서비스를 제공하는 미국의 선도 기업입니다.

무기 분야에서는 스스로 작동하는 무기 시스템, 무인기, 똑똑한 감시 시스템 등에 필요한 AI 모델을 훈련시키기 위한 데이터를 전문적으로 처리합니다. 군사용 영상 데이터에서 목표물을 찾아내고, 위협을 분류하고, 지형을 분석하는 등 복잡한 라벨링 작업을 정확하고 빠르게 수행해서 AI 시스템의 성능 향상에 핵심적인 역할을 합니다.

실제 전투 데이터의 민감함과 보안 요구사항을 충족하면서도 높은 정확도의 데이터를 제공하는 것으로 유명합니다. 미국 국방부와 많은 무기 회사들이 스케일 AI의 서비스를 활용해서 차세대 AI 무기 시스템을 개발하고 있습니다.

최근 생성형 AI와 대규모 언어 모델 분야로 사업을 확장해서 군사 AI의 새로운 영역을 개척하고 있으며, AI 기반으로 작전 계획을 세우고 의사결정을 도와주는 시스템 개발에도 기여하고 있습니다.

중국의 혁신적인 수직이착륙 무인기

자이언은 중국의 대표적인 무인기 제조업체로, 수직이착륙(VTOL) 무장형 무인 헬리콥터 분야에서 독창적인 기술력을 보유한 기업입니다. 대표작인 블로피시(Blowfish) A3는 수직이착륙이 가능한 무장형 무인 헬리콥터로, 기존 고정익 무인기와 차별화된 운용 능력을 제공합니다.

활주로 없이도 운용 가능한 VTOL 특성으로 도시 지역이나 제한된 공간에서의 작전에 최적화되어 있으며, 대전차 미사일과 정밀 폭탄 등 다양한 무장을 탑재할 수 있습니다. 블로피시 A3는 AI 기반 자율 비행 시스템과 표적 인식 기능을 갖추어 복잡한 도시 환경에서도 정밀한 타격 임무를 수행할 수 있습니다.

저고도 비행과 장애물 회피 능력이 뛰어나 기존 방공망을 우회하는 침투 능력을 보유하고 있습니다. 중국의 무인기 기술 발전과 함께 국제 시장에서도 주목받고 있으며, 비용 효율성과 실용성을 바탕으로 신흥국 시장을 중심으로 수출을 확대하고 있습니다.

22 이스라엘 항공우주 산업(Israel Aerospace Industries, IAI)

배회형 탄약의 혁신가

이스라엘 항공우주 산업은 실전 경험을 바탕으로 한 혁신적인 무인 시스템 개발로 세계적인 명성을 얻은 기업입니다. 대표작인 하롭(Harop) 자폭 드론은 '배회형 탄약(Loitering Munition)' 개념을 실용화한 혁신적인 무기 체계로, 표적 탐지 후 직접 돌진하여 파괴하는 독특한 방식으로 작동합니다.

하롭은 최대 6시간 동안 표적 지역에서 배회하며 레이더나 통신 장비 등의 전자기 신호를 탐지하여 자동으로 공격하는 AI 기반 시스템을 갖추

고 있습니다. 이스라엘의 복잡한 안보 환경에서 실전 검증을 거쳐 신뢰성
이 입증되었으며, 적 방공망 무력화와 고가치 표적 제거에 효과적입니다.

　　IAI는 또한 헤론(Heron) 시리즈 장기체공 무인기, 하피(Harpy) 대레
이더 공격기 등 다양한 무인 시스템을 개발했습니다. 최근에는 인공지능
과 머신러닝을 적용한 차세대 무인 시스템 개발에 집중하여 자율 임무 수
행 능력을 지속적으로 향상시키고 있습니다.

---

23 보잉(Boeing)

유무인 복합전투의 새로운 지평

보잉은 MQ-28 고스트 배트(Ghost Bat, 구 로열 윙맨) 개발을 통해 유무인
복합체계(MUM-T) 분야의 새로운 기준을 제시하고 있는 글로벌 항공우주
기업입니다. 고스트 배트는 호주와 공동 개발한 무인 전투기로, 유인 전투
기와 협력하여 임무를 수행하는 혁신적인 개념의 무기 체계입니다.

　　이 시스템은 AI 기술을 기반으로 유인 전투기의 지시를 받아 정찰,
전자전, 공격 임무를 자율적으로 수행할 수 있으며, 조종사의 작업 부하를
크게 줄여줍니다. 스텔스 설계가 적용되어 적 레이더 탐지를 회피하면서
선제공격이나 정찰 임무를 수행할 수 있습니다.

　　보잉의 오랜 항공기 개발 경험과 AI 기술이 결합되어 차세대 공중전
의 새로운 패러다임을 제시하고 있으며, 미 공군과 호주 공군이 공동으로
운용 시험을 진행하고 있습니다. 이러한 유무인 복합체계는 미래 공중전
에서 전투기의 생존성과 작전 효율성을 동시에 향상시키는 핵심 기술로
평가받고 있습니다.

AI가 바꾸는 전쟁의 미래

전세계 주요 국방 AI 기업들의 혁신은 단순히 기술적 진보에 그치지 않습니다. 이들은 전쟁의 본질 자체를 바꾸고 있습니다. 팔란티어의 데이터 분석부터 실드 AI의 자율 조종사, 안두릴의 자율 드론까지 - 각각의 기술은 미래 전장에서 결정적인 우위를 제공할 것입니다.

AI 기술의 발전은 더 이상 선택이 아닌 필수가 되었습니다. 우크라이나 전쟁, 중동 분쟁 등 현재 진행 중인 갈등들에서 AI 기반 무기 시스템들이 실제로 전투의 판도를 바꾸고 있는 것을 목격하고 있습니다.

이러한 변화 속에서 한국의 방산 기업들도 한화시스템, LIG넥스원, KAI 등을 중심으로 AI 기술 개발에 박차를 가하고 있습니다. 전세계가 AI 군비경쟁에 뛰어든 지금, 기술적 우위를 확보하는 것이 국가 안보의 핵심이 되었습니다.

앞으로 10년, 이들 기업이 만들어 낼 AI 기반 무기 시스템들이 어떻게 세계의 힘의 균형을 바꿀지 지켜보는 것은 매우 흥미로운 일이 될 것입니다. AI와 인간이 함께 만들어가는 새로운 전쟁의 시대가 이미 시작되었습니다.

13장 AI의 군사 활용 윤리적 딜레마
14장 AI 국방의 진화와 인류의 선택

6부

군사 AI와
인류의 책임

13장 AI의 군사 활용 윤리적 딜레마

상상해 보세요. 어느 날 갑자기 하늘에서 드론 하나가 나타나 스스로 판단해서 공격을 감행한다면 어떨까요? 인공지능(AI)이 만들어 낸 무시무시한 현실이 우리 코앞에 다가와 있습니다.

AI 기술은 군사 분야에서 놀라운 변화를 일으키고 있습니다. 더 정확한 정보 분석, 효율적인 작전 수행, 위험한 임무에서 인간 병사의 안전 확보 등 분명히 긍정적인 면들이 있습니다. 하지만 동시에 AI가 스스로 판단하여 공격할 수 있는 무기 시스템의 등장은 우리가 전에 경험하지 못했던 깊은 윤리적 고민과 심각한 도전 과제들을 던지고 있습니다.

마치 강력한 힘에는 큰 책임이 따르듯이, AI의 군사적 활용은 인류의 미래와 전쟁의 본질에 대한 근본적인 질문을 제기합니다. 인간의 직접적인 개입 없이 목표물을 찾아 공격할 수 있는 '자율살상무기(LAWS)'를 둘러싼 논쟁을 중심으로, 인간 통제의 문제, 책임 소재의 불분명성, 그리고 국제 사회의 우려와 규제 노력 등을 깊이 있게 살펴보겠습니다.

1 자율살상무기(LAWS) 논쟁

자율살상무기(Lethal Autonomous Weapons Systems, LAWS)는 흔히 '킬러 로봇'이라는 무시무시한 별명으로 불리며 전세계적으로 뜨거운 논쟁의 중심에 서 있습니다. 이 무기 시스템은 마치 SF 영화에서 나올 법한 이야기이지만, 이미 현실이 되어가고 있습니다. 인간의 직접적인 명령이나 조종 없이, 스스로 주변 환경을 살피고, 프로그래밍된 기준에 따라 목표물을 찾아내며, 최종적으로 공격 여부를 결정하고 실행할 수 있는 능력을 갖춘 무기 시스템입니다.

현재도 날아오는 미사일이나 로켓을 자동으로 막아내는 방어 시스템은 이미 존재합니다. 하지만 LAWS 논쟁은 여기서 한 걸음 더 나아가, 복잡한 전쟁터에서 사람이나 차량 같은 특정 목표물을 AI가 자율적으로 '선택'하여 '공격'하는 단계까지 나아가는 것을 문제로 삼고 있습니다.

특히 2024년 비엔나 군축회의에서 LAWS의 군비통제 필요성이 본격적으로 논의되면서, 미국과 중국을 비롯한 주요 강대국들이 이를 전략적 자산으로 인식하고 있음이 드러났습니다. 더욱 충격적인 것은 러시아-우크라이나 전쟁과 이스라엘-하마스 전쟁에서 드론 기반 자율살상무기의 실제 사용 가능성이 심각하게 우려되고 있다는 점입니다. 심지어 북한조차 LAWS 개발에 나서고 있어, 2022년 북한 무인기의 남한 침입 사건을 떠올리면 더욱 섬뜩합니다.

이러한 무기의 개발 가능성이 현실화되면서, 과연 기계에게 생사를 결정하는 판단을 맡겨도 되는지에 대한 근본적인 윤리적, 법적, 안보적 질문들이 쏟아져 나오고 있습니다. 찬성하는 측에서는 인간 병사의 위험을 줄이고, 인간보다 더 빠르고 정확하게 반응하여 군사적 효율성을 높일 수 있다고 주장합니다. 하지만 반대하는 측에서는 기계가 인간의 생명을 빼앗는 결정을 내리는 것은 인간의 존엄성을 짓밟는 일이며, 예측 불가능한 오류나 오작동으로 인해 끔찍한 비극을 초래할 수 있다고 강력하게 경고합니다. LAWS가 전쟁의 문턱을 낮추고 군비 경쟁을 심화시켜 국제 안보를 불안정하게 만들 수 있다는 우려도 커지고 있습니다.

이처럼 LAWS는 기술 발전의 필연적인 결과로 받아들여야 할지, 아니면 인류가 절대 넘지 말아야 할 선으로 규제해야 할지를 두고 격렬한 논쟁이 계속되고 있는 첨예한 문제입니다. 이 논쟁의 핵심에는 과연 인간이 이 치명적인 기술을 의미 있게 통제할 수 있는지, 그리고 만약 잘못된 공격이 발생했을 때 누가 책임을 져야 하는지에 대한 어려운 질문들이 자리 잡고 있습니다.

1-1 인간의 의미 있는 통제

자율살상무기(LAWS)의 가장 핵심적인 쟁점은 바로 '인간의 의미 있는 통제(Meaningful Human Control, MHC)' 문제입니다. 이는 무기 시스템이 작동하는 과정, 특히 생명을 해칠 수 있는 치명적인 힘을 사용하는 결정 과정에 인간이 어느 정도, 그리고 어떻게 관여해야 하는지에 대한 질문입니다. 대부분의 사람들은 기계가 아무런 인간의 개입 없이 스스로 판단하여 사람을 공격하는 상황을 윤리적으로 받아들이기 어려워합니다.

이에 대한 중요한 이유를 살펴봅시다. 우선, 인간 생명의 존엄성에 대한 문제입니다. 사람의 생사를 결정하는 것은 정말로 중대한 판단이며, 여기에는 복잡한 도덕적, 윤리적 고려가 필요합니다. 감정과 공감 능력이 없는 기계가 과연 이러한 판단을 내릴 자격이 있는지 근본적인 의문이 제기됩니다. 기계는 프로그램된 규칙에 따라 효율성만을 추구할 뿐, 인간 생명의 가치를 진정으로 이해하지 못할 수 있습니다.

다음으로, 국제인도법(International Humanitarian Law, IHL) 준수 문제입니다. 국제법은 전쟁 중에도 민간인 보호, 불필요한 고통 금지 등 인도주의적 원칙을 지키도록 규정하고 있습니다. 특히, 공격 대상을 구별(distinction)하고, 군사적 이익과 민간인 피해를 비교 형량(proportionality)하며, 공격 시 예방 조치(precaution)를 취해야 한다는 원칙은 매우 중요합니다.

하지만 현재의 AI 기술 수준으로는 복잡하고 예측 불가능한 전장 상황에서 이러한 원칙들을 항상 완벽하게 준수할 수 있을지 의문입니다. 항복하는 군인, 다친 병사, 무기를 내려놓고 손을 든 민간인처럼 보이는 사람 등 미묘하고 상황적인 판단이 필요한 경우, AI가 인간처럼 정확하고 윤리적으로 판단하기 어려울 수 있습니다. 인간의 개입 없이 AI가 자율적으로 공격을 감행한다면, 국제법 위반 가능성이 커지고 민간인 피해가 증가할 위험이 있습니다.

또한, 예측 불가능성과 오류 가능성 문제도 심각합니다. AI 시스템, 특히 딥러닝과 같은 복잡한 기술은 때때로 개발자조차 그 결정 과정을 완전히 이해하기 어려운 '블랙박스'처럼 작동할 수 있습니다. AI는 학습 데이터에 포함된 편향성을 그대로 받아들이거나, 이전에 경험하지 못한 새로운 상황에 직면했을 때 예상치 못한 방식으로 오작동할 수 있습니다. 자율살상무기가 오류로 인해 민간인을 공격하거나 아군을 오인 사격하는 끔찍한 상황이 발생한다면, 그 책임은 과연 누구에게 물어야 할까요?

문제는 '의미 있는 통제'가 정확히 무엇을 의미하는지에 대해 국제적으로 합의된 정의가 아직 없다는 점입니다. 어느 정도의 인간 개입이 '의미 있는' 것일까요? 무기 시스템 설계 단계에서의 통제만으로 충분할까요? 아니면 무기 시스템이 목표물을 식별하고 공격 제안을 했을 때 인간이 최종 발사 버튼을 누르는 것만으로 충분할까요? 또는, 시스템이 작동하는 전체 과정을 인간이 실시간으로 감독하고 언제든 개입하여 중단시킬 수 있어야 할까요?

각 국가는 자국의 안보 이익과 기술 수준, 윤리적 입장에 따라 서로 다른 해석을 내놓고 있습니다. 일부 국가는 인간이 항상 최종 공격 결정을 내려야 한다(human-in-the-loop)고 주장하는 반면, 다른 국가는 인간이 시스템 작동을 감독하고 거부권을 행사할 수 있으면 충분하다(human-on-the-loop)는 입장을 보이기도 합니다. 심지어 특정 조건에서는 완전 자율 시스템(human-out-of-the-loop)이 허용될 수 있다는 주장도 있습니다.

'인간의 의미 있는 통제'라는 개념 자체가 모호하고 해석의 여지가 많기 때문에, 이를 구체적인 규범이나 규제로 만들기 위한 논의는 계속해서 어려움을 겪고 있습니다.

1-2 책임 소재의 불분명성

자율살상무기(LAWS)가 실제로 사용되었을 때 심각한 문제 중 하나는 바로 '책임 소재의 불분명성'입니다. 만약 LAWS가 오작동하거나 잘못된 판단으로 인해 국제인도법을 위반하여 민간인을 살상하거나 민간 시설을 파괴하는 등의 '사고'를 일으켰다고 상상해 봅시다. 이 경우, 과연 누구에게 법적, 윤리적 책임을 물어야 할까요? 이것은 매우 복잡하고 어려운 문제입니다.

기존의 전쟁 범죄나 군사 작전 중 발생한 사고의 경우, 명령을 내린 지휘관, 직접 행동을 수행한 병사 등 책임을 물을 수 있는 대상이 비교적 명확했습니다. 하지만 LAWS의 경우에는 책임의 고리가 훨씬 복잡하게 얽혀 있습니다.

우선, 현장에서 LAWS를 운용한 지휘관이나 병사에게 책임을 묻는 것이 타당할까요? 만약 그들이 시스템의 작동 원리를 완전히 이해하지 못했거나, 시스템이 예상치 못한 방식으로 자율적으로 행동했다면, 그들에게 모든 책임을 지우는 것은 공정하지 않을 수 있습니다. 특히 '인간의 의미 있는 통제'가 부족한 시스템이었다면, 현장 운용자는 사실상 시스템의 결정에 개입할 여지가 거의 없었을 수도 있습니다. 그들은 단지 시스템을 배치하고 작동시키는 역할을 했을 뿐, 구체적인 공격 결정에는 직접 관여하지 않았을 수 있습니다.

LAWS를 개발한 프로그래머나 설계자에게 책임을 물어야 할까요? 그들은 시스템의 알고리즘을 만들고 성능을 테스트했지만, 실제 전장에서 발생할 수 있는 모든 변수와 상황을 예측하고 대비하는 것은 불가능에 가깝습니다. AI 시스템, 특히 딥러닝 기반 시스템은 스스로 학습하고 발전하는 과정에서 개발자의 초기 의도와는 다른 방식으로 작동할 수도 있습니다.

LAWS를 제작하고 판매한 방산업체에 책임을 물을 수도 있을까요? 기업은 제품의 안전성과 성능에 대한 책임을 지지만, 군사 무기의 경우 사용 환경의 특수성과 국가 안보라는 명목 아래 책임 범위가 제한될 수도 있습니다. 기업은 구매자인 정부의 요구사항에 따라 제품을 개발했을 뿐이며, 실제 운용 과정에서의 문제까지 모두 책임지기는 어렵다고 주장할 수 있습니다.

일부에서는 AI 시스템 자체에게 책임을 물어야 한다고 주장하기도 하지만, 현재로서는 AI를 법적, 도덕적 책임의 주체로 인정하기는 어렵습니다. AI는 아직 인간과 같은 자유 의지나 도덕적 판단 능력을 갖추고 있지 않으며, 법적인 권리와 의무를 지는 인격체로 간주되지 않습니다. 따라서 AI에게 책임을 묻는 것은 현실적인 해결책이 될 수 없습니다.

LAWS가 사고를 일으켰을 때, 지휘관, 운용자, 프로그래머, 제조사 등 관련된 여러 주체들 중 누구에게 어느 정도의 책임을 물어야 할지 명확하게 규정하기 어려운 상황이 발생할 수 있습니다. 이를 '책임 공백(accountability gap)'이라고 부릅니다.

책임 공백은 여러 심각한 결과를 초래할 수 있습니다. 우선, 피해자들에 대한 정의 실현이 어려워집니다. 책임자를 명확히 가려내 처벌하거나 배상을 요구하기 어렵기 때문에, 전쟁 범죄나 불법적인 행위로 인해 고통받은 피해자들이 제대로 구제받지 못할 수 있습니다. 책임 소재가 불분명하면 미래에 유사한 사고가 발생하는 것을 예방하기 위한 교훈을 얻거나 제도를 개선하기 어려워집니다. 아무도 책임을 지지 않는다면, 위험한 시스템의 개발과 사용에 대한 경각심이 낮아지고 무분별한 사용으로 이어질 가능성도 배제할 수 없습니다.

　책임 소재의 불분명성 문제는 국제인도법 체계의 근간을 흔들고, 전쟁의 잔혹성을 통제하려는 국제 사회의 노력을 약화시킬 수 있는 매우 심각한 도전 과제입니다. 따라서 LAWS 개발 및 사용에 대한 논의에서는 이러한 책임 문제를 해결하기 위한 명확한 법적, 제도적 장치를 마련하는 것이 시급히 요구됩니다.

1-3 '킬러 로봇'에 대한 국제 사회 우려

국제 사회는 이러한 자율살상무기(LAWS)가 가져올 수 있는 잠재적인 위험을 심각하게 인식하고, 이를 통제하거나 규제하기 위한 다양한 노력을 기울이고 있습니다. 유엔(UN)과 같은 국제기구, 여러 국가와 시민사회단체, 전문가들이 참여하여 활발한 논의를 진행하고 있습니다.

　국제 사회는 주로 유엔의 '특정 재래식무기 금지협약(CCW, Convention on Certain Conventional Weapons)' 체제 내에서 LAWS 문제를 논의해 왔습니다. CCW는 과도한 상해를 입히거나 무차별적인 효과를 갖는 재래식무기의 사용을 금지 또는 제한하기 위한 국제 협약입니다. 2014년부터 CCW 회원국들은 'LAWS 관련 정부 전문가 그룹(GGE, Group of Governmental Experts on LAWS)' 회의를 통해 이 문제를 본격적으로 논의하기 시작했습니다.

　2025년 3월 제네바 유엔사무소에서 개최된 LAWS 관련 정부 전문가 그룹 제1차 회의는 매우 중요한 의미를 갖습니다. 참가국들은 자율살상무기체계의 실무적 정의(working characterization), 국제인도법(IHL) 준수 보장 방안, 금지(prohibition) 및 규제(regulation) 규범 형성 방향 등에 대해 논의했습니다. 이 논의 결과는 2026년 예정된 특정 재래식무기 금지협약 제7차 평가회의당사국회의에 제출될 예정입니다.

GGE 회의에서는 LAWS의 정의, 작동 방식, 국제인도법과의 관계, 인간 통제의 필요성 등 다양한 기술적, 법적, 윤리적 쟁점들이 다루어졌습니다. 각국의 이해관계가 첨예하게 대립하면서 아직까지 구체적인 규제 방안에 대한 합의에는 이르지 못하고 있습니다. 일부 국가들과 시민사회 단체들은 LAWS의 개발과 사용을 전면적으로 금지하는 새로운 국제 조약을 체결해야 한다고 강력하게 주장합니다. 반면, 다른 국가들은 아직 기술이 초기 단계이고 잠재적인 군사적 이점도 있기 때문에, 성급한 금지보다는 현행 국제법의 틀 안에서 책임 있는 개발과 사용을 위한 규범이나 원칙을 마련하는 것이 더 현실적이라는 입장을 보이고 있습니다. 이처럼 의견 차이가 커서 GGE에서의 논의는 더디게 진행되는 상황입니다.

이러한 상황 속에서 LAWS 문제에 대한 국제적 논의를 촉진하고 책임 있는 접근 방안을 모색하기 위한 새로운 노력도 등장했습니다. 대표적인 것이 바로 '군사 분야에서의 책임 있는 인공지능(REAIM, Responsible AI in the Military Domain)' 회의입니다. 2023년 네덜란드 헤이그에서 처음 개최되었고, 대한민국과 네덜란드가 공동 주최하는 형태로 이어지고 있는 REAIM 회의는 정부뿐만 아니라 산업계, 학계, 시민사회 등 다양한 이해관계자들이 참여하여 군사 AI의 책임 있는 개발, 배치, 사용에 대해 폭넓게 논의하는 장을 제공합니다.

REAIM은 LAWS에 대한 규제 논의에만 국한되지 않고, 군사 분야에서 AI를 활용하는 전반적인 과정에서 발생할 수 있는 윤리적, 법적, 기술적 문제들을 다루며, 책임 있는 AI 활용을 위한 모범 사례 공유, 국제 협력 강화 등을 목표로 합니다. REAIM 회의가 법적 구속력이 있는 조약을 만드는 자리는 아니지만, LAWS를 둘러싼 문제에 대한 이해를 높이고, 신뢰를 구축하며, 책임 있는 행동 규범을 형성하는 데 기여할 수 있을 것으로 기대됩니다.

전문가들은 과거 핵 군비통제의 사례를 교훈 삼아 LAWS 시대에 새로운 '넥스트 오펜하이머' 패러다임을 구축해야 한다고 주장하고 있습니다. 이는 AI 기반 자율살상무기의 발전이 과거 핵무기 개발과 유사한 충격을 인류 사회에 가져올 수 있다는 우려를 반영한 것입니다.

'킬러 로봇'에 대한 국제 사회의 우려는 매우 심각하며, 이를 해결하기 위한 외교적 노력이 유엔 CCW GGE와 REAIM 회의 등을 중심으로 진행되고 있습니다. 각국의 입장 차이와 기술 발전의 빠른 속도 등으로 인해 구체적인 국제 규범을 마련하는 데는 많은 어려움이 따르고 있습니다. 인류는 기계에게 생명을 빼앗는 결정을 맡기는 것의 심오한 의미를 계속해서 성찰하고, 기술이 인류의 가치와 안전을 위협하지 않도록 통제하기 위한 노력을 멈추지 말아야 합니다. 앞으로 LAWS에 대한 국제 사회의 논의가 어떻게 진행될지, 그리고 어떤 형태의 규제가 마련될지는 미래의 안보 환경과 전쟁의 모습을 결정짓는 중요한 변수가 될 것입니다.

2 오작동 가능성과 민간인 피해

인공지능(AI)을 군사 시스템에 통합하는 것은 효율성 증대와 아군 보호라는 매력적인 가능성을 제시하지만, 동시에 예기치 않은 민간인 피해나 치명적인 오작동으로 이어질 수 있다는 심각한 위험성을 내포하고 있습니다. AI 시스템은 인간과 마찬가지로, 아니 어쩌면 인간과는 다른 방식으로 실수를 저지를 수 있습니다.

이러한 실수는 AI를 학습시키는 데이터의 문제에서 비롯될 수도 있고, AI 알고리즘 자체의 한계나 예측 불가능성 때문에 발생할 수도 있습니다. AI의 군사적 활용 과정에서 발생할 수 있는 민간인 피해 및 오작동

가능성의 구체적인 원인, 즉 알고리즘과 데이터의 편향성 문제, 그리고 기술적 오류와 예측 불가능성의 위험에 대해 자세히 살펴보겠습니다.

2-1 알고리즘 편향과 데이터 편향 문제

인공지능(AI) 시스템, 특히 머신러닝이나 딥러닝 기반의 AI는 마치 학생이 교과서나 참고서를 통해 세상을 배우듯, 방대한 양의 데이터를 학습하여 특정 패턴이나 규칙을 스스로 익힙니다. AI의 성능은 얼마나 좋은 데이터를 가지고 얼마나 잘 학습했는지에 크게 좌우됩니다.

만약 AI가 학습하는 데이터가 현실 세계의 특정 측면만을 반영하거나, 특정 그룹에 대한 편견을 담고 있다면 어떻게 될까요? AI는 마치 편향된 시각으로 쓰인 책을 읽은 학생처럼, 세상을 왜곡되게 인식하고 편향된 결정을 내릴 가능성이 높습니다. 이러한 문제를 '데이터 편향(Data Bias)'이라고 합니다.

특정 지역이나 특정 인종 그룹의 이미지만을 집중적으로 학습한 안면 인식 AI는 다른 지역이나 인종 그룹의 얼굴을 제대로 인식하지 못하거나, 심지어 완전히 잘못 인식할 위험이 있습니다.

군사 분야에서 데이터 편향은 매우 심각한 결과를 초래할 수 있습니다. 적군과 민간인을 구별하도록 학습된 AI 시스템이 있다고 가정해 봅시다. 만약 이 AI가 학습한 데이터에 특정 복장을 한 사람들만 '적군'으로 분류하는 정보가 과도하게 포함되어 있거나, 특정 지역의 민간인 모습에 대한 데이터가 부족하다면, AI는 실제 전장에서 해당 복장을 한 민간인을 적으로 오인하여 공격하거나, 익숙하지 않은 모습의 민간인을 제대로 식별하지 못할 수 있습니다.

특정 지형이나 기상 조건 하에서의 데이터만 주로 학습했다면, 다른 환경에서는 성능이 급격히 저하되어 목표물을 놓치거나 엉뚱한 대상을 공격할 수도 있습니다. 위성 이미지 분석, 통신 감청 데이터 분석 등 다양한 군사 정보 분석 과정에서도 데이터 편향은 존재할 수 있으며, 잘못된 정보 판단과 위험한 군사적 결정으로 이어질 수 있습니다.

데이터 편향은 단순히 기술적인 문제를 넘어, 특정 집단에 대한 차별적인 결과를 낳고 국제인도법의 기본 원칙인 '구별의 원칙'을 위반할 소지를 안고 있다는 점에서 매우 심각한 윤리적 문제입니다.

데이터 자체의 문제뿐만 아니라, AI 시스템을 설계하고 개발하는 과정에서 발생하는 '알고리즘 편향(Algorithmic Bias)'도 중요한 문제입니다. 알고리즘 편향은 개발자가 AI 모델을 만들 때 내리는 선택, 사용하는 특정 수학적 기법, 또는 시스템의 목표를 설정하는 방식 등에서 비롯될 수 있습니다.

개발팀이 특정 유형의 위협을 탐지하는 데 가중치를 두도록 알고리즘을 설계했다면, 해당 유형과 유사하지만 실제로는 위협이 아닌 대상을 과도하게 위협으로 판단하는 경향을 보일 수 있습니다. 또는, AI의 성능을 평가하는 기준 자체가 특정 결과에 유리하게 설정되어 있다면, AI는 그 기준에 맞춰 작동하면서 다른 중요한 요소들을 놓치거나 무시하게 될 수도 있습니다.

단순히 '적 탐지율'을 높이는 데만 초점을 맞춰 AI를 개발한다면, 민간인 오인 가능성을 줄이는 데는 소홀해질 수 있습니다.

더욱 복잡한 문제는 데이터 편향과 알고리즘 편향이 서로 얽혀 증폭될 수 있다는 점입니다. 편향된 데이터로 학습한 AI를 특정 목표에 맞춰 설계된 알고리즘으로 구동할 경우, 결과는 예측하기 어렵고 위험한 방향으로 나타날 수 있습니다. AI 개발 과정 자체가 특정 국가나 문화권의 기술자들에 의해 주도될 경우, 그들의 무의식적인 편견이나 가치관이 알고리즘 설계에 영향을 미쳐 편향성을 심화시킬 수도 있습니다.

이러한 편향성 문제를 해결하는 것은 매우 어렵습니다. 완벽하게 중립적이고 모든 상황을 포괄하는 데이터를 수집하는 것은 현실적으로 불가능에 가깝고, 알고리즘 설계 과정에 숨어있는 미묘한 편향성을 완전히 제거하기도 어렵습니다. AI를 군사적으로 활용하려는 모든 노력에는 이러한 편향성의 위험을 명확히 인식하고, 이를 최소화하기 위한 지속적인 검증, 다양한 데이터 활용, 투명성 확보, 그리고 다각적인 관점에서의 검토 과정이 반드시 수반되어야 합니다.

2-2 예측 불가능한 기술적 오류

정교하게 설계되고 많은 데이터로 학습되었다 하더라도, AI 시스템은 기술적인 오류나 예측 불가능한 작동 가능성을 항상 내포하고 있습니다. 이는 AI 시스템 자체의 복잡성, 외부 환경의 변화, 인간의 이해를 넘어서는 작동 방식 등 여러 요인에서 비롯됩니다. 이러한 기술적 결함이나 예측 불가능성은 특히 치명적인 무기 시스템과 결합될 때 돌이킬 수 없는 결과를 초래할 수 있다는 점에서 심각한 우려를 낳고 있습니다.

어려운 문제는 AI, 특히 딥러닝과 같은 최신 AI 기술의 '예측 불가능성'과 '블랙박스(black box)' 특성입니다. 딥러닝 AI는 수많은 데이터로부터 스스로 복잡한 패턴을 학습하는데, 그 내부적인 작동 방식이 너무 복잡하여 개발자조차도 AI가 왜 특정 결정을 내렸는지 정확히 설명하기 어려울 때가 많습니다.

이러한 특성 때문에 AI가 특정 상황에서 어떻게 반응할지 100% 예측하는 것이 어렵고, 예상치 못한 방식으로 오작동할 가능성을 배제할 수 없습니다. AI는 자신이 학습한 데이터의 범위를 벗어나는 새로운 상황, 즉 '에지 케이스(edge case)'에 직면했을 때 어떻게 반응할지 예측하기 어렵습니다. 훈련 과정에서 경험해 보지 못한 생소한 환경이나 예상치 못한 적의 전술 등에 마주쳤을 때, AI는 혼란을 일으키거나 완전히 잘못된 판단을 내릴 수 있습니다.

우려스러운 사례가 이미 보고되고 있습니다. 2020년 리비아 내전 상황과 관련된 유엔(UN) 전문가 패널 보고서에는 터키에서 제작된 '카구-2(Kargu-2)' 공격 드론이 인간의 직접적인 통제 없이 자율적으로 후퇴하는 병력(리비아 국민군 소속)을 추적하고 공격했을 가능성이 있다는 내용이 포함되어 있습니다.

보고서는 이 드론이 "상당히 효과적인 자율 능력"을 통해 "목표물을 식별하고 교전하는 데 인간 통제관이 필요하지 않았을 수 있다."라고 언급했습니다. 이 내용이 사실이라면, 이는 최초로 AI 기반 자율살상무기가 인간을 상대로 사용된 사례가 될 수 있다는 점에서 큰 충격을 주었습니다.

하지만 이 사례에 대해서는 여전히 논란이 많습니다. 해당 보고서가 드론의 자율 공격을 명확히 입증하는 구체적인 증거를 제시하지는 못했으며, '가능성'을 언급하는 수준에 그쳤다는 비판도 있습니다. 당시 사용된 카구-2 드론의 정확한 자율 능력 수준이나 실제 운용 모드에 대해서도 명확히 밝혀진 바가 부족합니다.

3　　　　　　　　　　　　　　　　　　　　**AI 시스템의 보안 취약성**

인공지능(AI)은 군사 분야에서 전례 없는 능력과 효율성을 제공할 잠재력을 가지고 있지만, 동시에 새로운 형태의 보안 위협에 노출될 수 있다는 약점을 안고 있습니다. AI 시스템 역시 본질적으로는 복잡한 소프트웨어와 하드웨어의 결합체이기 때문에, 기존의 컴퓨터 시스템이 가지고 있던 해킹이나 사이버 공격의 위험에서 자유로울 수 없습니다.

나아가, AI 시스템의 학습 방식과 작동 원리의 특수성은 기존에는 없었던 새로운 종류의 공격, 예를 들어 AI의 판단 자체를 속이거나 학습 과정을 방해하는 공격에 취약할 수 있다는 문제점을 드러냅니다.

만약 적대 세력이 군사 AI 시스템의 보안 취약점을 악용하여 시스템을 마비시키거나, 통제권을 탈취하거나, 심지어 아군을 공격하도록 조종할 수 있다면, 이는 상상하기 어려운 재앙적인 결과를 초래할 수 있습니다. 따라서 AI 시스템의 보안 취약성을 이해하고 이에 대비하는 것은 AI를 군사적으로 활용하는 데 있어 필수적인 과제입니다.

3-1 적대적 공격 및 해킹 위험

인공지능(AI) 시스템은 강력한 능력을 지녔지만, 동시에 해킹과 같은 전통적인 사이버 위협에 노출되어 있습니다. 해킹은 허가받지 않은 사용자가 컴퓨터 시스템이나 네트워크에 침투하여 정보를 훔치거나, 시스템 작동을 방해하거나, 심지어 시스템의 통제권을 빼앗는 행위를 말합니다. 군사 AI 시스템이 해킹당할 경우 피해는 상상을 초월할 수 있습니다.

적군 해커가 아군의 AI 기반 지휘 통제 시스템에 침투하여 중요한 작전 계획이나 군사 기밀 정보를 빼낼 수 있습니다. 또는, AI가 분석하고 있는 정찰 위성 이미지나 통신 감청 데이터를 교묘하게 조작하여 아군 지휘관에게 잘못된 정보를 제공함으로써 치명적인 오판을 유도할 수도 있습니다.

더 나아가서는 AI로 작동하는 무기 시스템 자체를 해킹하는 것입니다. 적이 아군의 공격 드론 시스템을 해킹하여 드론을 납치하거나, 아군 기지나 민간 지역을 공격하도록 원격으로 조종하는 상황을 상상해 볼 수 있습니다. 영화 속 이야기처럼 들릴 수도 있지만, 모든 것이 네트워크로 연결되고 소프트웨어로 제어되는 현대 전장 환경에서는 충분히 발생 가능한 현실적인 위협입니다.

따라서 군사 AI 시스템을 개발하고 운용할 때는 최고 수준의 사이버 보안 대책을 적용하여 외부 침입으로부터 시스템을 보호하는 것이 무엇보다 중요합니다.

해킹과 더불어 AI 시스템 자체의 작동 원리를 이용하는 새로운 형태의 공격인 '적대적 공격(Adversarial Attack)'의 위험성도 심각하게 고려해야 합니다. 적대적 공격은 AI, 특히 이미지 인식이나 음성 인식과 같이 패턴을 학습하여 판단하는 AI 모델을 속이기 위해 특별히 제작된 입력 데이터를 사용하는 공격 기법입니다.

가장 무서운 점은 인간의 눈이나 귀로는 거의 감지하기 어려운 아주 미세한 변화를 입력 데이터에 가함으로써, AI가 완전히 잘못된 판단을 내리도록 유도한다는 점입니다.

자율주행 자동차의 AI가 도로 표지판을 인식한다고 가정해 봅시다. 적대적 공격자는 '정지' 표지판 위에 인간의 눈에는 거의 보이지 않는 작은 스티커를 몇 개 붙이거나 미세한 노이즈 패턴을 추가하는 것만으로, AI가 이 표지판을 '속도 제한 해제' 표지판으로 오인하게 만들 수 있습니다. 사람에게는 여전히 완벽한 '정지' 표지판으로 보이지만, AI는 완전히 다른 의미로 받아들이는 것입니다.

군사 분야에서도 이러한 공격이 가능합니다. AI 기반의 표적 인식 시스템을 속이기 위해 적군 탱크나 항공기에 특수한 위장 패턴을 칠하거나 미세한 교란 신호를 방출할 수 있습니다. 인간 병사의 눈에는 평범한 탱크로 보이지만, AI 시스템은 이를 아군 차량이나 배경의 일부로 오인하여 탐지하지 못하게 되는 것입니다.

반대로, 아군 차량이나 심지어 민간 차량에 특정 패턴을 몰래 부착하여 AI가 이를 적의 중요 표적으로 오인하고 공격하도록 유도할 수도 있습니다.

감시 시스템에 사용되는 AI 역시 취약할 수 있습니다. 특정 패턴의 옷을 입거나 특수 제작된 가면을 쓰는 것만으로 AI 안면 인식 시스템을 속여 신원 파악을 방해하거나, 특정 소리 패턴을 이용하여 AI 음성 명령 시스템을 교란할 수도 있습니다.

적대적 공격이 특히 위험한 이유는 탐지하고 방어하기가 매우 어렵다는 점입니다. 공격에 사용되는 데이터의 변화가 미미하여 기존의 시스템으로는 탐지하기 어렵고, 어떤 종류의 변화가 AI를 속일 수 있는지 예측하기도 어렵습니다. 한 종류의 AI 모델을 속이는 데 성공한 적대적 공격 기법이 다른 종류의 AI 모델에도 효과를 발휘하는 경우도 있어, 광범위한 시스템에 영향을 미칠 수 있습니다.

적이 아군의 핵심적인 군사 AI 시스템을 속이는 안정적인 방법을 개발한다면, AI 시스템의 신뢰성은 크게 훼손되고, AI 도입을 통해 얻으려 했던 정보 우위나 작전 효율성 향상 효과는 사라지게 될 것입니다. 오히려 잘못된 정보와 오판으로 인해 아군의 피해가 커지고 작전 실패로 이어질 수도 있습니다.

AI 시스템의 보안을 강화하기 위해서는 전통적인 해킹 방어뿐만 아니라, 이러한 적대적 공격의 가능성을 심각하게 받아들이고, 이를 탐지하고 방어하기 위한 새로운 기술적, 절차적 보호 장치를 개발하고 적용하는 노력이 시급히 요구됩니다.

3-2 데이터 오염 및 조작 가능성

인공지능(AI) 시스템, 특히 머신러닝 기반 AI의 성능과 신뢰성은 학습에 사용되는 데이터의 품질에 절대적으로 의존합니다. 좋은 재료가 좋은 음식을 만들고, 정확한 지식이 올바른 판단을 이끌어 내듯이, AI도 깨끗하고 정확하며 편향되지 않은 방대한 데이터를 학습해야만 제 성능을 발휘할 수 있습니다.

그런데 만약 누군가가 악의적인 의도를 가지고 AI가 학습하는 데이터를 오염시키거나 조작한다면 어떻게 될까요? 이는 AI 시스템의 근간을 흔드는 매우 심각한 보안 위협이 될 수 있습니다. 이러한 공격을 '데이터 오염(Data Poisoning)' 공격이라고 부릅니다.

데이터 오염 공격은 AI 시스템이 학습하는 과정, 즉 훈련 데이터셋 (training dataset)을 구축하거나 업데이트하는 단계에서 이루어집니다. 공격자는 훈련 데이터셋 속에 교묘하게 조작된 데이터를 몰래 삽입합니다.

예를 들어, 적군의 탱크 이미지를 '아군 트럭'으로 잘못 분류하거나, 특정 민간 시설 이미지를 '적의 군사 기지'로 잘못 분류한 데이터를 대량으로 주입할 수 있습니다. AI는 이렇게 오염된 데이터를 정상적인 데이터로 인식하고 학습하게 되며, 그 결과 실제 상황에서 적군 탱크를 아군 트럭으로 오인하여 무시하거나, 민간 시설을 군사 기지로 잘못 판단하여 공격하는 등의 치명적인 오류를 저지를 수 있습니다.

데이터 오염은 AI의 전반적인 성능을 저하시키는 것을 목표로 할 수도 있고, 특정 상황에서만 AI가 오작동하도록 유도하여 공격자가 원하는 특정 효과를 얻으려 할 수도 있습니다. AI 시스템에 일종의 '비밀 뒷문(backdoor)'을 만드는 방식으로 데이터 오염 공격이 이루어질 수도 있습니다. 평소에는 정상적으로 작동하다가 특정 조건이 입력되었을 때만 AI가 오작동하도록 학습시키는 것입니다. 이렇게 숨겨진 백도어는 평상시에는 발견하기 어렵기 때문에 더욱 위험할 수 있습니다.

데이터 오염 공격은 AI 시스템이 개발되고 학습되는 단계에서 이루어지는 반면, 이미 학습이 완료되어 실제 임무에 투입된 AI 시스템의 데이터를 실시간으로 조작하는 공격도 가능합니다. 이는 '데이터 조작(Data

Manipulation)' 또는 '입력 데이터 공격(Input Attack)' 등으로 불릴 수 있습니다.

정찰 드론이 실시간으로 촬영하여 AI 시스템으로 전송하는 영상 데이터 스트림을 중간에서 가로채거나 해킹하여 조작하는 경우를 생각해 볼 수 있습니다. 공격자는 영상 속에 가짜 적군 목표물을 삽입하거나, 실제 위협 표적을 영상에서 삭제하여 AI가 잘못된 상황 인식을 하도록 만들 수 있습니다.

레이더나 음향 센서 등 다른 종류의 센서 데이터 역시 조작의 대상이 될 수 있습니다. 적이 특정 주파수의 교란 전파를 발사하여 AI가 센서 데이터를 잘못 해석하도록 유도하거나, 통신 시스템을 해킹하여 AI에게 전달되는 명령이나 정보를 왜곡할 수도 있습니다. 심지어 AI 시스템 내부에 저장된 학습된 모델의 파라미터 가중치 값이나 지식 베이스를 조작하여 AI의 판단 기준 자체를 변경할 수 있습니다.

데이터 오염 및 조작 공격을 방어하는 것은 매우 어려운 과제입니다. 군사 AI를 학습시키기 위해서는 방대한 양의 데이터가 필요한데, 이 데이터는 다양한 출처(위성, 정찰기, 지상 센서, 공개 정보 등)로부터 수집되며, 이 과정에서 데이터의 무결성을 완벽하게 보장하기 어려울 수 있습니다. 외부 파트너나 상업용 데이터를 활용하는 경우, 데이터 제공 과정에서 악의적인 오염이 발생할 가능성을 배제하기 어렵습니다.

데이터를 조작하는 공격은 교묘하게 이루어질 수 있어 탐지하기가 쉽지 않습니다. AI 시스템 자체의 복잡성 때문에 내부 데이터나 모델 파라미터가 조작되었는지 확인하는 것도 어려운 작업입니다.

만약 군사 AI 시스템이 데이터 오염이나 조작 공격을 당하게 되면, 그 결과는 단순히 시스템이 멈추거나 오작동하는 수준을 넘어설 수 있습니다. AI는 겉으로는 정상적으로 작동하는 것처럼 보이면서 실제로는 적에게 유리한 잘못된 정보를 제공하거나 치명적인 오판을 내릴 수 있습니다. 이는 AI 시스템에 대한 신뢰를 근본적으로 무너뜨리고, AI를 활용하려던 아군에게 오히려 더 큰 혼란과 피해를 안겨줄 수 있습니다.

따라서 군사 AI 시스템의 개발과 운용 전 과정에 걸쳐 데이터의 출처를 검증하고, 데이터의 무결성을 유지하며, AI 모델의 강건성(robustness)을 높여 데이터 변조나 노이즈에 덜 민감하게 반응하도록 만드는 등 다층적인 보안 강화 노력이 필수적입니다. AI 시스템의 '두뇌'에 해당하는 데이터와 학습 과정을 안전하게 보호하는 것은 AI 시대의 국방력을 지키는 핵심적인 과제라 할 수 있습니다.

4   **의도하지 않은 오용의 위험성**

인공지능(AI) 기술은 본질적으로 선하거나 악한 속성을 가지고 있지 않습니다. AI는 강력한 도구일 뿐이며, 그 가치와 결과는 전적으로 사용하는 사람의 의도와 목적에 따라 달라집니다. 문제는 좋은 의도로 개발된 AI 기술이라 할지라도, 악의적인 목적을 가진 사람이나 집단에 의해 원래의 의도와는 전혀 다르게 오용될 수 있다는 점입니다.

부엌칼이 요리사를 도울 수도 있지만, 강도의 손에 들리면 흉기가 될 수 있는 것과 같습니다. 특히 AI 기술은 그 강력한 능력과 빠른 학습 속도 때문에 오용될 경우 예상치 못한, 그리고 매우 파괴적인 결과를 초래할 수 있다는 점에서 심각한 우려를 낳고 있습니다.

때로는 개발자조차 예상하지 못했던 방식으로 AI가 활용되면서, 마치 '판도라의 상자'를 연 것처럼 걷잡을 수 없는 위험을 세상에 풀어놓을 수도 있습니다. 이러한 AI 오용의 위험성은 단순히 기술적인 문제를 넘어, 사회 전체의 안전과 미래에 대한 깊은 고민을 요구합니다.

4-1 AI를 이용한 독성 분자 설계 실험

AI 기술이 어떻게 의도하지 않게 위험한 목적으로 오용될 수 있는지를 극명하게 보여주는 충격적인 사례가 있습니다.

2022년, 신약 개발을 돕는 AI 기술을 연구하던 미국의 제약회사 '컬레버레이션스 파마슈티컬스(Collaborations Pharmaceuticals, Inc.)'의 연구팀은 자신들의 AI 기술이 가진 잠재적인 위험성을 경고하기 위해 특별한 실험을 진행했습니다. 이 연구는 2년마다 개최되는 '국제 생화학 무기 회의'에서 첨단 기술 동향과 관련된 잠재적 안보 문제에 대비할 목적으로 요청받아 이루어진 것이었습니다.

이들의 AI는 원래 새로운 질병 치료에 도움이 될 수 있는 분자 구조를 찾아내고, 동시에 인체에 해로울 수 있는 독성 분자는 걸러내는, 즉 '착한' 약을 찾는 것을 목표로 설계되었습니다. 'MegaSyn(메가신)'이라고 불리는 이 머신러닝 알고리즘은 방대한 화학 물질 데이터베이스를 학습하여 어떤 분자 구조가 특정 질병 치료에 효과적이면서도 인체에는 안전한지를 예측하는 능력을 갖추고 있었습니다. 이는 신약 개발 과정의 시간과 비용을 획기적으로 줄여 줄 수 있는 매우 유용한 기술입니다.

그런데 연구팀은 이 AI의 목표 설정을 정반대로 바꾸는 간단한 조작을 시도했습니다. 즉, '독성이 낮은' 분자를 찾아내도록 설정된 기존의 목표 대신, '독성이 높은' 분자를 찾아내도록 AI에게 지시한 것입니다. 더 나아가, AI가 찾아내는 독성 분자가 기존에 알려진 가장 치명적인 화학무기인 'VX 신경작용제'와 유사한 특성을 가지도록 유도했습니다. 이러한 '가상의 실험'이 어떤 결과를 가져올지 확인해 보고 싶었습니다.

결과는 충격적이었습니다. 불과 6시간 만에, AI는 무려 4만 개에 달하는 새로운 독성 분자 구조를 생성해 냈습니다. 여기에는 기존의 VX 신경작용제와 유사한 구조를 가진 분자들뿐만 아니라, 어쩌면 이보다 훨씬 더 강력하고 치명적일 수 있는, 알려지지 않았던 새로운 구조의 잠재적 화학무기 후보 물질들도 포함되어 있었습니다. AI는 마치 효율적인 살상 무기를 설계하는 임무를 받은 것처럼, 놀라운 속도와 효율성으로 끔찍한 결과물들을 쏟아 낸 것입니다.

더욱 놀라운 점은, 연구진이 AI를 훈련하는 데 사용한 데이터세트에 신경독 종류가 포함되지 않았음에도 불구하고 이러한 물질이 생성되었다는 사실이었습니다. 살충제, 환경 독소, 일반 약물 데이터로부터 이처럼 강력한 신종 독성물질이 고안된 것은 그들도 예상하지 못한 부분이었습니다.

연구팀이 이 실험을 한 것은 새로운 화학무기를 개발하기 위함이 아니었습니다. 오히려 그들은 이 실험 결과를 저명한 과학 저널 '네이처 머신 인텔리전스(Nature Machine Intelligence)'에 발표하면서, AI 기술이 얼마나 쉽게 대량 살상 무기 개발에 악용될 수 있는지에 대한 경고 메시지를 전달하고자 했습니다. 그들은 이 실험이 마치 '판도라의 상자'를 여는 것과 같았다고 표현했습니다. 한번 열리면 온갖 재앙이 쏟아져 나오지만 다시는 닫을 수 없는 판도라의 상자처럼, AI를 이용해 손쉽게 새로운 위협 물질을 만들어 낼 수 있다는 사실이 드러난 것입니다.

이 실험은 AI 기술의 접근성이 좋아지고 그 성능이 강력해짐에 따라, 특별한 전문 지식이나 막대한 자원이 없는 개인이나 소규모 집단조차도 과거에는 상상하기 어려웠던 파괴적인 능력을 손에 넣을 수 있게 될지도 모른다는 불안감을 증폭시켰습니다.

이 사례는 AI 분야 전반에 걸쳐 중요한 시사점을 던져줍니다. AI 기술의 '이중 용도(dual-use)' 문제입니다. 신약 개발, 질병 진단, 재난 예측 등 인류에게 도움이 되는 목적으로 개발된 AI 기술이 언제든지 해킹, 테러, 전쟁 등 파괴적인 목적으로 전환되어 사용될 수 있다는 점입니다.

AI 기술 발전의 속도와 접근성 문제도 심각합니다. AI 모델과 관련 기술은 빠르게 발전하고 있으며, 오픈 소스 등을 통해 비교적 쉽게 접근할 수 있게 되고 있습니다. 이는 혁신을 촉진하는 긍정적인 측면도 있지만, 동시에 악의적인 사용자에 의한 오용 가능성도 함께 높이고 있습니다.

예측과 통제의 어려움도 중요한 문제입니다. AI가 스스로 학습하고 발전하는 과정에서 개발자가 미처 예상하지 못했던 새로운 능력을 획득하거나, 의도와 다른 방식으로 작동할 가능성이 항상 존재합니다. AI가 복잡한 문제를 해결하는 과정에서 내놓는 결과물의 잠재적 위험성을 사전에 완벽하게 예측하고 통제하는 것은 매우 어렵습니다.

AI의 창조적 능력은 신무기 설계(화학무기, 생물학무기, 사이버 무기 등), 선전·선동 메시지 생성 등 다양한 군사 목적에 악용될 수 있습니다. AI 기술을 개발하고 활용하는 과정에서는 이러한 오용 가능성을 항상 염두에 두고, 기술적인 안전장치 마련, 엄격한 윤리 지침 수립, 개발 및 사용 과정의 투명성 확보, 국제 협력을 통한 감시통제 등의 노력이 필요합니다. AI라는 강력한 도구가 인류에게 축복이 될지 재앙이 될지는 결국 우리가 얼마나 책임감 있게 이 기술을 관리하고 사용하느냐에 달려있다고 할 수 있습니다.

5   **AI 무기 진입장벽 하향화 우려**

인공지능(AI) 기술이 가져올 미래 전쟁의 모습에 대한 가장 큰 우려 중 하나는 바로 새로운 형태의 군비 경쟁을 촉발하고, 결과적으로 전쟁이 발발할 가능성을 높일 수 있다는 점입니다. 20세기 핵무기 개발 경쟁이 전세계를 불안에 떨게 했던 것처럼, 21세기에는 AI 기술의 군사적 우위를 차지하기 위한 국가 간의 경쟁이 벌어지고 있습니다.

각국은 AI가 미래의 군사력과 국가 영향력을 결정짓는 핵심 요소가 될 것이라고 인식하며, 뒤처지지 않기 위해 막대한 자원을 투자하고 있습니다. 나아가, AI 무기의 등장이 전쟁을 일으키는 것에 대한 부담감, 즉 '전쟁의 문턱'을 낮출 수 있다는 심각한 우려도 제기됩니다. AI가 인간 병사의 위험 없이도 공격 임무를 수행할 수 있게 되면서, 과거에는 주저했을 군사행동을 쉽게 결정하게 될 수도 있다는 것입니다.

5-1 강대국 경쟁 심화

"인공지능 분야의 리더가 되는 자가 세계의 통치자가 될 것이다."

2017년, 블라디미르 푸틴 러시아 대통령이 한 이 발언은 AI 기술이 미래의 국가 권력과 국제 질서에 미칠 영향에 대한 강대국들의 인식을 단적으로 보여줍니다. 이 발언은 단순한 수사를 넘어, AI 기술의 군사적 우위를 확보하는 것이 국가 생존과 번영에 필수적이라는 냉엄한 현실 인식을 반영하고 있습니다.

세계 주요 강대국들은 AI를 미래 전장의 '게임 체인저(Game Changer)'로 인식하고, AI 기술 개발과 군사적 적용에 국가적인 역량을 집중하고 있습니다. 마치 과거 핵무기 개발 경쟁처럼, 어느 한 국가가 AI 분야에서 압도적인 우위를 점하게 되면 다른 국가들은 심각한 안보 위협에 직면하게 될 것이라는 두려움, 즉 '뒤처짐의 공포(Fear of Missing Out)'에 기반한 치열한 경쟁으로 이어지고 있습니다.

중국의 시진핑 주석 역시 AI를 발전의 핵심 동력이자 군 현대화의 중요 요소로 강조해 왔습니다. 중국은 '차세대 인공지능 발전 계획'을 통해

2030년까지 세계 최고 수준의 AI 기술력을 확보하겠다는 야심 찬 목표를 설정하고, '군민 융합(Military-Civil Fusion)' 전략을 통해 민간 기업의 첨단 AI 기술을 국방 분야에 적극적으로 이전 및 활용하고 있습니다. 중국의 이러한 야심 찬 계획과 빠른 기술 발전 속도는 미국을 비롯한 서방국가들에게 큰 경각심을 불러일으키며, AI 분야에서의 경쟁을 더욱 심화시키는 요인으로 작용하고 있습니다.

미국 역시 AI를 국가 안보의 최우선 과제 중 하나로 설정하고, 국방고등연구계획국(DARPA) 등을 통해 AI 기반의 차세대 무기 시스템 및 군사 기술 개발에 막대한 예산을 투입하며 중국과의 기술 패권 경쟁에 대응하고 있습니다.

강대국 간의 AI 군비 경쟁은 여러 가지 위험성을 내포하고 있습니다.

우선, 국가 간의 불신과 오해를 증폭시켜 국제 관계를 불안정하게 만들 수 있습니다. 각국이 경쟁국의 AI 기술 개발 동향을 민감하게 주시하며 최악의 시나리오에 대비하려 하기 때문에, 상대방의 방어적인 조치조차 공격적인 의도로 해석하여 군사적 긴장을 고조시키는 악순환, 즉 '안보 딜레마(Security Dilemma)'가 심화될 수 있습니다.

경쟁에서 뒤처지지 않으려는 압박감 때문에 충분한 안전성 검증이나 윤리적 검토 없이 서둘러 AI 시스템을 개발하고 실전 배치하려는 유혹에 빠질 수 있습니다. 이는 예기치 않은 오작동이나 사고 발생 위험을 높이고, AI 기술 자체에 대한 불신을 초래할 수 있습니다.

AI 시스템의 속도와 자율성은 의도치 않은 군사적 충돌의 확대 가능성을 높입니다. 만약 경쟁 관계에 있는 국가들이 서로 AI 기반의 방어 시스템이나 공격 시스템을 운용하고 있다고 가정해 봅시다. 한쪽의 AI 시스템이 오작동하거나 예측 불가능한 행동을 하여 다른 쪽을 자극할 경우, 상대방의 AI 시스템 역시 인간이 개입할 시간적 여유도 없이 순식간에 자동으로 대응하면서 상황이 걷잡을 수 없이 악화될 수 있습니다.

인간의 판단과 통제가 개입될 여지가 줄어드는 초고속의 기계 간 (machine-to-machine) 충돌 시나리오는 AI 시대의 새로운 전쟁 위험으로 부상하고 있습니다.

이처럼 강대국들의 AI 군비 경쟁은 단순히 기술 개발 경쟁을 넘어, 국제적인 불안정을 심화시키고 우발적인 군사 충돌의 위험을 높이며, 나아가 전쟁의 문턱 자체를 낮출 수 있다는 심각한 우려를 낳고 있습니다. 따라서 경쟁 속에서도 위기관리를 위한 소통 채널을 유지하고, AI의 군사적 활용에 대한 최소한의 규범과 투명성을 확보하기 위한 국제적인 노력이 절실히 요구됩니다.

5-2 저비용 AI 무기 확산과 테러리스트의 활용 위협

AI 군비 경쟁이 주로 강대국들을 중심으로 이루어지고 있다면, 또 다른 차원의 심각한 우려는 바로 상대적으로 저렴한 AI 기반 무기, 특히 AI 기술이 탑재된 드론과 같은 무기들이 전세계적으로 확산할 수 있다는 점입니다.

과거의 첨단 무기 시스템은 개발과 생산에 막대한 비용과 고도의 기술력이 필요했기 때문에 소수의 국가만이 보유할 수 있었습니다. 하지만 AI 기술, 특히 소프트웨어와 센서 기술의 발전은 이러한 구도를 바꾸고 있습니다. 비교적 저렴한 상업용 드론에 AI 기반의 자율 비행, 표적 인식, 추적 기능 등을 탑재하는 것이 점차 용이해지고 있기 때문입니다.

이는 군사력이 약한 국가나 심지어 국가가 아닌 무장 단체(Non-State Actors)들조차도 과거 상상하기 어려웠던 정교한 공격 능력을 갖추게 될 수 있음을 의미합니다.

AI 기술의 '이중 용도(dual-use)' 특성은 이러한 확산 위험을 더욱 부추깁니다. AI 알고리즘, 컴퓨터 비전 기술, 센서, 소형 컴퓨터 칩 등 AI 무기 시스템을 구성하는 핵심 요소 중 상당수는 원래 민간용으로 개발되어 상업 시장에서 쉽게 구할 수 있는 경우가 많습니다. 악의적인 의도를 가진 집단은 이러한 상용 기술들을 조합하고 개조하여 비교적 저렴한 비용으로 치명적인 AI 무기를 제작할 수 있습니다.

예를 들어, 시중에서 판매되는 고성능 카메라 드론에 오픈 소스로 공개된 AI 객체 인식 소프트웨어를 탑재하고 약간의 개조를 거쳐 특정 인물이나 차량을 자율적으로 추적하여 공격하는 드론을 만드는 시나리오를 생각해 볼 수 있습니다. 이러한 'DIY(Do It Yourself)' 형태의 AI 무기는 제작 비용이 낮고 기술적인 진입 장벽도 점차 낮아지고 있어, 앞으로 그 확산 속도가 더 빨라질 수 있습니다. 특정 국가가 자국의 영향력을 확대하거나 대리전을 수행하기 위해 동맹국이나 비국가 행위자에게 AI 무기를 의도적으로 제공하거나 기술을 이전할 가능성도 배제할 수 없습니다.

저비용 AI 무기가 확산될 경우, 테러리스트 집단, 반군, 범죄 조직이 이를 손에 넣게 되는 상황은 국제 안보에 심각한 위협이 됩니다. 비국가 행위자들은 국제법이나 전쟁 규범을 준수할 가능성이 낮기 때문에, AI 무기를 이용하여 민간인을 대상으로 한 무차별적인 공격이나 테러를 자행할 위험이 큽니다.

AI 드론 여러 대를 이용한 동시다발적인 자폭 테러(swarm attack)를 감행하여 주요 도시의 기반 시설을 마비시키거나 대규모 인명 피해를 발생시킬 수 있습니다. AI 무기의 사용은 공격의 주체를 파악하기 어렵게 만들 수 있습니다. 자율적으로 작동하는 드론이 공격을 감행했을 경우, 누가 이 드론을 보냈는지, 어떤 세력이 배후에 있는지 추적하기가 어려워 책임 규명과 응징이 곤란해질 수 있습니다. 이는 테러리스트들이 처벌 위험 없이 대담하게 공격을 감행하도록 부추길 수 있습니다.

AI 무기는 비대칭 전력을 심화시킬 수 있습니다. 적은 비용으로 획득한 AI 무기를 이용하여 훨씬 강력한 군사력을 가진 국가에게 심각한 피해를 입히거나 사회적 혼란을 일으킬 수 있기 때문입니다. 소형 AI 드론 여러 대를 이용하여 값비싼 전투기나 군함을 무력화시키거나, AI 기반의 사이버 공격을 통해 국가의 중요 전산망을 마비시키는 시나리오가 가능합니다. 이는 기존의 군사력 균형을 뒤흔들고 예측 불가능한 새로운 형태의 분쟁을 야기할 수 있습니다.

특정 지역에서 활동하는 무장 단체들이 AI 무기를 확보하게 되면, 해당 지역의 분쟁이 더 격화되고 장기화될 수 있으며, 주변 국가로 불안정이 확산될 위험도 커집니다.

저비용 AI 무기의 확산과 비국가 행위자의 위협은 AI 시대의 어두운 그림자입니다. 이는 단순히 기술적인 문제를 넘어, 국제적인 무기 통제 노력, 테러 방지 전략, 분쟁 지역의 안정화 노력에 도전을 제기합니다. AI 기술의 발전 속도를 고려할 때, 이러한 위협에 효과적으로 대응하기 위해서는 기술 유출 방지를 위한 국제적인 공조 강화, AI 무기 탐지 및 방어 기술 개발, 그리고 AI 기술의 책임 있는 사용에 대한 국제 규범 마련 등이 시급히 이루어져야 합니다. 그렇지 않으면 AI는 특정 세력에게는 강력한 힘을 실어주는 도구가 되겠지만, 전세계적으로는 불안과 공포를 확산시키는 판도라의 상자가 될 수도 있습니다.

1-1 전쟁의 OODA 루프 단축

미래의 전쟁은 지금 우리가 상상하는 것보다 번개처럼 빠르게 진행될 것입니다. 변화의 핵심에는 인공지능(AI)이 있습니다. AI는 엄청난 양의 정보를 눈 깜짝할 사이에 분석하고, 최적의 대응 방법을 찾아내며, 심지어 명령을 실행하는 과정까지도 획기적으로 단축시킬 수 있습니다.

　이러한 변화를 이해하기 위해서는 '우다 루프(OODA Loop)'라는 개념을 살펴보는 것이 도움이 됩니다. 우다 루프는 관찰(Observe), 판단(Orient), 결심(Decide), 행동(Act)의 네 단계를 반복하는 의사결정 과정입니다. 전투기 조종사였던 존 보이드가 창안한 이 개념은 원래 공중전 승리를 위한 전략이었지만, 지금은 군사 작전뿐만 아니라 경영, 스포츠 등 다양한 분야에서 승부의 법칙으로 활용되고 있습니다.

　전쟁은 지금까지 당연히 인간의 결정과 판단에 의해 수행되었습니다. 적의 움직임을 관찰하고(Observe), 수집된 정보를 바탕으로 현재 상황이 우리에게 유리한지 불리한지를 판단하며(Orient), 어떤 작전을 펼칠지 결심하고(Decide), 최종적으로 명령을 내리고 병사들이 행동(Act)하는 과정을 거칩니다.

　하지만 이 과정에는 치명적인 시간 지체가 따릅니다. 정보를 모으고 전달하는 시간, 상황을 분석하고 이해하는 시간, 여러 선택 중 최선을 고르는 시간, 그리고 명령을 내리고 실행하는 시간 등입니다. 복잡하고 급박하게 돌아가는 전장 상황에서는 인간의 생각 능력과 판단 속도에 절대적인 한계가 있을 수밖에 없습니다. 스트레스나 피로, 감정적인 요인들도 의사결정에 영향을 미치고, 상하 계급 간의 보고와 명령 전달 과정에서도 소중한 시간이 계속 흘러갑니다.

인공지능은 이 모든 과정을 초고속으로 바꿔 놓을 수 있습니다.

'관찰' 단계에서 AI는 인간보다 수백 배 더 많고 다양한 정보를 실시간으로 수집하고 처리할 수 있습니다. 수많은 드론, 위성, 지상 센서 등에서 쏟아지는 영상, 음성, 신호 정보를 AI가 번개 같은 속도로 분석하여 의미 있는 정보만 골라냅니다. 인간이라면 놓칠 수 있는 미세한 변화나 숨겨진 패턴까지도 AI는 순식간에 포착할 수 있습니다.

'판단' 단계에서 AI는 수집된 정보를 기존 자료, 전술 모델 등과 초고속 비교 분석하여 현재 상황을 객관적으로 평가하고 미래를 예측합니다. 적의 가능한 행동 경로를 수십 가지 시나리오로 제시하고, 시나리오별 성공 확률과 위험 요소를 단 몇 초 만에 계산해 냅니다. 인간 지휘관이 경험이나 직감에 의존해야 했던 부분을 AI는 데이터 기반의 냉철한 분석으로 보완하거나 대체할 수 있습니다.

'결심' 단계에서도 AI의 역할은 게임 체인저 수준입니다. AI는 분석 결과를 바탕으로 가장 효과적인 대응 방안이나 공격 계획을 지휘관에게 추천할 수 있습니다. 수많은 변수를 고려하여 최적의 무기 조합, 병력 배치, 공격 시점 등을 실시간으로 제안함으로써 인간 지휘관의 결정을 돕습니다. 특정 상황에서는 미리 설정된 규칙과 교전 수칙에 따라 AI가 직접적인 '행동' 명령까지 내릴 수도 있습니다. 예를 들어 적 미사일이 탐지되었을 때 인간의 개입 없이도 AI가 자동으로 요격 미사일을 발사하도록 하는 시스템을 생각해 볼 수 있습니다.

이렇게 AI가 우다 루프의 전 과정 또는 일부 과정에 개입함으로써 전체 의사결정 및 실행 속도는 비약적으로 빨라지게 됩니다. 적보다 더 빨리 상황을 파악하고, 더 빨리 판단하고, 더 빨리 행동하는 쪽이 전장에서 압도적으로 유리한 위치를 차지하게 되는 것입니다.

전쟁의 속도가 빨라진다는 것은 전투 양상의 완전한 변화를 의미합니다. 며칠 혹은 몇 주에 걸쳐 진행되던 작전이 미래에는 단 몇 시간, 혹은 몇 분 만에 승패가 결정될 수도 있습니다. 전장에서의 시간 개념이 완전히 달라진다는 것을 뜻하며, 상대방의 우다 루프를 방해하거나 나의 우다 루프를 보호하는 것이 생존의 핵심이 됩니다.

적의 센서를 무력화하거나 통신을 교란하여 '관찰'과 '판단'을 방해하고, 사이버 공격을 통해 적의 지휘통제 시스템을 마비시켜 '결심'과 '행동'을 지연시키는 전자전, 사이버전의 중요성이 하늘을 찌르게 될 것입니다. 빠르게 진행되는 전장 상황 속에서 인간 지휘관이 모든 것을 통제하고 책임져야 하는지에 대한 윤리적, 법적 문제도 함께 고민해야 할 것입니다. AI의 판단 오류나 오작동으로 인한 치명적인 결과가 발생할 수도 있기 때문입니다.

AI로 인해 단축되는 우다 루프는 미래 전쟁의 효율성을 극대화시키는 동시에, 우리가 지금까지 경험하지 못했던 새로운 도전 과제들을 던져주고 있습니다.

1-2 무인화, 자율화, 지능화 전쟁의 심화

미래 전쟁의 또 다른 충격적인 특징은 '무인화', '자율화', '지능화'가 급속도로 심화할 것이라는 점입니다. 이 세 가지 개념은 서로 톱니바퀴처럼 맞물려 있으며, 인공지능 기술의 발전에 따라 함께 진화하고 있습니다. 사람이 직접 조종하지 않는 무기 체계가 스스로 판단하고 행동하며, 심지어는 경험을 통해 배우고 발전하는 방향으로 나아가고 있다는 것입니다. 이러한 변화는 전쟁의 방식을 근본적으로 뒤바꾸고, 군인의 역할과 전쟁의 윤리에 대한 새로운 질문들을 폭포수처럼 쏟아내고 있습니다.

'무인화'는 우리에게 이미 익숙한 개념입니다. 원격 조종 드론은 정찰, 감시, 심지어 공격 임무까지 수행하며 현대전에서 핵심적인 역할을 하고 있습니다. 무인화의 가장 큰 장점은 아군 병사의 소중한 목숨을 위험에서 구할 수 있다는 점입니다. 위험한 정찰 임무나 적진 깊숙이 침투하는 작전에 사람 대신 기계를 투입함으로써 생명을 보호할 수 있습니다.

현재는 공중 드론이 가장 널리 알려져 있지만, 앞으로는 바닷속을 탐사하고 기뢰를 제거하는 무인 잠수정(UUV), 지상에서 정찰이나 물자 수송, 전투 임무를 수행하는 무인 차량(UGV) 등 육해공 모든 영역에서 무인 시스템의 활약이 더욱 확대될 것입니다. 병사들이 직접 전투에 나서는 대신, 안전한 후방에서 무인 장비들을 원격으로 제어하거나 관리하는 모습이 점차 일반화될 것입니다.

'자율화'는 무인화에서 한 단계 더 진화한 개념입니다. 단순히 원격 조종되는 것을 넘어, 무기 체계가 스스로 주변 환경을 인식하고 상황을 판단하여 정해진 목표를 달성하기 위해 독자적으로 행동하는 것을 의미합니다. 정찰 드론이 이륙부터 비행, 착륙까지 모든 과정을 사람의 개입 없이 스스로 완벽하게 수행하거나, 적의 공격을 감지했을 때 자동으로 번개 같은 회피 기동을 하는 수준을 넘어설 수 있습니다.

완전 자율화된 무기 시스템은 통신이 끊기거나 전파 방해가 심한 극한 환경에서도 스스로 임무를 지속할 수 있다는 엄청난 장점이 있습니다. 여러 대의 자율 시스템이 서로 협력하여 복잡한 임무를 척척 수행할 수도 있습니다.

하지만 자율화 수준이 높아질수록, 무기 사용에 대한 결정까지 기계에 맡기는 '살상 자율 무기 시스템(Lethal Autonomous Weapons Systems, LAWS)'에 대한 윤리적 논쟁은 더욱 뜨거워지고 있습니다. 기계가 인간의 생사를 결정하는 것에 대한 심각한 도덕적 문제, 오작동이나 예상치 못한 상황 발생 시 책임 소재 문제 등이 불거지고 있습니다.

'지능화'는 자율화된 시스템이 단순히 주어진 프로그램에 따라 행동하는 것을 넘어, 인공지능 기술을 통해 스스로 학습하고 발전하는 능력을 갖추는 것을 의미합니다. 마치 경험 많은 베테랑 병사처럼, AI 무기 체계는 과거의 전투 데이터나 시뮬레이션 결과를 학습하여 새로운 위협에 더 효과적으로 대응하는 방법을 스스로 찾아낼 수 있습니다.

적의 새로운 전술이나 무기 체계를 마주했을 때, 기존의 대응 방식이 통하지 않는다면 AI는 실시간으로 데이터를 분석하여 새로운 회피 기동 패턴을 만들거나 더 효과적인 공격 방법을 즉석에서 고안해 낼 수 있습니다. 여러 AI 시스템이 정보를 공유하고 학습 결과를 나누면서 집단적으로 지능이 향상될 수도 있습니다. 이렇게 지능화된 무기 체계는 변화하는 전장 상황에 훨씬 유연하고 신속하게 적응할 수 있으며, 예측하기 어려운 방식으로 행동하여 적을 혼란에 빠뜨릴 수도 있습니다.

이러한 무인화, 자율화, 지능화는 미래 전쟁의 모습을 완전히 바꿔 놓을 것입니다. 전투는 인간 병사들 간의 직접적인 충돌보다는 무인 및 자율 시스템 간의 치열한 대결로 변해갈 수 있습니다. 인간 군인의 역할은 직접 전투를 수행하는 것에서 자율 시스템을 관리, 감독하고, 최종 의사결정을 내리며, 시스템이 처리하기 어려운 복잡하고 예상치 못한 상황에 대처하는 방향으로 변화할 것입니다.

AI 기반의 사이버 공격이나 정보전을 통해 적의 무인 자율 시스템을 무력화하거나 오작동시키는 것이 승부의 핵심이 될 것입니다. 하지만 이러한 기술 발전은 인류에게 심각한 고민거리를 안겨줍니다. 인간의 통제를 벗어난 자율 살상 무기의 등장은 전쟁의 비극을 더욱 확산시킬 위험이 있으며, AI 시스템 간의 경쟁적인 군비 증강은 국제적인 불안정을 심화시킬 수도 있습니다.

따라서 기술 발전과 함께 윤리적, 법적, 국제적 규범 마련에 대한 진지한 논의와 노력이 반드시 필요합니다. 미래 전쟁의 모습은 결국 기술 자체보다는 그 기술을 어떻게 사용하고 통제할 것인가에 대한 인류의 현명한 선택에 달려있습니다.

1-3 드론 군집(Swarm) 기술의 발전과 영향

드론 군집은 단순히 여러 대의 드론을 동시에 운영하는 것을 넘어, 마치 벌떼나 새 떼처럼 수십, 수백, 심지어 수천 대의 드론들이 인공지능(AI)을 통해 서로 통신하고 협력하며 하나의 목표를 위해 유기적으로 움직이는 혁신 기술을 의미합니다. 군집 전체는 개별 드론의 능력을 합친 것 이상의 강력한 힘을 폭발적으로 발휘할 수 있습니다.

2025년 최신 연구에 따르면, 영국 더럼대학교가 개발한 'T-STAR(-Time-Optimal Swarm Trajectory Planning)' 시스템은 다수의 무인항공기가 서로 실시간으로 소통하며 고속 비행과 안전한 군집 운행을 동시에 달성하는 놀라운 성과를 보여주었습니다. 이는 기존 한계로 작용하던 '속도-안전의 트레이드오프'를 완전히 뒤집은 혁명적 변화입니다.

이러한 드론 군집 기술의 발전은 미래 전장의 양상을 근본적으로 바꿀 잠재력을 가지고 있으며, 기존의 방어 체계를 무력화시킬 수 있는 새로운 위협으로 떠오르고 있습니다.

드론 군집 기술의 핵심은 개별 드론이 중앙의 통제 없이도 스스로 주변 드론들과 소통하며 자율적으로 협력하여 비행하고 임무를 수행하는 데 있습니다. 자연 속의 곤충이나 새들이 리더 없이도 일사불란하게 움직이는 것처럼, AI 알고리즘은 각 드론이 주변 환경과 다른 드론들의 위치 및 상태 정보를 바탕으로 자신의 행동(속도, 방향, 고도 등)을 실시간으로 결정하도록 합니다.

드론 군집은 복잡한 장애물 지형을 뚫고 나가거나, 특정 형태의 대형을 유지하며 비행하고, 목표물을 향해 여러 방향에서 동시에 접근하는 등 정교하고 예측하기 어려운 움직임을 보여줄 수 있습니다. 군집 내 일부 드론이 격추되거나 고장 나더라도 나머지 드론들이 즉각 대형을 재구성하고 임무를 수행할 수 있는 강력한 회복력(resilience)을 가지고 있습니다.

드론 군집은 다양한 군사적 목적으로 활용될 수 있습니다. 대표적인 것은 적의 방공망을 무력화시키는 것입니다. 수많은 소형 드론이 동시에 여러 방향에서 방공 레이더와 미사일 기지를 향해 물밀듯 돌진한다면, 기존의 방어 시스템으로는 모든 드론을 탐지하고 요격하기가 거의 불가능합니다. 일부 드론이 요격되더라도 나머지 드론들이 목표에 도달하여 방어 시스템을 파괴하거나 기능을 마비시킬 수 있습니다. 값비싼 방패를 수많은 값싼 창으로 압도하는 것과 같습니다.

드론 군집은 넓은 지역에 대한 정찰 및 감시에도 매우 효과적입니다. 여러 대의 드론이 넓은 지역에 흩어져 동시에 정보를 수집하고, AI가 이 정보들을 실시간으로 종합 분석하여 전장 상황에 대한 상세하고 입체적인 그림을 제공할 수 있습니다. 일부 드론에는 통신 중계 장비나 전자전 장비를 탑재하여 아군의 통신을 지원하거나 적의 통신 및 레이더를 교란하는 임무를 수행할 수도 있습니다.

더 나아가, 소형 폭탄이나 자폭 기능을 갖춘 공격용 드론으로 구성된 군집은 지상의 병력이나 차량, 주요 시설 등에 대한 직접적인 공격 수단으로 사용될 수도 있습니다. 특히 수중 드론 스웜도 실용화 단계에 접어들고 있습니다. 핀란드의 헬싱은 AI가 탑재된 SG-1 파톰이라는 수중 드론을 개발하여 적 잠수함 및 수상함의 음향 신호를 분류·탐지할 수 있다고 발표했으며, 2025년 북해와 발트해 일대에 실전 배치할 계획입니다.

드론 군집 기술의 발전은 몇 가지 중요한 영향을 미칩니다. 첫째, 전쟁의 비대칭성이 더욱 심화될 수 있습니다. 상대적으로 저렴한 비용으로 만들 수 있는 소형 드론들을 대량으로 활용하는 군집 기술은 첨단 무기 체계를 갖추지 못한 국가나 심지어는 테러 조직에게도 강력한 공격 능력을 제공할 수 있습니다. 이는 새로운 안보 위협으로 작용할 수 있습니다.

둘째, 방어 전략의 완전한 변화를 요구합니다. 개별적인 고성능 요격 미사일 중심의 전통적인 방공망은 드론 군집 공격에 취약할 수 있습니다. 따라서 레이저나 고출력 마이크로웨이브(HPM)와 같은 지향성 에너지 무기(DEW), 다수의 소형 요격 드론을 이용한 대응 시스템, 전파 방해(jamming)나 사이버 공격을 통한 군집 제어 무력화 등 새로운 형태의 '카운터-스웜(counter-swarm)' 기술 개발이 시급해지고 있습니다.

셋째, 도시 지역이나 민간인이 밀집된 지역에서의 전투 양상을 더욱 복잡하게 만들 수 있습니다. 소형 드론 군집은 건물 사이나 좁은 골목 등 기존 무기 체계가 접근하기 어려운 공간에서도 작전 수행이 가능하며, 민간인과 전투원을 구별하기 어려운 환경에서 오인 공격의 위험성을 높일 수 있습니다.

군집 기술은 미래 전쟁의 효율성과 파괴력을 동시에 높이는 양날의 검과 같습니다. 이 기술은 방어보다는 공격에 유리한 측면이 있어 군비 경쟁을 촉발하고 국제적인 긴장을 고조시킬 수 있습니다. 자율적인 판단 능력을 갖춘 드론 군집이 인간의 통제를 벗어나 예측 불가능한 행동을 할 경우, 의도치 않은 확전이나 민간인 피해를 야기할 수도 있습니다.

2-1 Co-pilot 모델과 인간-기계팀

미래 국방 분야에서 인공지능(AI)의 역할이 급속도로 커지고 있지만, 이는 단순히 인간을 대체하는 방향으로만 흘러가는 것은 아닙니다. 오히려 인간과 AI가 서로의 강점을 살려 협력하는 '인간-AI 협력 모델'이 더욱 주목받고 있습니다.

AI는 방대한 데이터를 번개 같은 속도로 처리하고, 지치지 않으며, 복잡한 계산을 순식간에 해낼 수 있는 능력이 있습니다. 반면 인간은 AI가 갖기 어려운 창의성, 윤리적 판단 능력, 예기치 못한 상황에 대한 유연한 대처 능력, 상식에 기반한 추론 능력을 갖추고 있습니다.

따라서 미래 전장에서는 인간과 AI가 마치 한 팀처럼 움직이며 시너지 효과를 내는 것이 핵심 경쟁력이 될 것입니다. 이러한 협력 모델 중 가장 대표적인 것이 바로 '코파일럿(Co-pilot) 모델'과 이를 확장한 개념인 '인간-기계 협업(Human-Machine Teaming, HMT)'입니다.

'코파일럿 모델'은 이름 그대로 비행기의 부조종사 역할에 AI를 비유한 것입니다. 비행기 조종에서 주조종사가 최종적인 책임을 지고 비행기를 조종하지만, 부조종사는 계기판을 확인하고, 통신을 담당하며, 비행경로를 점검하고, 비상 상황 발생 시 주조종사를 돕는 등 다양한 보조 역할을 완벽하게 수행합니다.

이처럼 군사 분야에서의 AI 코파일럿은 인간 지휘관이나 병사가 임무를 수행하는 데 필요한 다양한 지원을 맞춤형으로 제공하는 역할을 합니다. 전투기 조종사가 복잡한 공중전을 벌이는 상황을 생각해 봅시다. 조종사는 적기의 움직임에 집중하며 기체를 조종해야 하는데, 동시에 수많은 레이더 정보, 미사일 경고, 아군과의 통신, 무기 시스템 관리 등 신경

써야 할 일이 너무나 많습니다.

이때 AI 코파일럿은 조종사 대신 레이더 정보를 번개처럼 분석하여 가장 위협적인 적을 찾아주거나, 최적의 회피 기동 경로를 즉시 제안하고, 무기 발사 절차를 간소화해 주며, 연료 상태나 기체 이상 징후를 미리 알려 주는 등의 역할을 수행할 수 있습니다. 이를 통해 조종사는 과도한 정보 부담에서 벗어나 가장 중요한 판단과 조종에 온전히 집중할 수 있게 됩니다.

이러한 코파일럿 모델은 전투기뿐만 아니라 다양한 영역에 적용될 수 있습니다. 탱크 승무원은 AI 코파일럿의 도움을 받아 주변 지형 정보를 분석하고, 숨어 있는 적의 위치를 파악하며, 가장 효과적인 사격 제원을 실시간으로 추천받을 수 있습니다. 정보 분석가는 AI 코파일럿과 함께 방대한 양의 위성 사진이나 감청 자료 속에서 의미 있는 정보를 빠르게 찾아내고, 보고서를 작성하는 데 도움을 받을 수 있습니다.

중요한 것은 AI 코파일럿이 인간을 대체하는 것이 아니라, 인간이 더 나은 결정을 내리고 임무를 더 효과적으로 수행할 수 있도록 '돕는' 역할을 한다는 점입니다. 인간과 AI 사이에 깊은 신뢰가 형성되어야 합니다. 인간은 AI가 제공하는 정보와 제안을 믿을 수 있어야 하고, AI는 자신이 왜 그런 판단을 내렸는지 인간이 이해할 수 있도록 명확하게 설명할 수 있어야 합니다(설명 가능한 AI, XAI). 인간과 AI가 원활하게 소통할 수 있는 사용자 인터페이스 설계도 매우 중요합니다.

'인간-기계 협업(Human-Machine Teaming, HMT)'은 코파일럿 모델에서 더 나아가, 여러 명의 인간과 여러 대의 AI 시스템(로봇, 드론, 소프트웨어 에이전트 등)이 마치 하나의 팀처럼 유기적으로 협력하는 것을 의미합니다. 단순히 인간이 기계를 도구로 사용하는 것을 넘어, 인간과 기계가 서로의 역할과 능력을 이해하고, 공동의 목표를 달성하기 위해 상호 의존적으로 활동하는 관계를 지향합니다.

미래의 보병 분대는 인간 병사들과 함께 물자 수송 로봇, 정찰 드론, 통신 지원 AI 등으로 구성될 수 있습니다. 이들은 실시간으로 정보를 공유하며(상황 공유), 서로의 다음 행동을 예측하고(상호 예측성), 인간의 지시에 따라 AI 시스템이 움직이며(지향성), 때로는 AI 시스템이 먼저 위험을 감지하고 인간에게 경고하는 등(상호 의존성) 긴밀하게 협력하여 작전을 수행하게 됩니다.

물론 몇 가지 도전 과제도 있습니다. 어떻게 인간과 기계 사이에 자연스러운 소통과 신뢰를 구축할 것인가? 복잡하고 역동적인 팀 환경에서 각자의 역할과 책임을 어떻게 명확히 할 것인가? 기계가 윤리적인 딜레마 상황에 처했을 때 어떻게 판단하도록 할 것인가? 등의 문제가 있습니다.

하지만 이러한 어려움에도 불구하고 인간-기계 팀링은 미래 국방의 핵심적인 패러다임으로 자리 잡을 가능성이 높습니다. 인간의 판단력과 AI의 정보처리 능력이 결합될 때, 임무 성공률은 비약적으로 높아지고 아군의 피해는 최소화될 수 있기 때문입니다. 미래 전장의 승패는 얼마나 효과적인 인간-AI 협력 체계를 구축하고 운영하느냐에 달려있다고 해도 과언이 아닐 것입니다.

인간과 AI가 서로 배우고 발전하며 최상의 파트너십을 만들어가는 과정, 이것이 바로 미래 국방이 나아가야 할 방향 중 하나입니다.

2-2 DARPA EMHAT 프로그램

미국 국방고등연구계획국(DARPA)이 진행했던 '인간-자동화 협업을 통한 임무 효율성 향상(Enhancing Mission Effectiveness through Human-Automation Teaming)', 줄여서 EMHAT 프로그램을 살펴보겠습니다. 이 프로그램은 군용 헬리콥터 조종사들이 복잡하고 위험한 임무를 더 안전하고 효과적으로 수행할 수 있도록 AI 기반의 '가상 부조종사'를 개발하는 것을 목표로 했습니다.

헬리콥터 조종은 원래부터 매우 어려운 작업입니다. 낮은 고도에서 비행하며 지형지물을 피해야 하고, 악천후 속에서도 임무를 수행해야 하며, 적의 공격 위협에도 대비해야 합니다. 현대전에서는 조종사가 처리해야 할 정보의 양이 폭발적으로 증가했습니다. 비행계기 정보뿐만 아니라, 각종 센서 데이터, 전술 데이터 링크를 통해 들어오는 아군 및 적군 정보, 통신 내용 등을 동시에 확인하고 판단해야 합니다.

이러한 과도한 정보 부담과 복잡한 조작 요구는 조종사의 피로도를 높이고, 실수할 가능성을 키우며, 임무 실패나 사고로 이어질 수 있습니다.

EMHAT 프로그램은 바로 이러한 문제를 해결하기 위해 시작되었습니다. AI 기술을 활용하여 조종사의 인지적 부담을 덜어 주고, 상황 인식을 향상시키며, 스트레스 지수가 높은 상황에서도 최적의 결정을 내릴 수 있도록 돕는 지능형 보조 시스템을 만드는 것이 핵심 목표였습니다.

EMHAT 프로그램에서 개발된 AI 시스템은 마치 숙련된 부조종사처럼 다양한 역할을 수행하도록 설계되었습니다. 첫째, AI는 헬리콥터의 모든 시스템을 실시간으로 감시합니다. 비행 상태(고도, 속도, 연료 등), 내외부 센서(레이더, 카메라, 적외선 탐지기 등), 통신 장비, 무기 시스템 등 기체 내의 모든 정보를 지속적으로 모니터링합니다.

둘째, 이렇게 수집된 방대한 데이터를 종합적으로 분석하여 조종사에게 유용한 정보만을 선별하여 제공합니다. 전방의 장애물이나 예상치 못한 위협, 적 미사일 발사 등을 감지하면 즉시 경고를 보내고, 현재 연료량으로 비행 가능한 최적의 경로를 추천하며, 복잡한 교전 상황에서 우선적으로 공격해야 할 목표물을 식별해 주는 식입니다.

셋째, AI는 조종사의 부담을 덜어 주기 위해 일부 자동화된 기능을 수행하기도 합니다. 특정 지점에서 자동으로 정지 비행을 하거나, 미리 입력된 경로를 따라 자율 비행하며, 조종사가 다른 중요한 작업에 집중할 수 있도록 통신 채널 관리를 도와주는 등의 역할입니다. 물론, 이러한 자동화 기능은 언제든지 조종사가 직접 제어권을 가져올 수 있도록 설계되었습니다.

AI 부조종사 시스템이 실제로 효과를 발휘하기 위해서는 몇 가지 중요한 기술적 과제들을 해결해야 했습니다. 다양한 종류의 센서에서 들어오는 정보를 정확하게 융합하고 해석하는 기술(센서 퓨전), 조종사의 의도를 파악하고 상황에 맞게 적응적으로 반응하는 기계 학습 알고리즘, 그리고 조종사가 직관적으로 AI와 상호작용할 수 있는 인터페이스(음성 명령, 시선 추적, 헬멧 장착 디스플레이 등) 개발이 필수적이었습니다.

특히 중요한 것은 '신뢰' 문제입니다. 조종사는 AI 시스템을 믿고 의지할 수 있어야 하지만, 동시에 시스템의 한계를 인지하고 맹신하지 않아야 합니다. 이를 위해 AI가 왜 특정 제안을 하는지 그 이유를 설명해 주는 '설명 가능한 AI(XAI)' 기술이 중요하게 다루어졌습니다. 실제 비행 환경과 유사한 고도의 시뮬레이션 환경에서 수많은 테스트를 거쳐 시스템의 안전성과 성능을 철저히 검증하는 과정이 필요했습니다.

EMHAT 프로그램에서 얻어진 기술은 전투기, 무인기, 지상 차량, 함정 등 다른 많은 무기 체계에도 적용될 수 있는 잠재력을 가지고 있습니다. 이 프로그램은 AI가 단순히 인간을 대체하는 것이 아니라, 인간의 능력을 증강시키고 보완하는 '협력적 파트너'로서 발전하고 있음을 보여줍니다.

물론, AI 시스템의 오작동 가능성이나 해킹 위협, 그리고 AI에게 어느 정도의 자율성을 부여할 것인가에 대한 윤리적 문제 등은 앞으로도 계속해서 고민하고 해결해 나가야 할 과제입니다. 하지만 EMHAT과 같은 선구적인 연구 개발 노력은 인간과 AI가 함께 만들어 갈 미래 국방의 모습을 구체화하고 있으며, 더 안전하고 효과적인 국방 시스템을 향한 중요한 발걸음이라고 평가할 수 있습니다.

3-1   신뢰성, 설명 가능성(XAI), 안전성 강화

인공지능(AI) 기술은 국방 분야에 혁신적인 변화를 가져올 엄청난 잠재력을 지니고 있습니다. 하지만 이 강력한 기술을 실제 군사 작전에 적용하기 위해서는 반드시 넘어야 할 중요한 과제들이 있습니다. AI 시스템이 인간의 생명과 국가 안보에 직결되는 결정을 내리거나 보조하는 역할을 하게 될수록, 그 시스템에 대한 깊은 '신뢰'가 바탕이 되어야 합니다.

이러한 신뢰는 저절로 생겨나는 것이 아니라, AI 시스템이 얼마나 믿을 수 있게 작동하는지(신뢰성), 왜 그런 결정을 내렸는지 이해할 수 있는지(설명 가능성), 그리고 예기치 않은 위험 없이 안전하게 운영될 수 있는지(안전성)를 꾸준히 증명하고 강화해 나갈 때 비로소 얻어질 수 있습니다. 이 세 가지 요소, 즉 신뢰성, 설명 가능성, 안전성은 미래 국방 AI 기술 발전의 핵심 기둥이라고 할 수 있습니다.

먼저 '신뢰성(Reliability)'은 AI 시스템이 주어진 임무를 얼마나 일관되고 정확하게 수행하는지를 의미합니다. 국방 환경은 예측 불가능한 변수가 많고 극한 상황이 자주 발생합니다. 데이터에 잡음이 섞이거나, 적의 전파 방해 공격을 받거나, 이전에 학습하지 못했던 새로운 유형의 위협에 직면하는 경우에도 AI 시스템은 흔들림 없이 기능을 발휘해야 합니다.

만약 AI 시스템이 중요한 순간에 오작동하거나 잘못된 판단을 내린다면, 이는 단순히 임무 실패를 넘어 아군 오인 사격, 민간인 피해, 심지어는 의도치 않은 분쟁 확산과 같은 치명적인 결과를 초래할 수 있습니다. 따라서 국방 AI의 신뢰성은 다른 어떤 분야보다도 높은 수준으로 요구됩니다.

이를 위해 개발 과정에서부터 엄격하고 다양한 환경에서의 테스트와 평가(T&E)가 필수적입니다. AI 모델이 특정 데이터에만 과도하게 의존하여 새로운 상황에 취약해지는 문제(과적합)를 해결하고, 적대적인 공격(예: AI를 속이기 위해 의도적으로 입력된 데이터)에도 강인하게 버틸 수 있는 견고한 AI 아키텍처를 개발하는 연구가 활발히 진행되고 있습니다. AI가 자신의 판단에 대해 얼마나 확신하는지를 스스로 평가하고, 불확실성이 높을 때는 인간에게 도움을 요청하는 기능 또한 신뢰성을 높이는 중요한 요소입니다.

다음으로 '설명 가능성(Explainability, XAI)'은 AI가 내린 결정이나 예측의 근거를 사람이 이해할 수 있는 방식으로 제시하는 능력을 말합니다. 많은 첨단 AI 기술, 특히 딥러닝과 같은 모델은 마치 '블랙박스'처럼 작동 원리를 파악하기 어려운 경우가 많습니다. AI가 어떤 결과를 도출했지만, 왜 그런 결과가 나왔는지 그 과정을 알 수 없다면 인간 사용자는 그 결과를 선뜻 신뢰하기 어렵습니다.

특히 군사 작전과 같이 중대한 결정을 내려야 하는 상황에서는 AI의 제안을 맹목적으로 따르기보다는, 그 제안이 합리적인 근거에 기반한 것인지 판단할 수 있어야 합니다. 설명 가능한 AI는 바로 이 지점에서 중요한 역할을 합니다. AI가 "이 목표물이 적군일 확률은 95%이며, 그 이유는 이러이러한 특징들이 관측되었기 때문입니다."와 같이 자신의 판단 근거를 명확히 제시한다면, 인간 지휘관은 이 정보를 바탕으로 더욱 신중하고 정확한 최종 결정을 내릴 수 있습니다.

AI 시스템에 오류가 발생했을 때 그 원인을 찾아 해결하고, AI의 잠재적인 편향성을 감지하고 수정하는 데에도 설명 가능성은 필수적입니다. 인간과 AI가 효과적인 팀을 이루어 협력하기 위해서도 서로의 '생각'을 이해할 수 있는 설명 가능성은 핵심적인 요소입니다.

마지막으로 '안전성(Safety)'은 AI 시스템이 작동 중에 의도치 않은 피해를 발생시키지 않고, 미리 정해진 안전 규정과 교전 규칙(ROE)을 철저히 준수하며 운영되는 것을 보장하는 것입니다. 단순히 기술적인 오류를 방지하는 것을 넘어, AI가 윤리적인 기준과 법규의 테두리 안에서 행동하도록 설계하고 관리하는 것을 포함합니다.

무기 시스템에 AI가 탑재될 경우, 민간인이나 아군을 적으로 오인하여 공격하는 등의 끔찍한 사고를 예방하는 것은 최우선 과제입니다. AI 시스템이 해킹이나 사이버 공격에 의해 탈취되어 악용될 위험에도 대비해야 합니다.

안전성을 확보하기 위해서는 AI 시스템 내부에 강력한 '안전장치(guardrails)'를 마련해야 합니다. AI가 특정 행동(예: 민간인 보호 구역 공격)을 절대로 할 수 없도록 제한하거나, 시스템이 심각한 오류를 보일 경우 자동으로 작동을 멈추는 기능을 탑재하는 것입니다. AI 시스템이 아무리 발전하더라도 최종적인 무력 사용 결정에는 반드시 인간이 의미 있는 수준에서 개입하고 통제할 수 있는 '의미 있는 인간 통제(Meaningful Human Control)' 원칙을 확보하는 것이 중요합니다.

AI 시스템의 설계 단계부터 안전성을 고려하고, 다양한 시나리오를 가정한 시뮬레이션과 실제 환경에서의 엄격한 테스트를 통해 잠재적인 위험 요소를 지속적으로 찾아내고 개선해야 합니다.

신뢰성, 설명 가능성, 안전성은 국방 AI 기술이 책임감 있고 효과적으로 발전하기 위한 필수 불가결한 요소들입니다. 이 세 가지는 서로 분리된 것이 아니라 깊이 연관되어 있습니다. 설명 가능성이 부족하면 신뢰성을 확보하기 어렵고, 신뢰성과 안전성이 부족한 AI는 실제 작전에 투입될 수 없습니다.

따라서 이 분야에 대한 지속적인 연구 개발 투자와 함께, 기술적인 노력뿐만 아니라 제도적, 윤리적 차원에서의 고민과 노력이 병행되어야 할 것입니다. 미래 국방 AI는 단순히 더 똑똑하고 강력해지는 것을 넘어, 더욱 믿을 수 있고, 투명하며, 안전한 방향으로 진화해야 합니다.

3-2 AI 윤리 및 안전 기준에 대한 국제적 논의

인공지능(AI) 기술, 특히 국방 분야에서의 AI 활용은 단순히 한 국가의 문제를 넘어 전세계적인 관심과 영향을 미치는 중대한 사안입니다. AI 기술의 발전 속도가 매우 빠르고 그 영향력이 크기 때문에, 각국이 독자적으로만 기술 개발과 활용 정책을 추진할 경우 예기치 못한 위험을 초래하거나 국제적인 불안정을 심화시킬 수 있습니다.

특정 국가가 인간의 개입 없이 스스로 판단하여 공격하는 '완전 자율 살상 무기'를 개발하여 배치한다면, 이는 다른 국가들의 군비 경쟁을 촉발하고 우발적인 충돌의 위험을 높일 수 있습니다. AI 시스템의 오류나 오작동이 국경을 넘어 피해를 입힐 수도 있습니다.

따라서 국방 AI 기술의 윤리적 문제와 안전 기준에 대한 국제적인 논의와 협력의 필요성이 급격히 커지고 있습니다. 세계가 함께 고민하고 공통의 규범을 만들어 나가야 합니다.

국제 사회에서 주로 논의되는 쟁점 중 하나는 '살상 자율 무기 시스템(Lethal Autonomous Weapons Systems, LAWS)', 흔히 '킬러 로봇'이라고 불리는 무기에 관한 것입니다. 기계가 인간의 생명을 빼앗는 결정을 내리도록 허용하는 것이 윤리적으로 옳은가에 대한 근본적인 질문에서부터 시작하여, 과연 AI가 복잡한 전장 상황에서 국제법의 원칙들, 예를 들어 민간인과 전투원을 구별하는 '구별의 원칙'이나 군사적 필요성과 민간인 피해 사이의 균형을 맞추는 '비례의 원칙'을 제대로 지킬 수 있을지에 대한 현실적인 우려까지 다양한 논의가 이루어지고 있습니다.

일부 국가들과 시민 사회 단체들은 완전 자율 살상 무기의 개발과 사용을 전면적으로 금지해야 한다고 주장하는 반면, 일부 국가들은 기술의 잠재적 이점을 고려하여 신중한 개발과 규제를 통해 관리해야 한다는 입장을 보이기도 합니다. 이러한 논의는 주로 유엔(UN) 산하의 특정재래식무기금지협약(CCW) 정부 전문가 그룹(GGE) 회의를 중심으로 이루어지고 있지만, 각국의 입장 차이로 인해 아직 구속력 있는 합의에는 이르지 못하고 있습니다.

LAWS 문제 외에도 국제적 논의가 필요한 중요한 주제들이 많습니다. 첫째, AI 기반 군비 경쟁의 위험성입니다. 각국이 경쟁적으로 더 강력한 군사 AI 개발에 몰두할 경우, 마치 과거 핵무기 경쟁처럼 국제적인 불안정을 심화시키고 불필요한 군비 지출을 초래할 수 있습니다. AI 시스템 간의 상호작용이 예측 불가능한 방식으로 전개되어 의도치 않게 위기를 고조시킬 위험도 있습니다. 따라서 국가 간 투명성을 높이고, 오해를 줄이며, 신뢰를 구축하기 위한 조치나 군비 통제 방안에 대한 논의가 필요합니다.

둘째, AI 시스템이 국제인도법을 준수하도록 설계하고 사용하는 문제입니다. AI가 복잡한 전장 상황에서 윤리적 딜레마에 직면했을 때 어떻게 행동해야 하는지, 그리고 만약 AI 시스템이 전쟁 범죄에 연루되었을 경우 그 책임은 누구에게 있는지에 대한 기준 마련이 시급합니다.

셋째, AI 학습 데이터에 내재된 편향성 문제입니다. 특정 인종, 성별, 국적 등에 대한 편견을 가진 데이터로 AI를 학습시킬 경우, AI가 차별적인 결정을 내릴 위험이 있습니다. 이는 군사 작전에서 특정 집단에 대한 부당한 표적화나 피해로 이어질 수 있으므로, 데이터의 공정성과 AI의 편향성 완화를 위한 기술적, 정책적 노력이 필요합니다.

국제적 논의가 순탄하게 진행되는 것만은 아닙니다. 각국의 안보 이익과 전략적 판단이 다르고, AI 기술에 대한 윤리적 관점도 문화권마다 차이가 있을 수 있습니다. AI 기술은 발전 속도가 매우 빨라 국제적인 합의나 법규 마련이 기술 발전을 따라가기 어려운 측면도 있습니다.

이러한 어려움에도 불구하고, 국방 AI의 윤리와 안전 기준에 대한 국제적 논의를 지속하고 심화시키는 것은 매우 중요합니다. 설령 당장 구속력 있는 조약이나 규제를 만들기 어렵다 하더라도, 지속적인 대화와 정보 교환을 통해 국가 간의 오해를 줄이고 공통의 이해를 넓혀 나갈 수 있습니다. 이는 잠재적인 위험을 관리하고, AI 기술이 인류에게 더 안전하고 유익한 방향으로 발전하도록 유도하는 데 기여할 수 있습니다.

비공식적인 전문가 회의, 공동 연구 프로젝트, 윤리 원칙 선언 등 다양한 형태의 협력을 통해 책임감 있는 AI 개발 및 사용에 대한 국제적인 공감대를 형성해 나가는 노력이 필요합니다.

---

4   다른 첨단 기술과 융합

인공지능(AI) 기술은 그 자체만으로도 강력하지만, 다른 첨단 기술과 만났을 때 그 잠재력은 더욱 폭발적으로 증가합니다. 미래 국방 분야에서 AI는 6G 통신, 양자 컴퓨팅, 디지털 트윈, 메타버스 등 다양한 첨단 기술과 융합되면서 이전에는 상상하기 어려웠던 새로운 가능성을 열어가고 있습니다. 이러한 기술 융합은 미래 전장의 모습을 근본적으로 바꾸고, 군사 작전의 효율성과 효과성을 극대화하는 핵심 동력이 될 것입니다.

4-1 6G 통신 기반 실시간 제어

인공지능이 제대로 작동하기 위해서는 마치 우리 몸의 신경계처럼 빠르고 안정적인 정보 전달 통로가 필수적입니다. AI가 방대한 데이터를 학습하고, 분석 결과를 공유하며, 원격지의 로봇이나 드론에게 명령을 내리는 모든 과정에 통신 기술이 깊숙이 관여합니다. 현재 사용되는 4G LTE나 위성 통신 등은 때때로 속도가 느리거나 지연 시간이 길어 실시간성이 중요한 군사 작전에는 한계가 있을 수 있습니다.

다가올 6세대 이동통신(6G)은 국방 AI의 활용 방식을 혁신적으로 바꿀 잠재력을 가지고 있습니다. 6G는 단순히 데이터 전송 속도만 빨라지는 것이 아니라, 초연결이라는 특징을 통해 AI 기반의 실시간 제어와 대규모 협업을 가능하게 합니다.

5G 기술의 핵심 특징은 크게 세 가지로 요약할 수 있습니다. 첫째, '초고속(eMBB)'입니다. 이는 기존 4G보다 훨씬 빠른 속도로 대용량 데이터를 주고받을 수 있게 합니다. 정찰 드론이 촬영한 고화질 영상을 끊김 없이 실시간으로 지휘 본부로 전송하거나, 방대한 양의 전장 센서 데이터를 신속하게 AI 분석 서버로 보내는 것이 가능해집니다.

둘째, '초저지연(URLLC)'입니다. 이는 데이터를 보내고 받는 데 걸리는 시간(지연 시간)을 거의 느낄 수 없을 정도로 줄이는 기술입니다. 1밀리초(1/1000초) 수준의 지연 시간은 인간이 거의 인지할 수 없는 속도로, 위험 지역에 투입된 로봇이나 드론을 마치 게임을 하듯 정밀하게 원격 조종하는 것을 가능하게 합니다. AI가 상황을 인지하고 판단하여 행동하는 OODA 루프의 속도를 극단적으로 단축시키는 데에도 핵심적인 역할을 합니다.

셋째, '초연결(mMTC)'입니다. 이는 좁은 지역 안에서도 수많은 기기들을 동시에 네트워크에 연결할 수 있는 능력입니다. 수백, 수천 대의 드론으로 구성된 군집이나 전장의 모든 병사, 차량, 센서 등을 하나로 묶는 '전장 사물 인터넷(IoBT)' 환경을 구축하는 데 필수적인 기술입니다.

6G 기술은 5G의 이러한 특징들을 더욱 강화하는 동시에 새로운 기능들을 추가할 것으로 기대됩니다. 5G보다 최대 50배 빠른 속도, 10분의 1 수준의 지연 시간, 더욱 향상된 신뢰성과 보안성을 목표로 연구가 진행 중입니다. 6G 시대에는 통신 네트워크 자체가 주변 환경을 감지하는 센서 역할을 하거나(통합 감지 및 통신), AI 기능이 통신 시스템 자체에 내장되어(AI 네이티브 네트워크) 더욱 지능적인 통신 서비스가 가능해질 전망입니다.

지상뿐만 아니라 위성, 항공기 등을 통합하여 하늘과 우주 공간까지 끊김 없이 연결하는 입체적인 네트워크 구축도 6G의 중요한 목표 중 하나입니다.

이러한 통신 기술의 발전은 국방 AI의 활용 범위를 크게 넓힐 것입니다. 초저지연 통신은 위험 지역에 투입된 무인 차량이나 로봇을 안전한 후방에서 정밀하게 원격 제어하는 것을 가능하게 하여 인명 피해를 줄일 수 있습니다. 부상당한 병사를 원격 수술 로봇을 통해 신속하게 치료하거나, 폭발물 처리 로봇을 미세하게 조종하는 등의 활용을 생각해 볼 수 있습니다.

초고속, 초연결 특성은 전장의 수많은 센서로부터 얻어지는 방대한 데이터를 실시간으로 수집하고 AI가 분석하여, 지휘관에게 전장 상황에 대한 훨씬 정확하고 포괄적인 정보를 제공할 수 있게 합니다(향상된 상황 인식).

수천 대의 드론이 서로 긴밀하게 통신하며 일사불란하게 움직이는 대규모 군집 작전을 가능하게 하고, 물류 시스템과 연동하여 보급품 요청부터 배송까지의 전 과정을 자동화하고 최적화하는 지능형 군수 지원 체계를 구축하는 데에도 핵심적인 역할을 할 것입니다.

병사들이 착용한 증강현실(AR) 안경에 실시간으로 적군 위치나 작전 정보를 표시해 주거나, 여러 부대가 가상현실(VR) 환경에서 합동 훈련을 하는 등 실감 나는 훈련 및 작전 지원 환경 구축에도 빠른 통신은 필수적입니다.

물론 도전 과제도 있습니다. 네트워크는 국가의 핵심 인프라이기 때문에 적의 사이버 공격이나 전파 방해에 취약할 수 있습니다. 네트워크 자체의 보안성과 생존성을 확보하는 것이 무엇보다 중요합니다. 전장과 같이 열악한 환경에 안정적인 5G/6G 인프라를 구축하고 유지하는 것도 큰 어려움이며, 필요한 주파수를 확보하고 보호하는 문제, 그리고 동맹국 간 시스템의 상호 운용성을 확보하는 문제 등도 고려해야 합니다.

이러한 과제에도 불구하고, 5G/6G 통신 기술은 미래 국방 AI의 잠재력을 최대한 발휘하기 위한 필수적인 기반 기술로서, 앞으로 더욱 중요성이 커질 것이 분명합니다. 미래 전장이 AI와 초연결 네트워크를 기반으로 더욱 빠르고 지능적으로 변화할 것임을 보여주고 있습니다.

4-2 양자 컴퓨팅과 AI의 결합

현재 우리가 사용하는 인공지능(AI)은 대부분 0 또는 1의 값을 가지는 비트(bit)를 기반으로 작동하는 '일반 컴퓨터' 위에서 실행됩니다. 하지만 최근 주목을 받고 있는 '양자 컴퓨팅(Quantum Computing)'은 전혀 다른 원리로 작동하며, 특정 문제에 대해서는 일반 컴퓨터가 수백만 년 걸려도 풀기 어려운 계산을 단 몇 시간 또는 몇 분 만에 해결할 수 있는 엄청난 잠재력을 가지고 있습니다.

양자 컴퓨터는 0과 1의 상태를 동시에 가질 수 있는 '큐비트(qubit)'라는 단위를 사용하고, 여러 큐비트가 서로 복잡하게 얽혀 상호작용하는 '중첩(superposition)'과 '얽힘(entanglement)'과 같은 양자역학 현상을 활용하여 연산을 수행합니다.

양자 컴퓨팅 기술과 AI가 결합하는 '양자 AI' 또는 '양자 기계 학습 (Quantum Machine Learning, QML)' 분야는 아직 초기 연구 단계에 있지만, 미래 국방 분야에 혁명적인 변화를 가져올 가능성을 품고 있습니다.

2024년 12월 구글이 공개한 차세대 양자칩 '윌로우(Willow)'는 그 정점을 보여주었습니다. 세계에서 가장 빠른 슈퍼컴퓨터로는 10의 25제곱 (10^{25}) 년이 걸리는 문제를 윌로우칩으로 단 5분 만에 해결했다는 것이 구글의 주장입니다. 처리 시간이 획기적으로 짧아 전력 소비 문제에서도 비교적 자유롭다는 장점이 있습니다.

양자 컴퓨팅이 특별한 강점을 보이는 분야는 특히 복잡한 '최적화 문제'를 푸는 것입니다. 수많은 경로 중에서 가장 효율적인 군수 물자 보급로를 찾거나, 제한된 무기 자원을 가장 효과적으로 여러 목표물에 할당하는 문제, 신소재나 신약 개발 과정에서 무수히 많은 분자 조합 중 최적의 구조를 찾아내는 문제 등이 해당합니다.

일반 컴퓨터로는 해결하는 데 엄청난 시간이 걸리는 이러한 문제들을 양자 컴퓨터는 훨씬 빠르게 풀어낼 수 있습니다. AI는 이러한 복잡한 문제 상황을 정의하고 데이터를 분석하는 역할을 하고, 양자 컴퓨터는 AI가 정의한 문제의 최적 해답을 신속하게 찾아내는 방식으로 시너지 효과를 낼 수 있습니다.

양자 컴퓨터는 현재 우리가 사용하는 대부분의 암호 체계(예: RSA 암호)를 빠르게 풀어낼 수 있는 능력을 갖추고 있습니다. 이는 양자 컴퓨터를 가진 적이 아군의 비밀 통신이나 중요 정보를 쉽게 빼낼 수 있다는 심각한 안보 위협을 의미합니다. 따라서 양자 컴퓨터 시대에 대비하여 기존 암호 체계를 대체할 새로운 '양자내성 암호(PQC)'를 개발하고 적용하는 것이 시급한 과제가 되었으며, AI는 이러한 새로운 암호 알고리즘을 설계하고 검증하는 데 도움을 줄 수 있습니다.

반대로, AI가 양자 알고리즘과 결합하여 적의 암호 해독 능력을 향상시키는 데 사용될 수도 있습니다.

양자 컴퓨팅은 AI 모델 자체의 성능을 향상시키는 데에도 기여할 수 있습니다. 일부 연구에서는 양자 알고리즘을 사용하여 특정 유형의 기계 학습 모델 훈련 속도를 획기적으로 높일 가능성을 보여주고 있습니다. 양자 현상을 기반으로 하는 새로운 형태의 AI 모델, 예를 들어 '양자 신경망(Quantum Neural Network)'은 일반 AI로는 파악하기 어려운 복잡한 패턴을 인식하거나 더 어려운 문제를 해결할 수 있는 잠재력을 가지고 있습니다.

나아가, 양자 컴퓨터는 물질의 미시 세계를 정밀하게 시뮬레이션할 수 있습니다. 새로운 소재를 개발하거나, 백신이나 치료제를 설계하는 데 활용될 수 있습니다. AI는 이러한 양자 시뮬레이션 과정을 최적화하고 결과분석을 돕는 역할을 할 수 있습니다. 극도로 민감한 '양자 센서' 개발에도 양자 컴퓨팅과 AI가 기여할 수 있는데, 이는 GPS 신호 없이도 정확한 항법을 가능하게 하거나, 숨어 있는 잠수함이나 지하 시설을 탐지하는 등 국방 역량을 크게 향상시킬 수 있습니다.

양자 컴퓨팅과 AI의 결합은 아직 가야 할 길이 멉니다. 안정적으로 작동하는 대규모 양자 컴퓨터를 만드는 것 자체가 엄청난 기술적 도전 과제이며, 양자 컴퓨터는 외부 환경 변화에 매우 민감하여 오류가 발생하기 쉽습니다. 오류를 효과적으로 보정하는 기술 개발이 필수적입니다.

어떤 문제들이 실제로 양자 컴퓨터를 통해 이득을 얻을 수 있는지, 그러한 문제들을 풀기 위한 효율적인 양자 알고리즘을 개발하는 것도 중요한 연구 분야입니다. 방대한 양의 데이터를 양자 컴퓨터에 입력하고 결과를 출력하는 과정의 효율성을 높이는 것, 그리고 현재로서는 매우 비싸고 특수한 극저온 환경 등을 요구하는 양자 컴퓨터의 접근성을 높이는 것도 해결해야 할 과제입니다.

양자 컴퓨팅과 AI의 융합은 장기적으로 국방 분야에 지대한 영향을 미칠 잠재력을 가지고 있습니다. 계산 속도를 높이는 것을 넘어, 암호 체계, 소재 과학, 센서 기술, 최적화 문제 해결 능력 등 군사력의 근간을 이루는 여러 영역에서 혁신적인 변화를 가져올 수 있습니다.

아직 초기 단계이지만, 주요 국가들은 양자 기술의 중요성을 인식하고 막대한 투자를 하고 있으며, 이는 미래의 국가 경쟁력과 안보에 결정적인 영향을 미칠 수 있음을 시사합니다. 양자 컴퓨팅과 AI의 결합 가능성에 대한 지속적인 연구와 기술 동향 파악은 미래 국방을 준비하는 데 매우 중요하다고 할 수 있습니다.

4-3 디지털 트윈, 메타버스와 연계

'디지털 트윈(Digital Twin)'과 '메타버스(Metaverse)'는 현실 세계를 가상 공간에 정밀하게 복제하고, 그 안에서 다양한 상호작용을 가능하게 하는 기술입니다. 이러한 기술들이 인공지능(AI)과 결합될 때, 국방 분야에서는 무기 체계의 설계 및 시험, 군사 훈련, 작전 계획 수립, 군수 지원 등 다양한 영역에서 혁신적인 변화를 가져올 수 있습니다. 현실 세계의 문제를 가상 세계에서 미리 풀어보고 최적의 해답을 찾아 현실에 적용하는 것과 같아서, 효율성을 높이고 위험은 줄이는 강력한 도구가 될 수 있습니다.

'디지털 트윈'은 현실 세계에 존재하는 물리적인 자산(예: 전투기 엔진, 함정, 군사 기지)이나 과정을 가상 공간에 똑같이 구현한 것을 의미합니다. 단순히 3D 모델을 만드는 것을 넘어, 실제 대상과 실시간으로 데이터를 주고받으며 상태를 모니터링하고, 앞으로 발생할 일을 예측하며, 다양한 시나리오를 시뮬레이션할 수 있는 '살아 있는' 가상 모델입니다.

전투기 엔진의 디지털 트윈은 엔진에 부착된 수많은 센서로부터 실시간으로 온도, 압력, 진동 등의 데이터를 받아 분석합니다. AI는 이 데이터를 기반으로 엔진의 현재 상태를 진단하고, 앞으로 발생할 수 있는 고장을 예측하여 최적의 정비 시점을 알려줄 수 있습니다.

이를 통해 갑작스러운 고장으로 인한 사고를 예방하고, 정비 효율성을 높여 전투기의 가동률을 극대화할 수 있습니다. 새로운 무기 체계를 개발할 때, 실제 시제품을 만들기 전에 가상 공간에서 디지털 트윈을 만들어 수많은 성능 시험과 설계 변경을 반복할 수 있습니다. AI는 이 과정에서 수천, 수만 번의 시뮬레이션을 자동으로 수행하여 최적의 설계를 찾는 데 도움을 줄 수 있으며, 이는 개발 기간과 비용을 획기적으로 단축시킬 수 있습니다.

특정 작전 지역의 지형, 건물, 도로망 등을 위성 사진, 드론 영상, 센서 데이터 등을 이용해 정밀한 디지털 트윈으로 구축하고, AI를 활용하여 다양한 작전 시나리오(예: 시가지 전투, 인질 구출 작전)를 시뮬레이션해 볼 수도 있습니다. 이를 통해 실제 작전에 투입되기 전에 발생 가능한 위험 요소를 미리 찾아내고 가장 효과적인 전술을 개발하는 '가상 작전 예행 연습'이 가능해집니다.

'메타버스'는 여러 사용자가 아바타를 통해 접속하여 상호 작용하고 다양한 활동을 할 수 있는 지속적이고 공유된 가상 공간을 의미합니다. 흔히 가상현실(VR)이나 증강현실(AR) 기술과 결합되어 높은 몰입감을 제공합니다.

국방 분야에서 메타버스는 주로 훈련과 협업 환경을 혁신하는 데 활용될 수 있습니다. 전세계 각지에 흩어져 있는 병사들이 메타버스 공간에 구축된 가상의 전장에서 만나 함께 합동 훈련을 실시할 수 있습니다. 실제와 거의 흡사하게 구현된 환경 속에서 복잡한 전술 훈련이나 위험한 상황 대처 훈련을 안전하게 반복적으로 수행할 수 있으며, AI는 이 가상 전장에서 현실적인 행동 패턴을 보이는 적군이나 민간인 역할을 수행하여 훈련의 현실감을 극대화할 수 있습니다.

지휘관과 참모들이 물리적으로 떨어져 있더라도 메타버스 공간의 가상 지휘 통제실에 모여 전장 상황을 시각화된 3D 정보(예: 디지털 트윈으로 구현된 작전 지역 위에 표시되는 아군 및 적군 위치, 실시간 센서 데이터)를 보며 토론하고, AI가 제안하는 다양한 작전 방안을 검토하며 공동으로 작전 계획을 수립할 수도 있습니다.

현장의 병사가 복잡한 장비 수리 문제에 직면했을 때, 메타버스를 통해 원격지의 전문가가 AR 안경 등을 통해 병사가 보는 화면을 공유하며 실시간으로 수리 과정을 안내하고 지시 사항을 시각적으로 표시해 주는 원격 지원도 가능해집니다.

디지털 트윈과 메타버스가 제대로 기능하기 위해서는 AI의 역할이 필수적입니다. AI는 현실 세계로부터 들어오는 방대한 센서 데이터를 처리하여 디지털 트윈을 최신 상태로 유지하고, 가상 환경 내에서 물리 법칙, 기상 변화, 사람들의 행동 등 복잡한 현상을 현실감 있게 시뮬레이션합니다.

디지털 트윈이나 메타버스 환경에서 생성되는 막대한 양의 데이터를 분석하여 숨겨진 패턴을 찾아내고, 미래를 예측하며, 최적의 방안을 제안하는 역할을 수행합니다. 훈련 시나리오에서는 AI가 실제 인간처럼 생각하고 행동하는 가상 적군이나 협력군 역할을 수행하여 훈련의 효과를 극대화합니다.

물론 몇 가지 과제도 있습니다. 정확한 디지털 트윈을 구축하고 유지하기 위해서는 방대한 양의 고품질 데이터가 지속적으로 필요하며, 강력한 컴퓨팅 자원과 네트워크가 요구됩니다. 다양한 시스템과 플랫폼 간의 상호 운용성을 확보하고 표준을 마련하는 것, 가상 환경 내의 민감한 정보

유출이나 악의적인 공격으로부터 시스템을 보호하는 보안 문제도 중요합니다.

마지막으로, 사용자인 군 장병들이 새로운 기술 환경에 익숙해지고 효과적으로 활용할 수 있도록 충분한 교육과 훈련이 필요합니다.

AI 기술과 디지털 트윈, 메타버스의 융합은 미래 국방의 모습을 혁신적으로 변화시킬 잠재력을 가지고 있습니다. 가상 공간에서의 정밀한 분석, 예측, 시뮬레이션, 몰입감 있는 훈련과 협업 환경을 통해 군사 작전의 효율성과 안전성을 크게 향상시키고, 의사결정의 질을 높이며, 새로운 위협에 대한 대응 능력을 강화할 수 있을 것으로 기대됩니다. 이는 현실 세계의 위험과 비용을 줄이면서도 국방 역량을 극대화할 수 있는 패러다임을 제시하고 있습니다.

5   기술 통제와 미래 설계

인공지능(AI) 기술이 국방 분야에 가져올 변화는 단순히 군사적인 차원을 넘어 인류 전체의 미래와 안보에 깊은 영향을 미칩니다. AI라는 강력한 도구를 손에 쥐게 되었지만, 이 도구를 어떻게 사용하고 통제할 것인지에 대한 책임 또한 함께 가지게 되었습니다. AI 기술의 눈부신 발전 속도만큼이나, 잠재적 위험과 윤리적 문제들에 대해 고민하고 현명하게 대처해야 합니다.

국가 간의 AI 군비 경쟁 가능성, 국제적인 규범 부재, 기술 발전이 인간의 존엄성과 안전을 위협할 수 있다는 우려 속에서, 인류는 기술을 현명하게 통제하고 모두에게 이로운 미래를 설계해야 하는 중대한 과제에 직면해 있습니다.

5-1 AI 군비 경쟁 속 현명한 선택

인공지능 기술이 군사적으로 매우 유용하다는 사실이 알려지면서, 세계 각국은 경쟁적으로 국방 AI 기술 개발에 나서고 있습니다. 뒤처지면 안보에 심각한 위협이 될 수 있다는 불안감이 경쟁을 부추기고 있습니다. 과거 냉전 시대의 핵무기 경쟁처럼, 끝없는 'AI 군비 경쟁'으로 이어질 수 있다는 우려를 낳고 있습니다.

통제되지 않는 군비 경쟁은 막대한 자원의 낭비를 초래할 뿐만 아니라, 국가 간의 불신과 긴장을 높여 오히려 안보를 위협하고 우발적인 충돌의 위험을 증가시킬 수 있습니다. 특히 AI 기술은 인간의 개입 없이도 기계의 속도로 작동하고 판단할 수 있기 때문에, 예기치 못한 방식으로 갈등이 확산될 가능성도 있습니다.

그렇다면 AI 군비 경쟁 속에서 '현명한 선택'이란 무엇일까요?

AI 시스템의 통제 가능성과 안전성을 확보하는 데 투자가 필요합니다. AI가 아무리 발전하더라도 중요한 결정, 인간의 생명을 다루는 결정에 대해서는 인간의 통제가 반드시 유지되어야 한다는 원칙을 보장해야 합니다. 이를 위해 AI 시스템의 작동 과정을 투명하게 이해하고, 예기치 않은 오류나 오작동을 방지하며, 만일의 사태에 대비한 안전장치를 마련하는 노력이 필수적입니다. AI 시스템이 이 원칙들을 잘 준수하는지 철저하게 검증하고 평가하는 절차를 강화해야 합니다.

경쟁국 간에도 투명성을 높이고 대화를 지속해야 합니다. 서로 어떤 종류의 AI 기술을 개발하고 있으며, 어떤 원칙하에 운용할 것인지에 대해 정보를 교환하고 소통함으로써 불필요한 오해와 불신을 줄일 수 있습니다. 마치 핵무기 시대에 강대국 간 '핫라인'을 설치하여 우발적인 핵전쟁을 막으려 했던 노력과 유사합니다. AI 기술의 오작동이나 예상치 못한 충돌 상황 발생 시 신속하게 소통하고 위기를 관리할 수 있는 채널을 마련하는 등 '신뢰 구축 조치(CBMs)'를 적극적으로 모색해야 합니다.

윤리적인 원칙을 확고히 지켜야 합니다. 단기적인 군사적 이익을 위해 윤리적인 기준을 타협하려는 유혹을 경계해야 합니다. 특히 인간의 존엄성과 생명권을 침해할 소지가 있는 AI 기술의 개발 및 사용에 대해서는 국내적으로나 국제적으로나 강력한 윤리적 가이드라인을 설정하고 이를 철저히 준수해야 합니다. 이러한 윤리적 기준은 단순히 도덕적인 문제를 넘어, 장기적으로 국제 사회의 규범을 형성하고 안정성을 유지하는 데 중요한 역할을 할 수 있습니다.

AI 군비 경쟁이 가져올 파국적인 결과를 생각할 때, 우리는 이러한 어려움을 극복하고 책임감 있는 자세로 기술 발전을 이끌어 가야 합니다. 단기적인 이익보다는 장기적인 안정과 평화를 추구하는 전략적 지혜가 필요한 시점입니다. AI 군비 경쟁은 피할 수 없는 숙명이 아니라, 우리의 선택에 따라 그 방향과 속도를 조절할 수 있는 과제임을 인식해야 합니다.

5-2 국제적 규범 형성과 협력의 중요성

국방 분야에서의 AI는 그 영향력이 국경을 넘어서기 때문에 어느 한 국가의 노력만으로는 효과적으로 관리하고 통제하기 어렵습니다. AI 시스템의 오류나 오작동이 국경을 넘어 피해를 줄 수 있으며, 위험한 AI 기술이 불안정한 국가나 테러 단체에 확산될 경우 전세계적인 안보 위협이 될 수 있습니다. AI 군비 경쟁이 심화되면 국제적인 불안정이 고조되고 평화가 위협받을 수 있습니다.

이러한 이유로 국방 AI 기술의 개발과 사용에 대한 국제적인 규범을 만들고 국가 간 협력을 강화하는 것이 매우 중요합니다. 핵무기나 화학무기처럼 인류에게 심각한 위협이 될 수 있는 기술에 대해 국제 사회가 함께 규칙을 만들고 관리해 왔듯이, AI 기술에 대해서도 책임감 있는 사용을 위한 공동의 노력이 필요합니다.

국제적인 규범 형성과 협력이 중요한 이유는 여러 가지입니다. 첫째, 예측 가능하고 안정적인 국제 환경을 조성하는 데 기여합니다. 각국이 어떤 원칙하에 국방 AI를 개발하고 사용할 것인지에 대한 공통의 이해와 규칙이 있다면, 서로의 의도를 오해하거나 잘못된 판단을 내릴 위험을 줄일 수 있습니다. 위기 상황에서 의도치 않은 갈등 확산을 방지하는 데 중요합니다.

둘째, 인류 보편의 가치를 보호하는 데 필수적입니다. 국제적인 규범은 AI 기술의 개발과 사용이 인권, 민주주의, 법치주의와 같은 기본적인 가치를 침해하지 않도록 보장하는 역할을 합니다. 특히 인간의 존엄성과 생명권을 존중하고, 전쟁 상황에서도 국제인도법의 원칙이 지켜지도록 하는 데 중요한 기준이 됩니다.

셋째, 기술 발전의 혜택을 공유하고 위험을 공동으로 관리하는 기반을 제공합니다. AI 기술은 질병 진단, 재난 예측 등 인류에게 유익한 분야에도 크게 기여할 수 있습니다. 국제 협력을 통해 이러한 긍정적인 활용을 촉진하는 동시에, AI 기술의 오용이나 악용으로 인한 위험(예: AI 기반 사이버 공격, 가짜 뉴스 확산)에 공동으로 대응할 수 있습니다.

넷째, 무분별한 확산을 방지하는 데 효과적입니다. 특히 스스로 판단하여 공격하는 자율 살상 무기와 같은 위험한 기술이 책임감 없는 국가나 비국가 행위자에게 넘어가지 않도록 통제하기 위해서는 국제적인 공조와 합의가 필수적입니다.

국제적인 규범을 형성하고 협력을 이루는 방식은 다양합니다. 가장 강력한 형태는 법적 구속력을 가지는 '조약'이나 '협약'을 체결하는 것입니다. 특정 유형의 AI 무기(예: 완전 자율 살상 무기)의 개발이나 사용을 금지하거나 제한하는 국제 조약을 맺는 것을 생각해 볼 수 있습니다. 하지만

AI 기술의 특성상 검증이 어렵고 각국의 이해관계가 첨예하게 대립하여 구속력 있는 조약을 만드는 것은 매우 어려운 과정입니다.

현실적으로는 법적 구속력은 없지만 각국의 행동에 영향을 미치는 '연성법(Soft Law)'이나 비공식적인 합의를 통해 규범을 형성해 나가는 노력이 활발하게 이루어지고 있습니다. 국가들이 자발적으로 따르기로 약속하는 '행동 규범'이나 '윤리 원칙 선언', '모범 사례 공유' 등이 있습니다.

미국과 중국과 같은 주요 국가 간의 '양자 대화'를 통해 군사 AI의 위험성에 대한 공감대를 형성하고 오해를 줄이며, 위기관리 채널을 구축하는 것도 중요한 협력 방식입니다. 유엔(UN)이나 주요 7개국(G7), 경제협력개발기구(OECD)와 같은 다자 국제기구는 이러한 논의를 위한 중요한 플랫폼을 제공하며, 다양한 국가들이 참여하여 의견을 교환하고 합의를 도출하는 장이 됩니다.

정부 관계자뿐만 아니라 학계 전문가, 기업 관계자, 시민 사회 단체 등이 참여하는 비공식적인 대화 채널도 새로운 아이디어를 발굴하고 공식적인 협상을 촉진하는 데 중요한 역할을 합니다.

당연히 어려움이 따릅니다. 각국의 주권 문제, 군사 기술의 비밀주의, 검증의 어려움, 강대국 간의 경쟁 구도, 그리고 AI 기술의 빠른 발전 속도 등이 주요 장애물입니다. 하지만 이러한 어려움에도 불구하고, 지속적인 대화와 협력을 통해 공동의 이해를 넓히고 신뢰를 구축하려는 노력을 멈추어서는 안 됩니다.

국방 AI라는 강력하고 잠재적으로 위험한 기술 앞에서 인류가 나아가야 할 방향은 폐쇄적인 경쟁이 아니라 개방적인 협력입니다. 이 기술이 가져올 미래가 디스토피아가 아닌 유토피아에 더 가까워지도록 하기 위해서는, 국제 사회 전체의 지혜를 모으고 책임감 있는 규범을 함께 만들어 나가는 노력이 무엇보다 중요합니다. 이것이 바로 우리 시대에 주어진 중요한 과제입니다.

5-3 기술 발전과 인류 안보의 조화

인공지능(AI)을 비롯한 첨단 기술의 발전은 인류에게 전례 없는 가능성을 활짝 열어주고 있습니다. 질병 정복, 기후 변화 대응, 생산성 향상 등 다양한 분야에서 긍정적인 변화를 이끌 잠재력을 가지고 있습니다. 국방 분야에서도 AI는 더 정확한 정보 분석을 통해 위협을 미리 감지하고, 정밀 유도 기술로 민간인 피해를 줄이며, 위험한 임무를 로봇에게 맡겨 인명 손실을 예방하는 등 안보 강화에 기여할 수 있는 측면이 있습니다.

하지만 동시에 기술 발전은 인류 안보에 새로운 그림자를 드리우기도 합니다. 스스로 판단하여 공격하는 자율 무기의 등장은 전쟁의 문턱을 낮추고 인간의 통제를 벗어난 확전 위험을 높일 수 있으며, AI를 활용한 사이버 공격이나 가짜 정보 유포는 사회 혼란과 국가 간 불신을 심화시킬 수 있습니다.

AI 기반 자동화로 인한 대규모 실직은 경제적 불평등과 사회 불안을 야기할 수 있으며, AI를 이용한 감시 시스템은 개인의 자유와 프라이버시를 침해할 우려도 있습니다. 이처럼 기술 발전은 양날의 검과 같아서, 인류 안보를 향상시키는 것뿐 아니라 위협할 수도 있습니다.

따라서 우리의 과제는 기술 발전을 무조건적으로 추구하거나 막연히 두려워하는 것이 아니라, 기술이 진정으로 '인류 안보(Human Security)'에 기여하도록 그 방향을 현명하게 이끌고 조화시키는 것입니다.

'인류 안보'는 단순히 국가의 영토나 주권을 지키는 전통적인 '국가 안보' 개념을 넘어, 모든 개인이 폭력, 빈곤, 질병, 환경 파괴 등 다양한 위협으로부터 벗어나 안전하고 존엄하게 살아갈 권리를 포괄하는 더 넓은 의미입니다. 즉, 기술 발전이 국가의 군사력 강화에만 기여하는 것이 아니라, 궁극적으로 모든 사람의 삶의 질을 향상시키고 평화롭고 지속 가능한 미래를 만드는 데 기여해야 한다는 것입니다.

기술 개발 초기 단계부터 잠재적인 위험과 사회적 영향을 신중하게 고려하고, 기술의 혜택은 최대화하면서 부정적인 영향은 최소화하려는 노력이 필요합니다.

기술 발전과 인류 안보를 조화시키기 위한 구체적인 노력은 여러 방향에서 이루어져야 합니다. 첫째, '인간 중심의 기술 설계' 원칙을 확립해야 합니다. 기술은 인간을 위한 도구이지, 그 자체가 목적이 되어서는 안 됩니다. 따라서 AI를 포함한 모든 기술은 개발 단계부터 인간의 가치, 윤리, 복지를 최우선으로 고려하여 설계되어야 합니다.

인간의 생명과 안전에 직접적인 영향을 미치는 국방 AI 시스템의 경우, 인간의 판단과 책임을 대체하는 것이 아니라 보조하고 강화하는 방향으로 개발되어야 합니다.

둘째, 강력하고 효과적인 '거버넌스 체계'를 구축해야 합니다. 기술 발전 속도를 고려하여 국내법과 국제 규범을 지속적으로 정비하고, AI 기술의 개발과 사용에 대한 명확한 규칙과 기준을 마련해야 합니다. 규칙이 잘 지켜지는지 감독하고 위반 시 책임을 물을 수 있는 제도적 장치가 필요합니다. 정부뿐만 아니라 기업, 연구 기관, 시민 사회 등 다양한 주체들의 참여와 협력이 필수적입니다.

셋째, '의미 있는 인간 통제' 원칙을 확고히 유지해야 합니다. AI 시스템이 아무리 발전하더라도, 특히 무력 사용과 같이 돌이킬 수 없는 결과를 초래하는 결정에 대해서는 최종적인 판단과 책임이 인간에게 있어야 합니다. 이를 기술적으로, 그리고 절차적으로 어떻게 보장할 것인지에 대한 구체적인 방안을 마련하고 사회적 합의를 이루는 것이 중요합니다.

넷째, AI 시스템의 '투명성'과 '책임성'을 확보해야 합니다. AI가 어떻게 작동하고 어떤 근거로 판단을 내리는지 이해할 수 있어야 그 결과를 신뢰하고 잘못을 바로잡을 수 있습니다. AI 시스템으로 인해 문제가 발생했을 경우 누가 어떻게 책임을 질 것인지에 대한 명확한 기준과 절차가 마련되어야 합니다.

다섯째, AI 알고리즘과 학습 데이터에 내재될 수 있는 '편향성' 문제를 해결하기 위해 노력해야 합니다. AI가 특정 집단에게 불리하거나 차별적인 결정을 내리지 않도록, 데이터 수집 단계부터 알고리즘 설계, 시스템 평가에 이르기까지 공정성을 확보하기 위한 기술적, 제도적 노력이 필요합니다.

여섯째, AI 시스템의 '안전성'과 '보안' 연구에 대한 투자를 강화해야 합니다. AI가 오작동하거나 해킹당했을 때 발생할 수 있는 심각한 피해를 예방하기 위해, 시스템 자체의 견고성을 높이고 외부 공격으로부터 보호하는 기술을 지속적으로 개발해야 합니다.

일곱째, 기술 변화에 대한 사회적 적응력을 높여야 합니다. AI와 자동화로 인한 일자리 변화에 대비하여 교육 시스템을 개혁하고, 직업 전환 훈련 프로그램을 강화하며, 사회 안전망을 확충하는 등의 노력이 필요합니다. 시민들이 AI 기술을 올바르게 이해하고 사회적 논의에 참여할 수 있도록 디지털 리터러시 교육을 강화하고 공론의 장을 활성화해야 합니다.

기술 발전과 인류 안보의 조화는 21세기를 살아가는 우리 모두에게 주어진 가장 중요하고 시급한 과제입니다. 단순히 기술적인 문제를 넘어, 윤리적 성찰, 정치적 결단, 사회적 합의, 그리고 국제적인 협력이 필요한 복합적인 문제입니다.

우리는 기술 발전의 잠재력을 최대한 활용하되, 그 과정에서 인간의 존엄성과 안전, 그리고 평화와 공존이라는 가치를 잃지 않도록 끊임없이 성찰하고 노력해야 합니다. 미래 세대가 더 안전하고 풍요로운 세상에서 살아갈 수 있도록, 기술을 현명하게 통제하고 인류 전체의 안녕을 증진시키는 방향으로 미래를 설계해 나가야 할 책임이 우리에게 있습니다. 강력한 AI 시대를 맞이하는 인류의 진정한 사명일 것입니다.

인공지능, 전쟁의 패러다임을 바꾼다

130만 대의 하늘을 가득 메운 깨달음

과거 병사들이 칼과 총을 들고 맞서던 전쟁터는 이제 완전히 달라졌습니다. 하늘에 수많은 드론이 떠다니고, 수천 km 밖에서 버튼 하나로 승부가 결정 나는 시대가 되었습니다. 2025년 현재, 전쟁은 더 이상 사람의 전쟁이 아닙니다. 기계의 전쟁, 데이터의 전쟁, 그리고 인공지능의 전쟁이 되었습니다.

러시아-우크라이나 전쟁이 보여준 충격적 진실이 있습니다. 우크라이나가 2024년 한 해 동안 투입한 드론이 무려 130만 대라는 사실입니다. 365로 나눈다면 하루 평균 3,500대가 넘는 드론이 하늘을 날며 전장의 판도를 바꾸었습니다. 숫자의 문제가 아니라 전쟁의 DNA 자체가 바뀌었다는 신호입니다. 우크라이나의 FPV 드론 조달량을 2025년 450만 대를 계획하고 있고, 전년도의 두 배에 달합니다. 우크라이나가 2025년 6월 실행한 '스파이더 웹 작전'은 AI 전쟁의 새로운 장을 열었습니다. 러시아 내부에 소형 자폭 드론 여러 기가 적재된 컨테이너를 몰래 반입한 후 기지 근처까지 트럭으로 운반한 후 러시아의 통신망과 미리 학습된 이미지 기반 인공지능을 이용해 드론을 유도하여 러시아의 대형기들을 핀 포인트 타격했습니다.

이 작전의 놀라운 점은 무엇입니까? 우크라이나에서 4,300km나 떨어져 있는 이르쿠츠크의 벨라야 기지 등 장거리 전략 공군기지들이 주 공격대상이 되었고 극동지역을 담당하는 폭격기들도 상당수 파괴된 것으로 알려졌습니다. 거리의 제약이 완전히 사라진 것입니다.

드론 한 대의 가격은 약 275만 원. 반면 미군의 고급 드론 MQ-9 리퍼는 400억 내외입니다. 전쟁 공식을 뒤바꾼 작은 혁명인 것입니다. 탱크 한 대가 수십억 원, 전투기 한 대가 1,000억 원대였습니다. 하지만 이제 몇백만 원짜리 드론 하나가 수십억 원짜리 탱크를 무력화시킵니다. "이제 병사들은 전선 근처에서 작전을 수행하지 않습니다. 모든 것이 드론과 AI의 몫입니다."

다섯 개 체스판을 동시에 두는 복잡함

현대 전쟁의 복잡함은 인간의 상상을 뛰어넘습니다. 육지, 바다, 하늘은 물론 우주와 사이버 공간까지 다섯 개의 전장이 동시에 펼쳐집니다. 마치 다섯 개의 체스판을 동시에 두는 것과 같습니다. 그런데 각 체스판의 말들이 서로 영향을 주고받으며 움직인다면? 인간의 두뇌로는 도저히 따라갈 수 없는 복잡함입니다. 정보의 홍수가 더해집니다. 위성에서 쏟아지는 실시간 영상, 드론이 수집하는 수만 장의 사진, 통신 감청으로 얻는 음성 데이터, 소셜미디어에서 흘러나오는 각종 정보들. 매 순간 빅데이터의 쓰나미가 몰려옵니다. 초음속 미사일은 몇 분 만에 수천 km를 날아가고, 사이버 공격은 눈 깜짝할 사이에 시스템 전체를 마비시킵니다. 몇 초의 판단 지연이 곧바로 패배로 직결되는 세상입니다.

AI, 생존의 필수 조건이 되다

이런 상황에서 인공지능은 선택이 아닌 생존의 필수 조건이 되었습니다. AI는 인간이 도저히 처리할 수 없는 방대한 데이터를 순식간에 분석합니다. 수천 개의 표적을 수초 내에 식별하고, 24시간 쉬지 않고 경계 근무를 섭니다. 가장 놀라운 점은 스스로 학습하고 진화한다는 것입니다.

한국도 이 변화의 물결에 발맞춰 나가고 있습니다. '미래국방 2030 기술 전략: 드론' 프로젝트를 통해 166개 핵심기술을 도출하고, 국방주도 확보 기술 87개, 민간주도 확보기술 66개, 민군협력 확보기술 13개로 세분화하여 드론 기술 로드맵을 수립했습니다.

더 구체적인 성과도 나오고 있습니다. 방위사업청은 2025년 '대드론 하드킬 근접방호체계'를 개발하며 드론을 잡는 드론을 만들고 있습니다. 적의 중형 자폭 무인기가 아군 주요 시설이나 장비에 접근할 때, 자체 탐지레이더로 이를 탐지한 후 일정 거리 안으로 들어오면 요격 드론을 순차적으로 발사해 격추하는 무기 체계입니다.

'지능형 전자기전 기반 대드론 대응 체계'도 개발 중입니다. 전차에 장치를 부착해 드론, 자폭 드론 등을 재밍(전파 방해)으로 무력화하는 체계로, 전 방향에서 수신되는 원격 제어 신호를 탐지하여 위협 신호로 인지되면 자동으로 전자기전 재밍을 수행합니다.

2017년, 저는 20대 국회의원으로서 '한미 미사일지침 폐기 촉구 결의안'을 발의했습니다. 당시만 해도 "굴욕적 제약"이라고 불렸던 이 지침이 2021년 완전 해제되면서, 우리나라는 42년 만에 미사일 주권을 되찾았습니다. 과학기술정보방송통신위원회에서 활동하며 일찌감치 기술 혁신의 중요성을 강조했던 이유가 여기에 있습니다.

저는 이렇게 주장했습니다: "한미 미사일지침은 구속력 있는 국제조약이나 법규가 아니며, 책임 있는 양국 대표가 서명한 공식 문서가 존재하지 않는 일종의 가이드라인일 뿐입니다. 중대한 주권 포기임에도 공식 외교절차나 정식 효력도 없이 시작된 한미 미사일지침은 약 40년간 군사주권은 물론 관련 산업 발전을 가로막는 중대한 제약이었습니다." 그 결의안이 현실이 된 지금, 이는 단순히 미사일 사거리의 문제가 아니라 기술 자주권과 국방 혁신의 상징이었음이 증명되었습니다. 현재 국방부 정책 자문위원으로서 AI 시대 국방 정책의 방향을 제시하면서, 그때의 선견지명이 옳았음을 실감하고 있습니다. AI가 만능은 아닙니다. 드론의 급속한 확산과 함께 '안티 드론' 기술도 빠르게 발전하고 있습니다. 전쟁사가 보여주는 영원한 진리입니다. 더 강한 창이 나오면 더 단단한 방패가 나타나고, 더 단단한 방패가 나오면 그것을 뚫는 창이 등장합니다. AI 시대의 군비경쟁은 이제 막 시작되었습니다.

기술이 국가 운명을 결정하는 시대

이제 한 국가의 생존은 영토의 크기나 인구수로 결정되지 않습니다. 어떤 기술을 가졌느냐가 그 나라의 운명을 좌우합니다. 러시아 대통령 푸틴이 "AI를 지배하는 자가 세계를 지배할 것"이라고 말한 것도, 중국이 천문학적 예산을 AI 개발에 쏟아붓는 것도 다 이런 이유에서입니다.

우리나라는 이미 K-방산이라는 브랜드로 전세계에 우리의 기술력을 입증했습니다. 하지만 진짜 게임은 이제 시작입니다. AI와 결합한 미래 무기 체계에서 우위를 점할 수 있느냐가 앞으로 50년 대한민국의 운명을 결정할 것입니다.

평화의 가치

역설적이게도, 전쟁이 점점 더 비인간적이 되어갈수록 평화의 가치는 더욱 빛을 발합니다. AI 드론들이 하늘을 가득 메우고, 자율 무기들이 스스로 판단해 공격하는 시대에 우리가 진정 원하는 것은 무엇입니까? 로마의 전략가 베게티우스가 말했듯이 "평화를 원하거든 전쟁에 대비하라."는 말은 여전히 유효합니다. 하지만 이제 그 '대비'의 차원이 달라졌습니다. 단순히 무기를 많이 만드는 것이 아니라, 더 똑똑한 무기, 더 지능적인 방어 체계를 갖추는 것입니다.

미래를 향한 선택의 기로

인공지능이 전쟁의 패러다임을 완전히 바꾸어놓은 세상, 기술이 국가의 운명을 좌우하는 시대를 목격했습니다. 이제 우리 앞에는 선택의 기로가 놓여 있습니다. AI 혁명의 주도권을 쥘 것입니까, 아니면 뒤처져 종속될 것입니까? 2017년 미사일 지침 폐기를 주장하며 외쳤던 "기술 주권"의 메시지가 그 어느 때보다 절실하게 다가옵니다.

기술로 평화를 지키는 시대

미래는 이미 시작되었습니다. 그리고 그 미래는 인공지능과 함께 쓰여지고 있습니다. 이제 우리가 해야 할 일은 명확합니다. 더 빠르게, 더 똑똑하게, 더 앞서서 이 변화의 물결을 타고 나가는 것입니다. 한반도의 평화는 더 이상 협상 테이블에서만 만들어지지 않습니다. 연구실과 공장에서, 코드와 알고리즘 속에서 만들어집니다. 기술로 평화를 지키는 시대, 그것이 바로 우리가 맞이한 새로운 현실입니다. 우리는 이 기술을 평화를 위해 사용할 수 있습니다. 더 정확한 방어, 더 인도적인 작전, 더 안전한 세상을 만들 수 있습니다. 그것이 바로 우리가 추구해야 할 방향입니다. 미래는 우리 손에 달려 있습니다.

1장 인공지능, 국방의 새 지평
국내

리카이푸. (2019). 《AI 슈퍼파워, 중국, 실리콘밸리 그리고 새로운 세계 질서》. 박세정·조성숙 옮김. 이콘.

샘 J. 탕그레디(Sam J. Tangredi)·조지 갈도리시(George Galdorisi). (2025). 《AI AT WAR 전쟁의 게임 체인저, AI》. 김성훈·김진우 옮김. 박영사.

양우진. (2025). 《AI와 전쟁》. 커뮤니케이션북스.

폴 샤레. (2021). 《새로운 전쟁, 인공지능과 로봇은 전쟁을 어떻게 바꿀 것인가?》. 박선령 옮김. 커넥팅.

헨리 A. 키신저·에릭 슈밋·대니얼 허튼로커. (2023). 《AI 이후의 세계》. 김고명 옮김. 윌북.

Christian Brose. (2022). 《킬 체인》. 최영진 옮김. 박영사.

해외

Huttenlocher, D., Schmidt, E., Kissinger, H. A. (2022). *The age of AI: And our human future*. Back Bay Books.

Rashid, A. B., Kausik, A. K., Sunny, A. A. H., Bappy, M. H. (2023). Artificial intelligence in the military: An overview of the capabilities, applications, and challenges. *International Journal of Intelligent Systems*, 2023, Article 8676366. https://downloads.hindawi.com/journals/ijis/2023/8676366.pdf

Scharre, P. (2019). *Army of None: Autonomous weapons and the future of war*. New York, W. W. Norton & Company.

Tegmark, M. (2017). *Life 3.0: Being human in the age of artificial intelligence*. Vintage Books.

2장 보이지 않는 눈과 귀
국내

국회예산정책처. (2025). 〈AI 무기체계 현황 및 시사점: AI 드론을 중심으로〉. 《NABO 포커스》, 제87호.

차순형·김경태·서주희. (2025). 〈현대 분쟁에서 무인항공기의 군사적 활용 전략: 사례 기반 분석〉. 《한국재난정보학회 논문집》. 한국재난정보학회.

최형옥. (2025). 《전장의 창과 방패, 드론: 전쟁의 얼굴이 바뀌고 있다 그 변화의 중심에는 드론이 있다》. 북코리아.

Celander, L. (2025). 《드론전쟁: How Drones Fight》. 정홍용 옮김. 플래닛미디어.

해외

Defense News. (2024. 8. 8.). Cheap first-person-view drones now hunting larger prey in Ukraine. https://www.defensenews.com/global/europe/2024/08/08/cheap-first-person-view-drones-now-hunting-larger-prey-in-ukraine/

ECS. (2025). THE NGA MAVEN PROGRAM – Maintaining Decision Advantage on the Battlefield. https://ecstech.com/wp-content/uploads/2025/11/ECS-Maven-Overview-Slick.pdf

Frantzman, S. J. (2021). *Drone Wars: Pioneers, Killing Machines, Artificial Intelligence, and the Battle for the Future*. PiBoox-Paulsen.

Michel, A. H. (2019). *Eyes in the Sky: The Secret Rise of Gorgon Stare and How It Will Watch Us All*. Houghton Mifflin Harcourt.

Shield AI. (2022). Nova 2 (Brochure). https://www.epequip.com/wp-content/uploads/2022/07/Shield-AI-Nova-2_Brochure_EPE_Branded.pdf

3장 똑똑해진 창과 방패

국내

김문국·신인태·이재국. (2023). 〈현대 전쟁에서의 드론 역할 분석을 통한 차세대 드론 발전 방향 연구: 걸프 전쟁부터 우크라이나 전쟁까지를 중심으로〉. 《한국산학기술학회논문지》, 24(11). 한국산학기술학회.

김지원·양종민. (2025). 〈인공지능의 군사적 활용: 글로벌 트렌드가 한국에 주는 함의〉. 《KISDI Perspectives》, 2월호. 정보통신정책연구원.

유재명·길병옥. (2023). 〈AI 공격용 드론 개발 방향 및 시사점〉. 《한국방위산업학회지》, 30(2). 한국방위산업학회.

조상근·Zhytko, A.·김기원·손인근·박상혁. (2023). 〈군사혁신(RMA) 측면에서 바라본 우크라이나군의 지능화 전투사례 연구〉. 《로봇학회 논문지》, 18(2). 한국로봇학회.

차순형·김경태·서주희. (2025). 〈현대 분쟁에서 무인항공기의 군사적 활용 전략: 사례 기반 분석〉. 《한국재난정보학회 논문집》. 한국재난정보학회.

최형옥. (2025). 《전장의 창과 방패, 드론: 전쟁의 얼굴이 바뀌고 있다 그 변화의 중심에는 드론이 있다》. 북코리아.

해외

Army Technology. (2020. 8. 31.). Uran-9 Unmanned Ground Combat Vehicle. https://www.army-technology.com/projects/uran-9-unmanned-ground-combat-vehicle/

DARPA. (n.d.). ACE: Air Combat Evolution. https://www.darpa.mil/research/programs/air-combat-evolution

DefenseScoop. (2024. 4. 17.). Pentagon takes AI dogfighting to next level in real-world flight tests against human F-16 pilot. https://defensescoop.com/2024/04/17/darpa-ace-ai-dogfighting-flight-tests-f16/

Wikipedia. (2016). Uran-9. https://en.wikipedia.org/wiki/Uran-9

4장 AI 기반 지휘 통제

국내

김선웅. (2025). 〈근미래 전장에서의 AI 기반 다영역 지휘통제체계 발전방향〉. 《한국군사문제연구원》, 10월호. 한국군사문제연구원.

김지원·양종민. (2025). 〈인공지능의 군사적 활용: 글로벌 트렌드가 한국에 주는 함의〉. 《KISDI Perspectives》, 2월호. 정보통신정책연구원.

박재혁·김진규. (2025). 〈JADC2 구현을 위한 국방 AI 파운데이션 모델 적용 전략: 한국군 지휘통제체계를 중심으로〉. 《한국IT서비스학회지》. 한국IT서비스학회.

양욱. (2022). 〈모자이크전을 통한 결심 중심전의 미래전〉. 《아산리포트》, 12월호. 아산정책연구원.

오상진. (2025). 《메타파워: AI 시대의 미래 군사력》. 메디치미디어.

이창은·손진희·박혜숙·이소연·박상준·이용태. (2021). 〈지휘관들의 의사결정지원을 위한 AI 군참모 기술동향〉. 《전자통신동향분석》, 36(1). 한국전자통신연구원(ETRI).

한창희·이종관. (2019). 〈국방 AI 지휘통제 플랫폼 구축방안〉. 《한국통신학회논문지》, 44(11). 한국통신학회.

해외

C4ISRNET. (2024. 5. 30.). Palantir wins contract to expand access to Project Maven AI tools. https://www.c4isrnet.com/artificial-intelligence/2024/05/30/palantir-wins-contract-to-expand-access-to-project-maven-ai-tools/

CSIS. (2022. 2. 15.). Project Convergence: An Experiment for Multidomain Operations. https://www.csis.org/analysis/project-convergence-experiment-multidomain-operations

Defense News. (2025. 3. 7.). Palantir delivers first 2 next-gen targeting systems to Army. https://www.defensenews.com/land/2025/03/07/palantir-delivers-first-2-next-gen-targeting-systems-to-army/

RAND Corporation. (2021). Joint All-Domain Command and Control for Modern Warfare: An Assessment of Implications for Air Force Intelligence, Surveillance, and Reconnaissance (RR-4408-AF).

https://www.rand.org/content/dam/rand/pubs/research_reports/RR4400/RR4408z1/RAND_RR4408z1.pdf

Schlosser, E. (2014). *Command and Control: Nuclear Weapons, the Damascus Accident, and the Illusion of Safety*. Penguin Group USA.

U.S. Department of Defense. (2022. 3. 17.). Summary of the Joint All-Domain Command and Control (JADC2) Strategy. https://media.defense.gov/2022/Mar/17/2002958406/-1/-1/1/SUMMARY-OF-THE-JOINT-ALL-DOMAIN-COMMAND-AND-CONTROL-STRATEGY.PDF

5장 AI 기반 군수, 병참

국내

김지원·양종민. (2025. 2.). 〈인공지능의 군사적 활용: 글로벌 트렌드가 한국에 주는 함의〉. 《KISDI Perspectives》. 정보통신정책연구원.

어제이 애그러월·조슈아 갠즈·아비 골드파브 (2019). 《예측 기계》. 이경남 옮김. 생각의힘.

오상진. (2025). 《메타파워: AI 시대의 미래 군사력》. 메디치미디어.

이은아·김용민. (2022. 4.). 〈국방 군수분야 설명가능 인공지능 도입 방안〉. 《국방논단》. 한국국방연구원(KIDA).

해외

Agrawal, A., Gans, J., & Goldfarb, A. (2022. 11. 15.). *Prediction Machines, Updated and Expanded: The AI Revolution Revisited*. Harvard Business Review Press.

Defense News. (2024. 12. 18.). US Army extends Palantir's contract for its data-harnessing platform. https://www.defensenews.com/land/2024/12/18/us-army-extends-palantirs-contract-for-its-data-harnessing-platform/

DefenseScoop. (2023. 5. 10.). Air Force selects AI-enabled predictive maintenance program as system of record. https://defensescoop.com/2023/05/10/air-force-selects-ai-enabled-predictive-maintenance-program-as-system-of-record/

6장   AI와 사이버 보안

국내

김지원·양종민. (2025. 2.). 〈인공지능의 군사적 활용: 글로벌 트렌드가 한국에 주는 함의〉. 《KISDI Perspectives》. 정보통신정책연구원.

데이비드 E. 생어. (2019). 《퍼펙트 웨폰: 핵보다 파괴적인 사이버 무기와 미국의 새로운 전쟁》. 정혜윤 옮김. 미래의창.

오상진. (2025). 《메타파워: AI 시대의 미래 군사력》. 메디치미디어.

하정우·한상기. (2023). 《AI 전쟁: 글로벌 인공지능 시대 한국의 미래》. 한빛비즈.

하정우·한상기. (2025). 《AI 전쟁 2.0: AI 세계 전쟁의 실체와 대한민국의 전략 카드》. 한빛비즈.

해외

DARPA. (2024. 10. 31.). SABER: Securing Artificial Intelligence for Battlefield Effective Robustness. https://www.darpa.mil/research/programs/saber-securing-artificial-intelligence

Sanger, D. E. (2018). *The Perfect Weapon: War, Sabotage, and Fear in the Cyber Age*. Crown Publishing Group.

7장 미국의 군사 인공지능

국내

김지원·양종민. (2025. 2.). 〈인공지능의 군사적 활용: 글로벌 트렌드가 한국에 주는 함의〉. 《KISDI Perspectives》. 정보통신정책연구원.

박종성. (2025). 《피지컬 AI 패권 전쟁: 미국과 중국이 촉발한 제2의 냉전》. 지니의서재.

애니 제이콥슨. (2024). 《다르파 웨이: 펜타곤의 브레인, 미래 기술의 설계자 다르파의 비밀연구 기록》. 이재학 옮김. 지식노마드.

해외

DARPA. (2016.8.11.). Explainable Artificial Intelligence (XAI) program. https://www.darpa.mil/sites/default/files/attachment/2025-02/darpa-program-xai-industry-day-presentation.pdf

DefenseScoop. (2024. 12. 18.). CDAO, the Pentagon's AI-accelerating office, undergoing restructuring. https://defensescoop.com/2024/12/18/cdao-restructuring-presidential-administration-radha-plumb-dod/

Jacobsen, A. (2016). *The Pentagon's Brain: An Uncensored History of Darpa, America's Top-Secret Military*. Back Bay Books.

Scharre, P., Conley, K. (2024). *Four Battlegrounds: Power in the Age of Artificial Intelligence*. W. W. Norton & Company.

U.S. Department of Defense. (2022. 3. 17.). Summary of the Joint All-Domain Command and Control (JADC2) strategy. https://media.defense.gov/2022/Mar/17/2002958406/-1/-1/1/1/SUMMARY-OF-THE-JOINT-ALL-DOMAIN-COMMAND-AND-CONTROL-STRATEGY.PDF

U.S. Department of Defense. (2024. 11. 18.). DoD Directive 5105.89: Chief Digital and Artificial Intelligence Officer (CDAO). https://www.esd.whs.mil/Portals/54/Documents/DD/issuances/dodd/510589p.PDF

Wikipedia. (n.d.). Joint All-Domain Command and Control (JADC2). https://en.wikipedia.org/wiki/Joint_All-Domain_Command_and_Control

8장 중국의 군사 인공지능

국내

김지원·양종민. (2025. 2.). 〈인공지능의 군사적 활용: 글로벌 트렌드가 한국에 주는 함의〉. 《KISDI Perspectives》. 정보통신정책연구원.

박종성. (2025). 《피지컬 AI 패권 전쟁: 미국과 중국이 촉발한 제2의 냉전》. 지니의서재.

배삼진·박진호. (2025). 《딥시크 AI 전쟁(DeepSeek AI WAR)》. 광문각출판미디어.

이희옥. (2020). 《인공지능 시대 중국의 혁신》. 지식공작소.

해외

Asia Times. (2024. 4. 25.). New PLA unit underscores intelligentized warfare shift. https://asiatimes.com/2024/04/new-pla-unit-underscores-intelligentized-warfare-shift/

CSET Georgetown. (2025. 9. 1.). Pulling back the curtain on China's military-civil fusion. https://cset.georgetown.edu/publication/pulling-back-the-curtain-on-chinas-military-civil-fusion/

Defense One. (2025. 3. 1.). New products show China's quest to automate battle. https://www.defenseone.com/threats/2025/03/new-products-show-chinas-quest-automate-battle/403387/

East Asian Security Centre. (2025. 10. 10.). Codifying intelligentized warfare: The PLA's doctrine's turn in Science of Military Strategy 2020. https://easc.scholasticahq.com/article/145838

Politico. (2025. 12. 3.). China's AI warpath. https://www.politico.com/newsletters/global-security/2025/12/03/chinas-ai-warpath-00673623

Scharre, P., Conley, K. (2024). *Four Battlegrounds: Power in the Age of Artificial Intelligence*. W. W. Norton & Company.

Singer, S., Senor, D. (2011). *Start-Up Nation: The Story of Israel's Economic Miracle*. Twelve.

9장 이스라엘의 군사 인공지능

국내

김지원·양종민. (2025. 2.). 〈인공지능의 군사적 활용: 글로벌 트렌드가 한국에 주는 함의〉. 《KISDI

Perspectives》. 정보통신정책연구원.

윤석준. (2025. 3.). 〈이스라엘군의 인공지능 사용 사례와 한미 연합방위태세 영향〉. 《KIMA 리포트》, 제85호. 한국군사문제연구원.

해외

+972 Magazine & Local Call. (2024. 4. 24.). 'Lavender': The AI machine directing Israel's bombing spree in Gaza. https://www.972mag.com/lavender-ai-israeli-army-gaza/

AI Incident Database. (2024. 4. 2.). 'Lavender' and 'The Gospel' AI systems reportedly used in Gaza strikes. https://incidentdatabase.ai/cite/672/

Brook, E. C. (2025). How AI Is Changing the Face of War: Inside Israel's Lavender and Habsora Systems and the Future of Warfighting. Amazon Digital Services LLC.

Human Rights Watch. (2024. 9. 10.). Questions and answers: Israeli military's use of digital tools in Gaza. https://www.hrw.org/news/2024/09/10/questions-and-answers-israeli-militarys-use-digital-tools-gaza

Lieber Institute, West Point. (2024. 9. 5.). The Gospel, Lavender, and the law of armed conflict. https://lieber.westpoint.edu/gospel-lavender-law-armed-conflict/

Wikipedia. (2024. 4. 3.). AI-assisted targeting in the Gaza Strip. https://en.wikipedia.org/wiki/AI-assisted_targeting_in_the_Gaza_Strip

10장 대한민국의 국방 AI 체계 및 무기 시스템
국내

오상진. (2025). 《메타파워: AI 시대의 미래 군사력》. 메디치미디어.

윤석준. (2025. 3.). 〈이스라엘군의 인공지능 사용 사례와 한미 연합방위태세 영향〉. 《KIMA 리포트》, 제85호. 한국군사문제연구원.

정한국·이정구·성유진. (2025). 《K방산 신화를 만든 사람들: 자주국방 50년의 기록 & 세계 4대 방산 강국의 미래》. 더봄.

정춘일. (2022). 《국방혁신 4.0의 비전과 방책》. 행복에너지.

최기일·최성빈·구정택·김의철·소현철. (2025). 《K-방산 브리프》. 진영사.

하정우·한상기. (2023). 《AI 전쟁: 글로벌 인공지능 시대 한국의 미래》. 한빛비즈.

하정우·한상기. (2025). 《AI 전쟁 2.0: AI 세계 전쟁의 실체와 대한민국의 전략 카드》. 한빛비즈.

11장 국방 AI R&D 생태계

국내

양우진. (2025). 《AI와 전쟁》. 커뮤니케이션북스.

오상진. (2025). 《메타파워: AI 시대의 미래 군사력》. 메디치미디어.

정한국·이정구·성유진. (2025). 《K방산 신화를 만든 사람들: 자주국방 50년의 기록 & 세계 4대 방산 강국의 미래》. 더봄.

조현석. (2025). 《AI와 방위 산업의 변화》. 커뮤니케이션북스.

하정우·한상기. (2023). 《AI 전쟁: 글로벌 인공지능 시대 한국의 미래》. 한빛비즈.

하정우·한상기. (2025). 《AI 전쟁 2.0: AI 세계 전쟁의 실체와 대한민국의 전략 카드》. 한빛비즈.

해외

Scharre, P., Conley, K. (2024). *Four Battlegrounds: Power in the Age of Artificial Intelligence*. W. W. Norton & Company.

12장 전세계의 주요 군사 AI 기업

국내

김지원·양종민. (2025. 2.). 〈인공지능의 군사적 활용: 글로벌 트렌드가 한국에 주는 함의〉. 《KISDI Perspectives》. 정보통신정책연구원.

하정우·한상기. (2023). 《AI 전쟁: 글로벌 인공지능 시대 한국의 미래》. 한빛비즈.

하정우·한상기. (2025). 《AI 전쟁 2.0: AI 세계 전쟁의 실체와 대한민국의 전략 카드》. 한빛비즈.

해외

Jacobsen, A. (2016). *The Pentagon's Brain*. Back Bay Books.

Raska, M., Bitzinger, R. A. (2023). *The AI Wave in Defence Innovation: Assessing Military Artificial Intelligence Strategies, Capabilities, and Trajectories*. Taylor & Francis.

Scharre, P., Conley, K. (2024). *Four Battlegrounds: Power in the Age of Artificial Intelli-*

gence. W. W. Norton & Company.

13장 AI의 군사 활용 윤리적 딜레마

국내

양우진. (2025). 《AI와 전쟁》. 커뮤니케이션북스.

오상진. (2025). 《메타파워: AI 시대의 미래 군사력》. 메디치미디어.

하정우·한상기. (2023). 《AI 전쟁: 글로벌 인공지능 시대 한국의 미래》. 한빛비즈.

하정우·한상기. (2025). 《AI 전쟁 2.0: AI 세계 전쟁의 실체와 대한민국의 전략 카드》. 한빛비즈.

해외

Christian, B. (2020). *The Alignment Problem: Machine Learning and Human Values. WW Norton*.

ICRC. (2024. 3. 14.). The problem of algorithmic bias and military applications of AI. https://blogs.icrc.org/law-and-policy/2024/03/14/falling-under-the-radar-the-problem-of-algorithmic-bias-and-military-applications-of-ai/

Scharre, P., Conley, K. (2024). *Four Battlegrounds: Power in the Age of Artificial Intelligence*. W. W. Norton & Company.

SIPRI. (2025. 8.). Bias in military artificial intelligence and compliance with IHL. https://www.sipri.org/sites/default/files/2025-08/0825_ai_military_bias.pdf0

UN General Assembly. (2024. 12. 2.). Resolution on Lethal Autonomous Weapons Systems. https://www.asil.org/insights/volume/29/issue/1

14장 AI 국방의 진화와 인류의 선택

국내

양우진. (2025). 《AI와 전쟁》. 커뮤니케이션북스.

오상진. (2025). 《메타파워: AI 시대의 미래 군사력》. 메디치미디어.

하정우·한상기. (2023). 《AI 전쟁: 글로벌 인공지능 시대 한국의 미래》. 한빛비즈.

하정우·한상기. (2025). 《AI 전쟁 2.0: AI 세계 전쟁의 실체와 대한민국의 전략 카드》. 한빛비즈.

해외

Christian, B. (2020). *The Alignment Problem: Machine Learning and Human Values. WW Norton.*

DARPA. (2024. 10. 31.). EMHAT: Exploratory Models of Human-AI Teams. https://www.darpa.mil/research/programs/exploratory-models-of-human-ai-teams

Scharre, P., Conley, K. (2024). *Four Battlegrounds: Power in the Age of Artificial Intelligence.* W. W. Norton & Company.